矿物加工工程卓越工程师培养 • 应用型本科规划教材

选矿概论

姚 金 侯 英 等编著

XUANKUANG
GAILUN

化学工业出版社
·北京·

《选矿概论》系统阐述了选矿过程（选前准备作业、选别作业和选后产品处理作业）中的基本概念、基本原理、工艺过程，以及设备的结构、特点、性能及应用范围。内容包括破碎作业及破碎机械、筛分作业及筛分机械、磨矿作业及磨矿机械、分级作业及分级机械、重力选矿、磁电选矿、浮游选矿、化学选矿、拣选及拣选设备、微生物选矿、选后产品处理、选矿厂设计、选矿工艺实践等，内容丰富，实用性强。

《选矿概论》可作为矿物加工工程专业的本科教学用书，也可作为其他专业的教学用书和参考书。本书可为煤炭、冶金、化工、建材、环境等专业领域从事科研、设计、制造和应用的工程技术人员提供参考。

图书在版编目（CIP）数据

选矿概论/姚金等编著．—北京：化学工业出版社，2020.3（2024.8重印）
矿物加工工程卓越工程师培养·应用型本科规划教材
ISBN 978-7-122-36032-8

Ⅰ.①选…　Ⅱ.①姚…　Ⅲ.①选矿-高等学校-教材
Ⅳ.①TD9

中国版本图书馆 CIP 数据核字（2019）第 294737 号

责任编辑：袁海燕　　文字编辑：林　丹
责任校对：王鹏飞　　装帧设计：王晓宇

出版发行：化学工业出版社（北京市东城区青年湖南街 13 号　邮政编码 100011）
印　　装：北京科印技术咨询服务有限公司数码印刷分部
787mm×1092mm　1/16　印张 16　字数 388 千字　2024 年 8 月北京第 1 版第 3 次印刷

购书咨询：010-64518888　　售后服务：010-64518899
网　　址：http://www.cip.com.cn
凡购买本书，如有缺损质量问题，本社销售中心负责调换。

定　　价：68.00 元

前　言

矿物加工工程专业是实践性非常强的工科专业，教育部大力提倡应用型人才培养，各高校积极开展卓越工程师培养计划、专业综合改革等本科教学工程建设，在此背景下，化学工业出版社会同贵州大学、武汉理工大学、华北理工大学、武汉科技大学、武汉工程大学、东北大学、昆明理工大学的专家教授，规划出版一套“应用型本科规划教材”。

我国是世界上矿产资源比较丰富、矿物种类众多的国家之一，多数矿石的有用组分含量较低，矿物组成复杂。选矿能够使矿物中的有用组分富集，降低冶炼或其他加工过程中燃料、运输的消耗，使低品位的矿石能得到经济利用。

《选矿概论》系统地介绍了选矿过程中的基本概念、基础理论，主要选矿设备的结构、特点、性能及应用范围等。重点介绍了选前准备作业（破碎筛分、磨矿分级）、选别作业（重力选矿、磁电选矿、浮游选矿、化学选矿、拣选、微生物选矿等）和选后产品处理作业（浓缩、过滤和干燥等）。特别增加了选矿厂设计和选矿工艺实践的内容。

本书共分 14 章。第 1 ~ 5 章在介绍选矿方法和指标的基础上，主要介绍选矿过程中的选前准备作业，包括破碎作业和破碎机械、筛分作业和筛分机械、磨矿作业和磨矿机械、分级作业及分级机械。第 6 ~ 11 章主要介绍选别作业，包括重力选矿、磁电选矿、浮游选矿、化学选矿、拣选和微生物选矿等。第 12 章主要介绍选后产品处理作业，包括浓缩、过滤和干燥。第 13 章主要介绍选矿厂设计。第 14 章主要介绍选矿工艺实践。

本书第 1 ~ 5 章由辽宁科技大学侯英副教授编写，第 6 章和第 12 章由太原理工大学付亚峰老师编写，第 7 章和第 13 章由西安建筑科技大学薛季玮老师编写，第 8 章和第 14 章由东北大学姚金副教授编写，第 9 ~ 11 章由东北大学曹少航博士编写。

在本书的编写过程中，参阅了相关文献资料和研究成果，在此向文献资料的作者致以诚挚的谢意。

选矿过程涉及众多的工程技术领域，由于笔者知识的局限性和水平所限，书中不足之处恳请读者批评指正！

编著者
2019 年 11 月

目 录

CONTENTS

第 6 章 重力选矿

第 7 章 磁电选矿

第 8 章 浮游选矿

第 9 章　化学选矿

第 10 章　拣选及拣选设备

第 11 章　微生物选矿

第 12 章　选后产品处理

第 13 章　选矿厂设计

第14章 选矿工艺实践

参考文献

第 1 章

绪论

选矿是利用矿物的物理或物理化学性质的差异，借助各种选矿设备将矿石中有用矿物与脉石矿物分离，并使有用矿物相对富集的过程，又称“矿物加工”。产品中，有用成分富集的称为精矿；无用成分富集的称为尾矿；有用成分的含量介于精矿和尾矿之间，需进一步处理的称为中矿。

矿物是在地壳中由于自然的物理化学作用或生物作用，所生成的成分比较均一的自然元素和自然化合物，通常为具有一定的晶体结构和物理化学性质的固体。在目前科学技术条件下，能为国民经济利用的矿物，称为有用矿物，尚不能利用的为脉石矿物。

矿石是在现代技术经济条件下，通过地质作用形成的具有开采、加工和利用价值的矿物聚合体，不具备开采、加工和利用价值的矿物聚合体称为岩石。

选矿的目的是除去矿石中所含的大量脉石及有害元素，使有用矿物得到富集，或使共生的各种有用矿物彼此分离，得到一种或几种有用矿物的精矿产品。一般而言，原生矿石不能直接作为工业原料进行应用，必须经过选矿处理才能作为工业生产的原材料，因此，选矿对于矿产资源的充分、合理利用以及国民经济的发展具有重要的意义。

选矿过程通常是由选前准备作业、选别作业和选后脱水作业所组成的。

① 选前准备作业，包括矿石的破碎与筛分、磨矿与分级，这些作业通称为粉碎作业。其目的是使矿石中的有用矿物和脉石矿物或不同的有用矿物实现单体解离或者使物料的粒度满足选别作业的要求。

② 选别作业，包括一种或多种选矿方法，是使已解离的有用矿物与脉石矿物（或不同的有用矿物）实现分离的作业。

③ 选后脱水作业，包括精矿的浓缩、过滤和干燥，目的是脱除产品中的水分，以便于贮存、运输和出售。

1.1 选矿方法

选矿方法主要有重选、磁选、电选、浮选、化学选矿、拣选、微生物选矿、复合力场选矿和特殊选矿等。表 1-1 列出了常见的选矿方法。

表 1-1　常见的选矿方法

选矿方法	主要原理	适用范围
重选	根据矿粒间密度的差异，在运动介质中所受重力、流体动力和其他机械力的不同，从而实现按密度分选矿粒群的一种选矿方法	黑色金属、有色金属、稀有金属和煤炭
磁选	在不均匀磁场中利用矿物之间的磁性差异而使不同矿物实现分离的一种选矿方法	黑色金属、稀有金属，非金属矿除铁，重介质选煤中回收重介质
电选	利用各种矿物之间电性质的不同而进行分选的一种物理选矿方法	有色金属、稀有金属、黑色金属、非金属矿
浮选	依据各种矿物表面物理化学性质的差异，从矿浆中借助于气泡的浮力，选分矿物的过程，是从水的悬浮液（通常称矿物悬浮液为矿浆）中浮出固体矿物的精选过程，是气、液、固三相界面的选择性分离过程	有色金属、稀有金属、黑色金属、非金属矿和煤炭
化学选矿	根据矿石中有用矿物与脉石矿物的化学性质差异，用化学或物理化学方法分离和回收原矿或中矿里有用组分的选矿方法	该法适应性强、效果好，但生产成本较高
拣选	利用矿石的光学性质、导电性、磁性、放射性在不同射线（如γ射线、中子、β射线、X射线、紫外线、红外线、无线电波等）辐射下的反射和吸收特性等差异，通过对呈单层（行）排队颗粒逐一检测所获得信号的放大处理和分析，采用电磁挡板或高压气等执行机构将有用矿物（矿石）与脉石矿物（废石）分开的一种选矿方法	常用于矿石的预富集。黑色金属、有色金属、稀有金属、贵金属、非金属矿石、放射性矿石、煤炭等
微生物选矿	利用铁氧化细菌、硫氧化细菌及硅酸盐细菌等微生物从矿物中脱除铁、硫及硅等的选矿方法。铁氧化细菌能氧化铁，硫氧化细菌能氧化硫，硅酸盐细菌利用分解作用能从铝土矿物中脱除硅	主要用于脱硫、脱铁和脱硅，还可用于回收铜、铀、钴、锰和金等
复合力场选矿	一种将磁力场、重力场、范德华力、静电力、疏水作用力和浮选相结合的一种选矿方法，它同时利用两种及两种以上的分选原理	磁流体分选，空气重介质流化床分选，磁团聚分选，油团聚分选，磁浮机分选，浮重分选，磁重浮选分选和旋流浮选等
特殊选矿	除了重选、磁选、电选、浮选、化学选矿、拣选、微生物选矿和复合力场选矿等诸方法以外的其他选矿方法，或者是这些选矿方法的复合方法	电化学控制浮选，闪速浮选，选择性絮凝分选，聚团分选，载体浮选，微泡浮选，摩擦弹跳分选，涡流分选，表层浮选，油膏分选和气溶胶浮选等

1.2　选矿指标

选矿指标用来衡量选矿过程的分选效果和处理能力。在选矿工艺流程中，常用的选矿指标有品位、产率、回收率、选矿比和富集比等。实验室试验主要用前三项指标表示矿石在选矿工艺上的数量和质量特点，以说明矿石在工业利用上的可行性。

品位是指产品中金属或有用成分的质量与该产品质量之比，常用百分数表示，通常用 α 表示原矿品位；β 表示精矿品位；θ 表示尾矿品位。

产率是指产品质量与原矿质量之比，通常以 γ 表示。

在选矿生产中，除入选原矿可通过皮带秤或其他计量器具知道原矿质量外，精矿直接计量比较困难。选矿厂一般是取样化验得到原矿品位 α、精矿品位 β 和尾矿品位 θ，按下式计算精矿产率 γ。

$$\gamma=\frac{\beta-\alpha}{\beta-\theta}\times100\% \tag{1-1}$$

式中，γ 为精矿产率，%；α 为原矿品位，%；β 为精矿品位，%；θ 为尾矿品位，%。

回收率是指精矿中有用成分的质量与原矿中该有用成分质量之比，通常用 ε 表示。回收率可用下式进行计算：

$$\varepsilon = \frac{\gamma\beta}{100\alpha} \times 100\% \tag{1-2}$$

式中，ε 为回收率，%；α 为原矿品位，%；β 为精矿品位，%；γ 为精矿产率，%。

有用成分回收率是评定分选过程（或作业）效率的一个重要指标。回收率越高，表示选矿过程（或作业）回收的有用成分越多。所以，选矿过程中应在保证精矿质量的前提下，力求提高有用成分的回收率。

选矿比是指原矿质量与精矿质量的比值。用它可以确定获得 1t 精矿所需处理原矿石的质量。常用 K 表示。

富集比是指精矿品位与原矿品位的比值，常用 E 表示。$E=\beta/\alpha$，它表示精矿中有用成分的含量比原矿中该有用成分含量增加的倍数，即选矿过程中有用成分的富集程度。

原矿处理量是指进入选厂处理的原矿石数量，通常用选矿年处理量（万吨/年）表示，选矿厂对原矿处理量的计量，常用机械皮带秤、电子皮带秤。有的选厂用刮板在皮带秤上定时刮取一定的矿量，再进行称量计算。

平均每个选矿工作日所处理的原矿量，称为选矿日处理量（t/d），它是反映选厂处理能力的指标。其计算公式为：

$$\text{选矿日处理量} = \frac{\text{原矿处理量}}{\text{选厂处理昼夜数}}$$

选矿厂规模大小，一般按原矿处理量多少来划分，有色金属与黑色金属选矿厂规模大小稍有不同，选矿厂规模的划分及类型见表 1-2。

表 1-2　选矿厂规模的划分及类型

类型	黑色金属选矿厂		有色金属选矿厂		化工矿山选矿厂		选煤厂
	万吨/年	t/d	万吨/年	t/d	万吨/年	t/d	万吨/年
大型	200 以上	＞6000	100 以上	＞3000	100 以上	＞3000	120 以上
中型	200～60	6000～1800	100～20	3000～600	100～20（磷矿 30）	3000～600（磷矿 900）	120～45
小型	60 以下	＜1800	20 以下	＜600	20（磷矿 30）以下	600（磷矿 900）以下	45 以下

思考题

1. 什么是选矿？
2. 选矿的目的和意义是什么？
3. 选矿过程通常由哪些基本作业组成？
4. 常用的选矿方法有哪些？
5. 常用的选矿指标有哪些？
6. 选矿厂规模是如何划分的？

第 2 章

破碎作业及破碎机械

破碎是指在外力作用下使大块物料变成小块物料的过程。它是用外力（包括人力、机械力、电力、化学能或其他方法等）施加于被破碎的物料上，克服物料分子间的内聚力，使大块物料分裂成若干小块的过程。

在选矿厂中，矿石的粉碎是选别作业之前必不可少的物料准备阶段。首先，选矿厂处理的矿石绝大多数都是有用矿物和脉石矿物紧密连生在一起，且常常成细粒乃至微细粒嵌布。只有将它们粉碎，充分解离出来，才能用现有的物理选矿方法将它们分离和富集。其次，一切物理选矿方法都受到粒度的限制，粒度过粗（有用矿物与脉石矿物未实现解离）或粒度过细（即过粉碎）都不能进行有效分选。在选矿各环节中，矿石粉碎是费用最高的过程，是构成选矿厂投资和生产成本的重要部分。矿石粉碎作业的基本任务是为选别作业提供适宜入选物料，矿石粉碎过程工作好坏，直接影响选矿的技术和经济指标。

2.1 破碎作业方式及其评价指标

2.1.1 破碎作业基本方式

根据矿石受到的外力作用不同，机械破碎的基本方式有以下几种（图 2-1）：

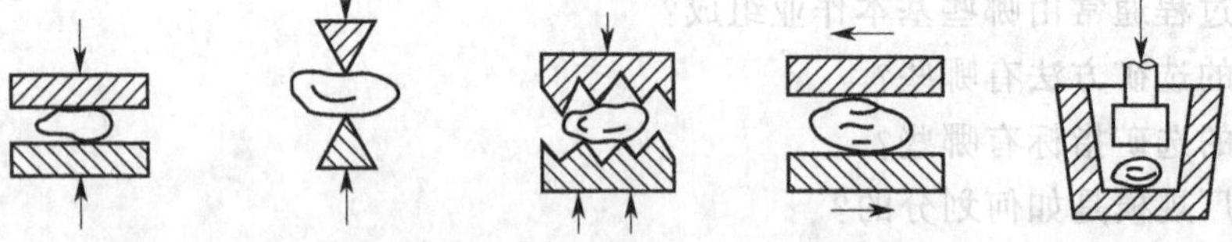

(a) 挤压破碎　(b) 劈裂破碎　(c) 折断破碎　(d) 研磨破碎　(e) 冲击破碎

图 2-1　机械破碎的基本方式

（1）挤压破碎　利用两个破碎工作面对夹于其间的物料施加压力，物料因压应力达到其抗压强度极限时而破碎。

（2）劈裂破碎　用两个带尖棱的工作面挤压物料，尖棱楔入物料产生的拉应力超过物料的抗拉强度极限时，物料裂开而被破碎。

(3) 折断破碎　物料像受到集中力作用的简支梁或多支梁。简支梁就是承载两端竖向荷载，而不提供扭矩的反撑结构。物料主要受弯曲应力而折断，但在物料与工作面接触处受到劈力作用。

(4) 研磨破碎　物料处于两个相对移动的破碎板之间，物料因表面经受研磨作用而产生剪切变形，当剪切应力达到抗剪强度极限，物料被破碎。

(5) 冲击破碎　物料受到足够大的瞬时冲击力而破碎。

破碎机械是利用一定的机构实现一种或几种破碎方式，完成对矿石或其他物料破碎的机械装置。因此，必须根据矿石或物料的性质、粒度特性以及所需要的产品粒度等要求来选择合适的破碎机械。

2.1.2 破碎作业评价指标

评价破碎过程的效率，通常采用破碎处理量、破碎效率及破碎技术效率；评价矿石破碎难易程度采用可碎性系数；评价矿石破碎程度采用破碎比。

(1) 破碎处理量　在数量上评价破碎过程，以“t/h”表示处理能力大小，但必须指明给矿及排矿粒度。

(2) 破碎效率　评价破碎机和破碎流程工艺性能的数量指标。它可以指导确定破碎工艺参数，选择最佳工作制度，改进破碎机的结构参数及其设计，以及决定新技术的采用。一般以破碎能耗来评价破碎机和破碎流程的工作效率，此指标也应指明给矿粒度及排矿粒度。

通常以每消耗 1kW·h 能量（E）所破碎产品的质量（Q）表示破碎效率［t/(kW·h)］：

$$\varphi = Q/E \tag{2-1}$$

也可以用单位能耗（W）来评价破碎机和破碎流程的破碎效率（kW·h/t）：

$$W = E/Q \tag{2-2}$$

这类表示方法称为比能耗法，即不考虑原矿和产品的粒度（即不考虑破碎比及破碎粒度范围），也不考虑被破碎物料的性质。因此，在比较两台破碎机的破碎效率时，需用同一物料在相同的粒度范围内进行。破碎不同物料时，可以采用邦德冲击破碎功指数 W_i 与生产功指数 W_{ioc} 的百分比来表示，即

$$\varphi = W_i / W_{ioc} \times 100\% \tag{2-3}$$

此值显示了实际能耗与标准能耗（邦德冲击破碎功指数）的差距，但应注意到，破碎粒度范围和破碎比仍然会影响评价破碎效率的精度。

(3) 破碎技术效率　破碎是粒度减小的过程，需要从粒度减小的状况上评价破碎过程的技术效率。在选煤厂和选矿厂中，无论哪一种破碎作业都应该满足以下两方面要求：

① 破碎产品达到规定粒度，或排料中大于规定粒度的矿石尽可能少。

② 尽量避免过粉碎，即排料中过细的矿粒含量要少。

破碎效果的评定方法采用破碎效率为主要指标，细粒增量为辅助指标，综合评定破碎机的破碎效果。破碎效率按下式计算：

$$\eta_p = \frac{\beta_{-d} - \alpha_{-d}}{\alpha_{+d}} \times 100\% \tag{2-4}$$

式中　η_p——破碎效率（有效数字取到小数点后第一位），%；

β_{-d}——排料中小于要求破碎粒度 d 的含量，%；

α_{+d}——入料中大于要求破碎粒度 d 的含量，%；

α_{-d}——入料中小于要求破碎粒度 d 的含量，%。

细粒增量按下式计算：

$$\Delta=\beta_{-d}-\alpha_{-d} \tag{2-5}$$

式中 Δ——细粒增量（有效数字取到小数点后第一位），%；

β_{-d}——排料中的细粒含量，%；

α_{-d}——入料中的细粒含量，%。

（4）可碎性系数 是用来定量考查岩矿机械强度对破碎或磨矿的影响指标，该指标可反映矿石破碎或磨矿的难易程度。其表示方法如下：

$$\varepsilon=\frac{Q_1}{Q_0} \tag{2-6}$$

式中 ε——物料的可碎性系数或可磨性系数；

Q_0——某破碎机破碎中硬矿石的处理能力；

Q_1——同一破碎机在同样条件下破碎指定矿石的处理能力。

中硬矿石通常用石英代表，其可碎性系数为1。若矿石硬度大，则可碎性系数与可磨性系数小于1，表示破碎机或磨矿机对其处理能力小于对中硬矿石的处理能力；反之，矿石硬度小，可碎性系数与可磨性系数大于1，破碎机对其处理能力则较大。选矿上常用矿石的极限抗压强度 σ_b、普氏硬度系数 f（$\sigma_b/10$）、可碎性系数及可磨性系数表示矿石的硬度，如表2-1所示。

表2-1 矿石硬度、可碎性系数和可磨性系数

硬度等级	σ_b/MPa	普氏硬度系数 f	可碎性系数	可磨性系数	实例
很软	<20	<2	1.30～1.40	1.40～2.00	石膏、无烟煤
软	20～40	2～4	1.15～1.25	1.25～1.50	页岩、泥灰岩
中等硬度	40～80	4～8	1.00	1.00	硫化矿
硬	80～100	8～10	0.80～0.90	0.75～0.85	一般铁矿
很硬	>100	>10	0.65～0.75	0.50～0.70	玄武岩、含铁石英岩

（5）破碎比 是指在破碎过程中入料粒度与产物粒度的比值。它表征了物料破碎的程度，破碎的能量消耗和处理能力均与破碎比有关。

① 最大破碎比，最大块粒度之比。

$$i=\frac{D_{max}}{d_{max}} \tag{2-7}$$

式中 D_{max}——入料最大颗粒直径，mm；

d_{max}——产物最大颗粒直径，mm。

由于各国的习惯不同，最大粒度取值方法不同。英美以物料80%能通过筛孔的筛孔宽度为最大粒度直径，我国和苏联以物料的95%能通过筛孔的筛孔宽度为最大粒度的直径。我国在选矿厂设计中常采用这种计算方法，因为设计时要根据给矿最大粒度来确定破碎机给矿口宽度。

② 公称破碎比，破碎机给、排矿口尺寸之比。

$$i=\frac{0.85B}{S} \tag{2-8}$$

式中 $0.85B$——给矿口有效宽度，mm；

S——排矿口宽度，mm。

0.85 是保证破碎机咬住物料的有效宽度系数。排料口宽度的取值，粗破碎机取最大排料口宽度；中破碎机取最小排料口宽度。

由于此法不需将大批物料作筛分分析，而仅仅知道破碎机给矿口和排矿口宽度便可进行近似计算，简单迅速，故在生产中广为采用，以便大致了解破碎机负荷情况。

③ 平均破碎比，平均粒度之比。

$$i=\frac{D_p}{d_p} \tag{2-9}$$

式中 D_p——入料的加权平均直径，mm；

d_p——产物的加权平均直径，mm。

由于破碎前后的物料都是大小不一、形状各异的混合物料，由若干粒级组成，只有用平均粒度才能更好地代表它们。因此，用平均粒度计算出的破碎比，才能较真实地反映破碎的程度，故多在理论研究中采用。

2.2 破碎机械种类

在矿石粉碎工艺中，根据作业方式和粉碎产品的粒度，粉碎设备大致分为破碎机和磨矿机两大类。破碎机用于粗粒粉碎阶段，一般给矿粒度较大而产品粒度也较粗，通常大于5mm。它们的基本特征是工作件之间互不接触而保有一定间隙。

2.2.1 颚式破碎机

颚式破碎机（jaw crusher）由动颚和定颚两块颚板组成破碎腔，模拟动物的两颚运动而完成物料破碎作业，具有构造简单、工作可靠、制造容易、维修方便等优点，主要应用于对坚硬或中硬矿石进行粗碎和中碎作业。

颚式破碎机的规格用给矿口宽度 $B\times$长度 L 表示。例如：给矿口宽度为 600mm、长度为 900mm 的破碎机表示为 PE 600mm×900mm 颚式破碎机（P 代表破碎机，E 代表颚式）。按照进料口宽度（即最大给料块度），分为大型、中型、小型，进料口宽度大于 600mm 为大型颚式破碎机，进料口宽度在 300～600mm 为中型颚式破碎机，进料口宽度小于 300mm 为小型颚式破碎机。颚式破碎机按照可动颚板的摆动方式不同，可以分为简单摆动型颚式破碎机和复杂摆动型颚式破碎机，均属于下动型，上动型因结构不合理已被淘汰。近年来，由于液压技术的应用，在简单摆动颚式破碎机的基础上制成了液压颚式破碎机，在选矿厂也开始得到应用。

颚式破碎机尽管有多种结构形式，但其工作原理基本相同，即通过动颚周期性运动来破碎物料。颚式破碎机的可动颚板围绕悬挂轴向固定颚摆动的过程中，位于两颚板之间的物料便受到压碎、劈裂和弯曲等综合作用，当压力超过物料所能承受的强度时，即发生破碎。反之，当动颚离开定颚向相反方向摆动时，物料则靠自重向下运动。动颚的一个周期性运动就使物料受到一次压碎作用，并使物料向下排送一段距离。经若干周期后，被破碎的物料便从排料口排出机外。

2.2.1.1 简单摆动型颚式破碎机

（1）构造 简单摆动型颚式破碎机的构造如图 2-2 所示。

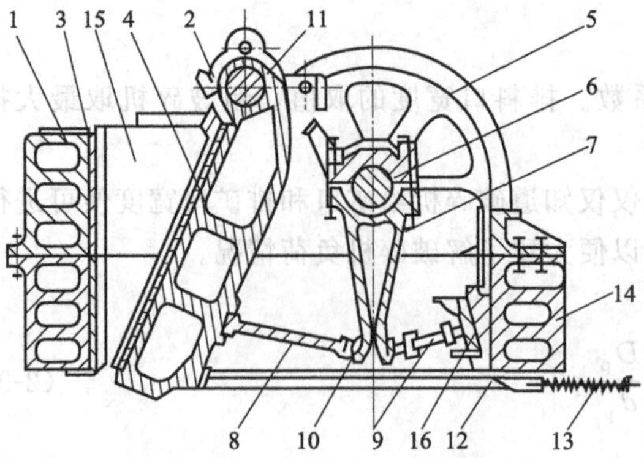

图 2-2　简单摆动型颚式破碎机

1—固定颚板；2—可动颚板；3，4—破碎齿板；5—飞轮；6—偏心轴；7—连杆；8—前肘板；9—后肘板；10—肘板支座；11—悬挂轴；12—水平拉杆；13—弹簧；14—机架；15—破碎腔侧面肘板；16—楔块

简单摆动型颚式破碎机主要由机架与支承装置、破碎体、拉紧装置、调整装置、保险装置、传动机构和润滑冷却装置等部分组成。

① 机架与支承装置。机架是设备的基础，其外侧带加强筋以增强刚性，并由弹簧拉杆组相互锚定；其前壁安装固定颚板和破碎齿板；后壁安装机架后壁和推力板支座。支承装置主要有支承芯轴、偏心轴、飞轮等。其两端采用滚动轴承或轴瓦等支承。

② 破碎体（破碎部件）。由可动颚板和固定颚板组成破碎体，是承受物料破碎力的主要部件。其固定颚板与机架刚性连接，可动颚板直接悬挂在悬挂轴上；可动颚板下部通过连杆和推力板与偏心轴及机架后壁相铰接组成活动摆动系统。

③ 拉紧装置。由弹簧和螺母以及拉杆组成。其一端固定在可动颚板下部，另一端则穿过机架后壁，由弹簧连接，形成拉紧调节系统。该系统使拉力板和可动颚板处于紧张工作状态，以防止推力板在返程中脱落。

④ 调整装置。由推力板的后壁挡板与机架后壁之间的垫片厚度来调整排料口的宽度，或者通过楔块以及液压方式调整。

⑤ 保险装置。由油压装置组成。

⑥ 传动机构。电动机通过皮带轮带动偏心轴旋转，牵动连杆上下运动，同时前后推动拉杆带动可动颚板做往复运动。可动颚板上各点的运动轨迹为简单的圆弧运动，其摆动的距离（即水平行程）是上小而下大，排料口处为最大。

（2）用途与产品规格　简单摆动型颚式破碎机适用于硬和中硬岩石的粗碎，它的进口尺寸大，构造简单，工作可靠，排料口调整方便。但产品粒形差，片状和棱角状突出。由于构造简单，多制造成大型和中型设备。

2.2.1.2　复杂摆动型颚式破碎机

（1）构造　复杂摆动型颚式破碎机的构造如图 2-3 所示。

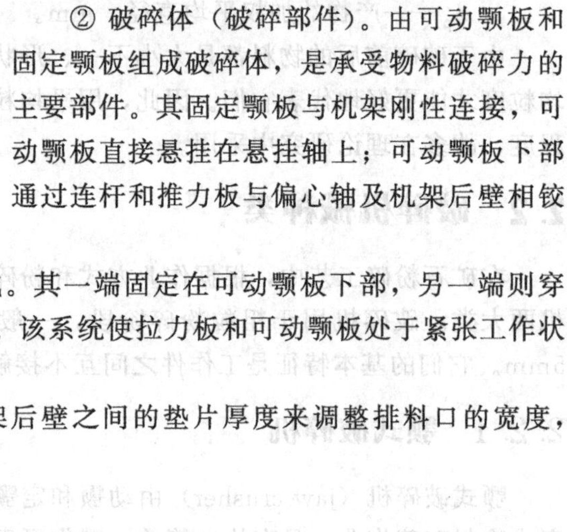

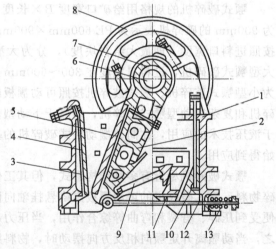

图 2-3　复杂摆动型颚式破碎机

1—机架；2—可动颚板；3—固定颚板；4,5—破碎齿板；6—偏心轴；7—轴孔；8—飞轮；9—肘板；10—调节楔；11—楔块；12—水平拉杆；13—弹簧

复杂摆动型颚式破碎机主要由机架与支承装置、破碎体、拉紧装置、调整装置、保险装置、传动机构和润滑冷却装置等部分组成。

① 机架与支承装置。机架是设备的基础，

其外侧带加强筋以增强刚性，并由弹簧拉杆组相互锚定；其前壁安装固定颚板和破碎齿板；后壁则安装机架后壁和推力板支座。支承装置主要有支承偏心轴、飞轮等。其两端采用滚动轴承或轴瓦等支承。

② 破碎体（破碎部件）。由可动颚板和固定颚板组成破碎体，是承受物料破碎力的主要部件。其固定颚板与机架刚性连接，可动颚板直接悬挂在偏心轴上；可动颚板通过偏心轴和推力板组成活动的摆动系统。

③ 拉紧装置。由弹簧和螺母以及拉杆组成。其一端固定在可动颚板下部，另一端则穿过机架后壁，由弹簧连接，形成拉紧调节系统。该系统使拉力板和可动颚板处于紧张工作状态，以防止推力板在返程中脱落。

④ 调整装置。由推力板的后壁挡板与机架后壁（附调节螺母）之间的垫片厚度来调整排料口的宽度，或者通过楔块以及液压方式调整。

⑤ 保险装置。由油压装置组成。

⑥ 传动机构。电动机通过皮带轮带动偏心轴旋转，从而使连接在偏心轴上的可动颚板进行运动，同时连接在可动颚板下端的肘板也带动可动颚板做往复运动。可动颚板上部各点的运动轨迹近似圆形，中部近似椭圆形，下部为弧形，上部行程大，有利于破碎大块，下部行程小，垂直行程大，有利于排出矿石。

(2) 用途与产品规格　复杂摆动型颚式破碎机上部水平行程大，适合上部压碎大块的要求。同时它的垂直方向行程较大，对物料有磨剥作用，且有利于排出物料，因此，它的产品较细，破碎比大，但磨损也严重；复杂摆动型颚式破碎机的可动颚板是上下交替破碎及排矿的，空转行程大约只有 1/5。而简单摆动型颚式破碎机运转一周，半周破碎半周空转。因此，规格相同时，复杂摆动型颚式破碎机的处理能力比简单摆动型颚式破碎机大20%～30%。

复杂摆动型颚式破碎机较简单摆动型颚式破碎机少了一根可动颚板的悬挂轴；可动颚板与连杆合为一个部件，没有垂直连杆；肘板也只有一块。复杂摆动型颚式破碎机的构造比简单摆动型颚式破碎机的构造简单，但可动颚板的运动却复杂了。可动颚板在水平方向上有运动，同时在垂直方向上也有运动，是一种复杂运动。与简单摆动型颚式破碎机相比，复杂摆动型颚式破碎机只有一根芯轴，动颚重量及破碎力均集中在一根主轴上，主轴受力恶化，故长期以来复杂摆动型颚式破碎机多制成中小型设备，因而主轴承也可以采用传动效率较高的滚动轴承。

随着高强度材料及大型滚柱轴承的出现，复杂摆动型颚式破碎机开始大型化及简单摆动型颚式破碎机也开始滚动轴承化。美国、苏联、日本、瑞典等国均生产了给矿口宽达 1000～1500mm 的大型复杂摆动型颚式破碎机，我国也生产了 900mm×1200mm 的大型复杂摆动型颚式破碎机。

2.2.2　旋回破碎机

旋回破碎机（gyratory crusher）由于其生产能力高，工作可靠，广泛应用于大中型选矿厂、大型采石场及其他工业部门破碎坚硬或中硬矿石的粗碎作业。

旋回破碎机的规格用矿口宽度/排矿口宽度表示，例如：给矿口宽度为 900mm、排矿口宽度为 160mm 的破碎机表示为 PX 900/160mm 旋回破碎机（P 代表破碎机，X 代表旋回）。按照排矿方式不同分为侧面排料型和中心排料型两种，前者因易阻塞而不再生产，目前生产的均是中心排料型旋回破碎机。

中心排料型旋回破碎机的构造如图 2-4 所示，它主要由机架、工作机构、传动机构、排料口调节装置、保险装置、防尘装置和润滑系统等组成。

(1) 机架　由机座、固定圆锥（即中部机架）10 和横梁 9 组成，彼此之间用螺栓连接。机座则安装在钢筋混凝土基础上。

(2) 工作机构　由可动圆锥 32 和固定圆锥 10 构成。可动圆锥安装在主轴 31 上，其外表面套有 3 块环状锰钢衬板 33。为了使衬板与锥体紧密配合，在两者之间浇注了锌合金，并在衬板上端用螺母 8 压紧，且螺母上端装有锁紧板 7，可防止螺母松动。固定圆锥的工作表面镶有 3 行平行的锰钢衬板 11。固定圆锥和衬板之间也用锌合金或水泥浇铸。

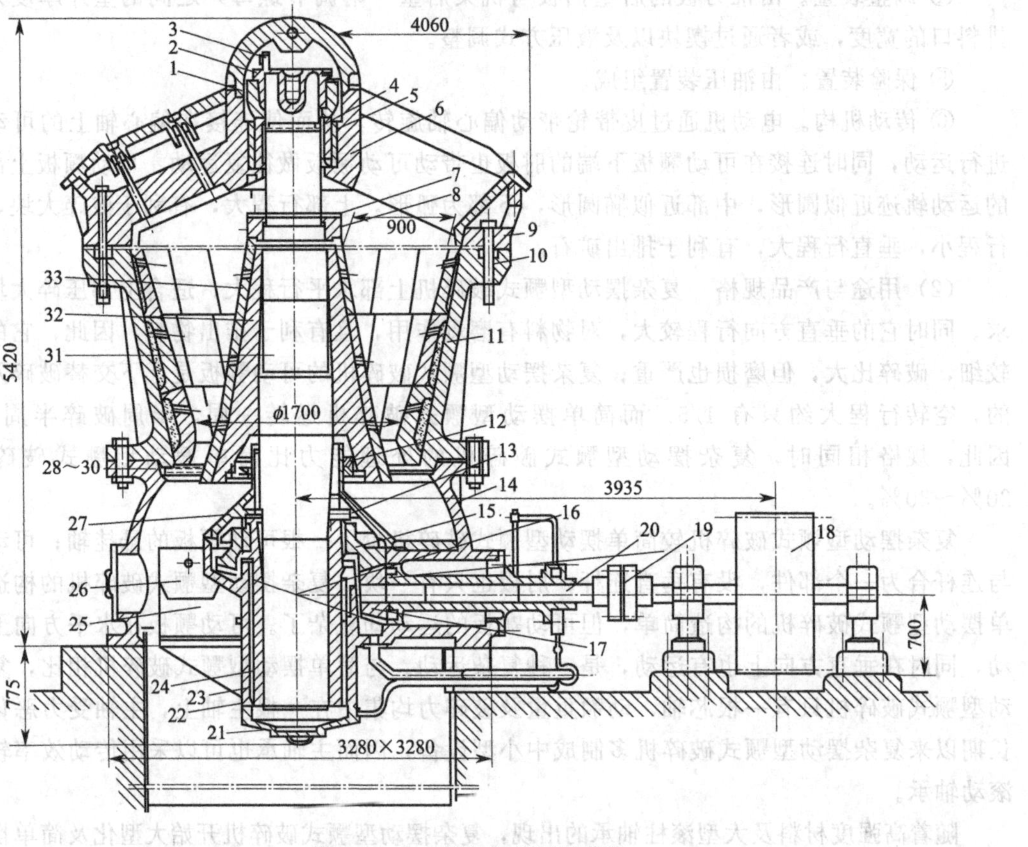

图 2-4　中心排料型旋回破碎机

1—锥形压套；2—锥形螺母；3—楔形键；4，23—衬套；5—锥形衬套；6—支承环；7—锁紧板；8—螺母；9—横梁；10—固定圆锥；11，33—衬板；12—密封环；13—挡油环；14—下机架；15—大圆锥齿轮；16—护板；17—小圆锥齿轮；18—三角皮带轮；19—弹性联轴器；20—传动轴；21—机架下盖；22—偏心轴套；24—中心套筒；25—筋板；26—护板；27—压盖；28～30—密封套环；31—主轴；32—可动圆锥

(3) 传动机构　旋回破碎机的传动机构主要由电动机、带轮 18、联轴器 19、传动轴 20、圆锥齿轮 15 和 17、偏心轴套 22 以及主轴 31 等零部件组成。主轴的上端通过锥形螺母 2、锥形压套 1、衬套 4 和支承环 6 悬挂在横梁 9 上。楔形键 3 的作用是防止锥形螺母 2 松动。衬套 4 以其锥形端支承在支承环 6 上，而其侧面则支承在内表面为锥形的衬套 5 上。由于衬套 4 和 5 的接触面为圆锥母，故能保证衬套 4 沿支承环 6 和锥形衬套 5 滚动，从而满足

了破碎锥旋摆的要求。主轴的下端插入偏心轴套22的偏心孔中，该孔对破碎机轴线成偏心。偏心轴套旋转时，可动圆锥和主轴就以横梁上的悬挂点为锥顶做圆锥面运动，从而达到破碎物料的目的。

偏心轴套的止推轴承由3片止推圆盘组成。上面的钢圆盘与固定在偏心轴套上的大圆锥齿轮连接在一起。它回转时沿中间的青铜圆盘转动，而青铜圆盘又沿下面的钢圆盘转动。下面的钢圆盘用销子固定在中心套筒的上端。

旋回破碎机工作时先启动电动机，通过带轮18、弹性联轴器19、圆锥齿轮15和17，带动偏心轴套旋转，继而带动破碎锥做旋摆运动。

（4）排料口调节装置　排料口宽度通过主轴上端的锥形螺母2调节。调节时，首先用起重设备将主轴和破碎锥一起往上稍稍提起，然后取出键3，将主轴悬挂装置上的锥形螺母旋出或旋入，从而带动主轴和可动锥上升或下降，排料口则相应减小或增大，直到排料口宽度达到需要值为止。然后打入键3，放下主轴和可动圆锥。

（5）保险装置　旋回破碎机的保险装置是装在带轮18轮毂上的4个保险轴销。一旦出现过载现象，销子便首先被切断，机器则停止运转，从而保护其他零部件免遭破坏。这种装置结构简单，但可靠性差。在设计时，很难对销子的断面面积做精确计算，通常按电动机负荷所能切断销子断面面积的2倍来计算。应用液压系统作为保险装置可以使得设备工作平稳，提高自动化程度。

（6）防尘装置　为防止矿尘进入破碎机内部的各摩擦表面或混入润滑油中，在可动圆锥的下端设计了由3个具有球形表面的套环28～30构成的密封防尘装置。套环28用螺钉固定在可动圆锥上。套环29装在中心套筒的压盖27的颈部上，其间装有骨架式橡胶油封。套环30自由地压在套环29上。这种防尘装置既简单又可靠，矿尘很难透过各套环之间的缝隙进入破碎机内部。

（7）润滑系统　旋回破碎机用稀油和干油进行润滑。其所需的润滑油由专用液压泵站供给。油沿输油管从机架下盖21上的油孔流入偏心轴套的下端空间内，再由此沿主轴与偏心轴套之间的间隙，以及偏心轴套与衬套之间的间隙上升。润滑完这些摩擦表面后，一股油上升到偏心轴套的止推圆盘上。另一股油上升的途中与挡油环相遇而流至圆锥齿轮。润滑油润滑了各部件之后，经排油管流出。旋回破碎机的传动轴20的轴承有单独的进油与排油管。主轴的悬挂装置是通过手动甘油润滑装置定期注入甘油润滑。

由于旋回破碎机的保险装置可靠性差和排矿口调整困难，劳动强度大。当前国内外都尽量采用液压技术来实现保险装置和排矿口的调整。液压装置具有调整容易、操作方便、安全可靠和易于实现自动控制等优点。液压旋回破碎机的构造与旋回破碎机基本相同，只是增加了两个液压油缸，此液压油缸既是保险装置又是排矿口调节装置。

2.2.3　圆锥破碎机

圆锥破碎机（cone crusher）问世比颚式破碎机晚几十年，由于能获得比颚式破碎机和旋回破碎机更细的产品而广泛应用，主要用于各种硬度矿石的中碎和细碎。

根据破碎作业需要和破碎腔形式，圆锥破碎机分为标准型（中碎用）、中间型（中、细碎用）和短头型（细碎用），其中标准型和短头型应用最为广泛。它们的主要区别在于破碎腔剖面形状和平行带长度的不同（图2-5）。标准型的平行带最短，短头型最长，中间型介于两者之间。平行带的作用是使物料在其中不止一次受到压碎，保证破碎产品最大粒度不超过平行带的宽度，故适用于各种硬度物料的中碎和细碎。中、细碎圆锥破碎机按照排矿口调整装置和保险方式不同可分为弹簧型和液压型两种。液压型又分为单缸和多缸，由于多缸的油路比较复杂，且没有单缸可靠，现已不再生产。

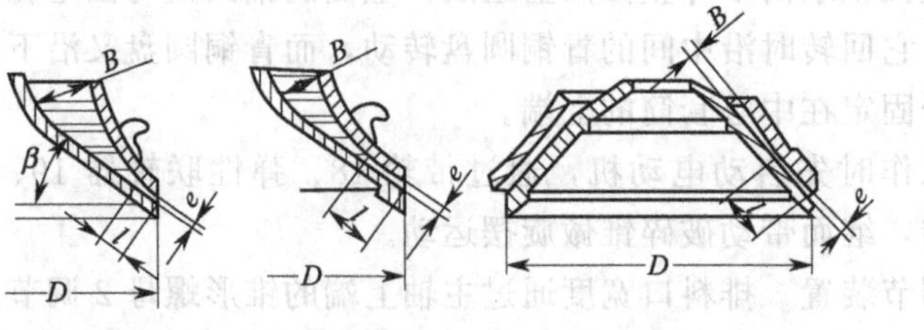

(a) 标准型　(b) 中间型　(c) 短头型

图 2-5　破碎腔剖面形状和平行带长度

D—动锥底部最大直径；B—给矿口尺寸；e—排矿口尺寸；l—平行带长度

中、细碎圆锥破碎机的规格以可动圆锥下部的最大直径 D 表示，例如：动锥直径为 1750mm 的标准型、中间型和短头型圆锥破碎机分别表示为 PYB 1750mm、PYZ 1750mm 和 PYD 1750mm 旋回破碎机（P 代表破碎机，Y 代表圆锥，B 代表标准型，Z 代表中间型，D 代表短头型）。

中、细碎圆锥破碎机的工作原理与旋回破碎机类似，但某些主要部件的结构特点有所不同。主要区别：①旋回破碎机的两个圆锥形状都是急倾斜的，可动锥是正立的，固定锥为倒立的截头圆锥，这主要是为了满足增大给矿块度的需要；中、细碎圆锥破碎机的两个圆锥形状均是缓倾斜的、正立的截头圆锥，而且两锥体之间具有一定长度的平行带，这是为了控制排矿产品的粒度。②旋回破碎机的可动锥悬挂在机器上部的横梁上；中、细碎圆锥破碎机的可动锥是支承在球面轴承上的。③旋回破碎机采用干式防尘装置；中、细碎圆锥破碎机使用水封防尘装置。④旋回破碎机利用调整可动锥的升高或下降来改变排矿口宽度；中、细碎弹簧圆锥破碎机是用调节固定锥的高度位置来实现排矿口宽度调整的，中、细碎液压圆锥破碎机是用液压装置推动可动锥上升或下降，从而调节排矿口宽度的。

由于弹簧圆锥破碎机的排矿口调整时比较费力又费时间，而且一定要停车，同时取出卡在破碎腔中的非破碎物体也很不方便。同时，弹簧圆锥破碎机的保险装置不完善，有时甚至当机器遭受到严重过载的威胁时，也未起到保险作用。为此，目前国内外都在大力生产和推广应用液压圆锥破碎机，这类破碎机不但调整排矿口容易方便，而且过载保险性能较好，完全消除了弹簧圆锥破碎机这方面的缺点。

按照液压油缸在圆锥破碎机上的安装位置和安装数量，可分为顶部单缸、底部单缸和机体周围多缸等形式。尽管油缸数量和安装位置不同，但它们的基本原理和液压系统都是相类似的。现以我国当前应用较多的底部单缸液压圆锥破碎机为例做一说明。这种破碎机的工作原理与弹簧圆锥破碎机相同，但在结构上取消了弹簧圆锥破碎机的调整环、支承环和锁紧装置以及球面轴承等零件。该破碎机的液压调整装置和液压保险装置，都是通过支承在可动锥体的主轴底部的液压油缸和油压系统来实现的。底部单缸液压圆锥破碎机的构造如图 2-6 所示。可动锥体的主轴下端插入偏心轴套中，并支承在油缸活塞上面的球面圆盘上，活塞下面通入高压油用于支承活塞。由于偏心轴套的转动，从而使可动锥做锥面运动。

液压圆锥破碎机的液压系统是由油箱、油泵、单向阀、高压溢流阀、手动换向阀、截止阀、蓄能器、单向节流阀、放气阀和液压油缸等组成的。图 2-7 为该机器的液压系统示意图。

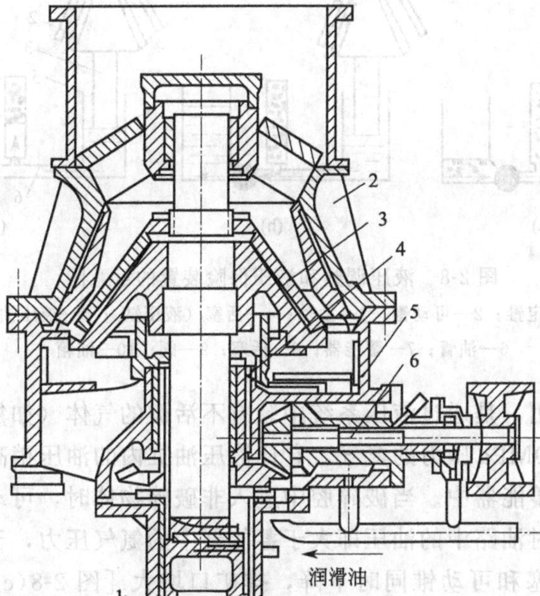

图 2-6 底部单缸液压圆锥破碎机

1—液压油缸；2—固定锥；3—可动锥；4—偏心轴套；5—机架；6—转动轴

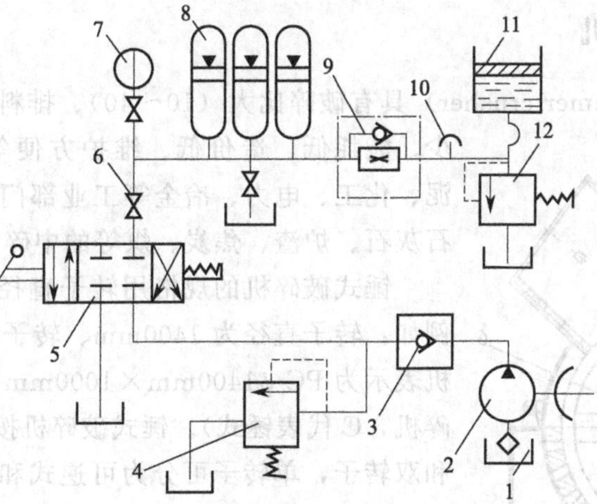

图 2-7 液压系统示意图

1—油箱；2—油泵；3—单向阀；4，12—高压溢流阀；5—手动换向阀；6—截止阀；7—压力表；8—蓄能器；9—单向节流阀；10—放气阀；11—液压油缸

液压圆锥破碎机排矿口的调整：利用手动换向阀，使通过油缸中的油量增加或减少，致使可动锥上升或下降，从而达到排矿口调整的目的。当液压油从油箱压入油缸活塞下方时，可动锥上升，排矿口缩小［图 2-8(a)］；若将油缸活塞下方的液压油放入油箱时，可动锥下降，排矿口增大［图 2-8(b)］。排矿口的实际大小，可从油位指示器中直接看出。

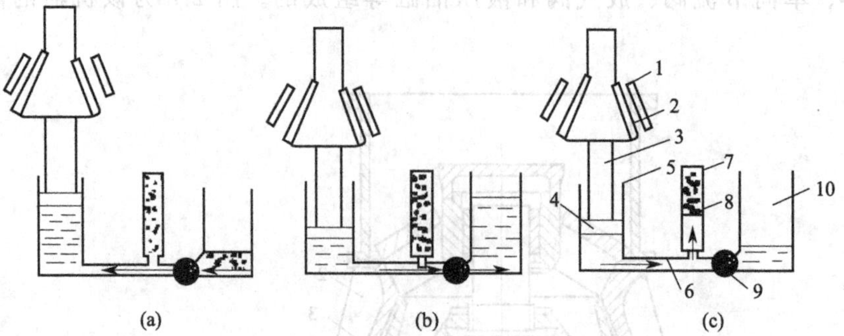

图 2-8　液压调整和液压保险装置的示意图

1—固定锥；2—可动锥；3—主轴；4—活塞（液压缸）；5—液压油缸；6—油管；7—蓄能器；8—活塞；9—阀；10—油箱

机器的过载保险作用，是通过液压系统中装有不活泼的气体（如氮气等）的蓄能器来实现的。蓄能器内充入 4.9MPa 压力的氮气，它比液压油缸内的油压稍高一点，在正常工作情况下，液压油不能进入蓄能器中。当破碎腔中进入非破碎物体时，可动锥向下压的垂直力增大，立即挤压活塞，这时油路中的油压即大于蓄能器中的氮气压力，于是液压油就进入蓄能器中，此时油缸内的活塞和可动锥同时下降，排矿口增大［图 2-8(c)］，排除非破碎物体，实现了保险作用。非破碎物体排除以后，氮气的压力又高于正常工作时的油压，进入蓄能器的液压油又被压回液压油缸，促使活塞上升，可动锥立即恢复正常工作位置。如果破碎腔出现堵塞现象，利用液压调整方法，改变油缸内油量大小，使可动锥上升下降反复数次，即可排除堵矿情况。

2.2.4　锤式破碎机

锤式破碎机（hammer crusher）具有破碎比大（10～40）、排料粒度均匀、过粉碎现象少、能耗低、造价低、维护方便等特点，广泛应用于水泥、化工、电力、冶金等工业部门破碎中等硬度物料，如石灰石、炉渣、焦炭、煤等的中碎和细碎作业。

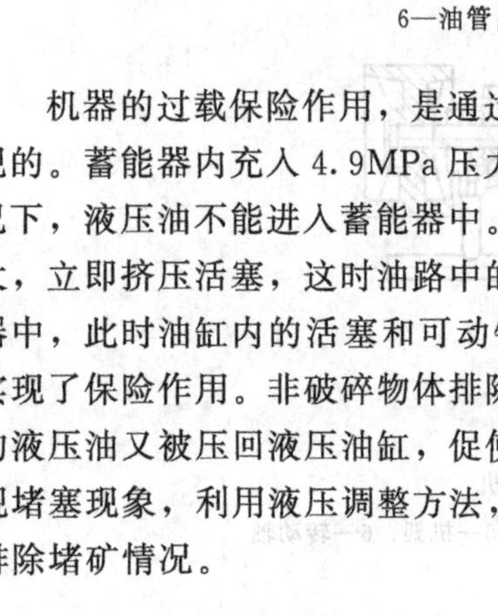

图 2-9　锤式破碎机的结构

1—筛板；2—转子盘；3—出料口；4—中心轴；5—支撑杆；6—支撑环；7—进料嘴；8—锤头；9—反击板；10—弧形内衬板；11—连接机构

锤式破碎机的规格用转子直径 $D\times$ 转子长度 L 表示，例如：转子直径为 1400mm、转子长度为 1000mm 的破碎机表示为 PC ϕ1400mm×1000mm 锤式破碎机（P 代表破碎机，C 代表锤式）。锤式破碎机按转子数量可分为单转子和双转子，单转子可分为可逆式和不可逆式。按锤头排列方式可分为单排式和多排式。按锤头在转子上的连接方式可分为固定锤式和活动锤式。我国应用最多的是单转子不可逆式、多排锤头锤式破碎机。

锤式破碎机基本结构如图 2-9 所示。主轴上装有支撑杆 5，锤架之间挂有锤头 8，锤头尺寸和形状根据破碎机规格和物料粒度决定。锤头在锤架上能摆动大约 120°。为保护机壳，其内壁嵌有衬板，机壳下半部装有筛板 1，以卸出破碎合格的物料。主轴、锤架和锤头组成回转体，称为转子。物料进入锤式破碎机中，即受到高速旋转的锤头 8 冲击而被破碎，破碎的矿石从锤头处获得动能以高速向机壳内壁冲击，向筛板、破碎板冲击而受到二次破碎，同时物料之间相互碰撞而受到进一步破碎。破碎合格的矿石物料通过筛板 1 排出，较大物料在筛板上继续受到锤头冲击、研磨而破碎，直至达到合格粒度后从缝隙排出。为了避免箅缝堵塞，通常要求物料含水量不超过 10%。

锤式破碎机具有很高的粉碎比（一般为 10～25，个别可达到 50），结构简单，体型紧凑，机体重量轻，操作维修容易，产品粒径小而均匀，过粉碎少，生产能力大，单位能耗低。

锤式破碎机工作零件（锤头、箅条等）容易破损，需经常更换，需要消耗较多金属和检修时间。箅条容易堵塞，尤其是对湿度大，含有黏土质物料，会引起生产能力显著下降。

锤式破碎机结构简单，图 2-10 为我国应用较多的 PCϕ1600×1600 单转子不可逆锤式破碎机，主要由机架、传动装置、转子和格筛等部分组成。

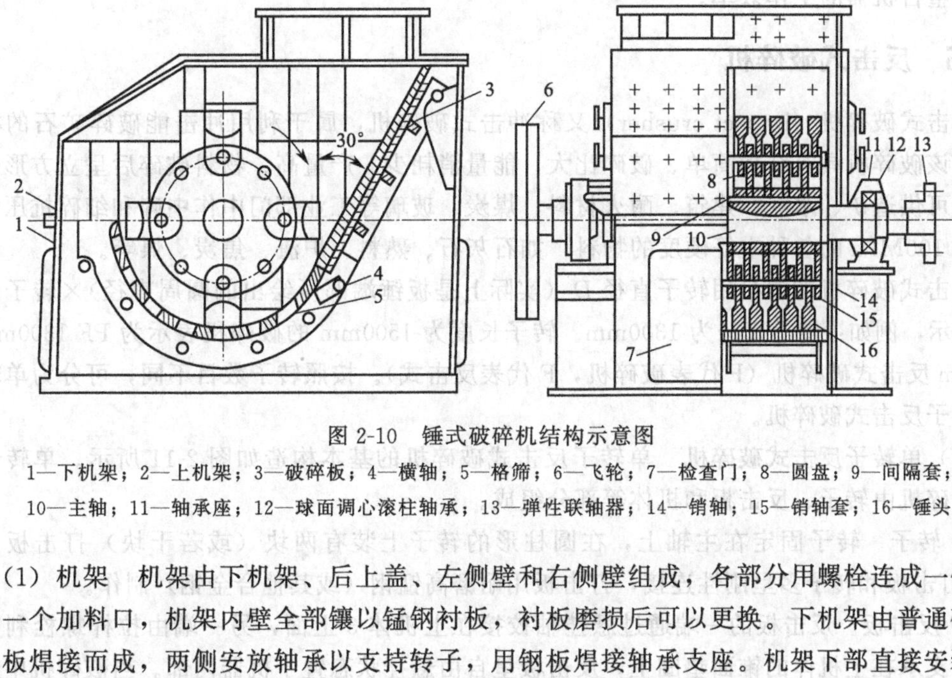

图 2-10　锤式破碎机结构示意图

1—下机架；2—上机架；3—破碎板；4—横轴；5—格筛；6—飞轮；7—检查门；8—圆盘；9—间隔套；10—主轴；11—轴承座；12—球面调心滚柱轴承；13—弹性联轴器；14—销轴；15—销轴套；16—锤头

(1) 机架　机架由下机架、后上盖、左侧壁和右侧壁组成，各部分用螺栓连成一体。上部开一个加料口，机架内壁全部镶以锰钢衬板，衬板磨损后可以更换。下机架由普通碳素结构钢板焊接而成，两侧安放轴承以支持转子，用钢板焊接轴承支座。机架下部直接安装在混凝土基础上，并用地脚螺栓固定。为了便于检修和更换筛板，下机架前后两面均开有一个检修孔。左侧壁、右侧壁和后上盖用钢板焊接而成。为了检修时更换锤头方便，两侧壁对称开有检修孔。

(2) 传动装置　由电机通过弹性联轴器直接带动主轴旋转，主轴通过球面调心滚柱轴承安装在机架两侧轴承座中，轴承用干油定期润滑。

(3) 转子　转子是由主轴和锤架组成的。锤架上用锤头销轴将锤头分三排悬挂在锤架之间，为防止锤架和锤头轴向窜动，锤架两端用压紧锤盘和锁紧螺母固定。转子支承在两个滚动轴承上，轴承用螺栓固定在下机架的支座上，除螺栓外，还有两个定位销钉固定着轴承的中心距。为了使转子在运转中储存一定的动能，在主轴的一端装有飞轮。

(4) 筛板　筛板的排列方式与锤头运动方向垂直，筛板与转子回转半径有一定间隙，呈圆弧状。合格产品可以通过筛板缝，大于筛缝的物料不能通过筛板缝而在筛板上再受到锤头的冲击和研磨作用，如此循环直至体积减小到可以通过筛板缝。箅条和锤头一样，受到很大的冲击和磨损，是主要的容易磨损的零件之一。筛板受到硬物料块或金属块的冲击，容易弯曲和折断。

(5) 托板和衬板　为防止机架磨损，机架内壁装有高锰钢衬板，托板用普通钢板焊接而成，由托板和衬板等部件组装而成打击板。组装好后用两根轴架于破碎机的机体上，进料角度可通过调整丝杠进行调整，打击板磨损严重时可进行更换，以保证粉碎产品质量。

(6) 过载保护装置　为防止金属物进入破碎机造成事故，锤式破碎机有安全保护装置。在主轴上装有安全铜套，皮带轮套在铜套上，铜套与皮带轮用安全销连接，当锤式破碎机内进入金属物或过负载时，销子即被剪断而起保护作用。

(7) 密封防尘装置　密封的目的在于防止灰尘、水分等进入轴承和相对运动的部件之间，又起到防止润滑油流失的作用。密封好坏直接影响滚动轴承和齿轮滚子的使用寿命，从而影响整台机器的工作效率。

2.2.5 反击式破碎机

反击式破碎机 (impact crusher) 又称冲击式破碎机，属于利用冲击能破碎矿石的机器设备。该破碎机具有结构简单、破碎比大，能量消耗少、产量高、物料破碎后呈立方形体等优点，可供造矿、水泥、建筑、耐火材料、煤炭、玻璃等工业部门中作中碎和细碎抗压强度不高于100MPa的各种中等硬度的物料，如石灰石、熟料、炉渣、焦炭、煤等。

反击式破碎机的规格用转子直径 D（实际上是板锤端部所绘出的圆周直径）×转子长度 L 来表示，例如：转子直径为1300mm、转子长度为1500mm的破碎机表示为PF 1300mm×1500mm反击式破碎机（P代表破碎机，F代表反击式）。按照转子数目不同，可分为单转子和双转子反击式破碎机。

(1) 单转子反击式破碎机　单转子反击式破碎机的基本构造如图2-11所示。单转子反击式破碎机由转子、反击板和机体等部分组成。

① 转子。转子固定在主轴上，在圆柱形的转子上装有两块（或若干块）打击板（板锤），打击板和转子多呈刚性连接，打击板用耐磨高锰钢（或其他合金钢）制作。

② 反击板。反击板的一端通过悬挂轴铰接在上机体3上面，另一端由拉杆螺栓利用球面垫圈支承在上机体的锥面垫圈上，反击板呈自由悬挂状态置于机器内部。当破碎机中进入非破碎物体时，反击板受到较大的反作用力，迫使拉杆螺栓（压缩球面垫圈）“自动”后退抬起，使非破碎物体排出，保证设备安全，这就是反击式破碎机的保险装置。调节拉杆螺栓上面的螺母，可以改变打击板和反击板之间的间隙大小。

③ 机体。机体沿轴线分成上、下机体两部分。上机体上面装有供检修和观察用的检查孔。下机体利用地脚螺栓固定于地基上。机体内面装有可更换的耐磨材料衬板，以保护机体免遭磨损。破碎机的给矿口处设置的链幕，用来防止碎矿过程中矿石飞出来发生事故。

(2) 双转子反击式破碎机　双转子反击式破碎机，根据转子的转动方向和转子配置位置，又分为如图2-12所示的三种。

① 两个转子反向回转的反击式破碎机［图2-12(a)］。两转子运动方向相反，相当于两个平行配置的单转子反击式破碎机并联组成。两个转子分别与反击板构成独立的破碎腔，进

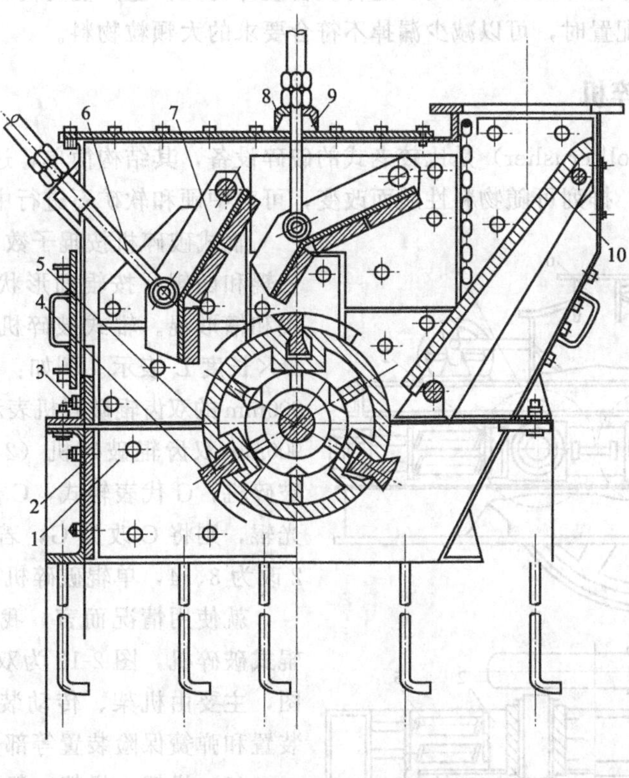

图 2-11 单转子反击式破碎机

1—机体保护衬板；2—下机体；3—上机体；4—打击板；5—转子；
6—拉杆螺栓；7—反击板；8—球面垫圈；9—锥形垫圈；10—给矿溜板

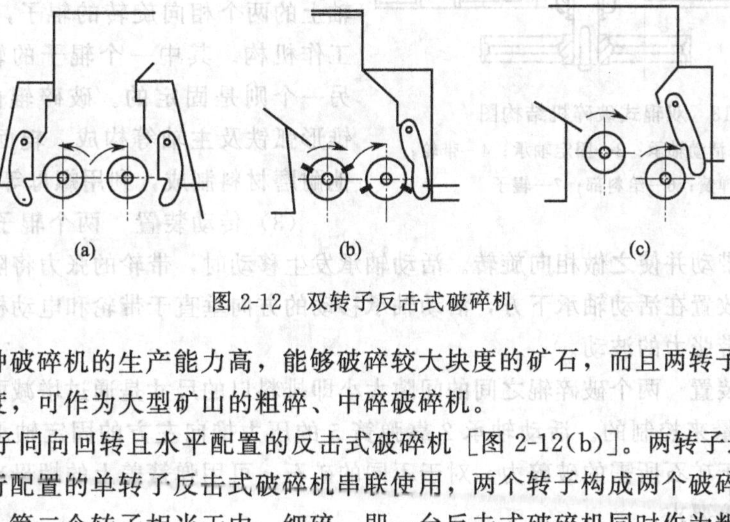

图 2-12 双转子反击式破碎机

行分破碎。这种破碎机的生产能力高，能够破碎较大块度的矿石，而且两转子水平配置可以降低机器的高度，可作为大型矿山的粗碎、中碎破碎机。

② 两个转子同向回转且水平配置的反击式破碎机［图 2-12(b)］。两转子运动方向相同，相当于两个平行配置的单转子反击式破碎机串联使用，两个转子构成两个破碎腔。第一个转子相当于粗碎，第二个转子相当于中、细碎，即一台反击式破碎机同时作为粗碎和中、细碎设备使用。该破碎机破碎比大，生产能力高，但功率消耗多。

③ 两个转子同向回转且按一定高度差配置的反击式破碎机［图 2-12(c)］。两转子按照一定高度差进行配置，其中一个转子位置稍高，用于矿石的粗碎；另一个转子位置稍低，作为矿石的细碎。这种破碎机通过扩大转子工作角度，采用分腔集中反击破碎原理，使得两个

转子充分发挥粗碎和细碎的碎矿作用。这种设备破碎比大，生产能力高，产品粒度均匀，而且两个转子呈高差配置时，可以减少漏掉不符合要求的大颗粒物料。

2.2.6 辊式破碎机

辊式破碎机（roll crusher）是比较老式的破碎设备，其结构简单，过分破碎现象少，辊面上的齿形、尺寸、排列可随物料性质而改变，可对中硬和软矿石进行中、细碎。

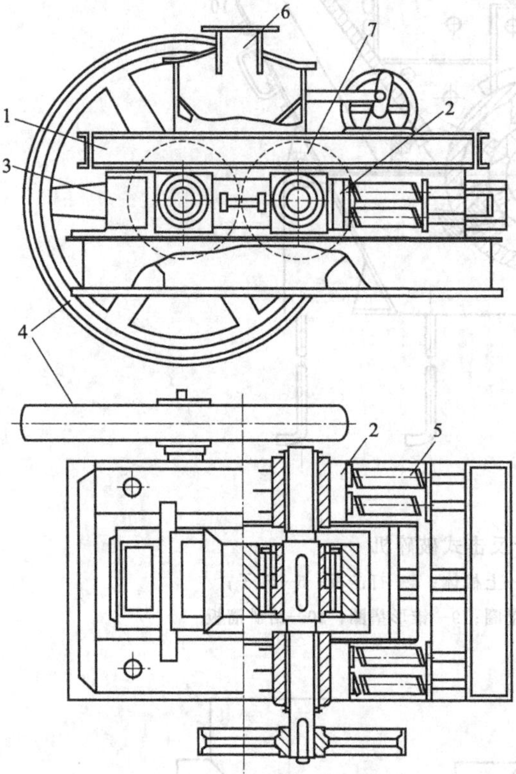

图 2-13　双辊式破碎机结构图

1—机架；2—活动轴承；3—固定轴承；4—带轮；5—弹簧；6—给料部；7—辊子

辊式破碎机按辊子数目分为单辊、双辊、三辊和四辊；按辊面形状分为光面辊、齿面辊和槽形辊。辊式破碎机的规格用辊子直径 D×长度 L 表示。例如：辊径 600mm、辊长 900mm 的双齿辊破碎机表示为 2PGC 600mm×900mm 双齿辊破碎机（2 代表双辊，P 代表破碎机，G 代表辊式，C 代表齿面辊），若是光辊，则将 C 改为 G，若是三辊、四辊，将 2 改为 3、4，单辊破碎机不标注 1。

就使用情况而言，我国使用最多的是双辊式破碎机，图 2-13 为双辊式破碎机的结构图，主要由机架、传动装置、破碎辊、调整装置和弹簧保险装置等部分组成。

（1）机架　机架一般采用铸铁铸造而成，也采用型钢焊制或者螺栓连接而成，均要求机架结构结实。

（2）破碎辊　破碎辊为平行装置在水平轴上的两个相向旋转的辊子，是该破碎机的工作机构。其中一个辊子的轴承是可动的，另一个则是固定的。破碎辊由辊面、轴毂、锥形弧铁及主轴等构成。辊面用高锰钢或其他耐磨材料制成，利用螺母等零件固定。

（3）传动装置　两个辊子分别由一台电动机通过带轮带动并使之做相向旋转。活动轴承发生移动时，带轮的张力将随之波动，所以通常把电动机放置在活动轴承下方，活动轴承移动的方向垂直于带轮和电动机中心连线的方向，可减少皮带张力的波动。

（4）调整装置　两个破碎辊之间的间隙大小即排料口的尺寸是通过增减两个破碎辊轴承之间的垫片数量来控制的。活动轴承 2 靠弹簧 5 的压力推向左方的固定轴承。在正常情况下，弹簧力大于矿石所需的破碎力。对于不同的矿石，可用弹簧盖上的螺母来调节弹簧力的大小来满足破碎要求。

（5）弹簧保险装置　在破碎机工作时，破碎辊之间产生的破碎力靠弹簧 5 的张紧力来平衡。当破碎机过载时，破碎力急增，弹簧则被压缩，可动轴承做横向运动，排料口宽度变大，非破碎物可排出。当非破碎物排出后，可动轴承则借助弹簧力恢复原状，破碎机可继续工作。也可利用液压方式进行调节。

2.2.7 高压辊磨机

高压辊磨机（high-pressure grinding rolls，HPGR）又称辊压机和挤压磨，是基于层压粉碎原理工作的高效节能粉碎设备。1984 年高压辊磨机技术出现，1985 年世界第一台高压辊磨机用于水泥行业，1988 年在南非 Premier 金刚石矿应用一台高压辊磨机，至今已应用 500 多台。高压辊磨机广泛应用于水泥生熟料、石灰石、高炉炉渣、煤及各类非金属矿物的粉碎，现在已用于铁矿石、锰矿石、冶金、球团行业、有色金属矿及各类金属矿的“多碎少磨”和“以碎代磨”，以提高物料的粉碎效率。

层压粉碎原理于 20 世纪 70 年代末由德国的 K. Schonert 教授提出，目前已成为国内外节能粉碎设备研制和改造的指导思想。层压粉碎原理是指大量物料颗粒受到高压的空间约束而集聚在一起，在强大外力作用下互相接触、挤压所形成的群体粉碎；在有限空间内压力不断增加，使颗粒间的空隙越来越小，直至颗粒间可以相互传递应力；当应力强度达到颗粒压碎强度时，颗粒破碎。其传递效率高于单纯压力、冲击力和剪切力，也比压碎、磨碎、劈裂和击碎等外力作用下的粉碎效果好。

高压辊磨机的工作原理如图 2-14 所示，物料从两个直径相等、转速相同且相向转动的挤压辊之间进入，在辊面摩擦力和料柱重力作用下，进入压力区。随着辊缝越来越小，料层受到的压力越来越大，最后物料被压成料饼从两辊之间落下。

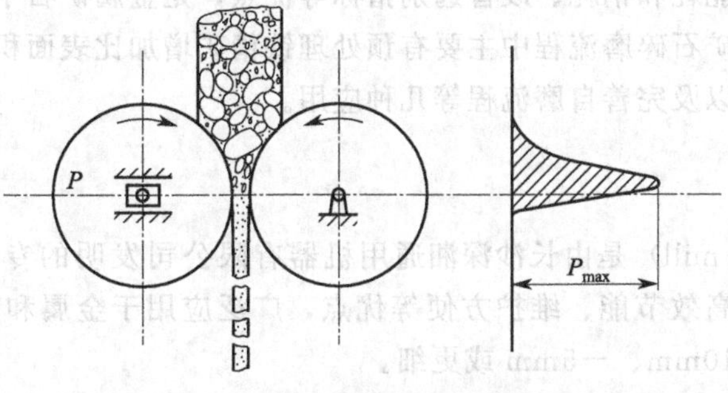

图 2-14 高压辊磨机的工作原理图

概括起来，高压辊磨机粉碎特征是高压、慢速、满料、料层层压粉碎。在高压研磨力作用下，物料床受到挤压，受压物料变成了密实但充满裂缝的扁平料片，这些料片机械强度很低，含有大量的细粉，甚至用手指就可碾碎。从图 2-14 可以看出，高压辊磨机与辊式破碎机类似，但是和辊式破碎机存在本质上的区别：一方面高压辊磨机采用准静压粉碎方式；另一方面高压辊磨机实施层压粉碎。这种方式与颚式破碎机和辊式破碎机相比，可以使物料相互粉碎，粉碎更加彻底，粉碎效率更高，设备磨损更少。

层压粉碎在高压辊磨机上实现有两个前提：一是液压系统提供足够大的压力，并且物料的入料粒度要小于两辊之间的间隙；二是高压辊磨机需要保证过饱和喂料，如果物料太少，就不能形成连续料饼，挤压效果将变差。

由于制造厂家不同，高压辊磨机结构形式可以多种多样，但结构原理基本相似。高压辊磨机主要由给料系统、工作辊（一个固定辊、一个滑动辊）、传动系统（主电机、减速机、皮带轮、齿轮轴）、液压系统、机架、横向防漏装置、排料装置、控制系统等部分组成，见图 2-15。

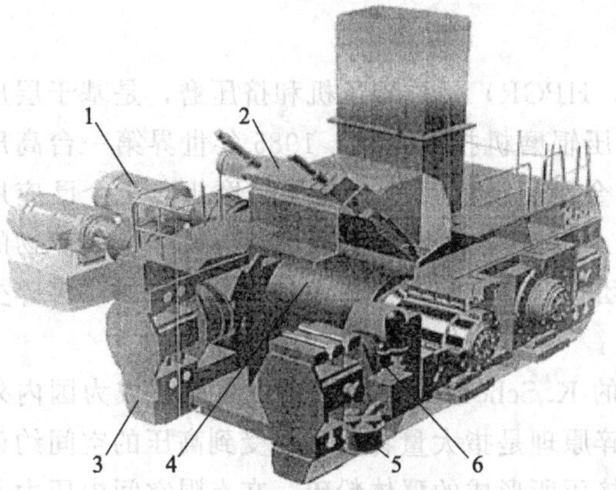

图 2-15 高压辊磨机结构图

1—传动系统；2—可调进料装置；3—机架；
4—挤压辊装置；5—润滑系统；6—液压系统

高压辊磨机的工作部件是一对平行排列相向转动的辊子，其中固定辊的辊轴位置固定，滑动辊的辊轴可在水平滑道上移动。极高的工作压力来自作用于滑动辊轴上的液压系统。高压辊磨机的给料方式是，通过可调节开口大小的给料器将物料送入高压辊磨机两辊之间的破碎腔（该料流空间上下连续、贯通，可形成 3m 以上的料柱，确保形成足够的给矿压力），挤满破碎腔的物料，在辊子的相向转动和料柱重力的双重作用下，强制进入不断压缩的空间，并被压实，颗粒床被压缩至容积密度为固体真密度 85%左右。物料达到一定压力时遭到粉碎，产生大量的细粒、微细粒及颗粒内微裂纹。

近年来，经过高压辊磨机辊面、轴承的创新、改进，使用寿命不断提高，已完全具备粉碎坚硬金属矿石的能力，研制与使用技术已相当成熟，并逐步向大型化、自动化方向发展。高压辊磨机具有生产能力大、产品粒度细、能量有效利用率高、占地面积小、能提高磨机处理能力以及降低磨机能耗和钢耗、改善选别指标等优点，是金属矿石中细碎及超细碎的理想设备。高压辊磨机在矿石碎磨流程中主要有预处理铁精矿增加比表面积、取代第三段破碎设备、用于第四段破碎以及完善自磨流程等几种应用。

2.2.8 柱磨机

柱磨机（column mill）是由长沙深湘通用机器有限公司发明的专利设备，该机具有结构简单、运转平稳、高效节能、维护方便等优点，广泛应用于金属和非金属矿石的粉碎作业，产品粒度可达－10mm、－5mm 或更细。

柱磨机外形和结构如图 2-16 和图 2-17 所示，它由皮带轮、变速箱、主轴、进料装置、出料装置、撒料盘、箱体、辊轮和衬板组成。柱磨机是一种立式磨结构，采用中速中压和连续反复脉动的辊压粉碎原理，由机器上部减速装置带动主轴旋转，主轴带动数个辊轮在环锥形内衬中碾压并绕主轴公转又自转（辊衬间隙可调）。物料从上部给入，靠自重和推料在环锥形内衬中形成自行流动的料层。料层受到辊轮反复脉动碾压而成粉末，最后从磨机下部自动卸料。由于辊轮只做规则的公转和自转，且料层所受作用力主要来自弹性加压机构，从而避免辊轮与衬板因撞击而产生的能耗、磨损及机件损伤。辊轮与衬板的材质是高合金耐磨钢，最大限度减少了易损件的磨损。

柱磨机具有以下特点：①电耗省。比球磨机节电 50%～60%，比振动磨、雷蒙机节电 30%～40%。②磨损少。采用料层辊压粉磨原理和高合金耐磨材料，研磨体（易损件）使用寿命长。③产能大。处理能力大，工作效率高，适用于各类行业中大规模的粉磨和细碎。④适应广。辊轮和衬板间隙可调，但绝不接触碰撞，磨机内温升低（<70℃），既可用于粉磨工艺，也可用于超细碎工艺，对难磨物料适应性强。⑤体积小。安装简单、占地面积小、土建投资省。⑥操作容易。结构简单，性能可靠，操作维护简便。⑦环保。噪声低于 80dB，基本无扬尘、振动。

图 2-16　柱磨机外形图

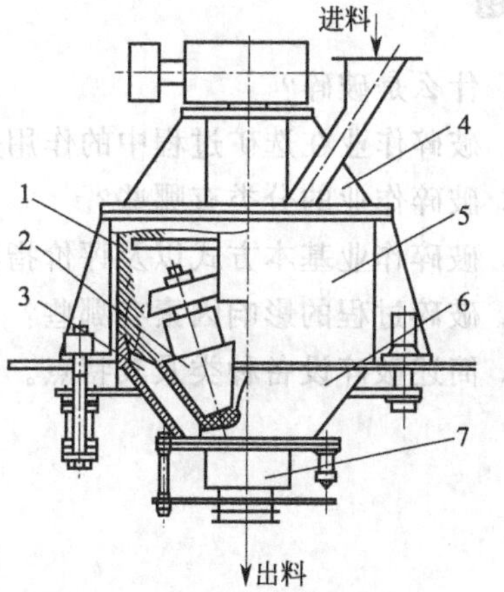

图 2-17　柱磨机结构示意图

1—衬板；2—辊轮；3—物料；4—上筒体；
5—中箱体；6—下箱体；7—排料筒

2.3　破碎过程影响因素

影响矿石破碎的主要因素有矿石性质、破碎设备的性能和操作条件。

(1) 矿石性质　矿石越硬，其抗压强度越大，则越难破碎，生产率就越低，反之，生产率高；给矿中大块多，需要的破碎量大，生产率就低，反之则生产率高；矿石含水含泥量大时，易黏结及堵塞破碎腔，对生产率有较大影响，严重时甚至使破碎过程无法进行；破碎密度大的矿石时，生产率高，反之生产率低；破碎解理发达的矿石，其生产率比破碎结构致密的矿石高。

(2) 破碎设备的性能　破碎设备的类型、规格、行程、啮角、排矿口尺寸大小等对破碎机生产率影响很大。同类破碎机规格越大，生产率越高；破碎机的啮角（两个破碎工作面之间的夹角）越小，排矿口越大，破碎比就越小，矿石容易通过，生产率越高。反之，啮角越大，排矿口越小，破碎比越大，矿石难以通过，生产率越低。如果啮角过大，破碎矿石时，将使矿石向上跳动而不能破碎，甚至会发生安全事故。如果啮角太小，则破碎比太小难以满足工艺过程的要求。所以破碎机的啮角应适当。颚式破碎机的工作啮角一般为15°～25°，旋回破碎机的啮角一般为21°～23°，圆锥破碎机的啮角一般为18°左右，辊式破碎机的啮角一般为30°左右，所有破碎设备的啮角均不应大于34°。对于一定类型及规格的破碎机，工作时既要考虑破碎比，也要考虑生产率，二者必须兼顾，片面追求一方面是不对的。

(3) 操作条件　连续均匀地给矿是破碎机正常工作的先决条件。采用闭路破碎，给料中加入了大量的循环负荷，使给料粒度相对变细，而且循环负荷加破碎即可成为合格的中间产品，因此闭路工作时破碎机应在大破碎比、高负荷系数的情况下工作，生产能力才能提高。根据矿石的硬度不同，闭路破碎时生产能力提高大约15%～40%。所谓负荷系数是破碎机实际生产能力与计算所能达到的生产能力之比的百分数。负荷系数的大小，是破碎机潜力是否充分发挥的重要标志。

思考题

1. 什么是破碎？
2. 破碎作业在选矿过程中的作用是什么？
3. 破碎作业的分类有哪些？
4. 破碎作业基本方式以及评价指标有哪些？
5. 破碎过程的影响因素有哪些？
6. 简述破碎设备种类及其特点。

第 3 章

筛分作业及筛分机械

碎散物料通过一层或数层筛面被分成不同粒级的过程称为筛分。在实验室或试验场地为完成粒度分析而进行的筛分称为试验筛分，在工厂或矿场为完成生产任务而进行的筛分称为工业筛分，本章的筛分指工业筛分。

筛分过程一般是连续的，筛分物料给到筛分机械（简称筛子）上以后，小于筛孔尺寸的物料透过筛孔，称为筛下产物；大于筛孔尺寸的物料从筛面上不断排出，称为筛上产物。在一定条件下，筛上产物中最小粒度与筛下产物中最大粒度，都近似等于筛面的筛孔尺寸，筛孔尺寸可简单地认为是筛分粒度。在单位时间内给到筛面上物料的质量称为生产率，单位是t/h。但在选矿或选煤生产中，习惯称之为处理量、处理能力或筛子负荷。

3.1 筛分作业分类及其评价指标

3.1.1 筛分作业分类

筛分作业广泛用于选矿厂、选煤厂和筛选厂等。按照应用目的和使用场合不同，以及筛分作业在生产工艺中担负任务不同。筛分作业可分为以下几种：

（1）独立筛分　目的是得到适合于用户要求的最终产品。例如，在钢铁冶金工业中，常把含铁较高的富铁矿筛分成不同的粒级，合格的大块铁矿石进入高炉冶炼，粉矿则经团矿或烧结制块入炉。

（2）预先筛分　矿石进入破碎机前进行的筛分。用筛分机从矿石中分出对于该破碎机而言已经合格的部分，如粗碎机前安装的格筛、条筛，其筛下产品可不经粗碎机再碎，这样可以减少进入破碎机的矿石量，提高破碎机的处理能力。

（3）检查筛分　矿石经过破碎之后进行的筛分。其目的是保证最终的破碎产品符合后续作业的粒度要求，使不合格的破碎产品返回破碎作业。

（4）准备筛分　其目的是为下一作业做准备。如重选厂在跳汰前要把物料进行筛分分级，把粗、中、细不同的产物分别进行跳汰。

（5）选择性筛分　如果物料中有用成分在各个粒级的分布差别很大，则可以经筛分分级得到质量不同的粒级，把低质量的粒级筛除，从而相应提高物料的品位。如一些磁铁矿选矿厂的磁选粗精矿再磨前的细粒筛分就有选择性筛分的作用，通过筛分能提高铁精矿品位。

（6）脱水筛分　目的是脱除物料的水分，一般在洗煤厂比较常见。

（7）脱泥筛分　物料含水含泥较高时，用来脱除物料中的细泥。

3.1.2　筛分作业评价指标

在生产实践中，常用数量指标和质量指标评价筛分作业效果好坏。

评价筛分作业的数量指标为筛子的生产率，即单位时间内给到筛子上（或单位筛面面积上）的物料量，单位为 t/h 或 $t/(m^2 \cdot h)$。

评价筛分作业的质量指标为筛分效率。即筛下产物的质量与入筛物料中所含小于筛孔尺寸粒级质量之比，筛分效率用百分数来表示：

$$E=\frac{C}{Q\times\frac{\alpha}{100}}\times 100\%=\frac{C}{Q\alpha}\times 10^4\% \tag{3-1}$$

式中　E——筛分效率，%；

C——筛下产品的质量，t；

Q——入筛物料的质量，t；

α——入筛原物料中小于筛孔尺寸粒级的百分数，%。

式(3-1) 是筛分效率计算的定义式，但实际生产中要测定 C 和 Q 比较困难，因此，改用下面推导出的计算式来进行计算。

筛网没磨损时的筛分效率用式(3-2) 计算：

$$E=\frac{C}{Q\alpha}\times 10^4\%=\frac{\alpha-\theta}{\alpha(100-\theta)}\times 10^4\% \tag{3-2}$$

式中，E、C、Q、α 意义同上；θ 为筛上产物中所含小于筛孔尺寸粒级的百分数，%。

式(3-2) 是指筛下产物中不含有大于筛孔尺寸颗粒的条件下列出的物料平衡方程式，公式中的 α、θ 必须用百分数代入。

由于实际生产中，筛网常常被磨损，部分大于筛孔尺寸的颗粒总会或多或少地透过筛孔进入筛下产物，如果考虑这种情况，筛分效率应按式(3-3) 计算：

$$E=\frac{\beta(\alpha-\theta)}{\alpha(\beta-\theta)}\times 100\% \tag{3-3}$$

式中，E、α、θ 意义同上；β 为筛下产物中所含小于筛孔尺寸粒级的百分数，%。

筛分效率的测定方法如下：在入筛的物料流中和筛上物料流中每隔 15～20min 取一次样，应连续取样 2～4h，将取得的平均试样在检查筛里筛分，检查筛的筛孔与生产上用的筛子的筛孔相同。分别求出 α、θ，代入公式(3-2) 中可求出筛分效率。如果没有与所测定的筛子的筛孔尺寸相等的检查筛，可以用套筛作筛分分析，将其结果绘成粒度特性曲线，然后根据粒度特性曲线图求出该级别的百分含量 α 和 θ。

级别筛分效率就是筛下产品中某一级别颗粒的质量与入筛物料中同一级别颗粒的质量之比。级别筛分效率用 E 表示。它的计算式与公式(3-3) 相同，只不过此时 α、β、θ 在公式中不是表示小于筛孔尺寸粒级的百分比，而是表示要测定的那一级别颗粒的百分比。

总筛分效率等于按筛下的粒级计算的筛分效率减去筛下产物中混入的大于规定粒级的筛分效率。总筛分效率 η_A 为：

$$\eta_A=\frac{(\alpha-\theta)}{(\beta-\theta)}\times\frac{100(\beta-\alpha)}{\alpha(100-\alpha)}\times 100\%=\frac{(\alpha-\theta)(\beta-\alpha)\times 100}{\alpha(\beta-\theta)(100-\alpha)}\times 100\% \tag{3-4}$$

式中 η_A——总筛分效率，%；

α——入筛原物料中小于筛孔尺寸粒级的百分数，%；

β——筛下产物中所含小于筛孔尺寸粒级的百分数，%；

θ——筛上产物中所含小于筛孔尺寸粒级的百分数，%。

级别筛分效率与总筛分效率有着密切的关系，“细粒级别”的级别筛分效率恒大于总筛分效率，且级别愈细，级别筛分效率愈高；“难筛颗粒”的级别筛分效率恒小于总筛分效率，且“难筛颗粒”尺寸愈接近筛孔尺寸，其级别筛分效率愈低。

3.2 筛分机械种类

3.2.1 固定筛

固定筛（stationary screen）是由平行排列的钢条或钢棒组成的，钢条和钢棒称为格条，格条借助横杆连接在一起，格条间的缝隙大小即为筛孔尺寸。

固定筛分为格筛和条筛，格筛安装在原矿仓顶部，以保证粗碎机的入料粒度要求，筛上大块需要用手锤或其他方法破碎，以使其能够过筛，一般为水平安装。条筛主要用于粗碎和中碎前作预先筛分，一般为倾斜安装，倾角的大小应能使物料沿筛面自动滑下，筛条倾角应大于物料对筛面的摩擦角。条筛倾角一般为40°～50°，对于大块矿石，倾角可小些，对于黏性矿石，倾角应稍大些。

条筛筛孔尺寸约为筛下粒度的1.1～1.2倍，一般筛孔尺寸不小于50mm。条筛的宽度取决于给矿机、运输机以及破碎机给矿口的宽度，并应大于给矿中最大块粒度的2.5倍。条筛的优点是构造简单，无运动部件，不需要动力；缺点是易堵塞，所需高差大，筛分效率低，一般为50%～60%。

3.2.2 圆筒筛

圆筒筛（cylinder screen）筛面为圆柱形，安装角度一般为4°～5°。有的情况下，筛面为圆锥形。筛面为圆锥形时，采用水平或微倾斜安装。物料从一端给入筛筒内，随着筛筒旋转，物料向另一端移动。在移动过程中，细粒物料透过筛孔落入筛下漏斗，大于筛孔的粗粒物料从另一端排出。圆筒筛结构如图3-1所示。

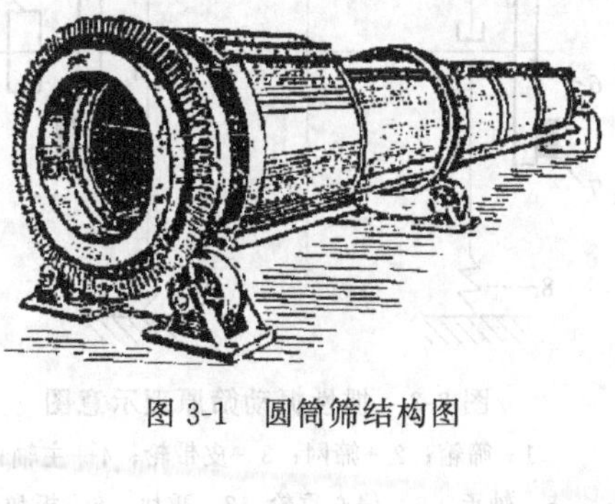

图3-1 圆筒筛结构图

圆筒筛属于低速筛分机，运转比较平稳，安装于高层建筑上，振动较轻。缺点是筛分效率较低，处理量也较低。圆筒筛常作湿筛，并兼作洗矿机。由于其结构简单，有些小型采石场将它用于石料分级。

3.2.3 振动筛

振动筛（vibrating screen）是利用振子激振所产生的往复旋型振动而工作的。振子的上旋转重锤使筛面产生平面回旋振动，而下旋转重锤则使筛面产生锥面回转振动，其联合作用的效果则使筛面产生复旋型振动。其振动轨迹是一复杂的空间曲线。该曲线在水平面投影为一圆形，而在垂直面上的投影为一椭圆形。调节上、下旋转重锤的激振力，可以改变振幅。而调节上、下重锤的空间相位角，则可以改变筛面运动轨迹的曲线形状进而改变筛面上物料的运动轨迹。

振动筛根据筛框的运动轨迹不同，可以分为圆运动振动筛和直线运动振动筛两类。圆运动振动筛包括单轴惯性振动筛、自定中心振动筛和重型振动筛。直线运动振动筛包括双轴惯性振动筛（直线振动筛）和共振筛，按筛网层数还可分为单层筛和双层筛两类。

振动筛是选矿厂普遍采用的一种筛分机。它具有以下突出的优点：①筛体以低振幅、高振动次数做强烈振动，消除物料堵塞现象，使筛分机有较高的筛分效率和生产能力。②动力消耗小，构造简单，操作、维护检修比较方便。③因为振动筛生产能力和筛分效率较高，故所需的筛网面积比其他筛分机小，可以节省厂房面积和高度。④应用范围广，适用于中、细碎前的预先筛分和检查筛分。

3.2.3.1 惯性振动筛

惯性振动筛（inertia vibrating screen）有单层、双层、座式和吊式之分。惯性振动筛可用于选矿厂、选煤厂及焦化厂对矿石、煤及焦炭进行筛分，入筛物料的最大粒度为100mm。

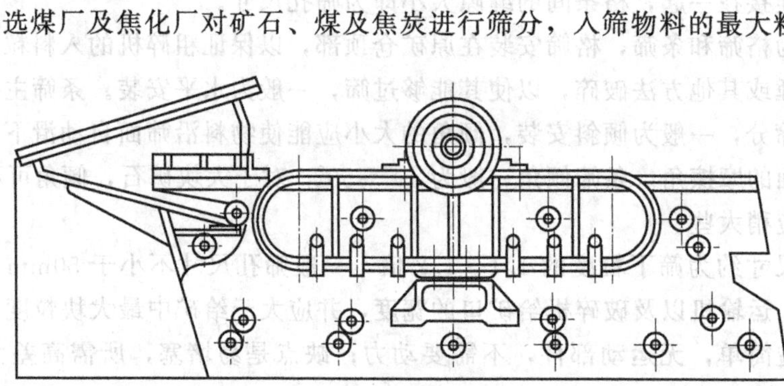

图 3-2 惯性振动筛外形图

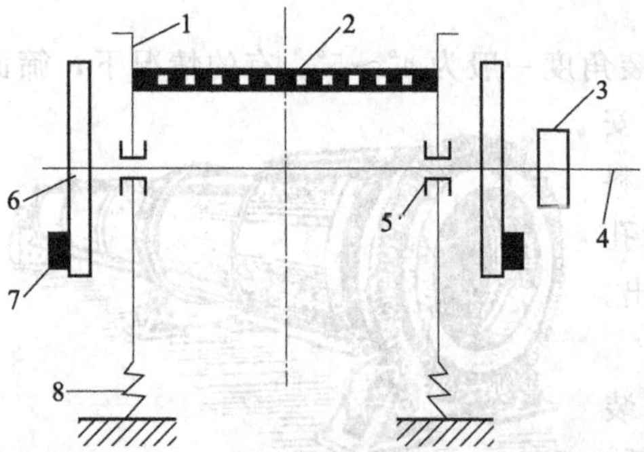

图 3-3 惯性振动筛原理示意图

1—筛箱；2—筛网；3—皮带轮；4—主轴；5—轴承；6—偏心重轮；7—重块；8—板弹簧

惯性振动筛由筛箱、振动器、板弹簧组和传动电机等部分组成。惯性振动筛外形如图 3-2 所示，惯性振动筛的原理示意图如图 3-3 所示。筛网 2 固定在筛箱 1 上，筛箱安装在两椭圆形板弹簧组 8 上，板弹簧组底座与倾斜度为 15°～25°的基础固定。筛箱依靠固定在其中部的单轴惯性振动器（纯振动器）产生振动。振动器的两个滚动轴承 5 固定在筛箱中部，振动器主轴 4 的两端装有偏心重轮 6，调节重块 7 在偏心重轮上的不同位置，可以得到不同的惯性力，从而调整筛子的振幅。安装在固定机座上的电动机，通过三角皮带轮 3 带动主轴旋转，使筛子产生振动。筛子中部的运动轨迹为圆。因板弹簧的作用使筛子的两端运动轨迹为椭圆，在给料端附近的椭圆形轨迹方向朝前，促使物料前进速度增加。根据对生产量和筛分效率的不同要求，筛子可安装成不同的坡度（15°～25°）。在排料端附近的椭圆形轨迹方向朝后，使物料前进速度减慢，有利于提高筛分效率。

惯性振动筛的振动器安装在筛箱上，轴承中心线与皮带轮中心线一致，随着筛箱上下振动，引起皮带轮振动，这种振动会传给电动机，会影响电动机使用寿命，因此此筛振幅不宜太大。由于振动次数高，使用过程中必须密切注意它的工作情况，特别是轴承的工作情况。

惯性振动筛由于振幅小而振动次数高，适用于筛分中、细粒级物料，并且要求给料均匀。当负荷加大，筛子振幅减小，容易发生筛孔堵塞现象；当负荷过小，筛子振幅加大，物料会过快跳跃越过筛面，这两种情况都会导致筛分效率降低。由于筛分粗粒级物料需要较大振幅才能把物料抖动，并且筛分粗粒物料很难做到给料均匀，故惯性振动筛只适宜于筛分中、细粒级物料，给料粒度一般不超过100mm，且筛子不宜制造得太大，适用于中、小型选矿厂。

3.2.3.2 自定中心振动筛

自定中心振动筛（auto-centering vibrating screen）按筛面面积有各种规格，每种规格筛子分为单层筛网与双层筛网，一般为吊式筛，但也有座式筛，可供冶金、化工、建材、煤炭等部门用于中、细粒级物料的筛分。

自定中心振动筛主要由筛箱、激振器、弹簧等部分组成，外形如图3-4所示，结构如图3-5所示。筛箱用钢板和钢管焊接而成，筛网用角钢压板压紧在筛箱上。在振动器的主轴上，除中间部分制出偏心外，还在轴的两端装有可调节配重的皮带轮和飞轮。电动机通过三角皮带带动振动器，使整个筛子产生振动。弹簧支持筛箱，减轻筛子在运转时传给基础的动力。与惯性振动筛相比较，不同的只是传动轴4与皮带轮2相连接时，在皮带轮上所开的轴孔的中心与皮带轮几何中心不同心，而是向偏心重块3所在位置的对方，偏离皮带轮几何中心一个偏心距A。A为振动筛的振幅。当偏心重块3在下方时，筛箱1及传动轴4的中心线在振动中心线$O—O$上，距离为A。同样由于轴孔在皮带轮上是偏心的，因此，仍然使得皮带轮2的中心与振动中心线$O—O$相重合。所以不管筛箱1和传动轴4在运动中处于任何位

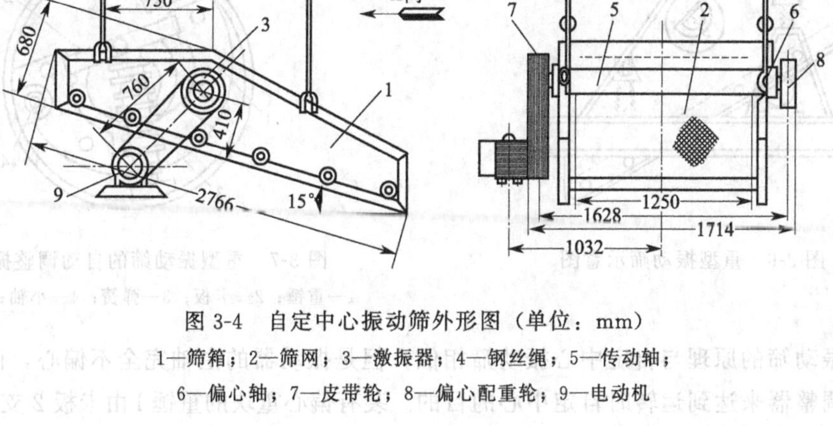

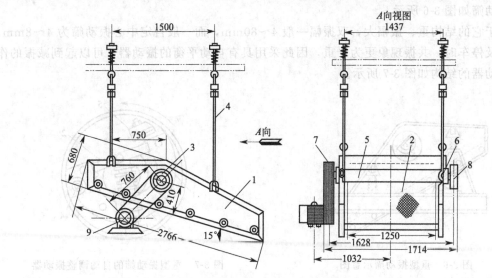

图3-4　自定中心振动筛外形图（单位：mm）

1—筛箱；2—筛网；3—激振器；4—钢丝绳；5—传动轴；
6—偏心轴；7—皮带轮；8—偏心配重轮；9—电动机

置，皮带轮 2 的中心 O 总是保持与振动中心线重合，因而空间位置不变，即实现皮带轮自定中心。两大小皮带轮的中心距保持不变，可消除惯性振动筛的皮带时紧时松现象。

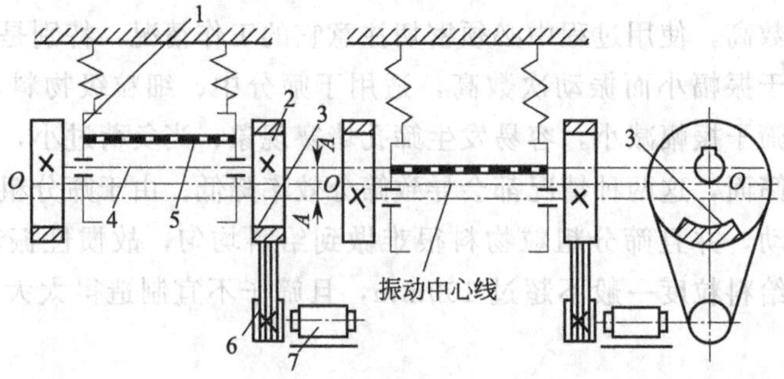

图 3-5　自定中心振动筛结构图

1—筛箱；2，6—皮带轮；3—偏心重块；4—传动轴；5—筛网；7—电动机

自定中心振动筛与惯性振动筛的主要区别在于，惯性振动筛的传动轴与皮带轮是同心安装，而自定中心振动筛的皮带轮与传动轴不同心。自定中心振动筛的优点在于电动机稳定方面有很大改善，筛子振幅可比惯性振动筛稍大；筛分效率较高，一般可以达 80% 以上；可根据生产要求调节振幅。但是，在操作中，筛子的振幅受给矿量影响而变化，当筛子给矿量过大时，振幅变小，不能使筛网上的矿石全部抖动起来，筛分效率下降；反之，筛子的给矿量过小，矿石在筛面上筛分时间过短，也导致筛分效率下降。因此，给矿量不宜波动太大。自定中心振动筛与惯性振动筛一样，适用于中、细粒级物料的筛分及中、小型选矿厂。

3.2.3.3　重型振动筛

重型振动筛（heavy duty vibrating screen）分为单层筛和双层筛，结构比较坚固，能承受较大的冲击负荷，适用于筛分大块度、体积质量大的物料，最大入筛粒度可达 350mm。重型振动筛如图 3-6 所示。

由于它的结构重、振幅大，双振幅一般 4～80mm，而一般自定中心振动筛为 4～8mm。在启动及停车时，共振现象更为严重，因此采用具有自动平衡的振动器，可以起到减振的作用。振动器的结构如图 3-7 所示。

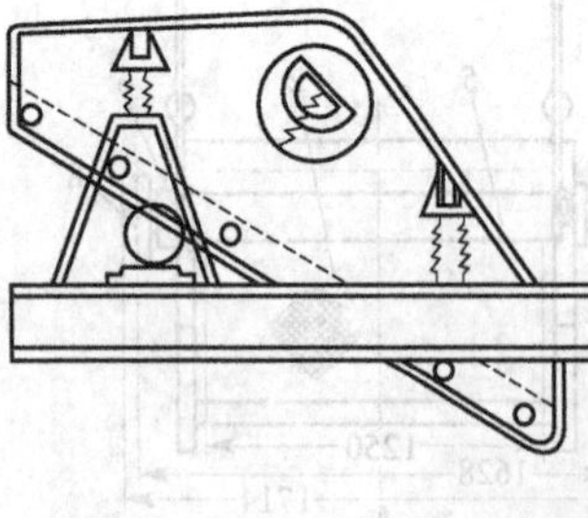

图 3-6　重型振动筛示意图

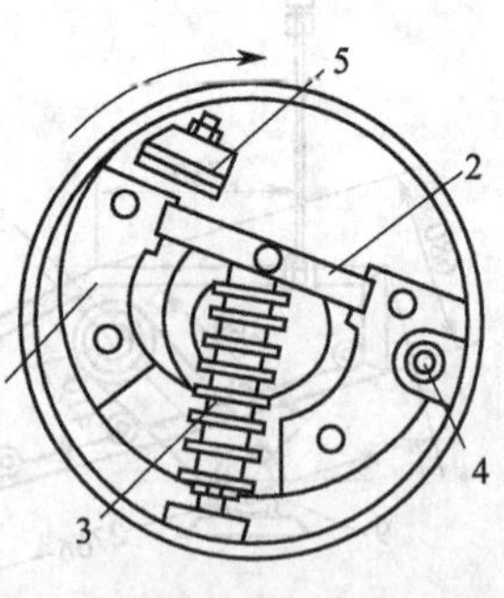

图 3-7　重型振动筛的自动调整振动器

1—重锤；2—卡板；3—弹簧；4—小轴；5—撞铁

重型振动筛的原理与自定中心振动筛相似，但是振动器的主轴完全不偏心，而以皮带轮中的自动调整器来达到运转时自定中心的目的。装有偏心重块的重锤 1 由卡板 2 支承在弹簧 3

上，重锤可以在小轴4上自由转动，因此振动器的重块是可以自动调整的。这种结构的特点是，筛子在低于共振转速时，筛子不发生振动；当超过临界转速时，筛子开始振动。筛子在启动（或停车）时，主轴的转速较低，重锤所产生的离心力也很小（因离心力随转速而变）。由于弹簧的作用，重锤的离心力不足以使弹簧3受到压缩，重锤对回转中心不发生偏离，因此产生的激振力很小，这时筛子不产生振动，可以平稳地克服共振转速。当筛子在启动和停车过程中达到共振转速时，可以避免由于振幅急剧增加而损坏支承弹簧。筛子启动后，转速高于共振转速，重锤产生的离心力大于弹簧的作用力，弹簧被压缩，重锤开始偏离回转中心，产生激振力，使筛子振动起来，这时撞铁对冲击力起缓冲作用。

筛子的振幅靠增、减重锤上偏心重块的重量来调节；振动次数可以用更换小皮带轮的方法来改变。重型振动筛主要用于中碎机前的预先筛分，可代替筛分效率低、易堵塞的棒条筛；对于含水、含泥量高的矿石，可用于中碎前的预先筛分及洗矿，其筛上物进入中碎机，筛下物进入洗矿脱泥系统。

3.2.3.4 直线振动筛

直线振动筛（linear vibrating screen）主要由筛箱、箱型振动器、吊拉减振装置、驱动装置等组成，它的结构示意图及双轴振动器的工作原理如图3-8所示。

直线振动筛的两根轴反向旋转，主轴和从动轴上安有相同偏心距的重块。当激振器工作时，两个轴上的偏心重块相位角一致，产生的离心惯性力的 x 方向分力促使筛子沿 x 方向振动，y 方向的离心惯性力大小相等，方向相反，相互抵消。因此，筛子只在 x 方向振动，称为直线振动筛。振动方向角通常选择45°，筛上物料的排除主要靠振动方向角的作用，所以筛子通常水平安装或呈5°～10°倾斜安装。

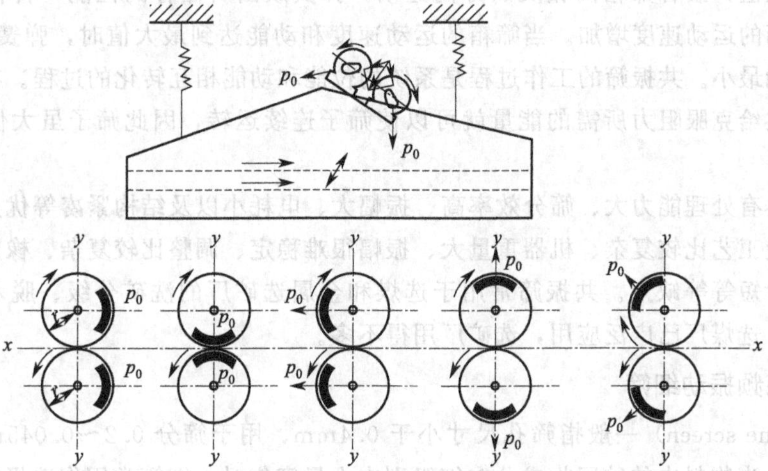

图3-8　直线振动筛及双轴振动器的工作原理图

两个偏心重块，可以用一对齿轮的传动来实现反相等速同步运行，这样的振动筛称为强迫同步的直线振动筛。在两个偏心重块之间，也可以没有任何联系，依靠力学原理，实现同步运行，这样的振动筛称为无强迫联系的自同步直线振动筛。

直线振动筛激振力大，振幅大，振动强烈，筛分效率高，生产率大，可以筛分粗粒物料。由于筛面水平安装，脱水、脱泥、脱介质的效率相当高。但它的激振器复杂，两根轴高速旋转，故制造精度和润滑要求高。

3.2.3.5 共振筛

共振筛（resonance screen）也叫弹性连杆式振动筛，用连杆上装有弹簧的曲柄连杆机构驱动，使筛子在接近共振状态下工作，图 3-9 为共振筛的工作原理示意图。

共振筛主要由上筛箱、下机体、传动装置、共振弹簧、板簧、支承弹簧等部件组成。当电动机通过皮带传动驱动装于下机体上的偏心轴转动时，轴上的偏心装置使连杆做往复运动。连杆通过其端部的弹簧将作用力传给筛箱，同时下机体也受到相反方向的作用力，使筛箱和下机体沿着倾斜方向振动，但它们运动方向彼此相反。筛箱和弹簧装置形成一个弹性系统，弹性系统有自己的自振频率，传动装置也有一定的强迫振动频率，当自振频率与强迫振动频率接近相等时，筛子在接近共振状态下工作。

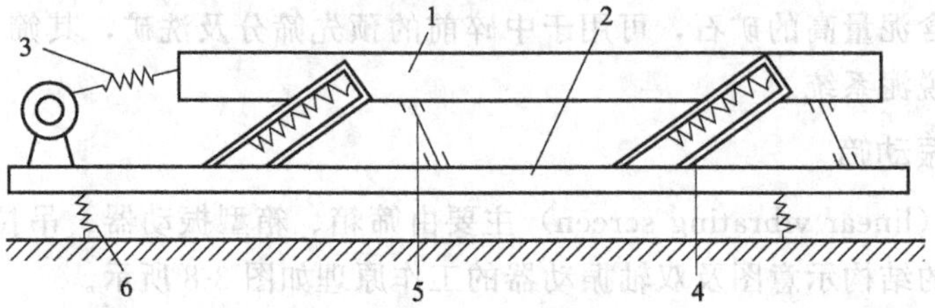

图 3-9 共振筛的工作原理示意图

1—上筛箱；2—下机体；3—传动装置；4—共振弹簧；5—板簧；6—支承弹簧

当共振筛的筛箱压缩弹簧而运动时，其运动速度和动能都逐渐减小，被压缩的弹簧所储存的位能却逐渐增加。当筛箱的运动速度和动能等于零时，弹簧被压缩到极限，它所储存的位能达到最大值，接着筛箱向相反的方向运动，弹簧放出所储存的位能，转化成筛箱的动能，因而筛箱的运动速度增加。当筛箱的运动速度和动能达到最大值时，弹簧伸长到极限，所储存的位能最小。共振筛的工作过程是系统的位能和动能相互转化的过程。在每一次振动中，只消耗供给克服阻力所需的能量就可以使筛子连续运转，因此筛子虽大但功率消耗却很小。

共振筛具有处理能力大、筛分效率高、振幅大、电耗小以及结构紧凑等优点。共振筛目前尚存在制造工艺比较复杂、机器重量大、振幅很难稳定、调整比较复杂、橡胶弹簧容易老化、使用寿命短等等缺点。共振筛常用于选煤和金属选矿厂的洗矿分级、脱水、脱介等作业。在我国，选煤厂已广泛应用，选矿厂用得不多。

3.2.3.6 高频振动细筛

细筛（fine screen）一般指筛孔尺寸小于 0.4mm、用于筛分 0.2～0.045mm 以下物料的筛分设备。当物料中的欲回收成分在细级别中大量富集时，细筛常用作选择筛分设备，以得到高品位的筛下产物。据报道，我国目前生产的铁精矿有 50％以上是细筛产出的筛下产物。

按照振动频率不同，细筛可分为固定细筛、中频振动细筛和高频振动细筛，中频振动细筛的振动频率一般为 13～20Hz；高频振动细筛的振动频率一般为 23～50Hz。

高频振动细筛（high frequency vibrating fine screen）应用于磨矿分级回路中的分级作业，分级效率和精度高，可大幅度降低筛上产物中合格粒级含量，从而降低磨矿分级循环负荷、提高磨机处理能力和减少磨矿产品过磨泥化。在磨矿循环中采用细筛作为分级设备以取代螺旋分级机和水力旋流器，日益受到重视。

在磨矿分级作业中采用的高频振动细筛有美国德瑞克（Derrick）高频振动细筛、长沙矿冶研究院研制的 GPS 系列高频振动细筛、唐山陆凯公司生产的 MVS 陆凯高频振动细筛和广州有色金属研究院研制的 GYX 和 GZX 系列高频振动细筛等。

美国 Derrick 公司的高频振动细筛拥有 Urethane 聚酯、Sandwich 夹层和 Pyramid 三维筛网独家专利技术。德瑞克重叠式高频细筛的工作原理如图 3-10 所示，该设备最大包含 5 层相互并联重叠的筛框，顶部由两个振动器驱动，并列式筛框下倾角度在 15°～25°。物料通过筛分设备上方的料浆分配器给入筛面，每层筛面为一个独立的筛分单元。各层筛面的筛上筛下产物集中汇入统一的筛上筛下受料斗，由两个出口分别排出。GPS 系列高频振动细筛在振动细筛关键技术“高频振动器的连续运转能力”“橡胶弹簧悬挂支承”（隔振好，不需要混凝土地基）等方面处于国内领先水平。GYX、GZX 系列高频振动细筛具有国际先进水平的细粒物料筛分设备，产品规格齐全，可根据用户需要生产各种规格设备。河北省唐山市陆凯科技有限公司生产的复合振动筛，其运动方式独特、能耗低、筛分效率高、处理量大等，是目前细粒物料筛分领域最为先进的设备之一。

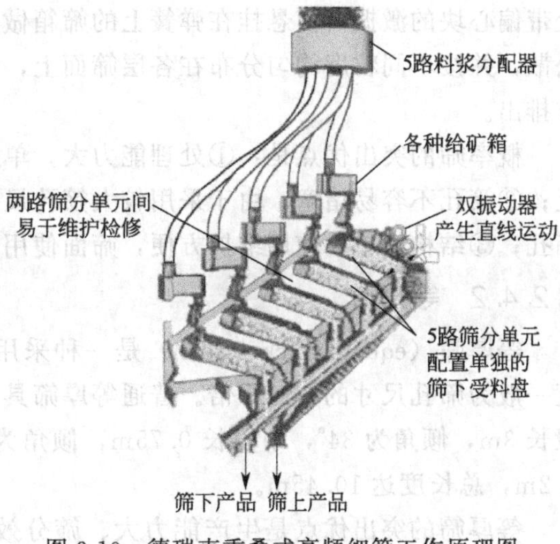

图 3-10 德瑞克重叠式高频细筛工作原理图

3.2.4 其他筛分设备

3.2.4.1 概率筛

概率筛（probability screen）的筛分过程是按照概率理论进行的。由于这种筛分机是瑞典人摩根森（F. Mogensen）于 20 世纪 50 年代首先研制成功的，所以又叫作摩根森筛。我国研制的概率筛于 1977 年问世，在工业生产中得到广泛应用的有自同步式概率筛和惯性共振式概率筛。

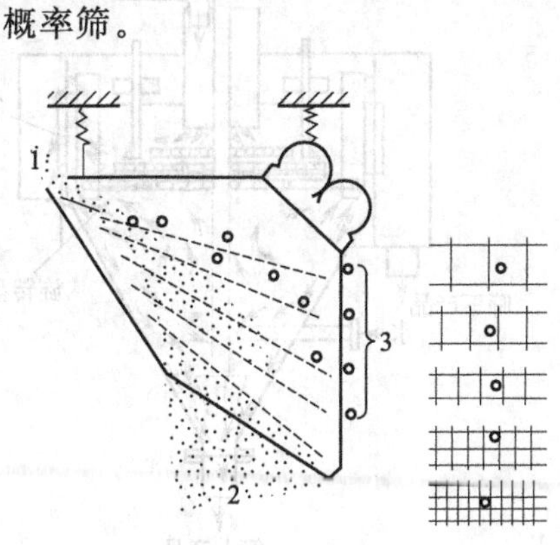

图 3-11 自同步式概率筛的工作原理图

1—给料；2—细粒；3—粗粒

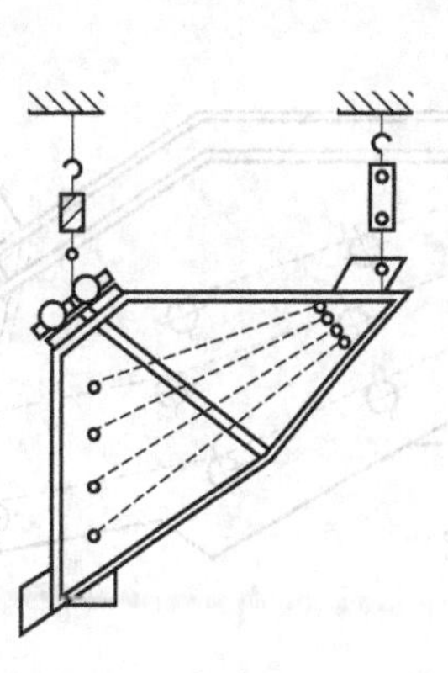

图 3-12 自同步式概率筛的结构图

自同步式概率筛的工作原理如图 3-11 所示，其结构如图 3-12 所示。它由 1 个箱形框架和5层（一般为3～6层）坡度自上而下递增、筛孔尺寸自上而下递减的筛面所组成。筛箱上带偏心块的激振器使悬挂在弹簧上的筛箱做高频直线振动。物料从筛箱上部给入后，迅速松散，并按不同粒度均匀分布在各层筛面上，然后各个粒级的物料分别从各层筛面上端及下方排出。

概率筛的突出优点是：①处理能力大，单位筛面面积生产能力可达一般振动筛的5倍以上；②筛孔不容易堵塞，由于采用较大筛孔尺寸和筛面倾角，物料透筛能力强，不容易堵塞筛孔；③结构简单，使用维护方便，筛面使用寿命长，生产费用低。

3.2.4.2 等厚筛

等厚筛（equals thick screen）是一种采用大厚度筛分法的筛分机械，筛面上物料层厚度一般为筛孔尺寸的6～10倍。普通等厚筛具有3段倾角不同的冲孔金属板筛面，给料段一般长3m，倾角为34°，中段长0.75m，倾角为12°，排料段长4.5m，倾角为0°。筛分机宽2.2m，总长度达10.45m。

等厚筛的突出优点是生产能力大、筛分效率高，但机器庞大、笨重。为了克服这些缺点，人们将概率筛和等厚筛的工作原理结合在一起，研制成功了一种采用概率分层的等厚筛，称为概率分层等厚筛。

概率分层等厚筛的结构特点是第1段基本上采用概率筛的工作原理，而第2段则采用等厚筛的筛分原理，其结构如图3-13所示。这种筛分机有筛框、2台激振电动机和带有隔振弹簧的隔振器3个组成部分。筛框由钢板与型钢焊成箱体结构，筛框内装有筛面。第1段筛面倾角较大，层数一般为2～4层，长度为1.5m左右；第2段筛面倾角较小，层数一般为1～2层，长度为2～5m。筛分机的总长度比普通等厚筛缩短了2～4m。概率分层等厚筛既具有概率筛的优良性能，又具有等厚筛的优点，而且明显地缩短了机器长度。

3.2.4.3 胡基筛

胡基筛（Hukki screen）又称立式圆筒细筛和圆锥水力分级筛，属于立式圆筒筛的一种，它兼有水力分级和筛分作用。

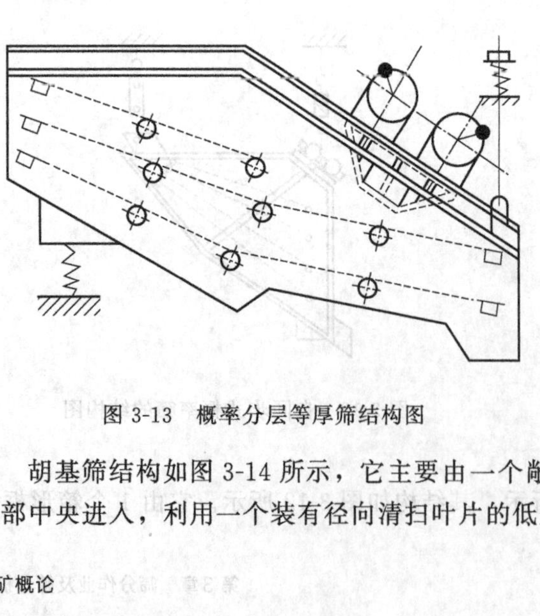

图3-13 概率分层等厚筛结构图

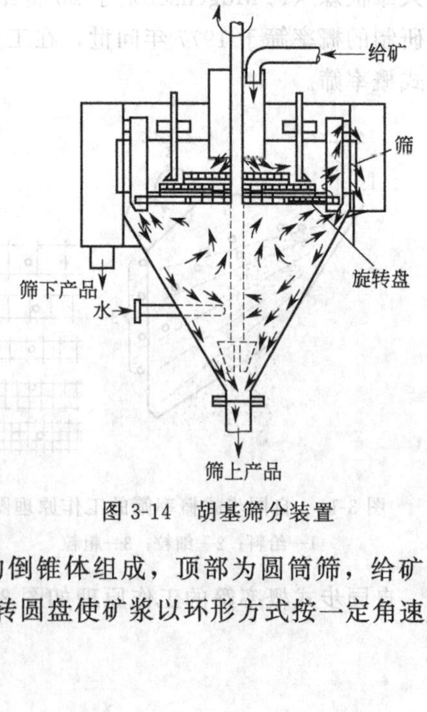

图3-14 胡基筛分装置

胡基筛结构如图3-14所示，它主要由一个敞开的倒锥体组成，顶部为圆筒筛，给矿由顶部中央进入，利用一个装有径向清扫叶片的低速旋转圆盘使矿浆以环形方式按一定角速度移动，给到圆筒筛上，这样筛面可以不直接负载物料而进行筛分。冲洗水引入圆锥体部分，使物料进一步产生分级作用，粗粒沉落到锥体底部，通过控制阀排料。粗粒部分沉降时所夹带下来的细粒，依靠向上冲洗水送回旋转圆盘顶部进行循环处理。筛面由合金、塑料楔棒构成，棒间向外扩展的长条筛孔与水平成直角，筛子有效面积为5%～8%。

据胡基推荐，可采用这种筛分机械从旋流器底流中分离细粒级。例如一种小型试验设备，当长筛孔尺寸为500mm，筛面为0.24m^2时，可以处理旋流器沉砂13.2t/h，细粒级回收率达87%。1975年在芬兰奥托昆普公司装了一台直径1.6m的胡基筛，生产率为100～200 t/h。

3.2.4.4 沃利斯筛分机

沃利斯筛分机（Wallis ultrasonic screen，也称超声波筛分机）的原理是利用低振幅、高频率的筛分运动，使小于筛孔的颗粒与筛面接触的机会增多，从而增大透筛概率，改善筛分效率。

沃利斯筛分机如图3-15所示，包括筛面、超声波传感器和发生器、带下槽的给矿箱。这些部件都安装在铝制机架上，整个设备很轻，易于移动和安装，筛分机并不振动，只有超声波的声频起作用。筛分机的筛面宽度为0.77m，筛面由安装在铝架上的不锈钢筛网构成，筛面呈35°的角度倾斜安装。超声波传感器安装在筛下距筛网约2cm，传感器所需发生器的功率为2kW，超声波频率18kHz。

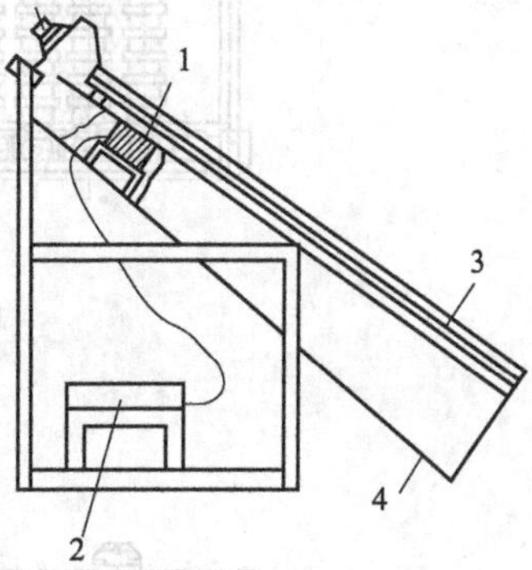

图3-15 沃利斯筛分机
1—超声波传感器；2—发生器；3—筛面；4—排水孔

给矿箱由不锈钢制成，基本上是一个堰板装置，具有尺寸可变的出口缝，保证给矿均匀分配到筛上。此筛只适用于湿式筛分，不能进行干式筛分，因为湿式筛分的矿浆水兼有冷却传感器和传递超声波的作用。根据金刚石矿的试验表明，用这种筛分机处理750μm以下的物料筛分效率很高，大于此粒级时筛分效率显著下降。当筛分细粒级物料时，筛分效率反倒增高，因为这种筛分机的筛孔被堵塞的可能性小，另外超声波有助于避免筛孔堵塞，在筛孔较细的情况下特别显著。当处理104μm占35%的物料时，处理能力为15t/h，筛分效率达99%，筛上产物水分为16%～22%。这种筛分机的缺点是筛网磨损快，传感器有时不起作用。

3.2.4.5 滚轴筛

滚轴筛（roll screen）由多根平行排列的滚轴组成，一般为6～10根滚轴，最多达20根滚轴。

滚轴筛的结构如图3-16所示，滚轴上装有偏心圆盘或三角形盘，由电动机和减速机经链轮或齿轮带动滚轴旋转，转动方向与物料流的方向相同，筛面倾角一般为12°～15°。

滚轴筛主要用于选煤厂作原煤分级和大块矸石脱介，以及焦化厂、炼铁厂等用作物料筛分。滚轴筛虽然结构笨重，筛分效率较低，但是工作十分可靠。

3.2.4.6 摇动筛

摇动筛（shaker screen）曾经被广泛应用于矿物的分级、脱水和脱介。摇动筛的结构见图3-17，筛箱由4根弹性支杆或弹性铰接支杆来支撑，用偏心轴和弹性连杆来传动。由于支杆是倾斜安装，所以筛箱具有向上和向前的加速度，使物料不断地从筛面上抛起，使小于筛孔的颗粒透筛，同时把物料向前输送。

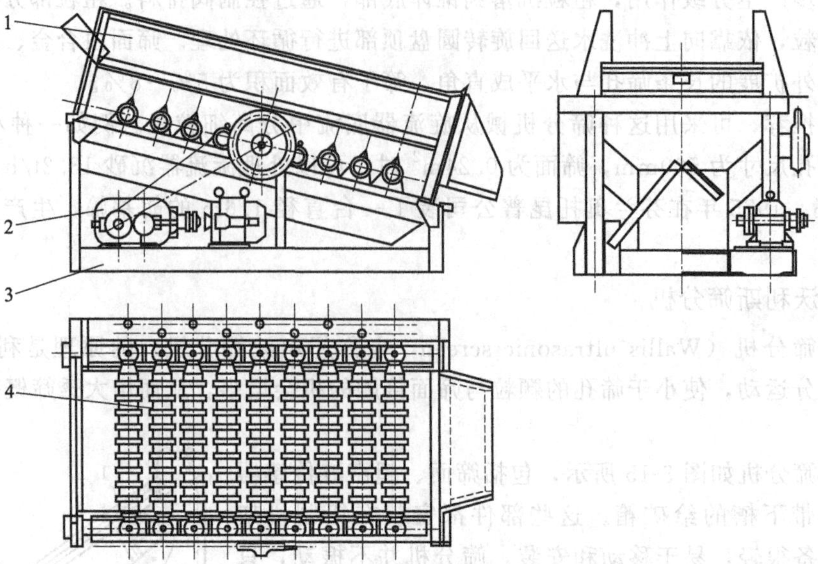

图 3-16　滚轴筛结构图

1—筛箱；2—传动装置；3—筛架；4—滚轴

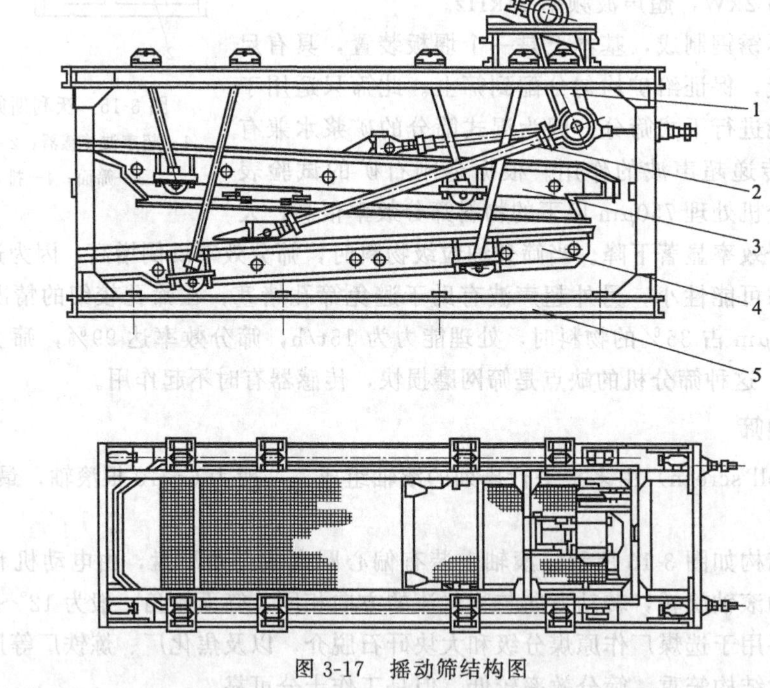

图 3-17　摇动筛结构图

1—传动部；2—连杆；3—上筛箱；4—下筛箱；5—架子

摇动筛的振动次数一般为 300～400 r/min，快速摇动筛可达 500 r/min。但是从摇动筛的工作原理来看，它属于慢速筛分机，其处理量和筛分效率均较低，目前在选矿厂、选煤厂和采石场已很少使用。

3.3 筛分过程影响因素

在筛分作业中，料层依靠筛面运动产生冲击应力和剪切应力，克服颗粒之间、颗粒与筛面之间的种种黏结力，使物料获得按粒度分层的条件——松散。筛分过程比较复杂，但从宏观上看，物料的筛分实际上是在物料松散的条件下，物料分层与透筛两个过程连续交错进行。物料沿筛面松散以后，料层中细颗粒穿过料层中粗颗粒之间的空隙，占据料层下面位置，粗颗粒逐渐受到排挤，向料层上面转移完成物料的分层。物料分层后，与筛面接触的最下面颗粒不断与筛孔进行比较，小于筛孔尺寸的细颗粒以一定的概率逐渐透过筛面成为筛下产物，而料层上面的那些大于筛孔尺寸的粗颗粒夹带着少量未能获得透筛机会的细颗粒成为筛上产物，完成整个筛分过程。

在筛分过程中，凡是影响物料的松散、物料分层和物料透筛的种种因素都将影响到物料的筛分效果。影响物料筛分过程的因素有：

（1）物料性质对筛分过程的影响　对筛分过程有影响的物料性质有：含水率、含泥量、粒度特性、密度特性和颗粒形状等。

① 含水率。物料的含水率又称湿度或水分。附着在物料颗粒表面的外在水分，对物料筛分有很大影响；物料裂缝中的水分以及与物质化合的水分，对筛分过程则没有影响。例如：筛分某些烟煤时，水分达到6%，筛分过程实际上就难以进行了，因为煤的水分基本上是覆盖在表面上的；但是，孔隙很多的褐煤的水分虽然达到45%，筛分过程仍然能够正常进行。

② 含泥量。如果物料含有易结团的混合物（如黏土等），即使在水分含量很少时，筛分也可能发生困难。因为黏土物料在筛分中会黏结成团，使细泥混入筛上产物中；除此以外，黏土也很容易堵塞筛孔。黏土质物料和黏性物料，只能在某些特殊情况下用筛孔较大的筛面进行筛分。筛网黏住矿石时，必须采用特殊的措施。这些措施包括：湿法筛分（即向沿筛面运动的物料上喷水）；筛分前预先脱泥；对筛分物料进行烘干。用电热筛面筛分潮湿且有黏性的矿石，能得到很好的效果。在湿法筛分中，筛子的生产能力比干法筛分时高几倍；提高的倍数与筛孔尺寸有关。湿法筛分所消耗的水量，取决于应该排到筛下产物中的黏土混合物、细泥和尘粒的性质与数量，一般情况下，每$1m^3$原料耗水$1.5m^3$左右。如果工艺过程的条件容许进行湿法筛分，从生产厂房的防尘条件来看，湿筛比干筛更易于被人采用。在许多场合下，特别是筛分含砂较多的矿石时，为了减少尘埃飞扬，改善厂房卫生条件，通常使矿石保持一定的水分（4%～6%）。

③ 粒度特性。影响筛分过程的粒度特性主要是指原料中含有对筛分过程有特定意义的各种粒级物料的含量。表3-1列出了物料的粒度特性对筛分过程的影响。

表3-1　物料的粒度特性对筛分过程的影响

粒级名称及粒度范围			对筛分过程的影响
原料($d_1 \sim d_2$)	能筛粒级($d_1 \sim L$)	易筛粒($d_1 \sim 0.75L$)	容易穿过粗粒料层并接近筛面继而透过筛孔
		难筛粒($0.75L \sim L$)	难以穿过粗粒料层及透过筛孔，且容易卡在筛孔内
	不能筛粒级($L \sim d_2$)	阻碍粒($L \sim 1.5L$)	对其他粒级尤其是难筛粒级的穿层与透筛有阻碍作用，且容易卡在筛孔内
		非阻碍粒($1.5L \sim d_2$)	对其他粒级的阻碍作用很小

注：L为筛孔尺寸；$d_1 < L < d_2$。

由表 3-1 可知，原料中所含的难筛粒及阻碍粒相对其他粒级较多时，对筛分过程不利；而所含的易筛粒和非阻碍粒相对其他粒级较多时，对筛分过程有利。

④ 密度特性。当物料中所有颗粒都是同一密度时，一般对筛分没有影响。但是当物料中粗、细颗粒存在密度差时，情形就大不一样。若粗粒密度大，则容易筛分，比如对 −50mm 破碎级煤与 −0.074mm（−200 网目）磨碎级铁粉的混合物的筛分，或从稻谷粒中筛出混入的细砂等。这是由于粗粒层的阻碍作用相对较小，而细粒级的穿层及透筛作用却比较大。相反，若粗粒密度大，细粒密度小，比如含有较多粗粒级矸石的煤，筛分就相对困难。

⑤ 颗粒形状。颗粒形状对筛分过程的影响程度与筛孔形状有很大的关系，方形或圆形筛孔易使颗粒形状是球形、立方体或者多角形的物料透筛，但对条片状、板状就不容易透过；条片状、板状的颗粒易透过长方形的筛孔，也就是说，筛分物料易透过与颗粒形状相似的筛孔。

(2) 筛分设备性能对筛分过程的影响　筛分设备性能的影响包括筛面运动形式、筛面结构参数及操作条件的影响。

① 筛面运动形式。筛面运动形式影响筛上物料层的松散度及需要透筛的细粒级物料相对筛面运动的速度、方向、频率等，其对物料分层、透筛过程均有影响。例如，物料在固定筛上的运动，全靠物料在其本身重力的作用下滑移流动，筛分效果较差；在振动筛上，物料的运动能量主要来自筛面的振动，料层不断地充分松散，颗粒相对筛面不断地剧烈冲撞，筛分效果较好；转筒筛运动平缓，料层松散度不够，粗、细颗粒经常混杂，使分层不连续，物料相对筛面的运动速度较小，筛孔容易堵塞；摇动筛上的物料主要是沿筛面方向滑动，在筛面法向的速度分量较小，不利于细粒透筛。

② 筛面结构参数。主要是指筛面宽度与长度，筛面倾角以及筛孔大小、形状及开孔率对筛分效率的影响。

a. 筛面宽度与长度。筛面宽度决定筛分机的处理能力，筛面越宽，处理能力越大；筛面长度决定筛分机的筛分效率，筛面越长，筛分效率越高。对于振动筛，增加宽度常受到筛框结构强度的限制。筛面宽度越大，筛框寿命越短，我国筛宽一般在 2.5m 以内，有的国家筛宽达 5.5m。筛面长度达到一定尺寸后，筛分效率提高很小，甚至不再提高，若再增加筛面长度只会增加筛分机的体积和重量。筛分机的处理能力和筛分效率，是两个相依相存的指标，必须同时兼顾才具有实际意义。一般在确定筛宽后，根据长宽比确定筛长。我们国家矿用振动筛的长宽比多采用 2，煤用振动筛的长宽比为 2.5。

b. 筛面倾角。倾角大小与筛分机的生产能力和筛分效率密切相关，倾角越大，料层在筛面上向前运动的速度越快，生产能力就越大，但物料在筛面上的停留时间缩短，减少颗粒透筛机会，降低筛分效率。

c. 筛孔大小、形状及开孔率。筛孔越大，单位筛面积的处理能力越高，筛分效率也越高。筛孔大小主要取决于筛分目的和要求。对于粒度较大的常规筛分，一般是令筛孔尺寸等于筛分粒度；当要求的筛分粒度较小时，筛孔应该比筛分粒度稍大些；对于近似筛分，筛孔要求比筛分粒度大很多。

常见筛孔形状有圆形、正方形和长方形三种，依次以直径、边长和短边长来表示筛孔的尺寸。当三种筛子具有相同筛孔尺寸时，筛下产物的粒度上限却不相同。筛下产物的最大粒度按下式计算：

$$d_{max}=kL \tag{3-5}$$

式中 d_{max}——筛下产物的最大粒度；

k——系数，如表 3-2 所示；

L——筛孔尺寸。

表 3-2 筛孔形状与 k 值的关系

筛孔形状	圆形	方形	长方形
k 值	0.7	0.9	1.2～1.7

圆形和正方形筛孔所得到筛下产物的形状较为规则，而片状和条状颗粒则容易从长方形筛孔中漏下，长方形筛孔一般制作得较小。在筛分潮湿、黏性的物料时，把长方形的长边（通常称筛缝）顺着筛上物料移动方向布置，可以减少对筛上物料的阻碍，从而减少堵塞。一般情况下，筛孔尺寸越大，筛面开孔率越高。在筛孔尺寸一定时，开孔率越大对筛分越有利，但开孔率受到筛面强度和使用寿命的限制。

③ 操作条件对筛分过程的影响。操作条件对筛分效率的影响主要是针对一定的筛分机和筛分物料而言，操作条件主要是指给料的数量和给料方式。前者即筛子负荷，通常以 t/(台·h) 或 t/(m^2·h) 为单位，后者是指应保持连续和均匀向筛子给料，其中均匀性包括在任意瞬时的筛子负荷都应相等，也包括物料是沿整个筛面宽度上给进。此外，及时清理和维修筛面，也利于筛分操作。

3.4 破碎筛分工艺流程

在选矿厂中，破碎和筛分组成联合作业。基本破碎筛分流程如图 3-18 所示。

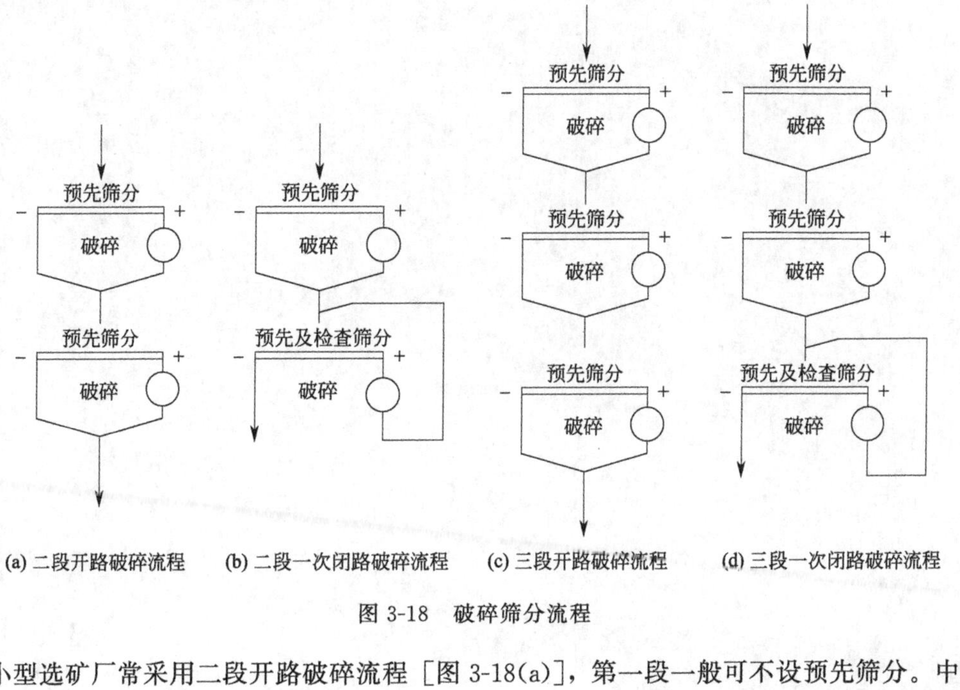

图 3-18 破碎筛分流程

小型选矿厂常采用二段开路破碎流程［图 3-18(a)］，第一段一般可不设预先筛分。中小型选矿厂常用二段一次闭路破碎流程［图 3-18(b)］或三段一次闭路破碎流程［图 3-18(d)］。大型选矿厂常用三段开路破碎流程［图 3-18(c)］或三段一次闭路破碎流程［图 3-18(d)］，第一段和第二段可不设预先筛分。在处理含水分较高的泥质矿石及易产生大量粉尘的矿石时，以采用开路破碎流程为宜，因采用闭路破碎时，易使筛网及破碎机堵塞，或产生很多有害矿尘。大量工业实践证明，破碎产品粒度可以控制在0～12mm，能给磨矿作业提供较为理想的给料。随着采选技术的发展，出现了能量前移的趋势，爆破效率＞破碎效率＞磨矿效率，故“多爆少碎”和“多碎少磨”是碎磨领域的技术发展趋势。

当原矿含泥（－3mm）量超过5%～10%和含水量大于5%～8%时，细粒就会黏结或结团，恶化破碎过程的生产条件，如造成破碎机破碎腔和筛分机筛孔堵塞，储运设备出现堵和漏的现象，严重时生产无法进行。此时，应在破碎流程中增加洗矿设施，这样能充分发挥设备潜力，降低劳动强度，而且能提高有用金属回收率，提高资源利用效率。

洗矿作业一般设在粗碎前后，视原矿粒度、含水量及洗矿设备的结构等因素而定。常用的洗矿设备有洗矿筛（格筛、振动筛、圆筒筛）、槽式洗矿机、圆筒洗矿机等。洗矿后的净矿，有的需要进行破碎，有的可以作为合格粒级。洗出的泥，若品位接近尾矿品位，则可废弃；若品位接近原矿品位，则需进行选别。

思考题

1. 什么是筛分？
2. 筛分作业如何分类？
3. 筛分效率如何计算？
4. 影响筛分过程的因素有哪些？
5. 简述筛分设备种类及其特点。

第4章

磨矿作业及磨矿机械

磨矿是在机械设备中，借助于介质（钢球、钢棒、砾石）和矿石本身的冲击和磨剥作用，使矿石的粒度进一步变小，直至研磨成粉末的作业。目的是使组成矿石的有用矿物与脉石矿物达到最大限度的解离，以提供粒度上符合下一选矿工序要求的物料。

磨矿产品经分级后，不合格部分返回原磨机的，称闭路磨矿；如不返回原磨机或由另一台磨机处理者，称开路磨矿。磨矿是选矿厂中一个极重要的作业，磨矿产品质量的好坏直接影响选别指标的高低。磨矿过程是选矿厂中动力消耗、金属材料消耗最大的作业，所用的设备投资也占有很高的比重。在矿山建设时期，磨矿设备及基建投资约占选矿厂破碎磨矿总投资的50%。在矿山生产期间，磨矿的能耗（电耗和材料）占全部碎磨作业的50%以上。磨矿作业的运转率和效率决定全厂（系列）的生产效率和指标，是选矿厂生产的“咽喉”环节。改善磨矿作业和提高磨矿作业指标对选矿厂具有重大意义。

4.1 磨矿作用及其评价指标

4.1.1 磨矿机对矿石的磨矿作用

磨碎矿石通常在磨矿机中进行。磨矿机种类较多，在金属矿山一般采用球磨机和棒磨机。砾磨机和自磨机在国内也有所应用，但总体上数量较少。球磨机和棒磨机是一个两端具有中空轴的回转圆筒，筒内装有相当数量的钢棒和钢球。磨矿机的工作原理见图4-1。

矿石和水从一端的中空轴给入圆筒，从另一端的中空轴排出。圆筒按规定速度回转，钢球或钢棒同矿石一起，在离心力和摩擦力作用下，随圆筒上升到一定高度，然后脱离筒壁抛落和滑动下来。随后再随圆筒上升到同样高度，再落下来，周期进行，使矿石受到冲击和磨剥作用而被粉碎。磨碎的矿石与水形成矿浆（湿式磨矿），由排矿端的中空轴排出，完成磨矿作业。

磨矿作业的任务就是要使矿石中的有用组分达到单体解离，同时又要尽可能避免过磨，向选别作业提供粒度和浓度适宜的入选矿浆，为更好回收矿石中的有用组分创造条件。选别指标的好坏在很大程度上取决于磨矿产品的质量。

根据被磨物料的介质环境不同，分为干式磨矿和湿式磨矿。对于选矿作业，大多数采用

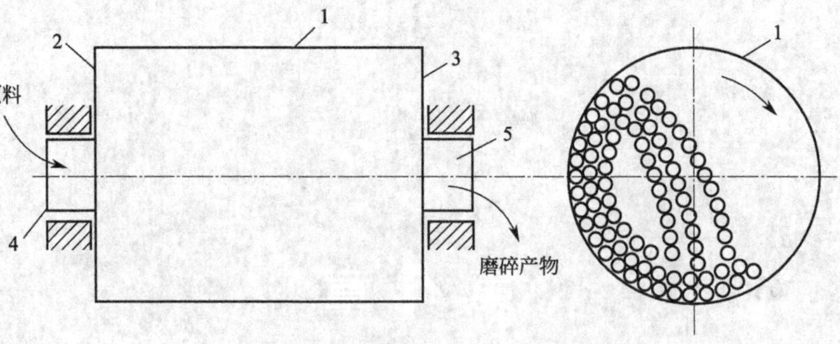

图 4-1　磨矿机（球磨机）的工作原理

1—空心圆筒；2，3—端盖；4，5—空心轴颈

湿式磨矿。水对物料有脆化、助磨和分散作用，这对细磨和超细磨非常有利，而且湿式磨矿的劳动环境较干式磨矿好。20 世纪 50 年代出现干式自磨、湿式选别工艺，后来由于干式磨矿环境污染严重、选别效果差，绝大多数干式自磨都被迫改为湿式作业，但对于缺水地区常采用干式磨矿，现在缺水地区如内蒙古、甘肃的有些地区只能采用干式磨矿。

4.1.2　磨矿作业评价指标

评价磨矿作业好坏的指标分为两大类，一类是数量指标，另一类是质量指标。

4.1.2.1　数量指标

（1）磨机处理量 Q　一台磨机在一定的给矿粒度及产品粒度下每 1h 处理的矿量，单位为 t/(台·h)，或称磨机的台时矿量。该指标能快速直观地判明磨机工作的好坏，但必须指明给矿粒度及产品粒度。在同一个选矿厂，规格相同的几台磨机的给矿粒度及产品粒度均相同，能够由磨机处理量 Q 的大小直接判明各台磨机工作的好坏。但不同选矿厂，磨机的规格可能不同，给矿粒度与产品粒度也不尽相同，仅凭处理量 Q 的大小难于判别磨机工作的好坏。

（2）磨机单位容积处理量　此指标消除了磨机容积的影响，单位为 t/(m^3·h)，但仍具有前面的指标的缺陷，必须指明给矿粒度及产品粒度。

（3）磨机－200 目利用系数 q_{-200}　此指标消除了磨机容积的影响，也消除了给矿粒度及产品粒度的影响，以每 1h 每 1m^3 磨机容积新生成的－200 目质量来评价磨机工作效果，单位为 t－200 目/(m^3·h)。此指标能比较科学地反映不同磨机不同给矿粒度及产品粒度下工作效果的好坏，也称单位容积生产率。

4.1.2.2　质量指标

（1）磨矿效率　以“t 原矿/(kW·h)”或“t－200 目/(kW·h)”表示能量利用效率的高低。有以下表示方法：

① 比能耗，即磨碎单位质量矿石所消耗的能量，用 kW·h/t 表示。比能耗越低说明磨矿效率越高。这种方法有其片面性，未考虑到给矿和磨矿产品的粒度等因素，只能在条件相似的情况下用以比较。

② 新生单位质量指定级别（－200 目含量）物料所消耗的能量，单位为 kW·h/t（－200 目百分含量）。这种方法考虑到了矿石性质和操作因素，可用于磨矿细度不同的过程

比较。

③ 用实验测得的磨矿功指数 W_i 与实际生产得到的操作功指数 W_{ioc} 的比值表示，即：

$$E=\frac{W_i}{W_{ioc}}\times 100\% \tag{4-1}$$

实际的操作功指数越低，磨矿效率越高。用这种方法可以比较磨矿回路因给矿粒度、产品粒度、矿石硬度以及操作条件等任一参数发生变化时，所引起磨机工作效果的差异，从而分析影响磨矿效率的原因。

④ 按单位能量生成的表面积表示。单位功耗的产率比较真实地反映了磨机工作情况，故在设计时用来计算和选择设备。

(2) 磨矿技术效率　是指经磨碎后所得产物中合格粒级含量百分数与给矿中原来所含大于合格粒级含量百分数之间的比（所谓合格粒级，就是其粒度上限应小于规定的最大粒度，而其粒度的下限要减去过粉碎部分）。磨矿技术效率能够从技术上评价磨矿过程的好坏，$E_{技}$ 愈高愈好，$E_{技}$ 愈低说明磨矿效果愈差。其计算公式为：

$$E_{技}=\frac{(r-r_1)-(r_3-r_2)\left[1-\frac{(r_1-r_2)}{100-r_2}\right]}{100-r_1}\times 100\% \tag{4-2}$$

式中　$E_{技}$——磨矿技术效率，%；

r——磨矿机排矿中小于规定的最大粒度级别的产率，%；

r_1——给矿中小于规定的最大粒度级别的产率，%；

r_2——给矿中过粉碎部分的产率，%；

r_3——排矿中过粉碎部分的产率，%；

$100-r_1$——给矿中所含大于合格粒度的产率，%；

$r-r_1$——磨矿过程中所生成的小于规定的最大粒级的产率，%；

$(r_3-r_2)\left[1-\frac{(r_1-r_2)}{100-r_2}\right]$——在磨矿过程中新生成的过粉碎部分的产率，%。

在选别过程中，往往由于磨矿的过粉碎降低选别指标。因此，评价磨矿机工作的好坏，要考虑到生产率高、能耗少、过粉碎小，为此引用磨矿技术效率。当磨矿机不发生磨碎作用时，$r=r_1$，$r_3=r_2$，由上式可知 $E_{技}=0$；当全部矿石都过粉碎时，$r=100\%$，$r_3=100\%$，$E_{技}=0$；当磨矿产品中 100%达到规定的粒级，并且无过粉碎现象时，即 $r_3=r_2$，则 $E_{技}$ 为 100%。磨矿效率和磨矿技术效率是两个不同的概念，磨矿效率是指磨矿机的功率生产率，它是从能耗来评价磨矿效果的，而磨矿技术效率是从磨矿产品的质量来评价磨矿效果的。因测定较繁较难，计算时一般不用。

(3) 磨矿钢球单耗　在磨矿中，磨矿作业的费用约有 40%消耗在钢铁上，其中绝大部分为钢球消耗，故将钢球单耗列为考核选厂工作业绩的重要指标之一，单位为 kg/t。

4.2 磨矿机械的种类

磨矿机一般处理的物料粒度较小，产品也细，可达 0.074mm 或更细。按所得产品细度分为粗磨（1～0.3mm）、细磨（0.1～0.074mm）和超细磨（通常指生产 1～10μm 或更细的粉体物料）。磨矿机按用途及特点大体分为如下类型：

(1) 球磨机　筒体是筒形或锥形，用金属球作磨矿介质，球磨机在选矿厂广泛用来磨细各种矿石。

(2) 棒磨机　筒体为长筒型，以金属棒作磨矿介质，由于选择性磨碎作用，产品粒度均匀，多用于重选厂。

(3) 砾磨机　无钢介质磨矿，借助于各种尺寸的砾石或硬岩石块磨细矿石。

(4) 自磨机　在短筒内矿石靠自身的相互冲击、磨剥而粉碎。矿石既是磨矿介质又是被磨物料。为了改进自磨效果，有时向筒体内加少量（2%～8%）钢球，称为半自磨。自磨机的粉碎比大，可大大简化粉碎流程。

(5) 超细粉碎设备　这类设备目前主要用于非金属矿的深加工，包括机械式和气流冲击式两大类。机械式超细粉碎设备靠高速旋转的各种粉碎体（锤头、叶片、齿柱等）来碰撞因离心力而分散在粉碎室内壁处的粗矿粒或者赋予这些矿粒以线速度，使颗粒相互发生冲击碰撞，这类设备包括振动磨机、搅拌磨机、雷蒙磨、塔式磨机、胶体磨机、离心磨机和高压（挤压）盘磨机等。气流冲击式超细粉碎设备是利用高压气流（压缩空气或过热蒸汽），使物料相互冲击（碰撞）摩擦及剪切实现粉碎的，这类粉碎机有扁平式气流粉碎机、循环管式气流粉碎机、喷射磨矿机等。

4.2.1　球磨机

球磨机（ball mill）是选矿厂生产的关键设备之一，按照排矿方式分为格子型和溢流型，可用于开路或闭路磨矿流程中对物料进行干磨或湿磨。球磨机主要由筒体、衬板、给矿器、排矿装置、主轴承、传动装置和润滑系统等部件组成。

(1) 格子型球磨机　湿式格子型球磨机的结构如图 4-2 所示，其结构特点是在排矿端筒体内安装有排矿格子板，格子板上有不同形状的格子孔，当磨机旋转时，矿浆在筒体排矿端经格子孔流入排矿室（格子板与筒体端盖组成的空间）从排矿口排出。这种加速排料作用可

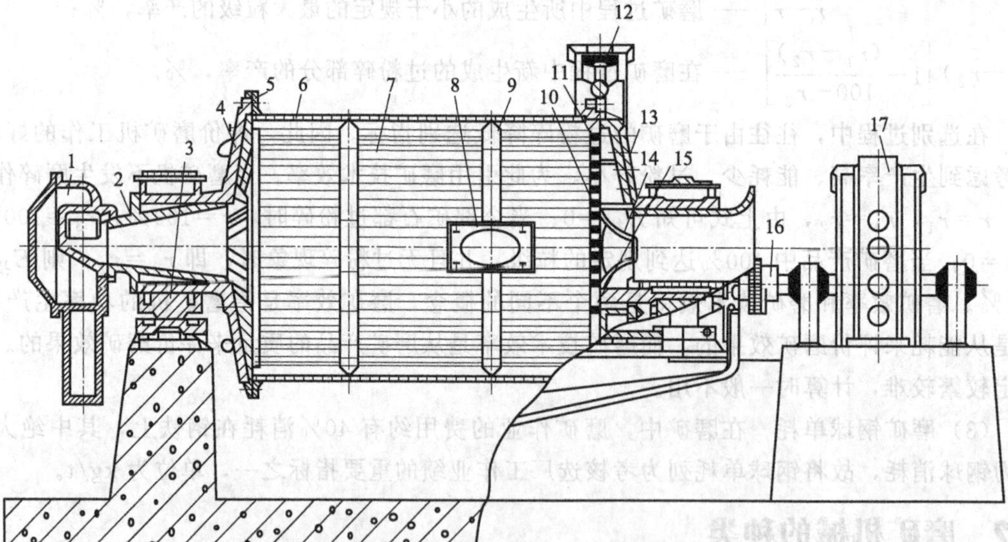

图 4-2　格子型球磨机结构示意图

1—给料器；2—进料管；3—主轴承；4—端衬板；5，13—端盖；6—筒体；7—筒体衬板；8—人孔；9—楔形压；10—中心衬板；11—排料格子板；12—大齿轮；14—锥形体；15—楔形；16—联轴器；17—电动机

保持筒体排矿端矿浆面较低，从而使矿浆在磨机筒体内的流动加快，可减轻物料的过粉碎和提高磨机生产能力。

生产实践表明，格子型球磨机产量比同规格溢流型球磨机高10%～15%。由于排矿端中空轴内安装正螺旋，生产过程中磨损的小碎球也能经格子孔从磨机中排出；这种“自动清球”作用可以保证磨机内球介质多为完整的球体，从而增强磨矿效果。格子板能阻止直径大于格子孔的球介质排出，其介质充填率较溢流型高；由于小于格子孔尺寸的球介质能经格子孔排出，故不能加小球。由于以上原因，格子型球磨机适用于粗磨或易过粉碎物料的磨矿。

(2) 溢流型球磨机　湿式溢流型球磨机的结构如图4-3所示，筒体为卧式圆筒形，筒体长径比（L/D）较大，经法兰盘与端盖相接，两端有中空枢轴，给矿端中空枢轴内有正螺旋以便筒体旋转时给入物料，排矿端中空枢轴内有反螺旋以防止筒体旋转时球介质随溢流排出。给矿端安装给料器，排矿端安装传动大齿轮。筒体设有人孔，以便检修。筒体端盖及内壁上敷设衬板，筒体内装入大量研磨介质。磨机的轴承负载着整个设备（包括钢球），并将负荷传递给基础，因此轴承必须有良好的润滑以免磨损。

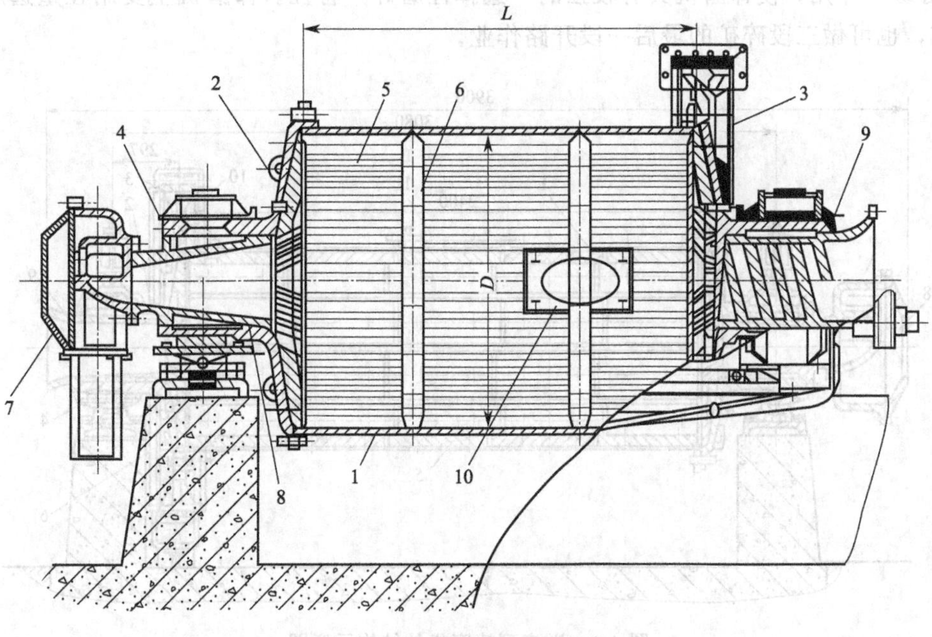

图4-3　溢流型球磨机的结构示意图

1—筒体；2—端盖；3—大齿圈；4—轴承；5，6—衬板；

7—给料器；8—给料管；9—排料管；10—人孔

溢流型球磨机的筒体较长，物料在磨机中停留时间较长，且排矿端排料孔内的反螺旋能阻止球介质排出，故可以采用小直径球介质。基于上述原因，溢流型球磨机更适用于物料的细磨。两段磨矿时通常一段用格子型球磨机，二段用溢流型球磨机，中矿再磨或第三段亦都采用溢流型球磨机。溢流型球磨机与格子型球磨机的区别在于在排矿端部没有装设排矿格子板，靠矿浆液位差排矿。密度大的矿粒因沉降速度快而不易从磨机中空轴颈排出，而易沉入磨机底层经磨碎到较细粒度后方能排出；密度小的矿粒因沉降速度慢，所以能在较粗的粒度下从磨机排出。由此造成磨机产品粒度不均匀，其中密度大的粒度细，密度小的粒度粗，大密度矿物的过粉碎现象严重，这对密度大的金属矿物回收不利。

4.2.2 棒磨机

棒磨机（rod mill）筒体内所装载研磨体为钢棒，其结构与球磨机基本相同，主要区别在于棒磨机不用格子板进行排矿，而采用溢流型或周边型的排矿装置。

溢流型棒磨机的结构如图 4-4 所示。棒磨机由电机通过减速机及周边大齿轮减速传动或由低速同步电机直接通过周边大齿轮减速传动，驱动筒体回转。棒磨机以钢棒为磨矿介质，棒的直径为 50～100mm，棒的长度比筒体短 25～50mm，筒体长度是直径的 1.5～2.0 倍。为了防止钢棒在磨机运转中产生倾斜，其筒体两端的端盖衬板通常制成与磨机轴线垂直的平直端面；排矿端中空轴颈的直径较同规格溢流型球磨机大得多，目的是加快矿浆通过磨机的速度。棒磨机多采用波形或阶梯形等非平滑衬板，当棒磨机运转时，磨矿介质在离心力和摩擦力的作用下，被提升到一定高度，呈抛落或泻落状态落下，筒体内钢棒之间是线接触，首先粉碎粒度较大的物料。当钢棒被带动上升时，粗大颗粒常被夹持在棒与棒之间，而细小颗粒易随矿浆从棒的缝隙中漏下，过磨现象较少，产品粒度比较均匀。棒与棒之间还有一种“筛分分级”作用，使棒磨机具有较强的“选择性磨碎”特性。棒磨机主要用在重选厂做一段磨矿，也可做三段碎矿的最后一段开路作业。

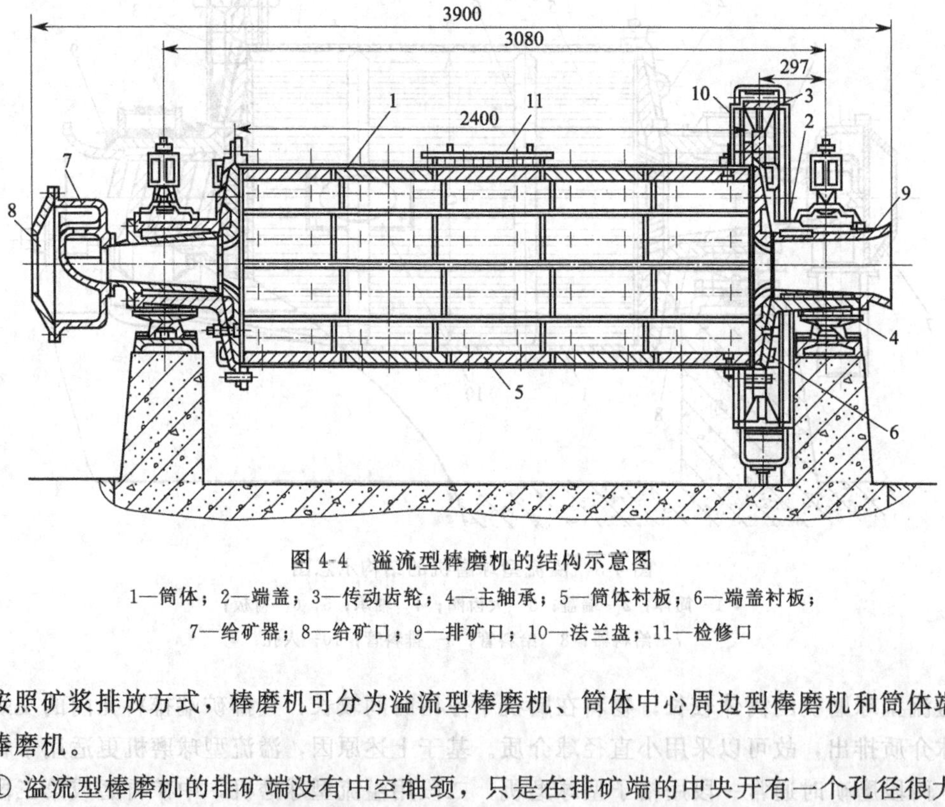

图 4-4 溢流型棒磨机的结构示意图

1—筒体；2—端盖；3—传动齿轮；4—主轴承；5—筒体衬板；6—端盖衬板；7—给矿器；8—给矿口；9—排矿口；10—法兰盘；11—检修口

按照矿浆排放方式，棒磨机可分为溢流型棒磨机、筒体中心周边型棒磨机和筒体端部周边型棒磨机。

① 溢流型棒磨机的排矿端没有中空轴颈，只是在排矿端的中央开有一个孔径很大的喇叭形溢流口。为避免矿浆飞溅和钢棒从磨机筒体内滑出，排矿口用固定的锥形盖挡住，矿浆经喇叭形溢流口与盖子之间的环状空间溢出。溢流型棒磨机应用最为普遍，产品粒度比其他两种细，一般用来磨细破碎后的产品，再供给球磨机使用，产品粒度为 2～0.5mm。

② 周边排矿型棒磨机分为筒体中心周边型和筒体端部（排矿端）周边型两种。除排矿方式不同外，其他结构与溢流型球磨机基本相同。中心周边排矿棒磨机也可用于湿式和干

式，产品粒度更粗，物料从棒磨机的两端给入，磨碎过程短，很快就排出，梯度高，此种棒磨主要用于骨料工业，以生产砂石。端部周边排矿棒磨机一般用作干式磨矿，产品粒度较粗，此种棒磨机也可用作湿式磨矿。采用周边排矿型棒磨机可以获得高的梯度和好的流动率，产品粒度为5～2mm。周边排矿型棒磨机较溢流型棒磨机而言，具有磨矿效率高、节省能耗和提高产品质量等优点，可用作干、湿磨及润磨作业。润磨作业的磨矿浓度可达87%～92%，球团作业常用。

4.2.3 砾磨机

砾磨机（pebble mill）采用砾石作为研磨介质。砾磨机的结构与球磨机基本相同，由于所用介质密度比金属球小，故其单位容积的产量较低。砾磨机都采用格子型而不采用溢流型，格子型排矿时矿浆面低，可充分发挥介质的冲击作用；排矿快，可减少过磨现象；矿量及介质量变化时，排矿较均衡而不会涌出大块矿石。

砾磨机筒体衬板可用瓷砖、硅砖等非金属材料，但采用橡胶衬板尤为适宜。当砾石介质的粒度尺寸小于90mm时，砾磨机使用橡胶衬板比钢质衬板更为经济优越。利用橡胶格子板替换砾磨机的铸钢格子板进行排矿，既能有效地防止箅孔堵塞，又能降低格子板的磨损。

砾磨机主要用于下述三种场合：①被磨物料严禁铁质金属的混入，以免影响产品质量或下步加工工序，如化工、陶瓷等工业；②某些有用矿物很软，采用金属磨球作研磨介质易造成过粉碎，如钼精矿或中矿的再磨作业；③为了提高湿式自磨机产量，由自磨机排除足够的难磨颗粒作为砾磨介质。砾磨机主要用于二段磨矿需要尽可能降低矿物受污染程度和运行成本的应用场合，砾磨机还用于矿石能够产生适当砾石的情况。

砾磨机的优点：①节省大量钢球，特别是细磨时，适用于忌铁物料和工艺，例如下段需化工处理的铀矿、氰化处理的金矿、易于粉碎的金刚石等；②降低噪声；③减少电耗。砾磨机的缺点：①磨矿浓度低，一般为60%～65%；②必须保证定量、定时添加砾磨介质，以保证砾磨机中适宜的砾石介质充填率，为此必须采用自动控制；③砾石的制取、贮存、供给以及多余砾石和砾磨机排出砾石碎块的处理等较麻烦，为此必须设计专用系统，使得流程复杂化。

4.2.4 自磨机

自磨机（autogenous mill）又称无介质磨矿机，其工作原理与球磨机基本相同，不同的是它的筒体直径更大，不用球或任何其他粉磨介质，而是利用筒体内被粉碎物料本身作为介质，在筒体内连续不断地冲击和相互磨剥以达到粉磨的目的。

给入自磨机的最大块矿石为300～350mm；在磨机中大于100mm的块矿起研磨介质的作用，小于80mm大于20mm的矿粒磨碎能力差，其本身也不易被大块矿石磨碎，这部分物料称为“难磨颗粒”或“顽石”。为了磨碎这部分物料有时往自磨机中加入占磨机容积2%～8%左右的钢球，称为半自磨机，其处理能力可以提高10%～30%，单位产品的能耗降10%～20%，但衬板磨损相对增加15%，产品细度也变粗些。

按磨矿工艺方法不同，自磨机可分为干式（气落式）和湿式（泻落式）两种。目前我国广泛使用的是湿式自磨机。湿式自磨机和半自磨机的结构如图4-5所示，其特点是筒体直径大、长度短，长径比一般为0.3～0.5。图4-6为湿式自磨机剖面图，其主要结构特点为：端盖为锥体，锥角150°；筒体中间衬板微向内凹，这样可促使筒体内物料向中央积累，避免被磨物料产生粒度偏析而导致自磨效率降低。湿式自磨机均为格子排矿，调节格子板的高、低可调节排矿速度。有时，格子板上开设尺寸为80mm×20mm左右的砾石窗，以排出磨机中难磨颗粒，提高自磨机产量。自磨机排矿端外装圆筒筛和自返装置，细物料过筛后进行下步处理，粗大颗粒借自返装置返回磨机再磨。

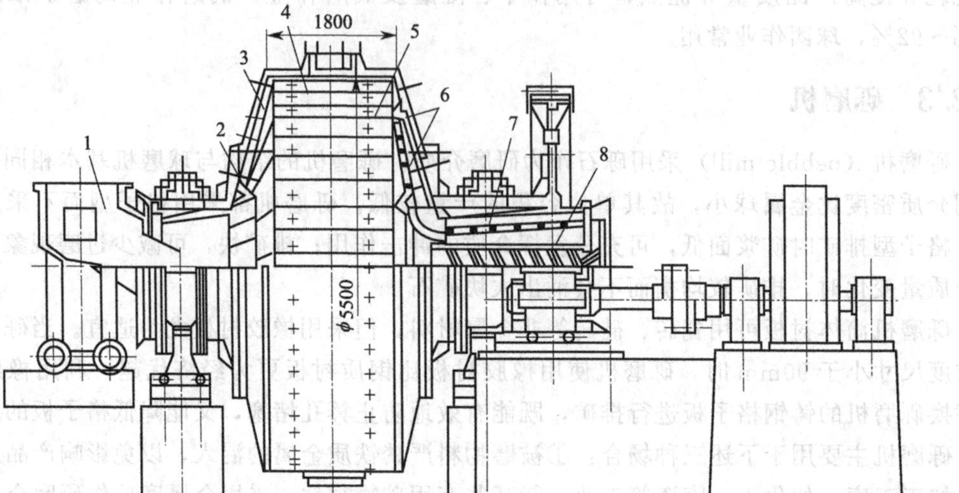

图 4-5 湿式自磨机和半自磨机的结构示意图

1—给矿部；2—波峰衬板；3—端盖衬板；4—筒体衬板；5—提升衬板；6—格子板；7—圆筒筛；8—自返装置

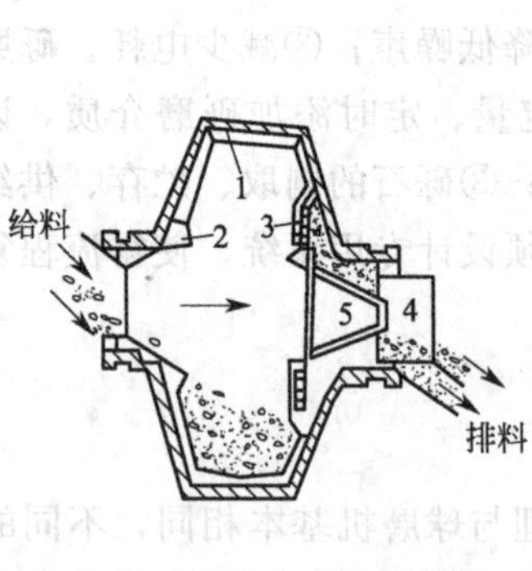

图 4-6 湿式自磨机剖面图

1—提升板；2—波峰衬板；3—排矿格子；4—圆筒筛；5—自返装置

湿式自磨机的特点：①端盖与筒体不是垂直连接，端盖衬板呈锥形；②排矿端侧增加了排矿格子板，从格子板排出的物料又通过锥形筒筛，筛下物由排矿口排出，筛上物则经螺旋自返装置返回自磨机再磨，形成了自行闭路磨矿，可以进一步控制排矿粒度，减少返矿量；③给矿侧采用移动式的给矿小车；④大齿轮固定在排矿端的中空轴颈上。

湿式自磨机细磨时产量很低，不能发挥其效能，故常与球磨机连用，自磨产品进入球磨机再细磨处理。湿式自磨机的优点是含泥多的矿石采用湿式自磨机处理可省去洗矿作业。湿式自磨机的缺点是作为研磨介质用的大块矿石在矿浆中破碎能力降低，易积累难磨颗粒，破坏适宜料位（一般为38%～40%）。根据经验，湿式自磨机规格愈大，磨矿效果愈好。自磨机和半自磨机的发展趋势主要集中在设备的大型化和新型衬板的使用等方面。

4.2.5 搅拌磨机

搅拌磨机（stirred mill）的筒体内装有搅拌装置和介质球（陶瓷球、玻璃球、钢球等），搅拌装置旋转使介质球转动，从而产生冲击、剪切和研磨作用将物料进行研磨粉碎。

根据搅拌磨机的结构特点，可分为塔式、搅拌槽式、流通管式和环形等。这类磨机可作为超细磨机、搅拌混合机或分散机等。按照生产方式，可分为干式和湿式两种。干式磨矿时，物料粒子的压力强度增加，粒子的表面能增大，粒子之间产生凝聚，容易附着在磨机筒体内壁上。采用湿式磨矿时，由于粒子分散性能好，致使粒子的表面能降低，可防止粒子间产生凝聚，故超细磨时，湿式磨矿较好。搅拌磨机的分类与应用见表 4-1。

表 4-1 搅拌磨机的分类与应用

分类	构造与操作特点	应用范围
立磨机(螺旋搅拌磨机)	筒径比大,螺旋搅拌器,干式、湿式两用	矿物加工(金矿、铅锌矿等再磨)、非金属矿深加工、化工原料
槽式搅拌磨机	搅拌装置可采用棒、盘、环;循环、连续、间歇式,干湿两用	精细陶瓷、粉末冶金、非金属矿深加工、磨料和磁性材料
流通管式搅拌磨机	砂磨机,主要是湿式,少量干式	油墨、涂料、染料、工业填料
环形搅拌磨机	二圆筒,内筒回转,介质小,湿式	涂料、染料、高新材料

搅拌磨机相对于球磨机而言具有如下优点：

① 产品可以磨至 1μm 以内，搅拌磨机采用高转速和介质填料及小介质尺寸球，利用摩擦力研磨物料，所以能有效地磨细物料。

② 能量利用率高，由于高转速、高介质充填率，使得搅拌磨机获得了极高的功率密度，从而细粒物料的研磨时间大大缩短。由于采用小介质尺寸球，提高了研磨机会，提高了物料研磨效率。如立磨机与常规卧式球磨机相比，节能 50%以上。

③ 产品粒度容易调节。

④ 振动小，噪声低。

⑤ 结构简单，操作容易。

4.3 磨矿过程影响因素

影响磨矿过程的主要因素很多，这些因素不是相互独立的，相互之间都有一定的影响，归纳起来可分为三大类：

① 矿石性质，包括硬度、嵌布粒度、含泥量、给矿粒度、要求的磨矿产品细度等；

② 操作条件，包括给矿速度、磨矿机转速、钢球填充率、钢球尺寸以及配比、介质装入制度、磨矿浓度、分级效率及返砂比等；

③ 磨矿机的类型、规格等。

提高磨矿效率的途径主要有如下几个方面：

(1) 磨矿给料性质　原矿的力学性能，如硬度、韧性、解离以及结构缺陷决定了矿石的可磨度，从而决定磨矿的难易程度。可磨度小，则说明矿石易磨，矿石对磨机、衬板和磨矿介质的磨损就越小，电耗也就越小；相反，如果可磨度大，磨机的磨损和电耗就大，所以原矿的性质直接影响磨机生产率。近现代磨矿作业中，出现了一种助磨工艺，就是在磨矿过程中添加一些特定的化学药剂来降低矿石的可磨度，增加磨机的生产率。

(2) 磨机的给矿粒度　磨机的给矿粒度对磨机的磨矿效率影响也很大。一般来说，入磨粒度小，磨机对矿石所做的功也就越小；反之，入磨粒度大，磨机对矿石所做的功也就越大。钢球对矿石的破碎是一种随机性的破碎，破碎效率很低。有研究指出，球磨机的破碎效率仅有 6%～9%，由此可见，入磨粒度对磨机的影响很大，要想达到最终的磨矿细度，势必会增大球磨机的工作量，球磨机的能耗和电耗也会增大。

(3) 磨机工作参数　包括磨机的转速率和充填率、钢球尺寸及配球比、衬板。

磨机的转速率和充填率有着密切的关系，两者相互联系相互制约。一般来说，磨机一经安装后，其转速率就已固定，不会轻易改变，而且改变其转速率的操作比较烦琐，所以在实际生产中，一般不会把转速率作为影响磨矿效率的因素进行分析，只需要对一定转速下适宜的钢球充填率进行分析即可。在转速率不变的情况下，充填率大，则钢球对物料的打击次数多，研磨面积大，磨矿作用强，但电耗也会增大，并且充填率过高，也会影响钢球的运动状态，减小对大颗物料的打击效果；反之，如果充填率小，则研磨面积就小，磨矿作用相应较弱，但电耗和能耗也小。因此在生产现场，充填率是否合适对选厂的磨矿效率有很大影响。

在磨机内，钢球与磨机为点接触。球径过大则破碎力也大，使矿石沿着贯穿力方向破碎，而不是沿着结合力较弱的不同矿物结晶面破裂，导致破碎没有选择性，而且在钢球充填率相同的情况下，球径过大会导致钢球过少，破碎概率低，过粉碎严重，产品粒度不均匀；反之，如果钢球过小，其对矿石的破碎作用也小，磨矿效率变低，因此精确的钢球尺寸以及配球比对磨矿效率有很大影响。

球磨机衬板的主要作用是保护磨机。磨机在运转时，其里面的钢球、物料被衬板带至一定高度后抛落或泻落，对物料进行研磨和粉碎，在此过程中衬板也会受到钢球和物料对其造成的冲击、滑动、滚动作用，还会受到温度影响。因此衬板主要的磨损形式是小能量多次数下的磨料磨损，选择何种材质的衬板，减少其磨损，始终是球磨机面临的一个重要问题。目前广泛使用的衬板材料主要有三大类：高锰钢；中、低合金耐磨钢；高铬铸铁。高锰钢耐磨性好，经济适用性好，但屈服强度低，适合在中、高冲击载荷磨损条件下使用。中、低合金耐磨钢综合性能高于高锰钢，适合于中等冲击磨损条件下使用。高铬铸铁的耐磨性又高于前两者，应用更为广泛。因此在选择衬板材料时，应综合考虑球磨机的使用场合以及经济性等因素，才能延长磨机衬板的使用寿命，达到最理想的效果。

(4) 补加球制度　钢球直径的精确计算只能解决单级别矿粒所需球径的精确计算问题。在生产中，钢球和矿石的研磨会导致钢球的配比发生变化，影响研磨过程并造成磨矿产品的细度变化，因此要想维持磨机内球荷的准确性就要靠补加球方法来解决，只有合理的补加球制度才能保证正常的生产需要。

(5) 磨矿浓度　磨矿浓度是影响磨矿效率的一个重要因素，它的大小将会影响矿浆的密度、矿粒在钢球周围的黏着程度和矿浆的流动性。当磨矿浓度较低时，矿浆的流动性快，物料在钢球周围的黏着程度低，使得钢球对物料的冲击和研磨作用减弱，磨矿效率较低；磨矿浓度较高时，物料在钢球周围的黏着程度高，钢球对物料的冲击和研磨作用都比较好，但会造成矿浆流动性差，过粉碎比较严重，也不利于提高磨机的处理量，因此确定最佳的磨矿浓度会对磨矿效率产生重要影响。

(6) 磨矿分级流程与分级效率　长期以来，人们往往只会重视磨矿目的的实现，而忽略了磨矿的手段和方法，光顾着追求要求的磨矿粒度，而忽视了含多种金属的矿石各种有用物的单体解离度的不同，从而会造成有些矿物过粉碎、有些矿物粉碎不够现象的产生，在这种情况下如果仍然采用传统的粗糙的磨矿工艺，则磨矿和选别效果都不会好。

分级机与磨矿机闭路工作，可以控制磨矿产品粒度和提高磨机生产率，因此分级效率的高低对磨矿效率有一定的影响。分级效率高时，合格粒级的产品可以及时地排除，避免了过粉碎，降低了能耗；分级效率低时，到达合格粒级的产品不能及时有效地排出而返回磨机再磨，很容易造成过粉碎，也会影响后续的选别效果。

(7) 返砂比　所谓返砂比就是球磨机的返砂量与原矿给矿量之比。分级反砂的作用不仅是返回不合格的粗粒，还有另一个重要作用，就是使球磨机的给矿变粗，让钢球在磨机整个轴向长度上能高效率破碎，从而提高磨机的生产率。一般情况下，返砂量一段不宜超过500%，二段不宜超过690%。

(8) 磨矿回路自动控制　磨矿分级机工作中可变的因素很多，而且一个因素的变动可以引起众多因素的相继变动。对于这种变化采用人工操作是跟不上的，满足不了生产过程的要求，采用自动控制才能使磨矿分级保持在稳定及适合要求的状态，从而提高生产率，降低能耗。据报道，磨矿分级回路的自动控制可以使生产能力提高2.5%～10%，处理1t矿石可节省电耗0.4kW·h。

思考题

1. 什么是磨矿？
2. 磨矿作业在选矿过程中的作用是什么？
3. 磨矿作业的评价指标是什么？
4. 简述几类磨矿机的类型及特点。
5. 磨矿过程影响因素有哪些？

第5章 分级作业及分级机械

分级是根据颗粒在运动介质中沉降速度的不同，将粒度级别较宽的矿粒群，分成若干窄粒度级别产物的过程。分级作业在磨矿循环中有极重要的作用。因为要把细粒嵌布的有用矿物与脉石解离并分选，必须将矿石磨至一定的细度。但又要避免过粉碎，防止泥化对分选过程的不良影响，这就需要将磨矿产物中粒度合格的部分及时分出，避免不必要的磨碎，尽早送往选别作业，而将粒度不合格部分返回磨机再磨。带有分级作业的闭路磨矿循环，无论在技术和经济上意义都十分重大。

分级和筛分的性质相同，但筛分是比较严格地按几何尺寸分开，筛分产物具有严格的粒度界限，对细粒物料筛分效率较低；而分级则是按沉降速度差分开，矿粒的形状、密度以及沉降条件对按粒度分级均有影响，因而分级不是严格按粒级进行的，具有较宽的粒度范围，处理细粒物料效率比筛分法高。

5.1 分级作业分类及其评价指标

5.1.1 分级作业分类

在磨矿分级流程中，根据分级作业任务不同，可分为预先分级、检查分级和控制分级三种。

（1）预先分级　在物料给入磨矿机之前，将原矿中合格的细粒部分分出去的作业称为预先分级。当原矿中合格粒级含量超过15%时，采用预先分级作业有利。

（2）检查分级　把磨矿机排矿中粗粒部分（不合格部分）分出来，并返回磨矿机重新磨的分级作业称为检查分级。这种分级作业最常用，因为它可处理一部分返砂，能提高磨矿速度、减少过粉碎现象，所以当原矿中合格粒级很少时一般采用检查分级。

（3）控制分级　将检查分级的溢流进一步分级的作业称为控制分级。只有在现场中对最终产品粒度要求很细时，才能采用控制分级。

按所使用介质不同，分级作业分为水力分级和风力分级，水力分级和风力分级原理相同，只是分级介质不同。按分级浓度不同，分级作业分为自由沉降分级（<3%）和干涉沉降分级（>3%）。按颗粒受力特性，分为重力分级和离心分级。按水力分级介质运动形式，分为垂直、接近水平和回转运动。

分级作业在选矿生产中的应用主要包括以下几方面：①与磨机组成闭路作业，及时分出粒度合格的产物，减少过磨，提高磨机的生产能力和磨矿效率；②在某些重选作业之前，将物料分成多个级别，分别在不同操作条件下使用不同设备进行分选，提高分选效率；③对原矿或选后产物进行脱水或脱泥。

5.1.2 分级作业评价指标

分级产物的粒度与分级的界限粒度（分界粒度）是有关联但又是不相同的概念。分级产物的粒度常以该产物的粒度范围（如 0.25～0.5mm）表示，或以某特定粒度（如大于或小于 0.074mm）在该产物中的含量表示。它仅说明分级产物的粒度范围，而不能表示出两种分级产品的分界粒度。分界粒度常以分级粒度和分离粒度两种方法表示。分级粒度是指按沉降速度计算的分开两种产物的临界颗粒的粒度，而分离粒度则是指实际进入沉砂和溢流中分配率各占 50% 的极窄粒级的平均粒度。凡大于分离粒度的颗粒大多进入沉砂中，小于分离粒度的颗粒大多进入溢流中。

(1) 分级量效率　分级量效率是指分级溢流中某一级别的重量与分级机给料中同一粒级重量的百分比，也就是该粒级在溢流中的回收率。分级量效率，在实际计算中即可按小于分离粒度的粒级来计算，也可按某一粒度（常用粒度 0.074mm）级别来计算。分级量效率的计算公式如下：

$$\varepsilon=\frac{\beta(\alpha-\theta)}{\alpha(\beta-\theta)}\times 100\% \tag{5-1}$$

式中　ε——分级量效率，%；

α——给料中小于筛孔级别的百分数，%；

θ——溢流中所含小于筛孔尺寸粒级的百分数，%；

β——沉砂中所含小于筛孔级别的百分数，%。

(2) 分级质效率　分级质效率反映溢流中粗粒级的混杂程度，它可以用细粒级在溢流中的回收率（$E_{细}$）与粗粒级在溢流中的回收率（$E_{粗}$）之差来表示，即

$$E=E_{细}-E_{粗} \tag{5-2}$$

如果分级作业给料、溢流和沉砂中细粒级的百分数分别为 α、β 和 θ，则相应产品中粗粒级的百分数分别为 $(100-\alpha)$、$(100-\beta)$ 和 $(100-\theta)$，显然，粗粒级在溢流中的回收率应是：

$$E_{粗}=\frac{(100-\beta)[(100-\alpha)-(100-\theta)]}{(100-\alpha)[(100-\beta)-(100-\theta)]}\times 100\% \tag{5-3}$$

已知 $E_{细}$ 为 ε，故有：

$$E=E_{细}-E_{粗}=\frac{\beta(\alpha-\theta)}{\alpha(\beta-\theta)}\times 100\%-\frac{(100-\beta)[(100-\alpha)-(100-\theta)]}{(100-\alpha)[(100-\beta)-(100-\theta)]}\times 100\% \tag{5-4}$$

整理后，得：

$$E=\frac{(\alpha-\theta)(\beta-\alpha)}{\alpha(\beta-\theta)(100-\alpha)}\times 10^4\% \tag{5-5}$$

根据上面的公式，只要将取自分级作业的给料、溢流和沉砂试样分别进行筛析，测定出 α、β 和 θ 三个数据，即可算出分级的量效率和质效率。

例如，某分级作业各个产物样品的筛析结果为 $\alpha=30\%$、$\beta=60\%$ 和 $\theta=20\%$ 时，则分级

质效率按公式计算：

$$E=\frac{(30-20)\times(60-30)}{30\times(60-20)\times(100-30)}\times10^4\%=35.7\% \tag{5-6}$$

同时还可以计算出溢流中粗粒级的混杂率为：

$$E_{粗}=E_{细}-E=50\%-35.7\%=14.3\% \tag{5-7}$$

5.2 分级机械种类

当前在选矿厂常用的分级设备有螺旋分级机、水力旋流器和细筛。

(1) 螺旋分级机　螺旋分级机按不同大小的矿粒在水介质中沉降速度差异来分级。由于其结构简单、工作稳定、操作方便，在选矿厂得到广泛应用。

(2) 水力旋流器　水力旋流器是利用离心力来加速矿粒沉降的分级设备，需要有压给矿，故消耗动力大，但占地面积小，价格便宜，处理量大，分级效率高，可获得很细的溢流产品，多用于闭路磨矿中的分级设备。

(3) 细筛　由于螺旋分级机和水力旋流器是按矿粒在水介质中沉降速度不同分级的，故易产生有用矿物在沉砂中的反富集，造成有用矿物的过粉碎。而细筛则完全按矿粒的几何尺寸分级，几乎不受密度的影响且分级效率高，故近些年来，细筛在磨矿循环中作分级设备日益受到重视。细筛内容参见第 3 章，本节不再赘述。

5.2.1 螺旋分级机

螺旋分级机（spiral classifier）主要用于与磨矿设备组成闭路作业，或用来洗矿、脱水和脱泥等，其主要特点是利用连续旋转的螺旋叶片提升和运输沉砂。

螺旋分级机根据螺旋数目的不同，可分为单螺旋分级机和双螺旋分级机。根据分级机溢流堰的高低，可分为高堰式、低堰式、沉没式。高堰式适合分出大于 0.15mm 粒级的溢流，故多用于第一段磨矿，而沉没式适于分出小于 0.15mm 粒级产品，多在第二段磨矿中与磨机组成闭路。

螺旋分级机的外形是 1 个矩形斜槽（见图 5-1），槽底倾角为 12°～18.5°，底部呈半圆形。槽内安装有 1 个或 2 个纵长的轴。沿轴长连续地安置螺旋形叶片，借上端传动机构带动螺旋轴旋转。矿浆由槽子旁侧中部附近给入，在槽的下部形成沉降分级面。粗颗粒沉到槽底，然后被螺旋叶片推动，向斜槽的上方移动，在运输过程中同时进行脱水。细颗粒被表层矿浆流携带经溢流堰排出。连续不断地给入矿浆，溢流与沉砂也就分别连续排出。若分级机与磨矿机构成闭路，则分级机的沉砂经溜槽进入磨矿机再磨，送回磨矿机的沉砂称“返砂”。

分级机工艺效果的优劣，主要有两方面，一是分级机的工作质量，如沉砂中小于分级粒度的细粒级含量及溢流中大于分级粒度的粗粒级含量以及沉砂水分的高低；二是分级机的生产能力，包括按溢流中固体含量计算的生产量以及按沉砂中固体含量计算的生产量。

5.2.2 水力旋流器

水力旋流器（hydrocyclone）是在回转流中利用离心惯性力进行分级的设备，由于结构简单、处理能力大、工艺效果良好，广泛用于分级、浓缩、脱水以及选别作业。

水力旋流器的结构如图 5-2 所示。其下部是一圆锥形壳体 2，上部连接一圆柱形壳体 1，圆柱形壳体上口封死，中间有一层底板，底板中央插入一短管溢流管 5，在底板下部沿圆柱

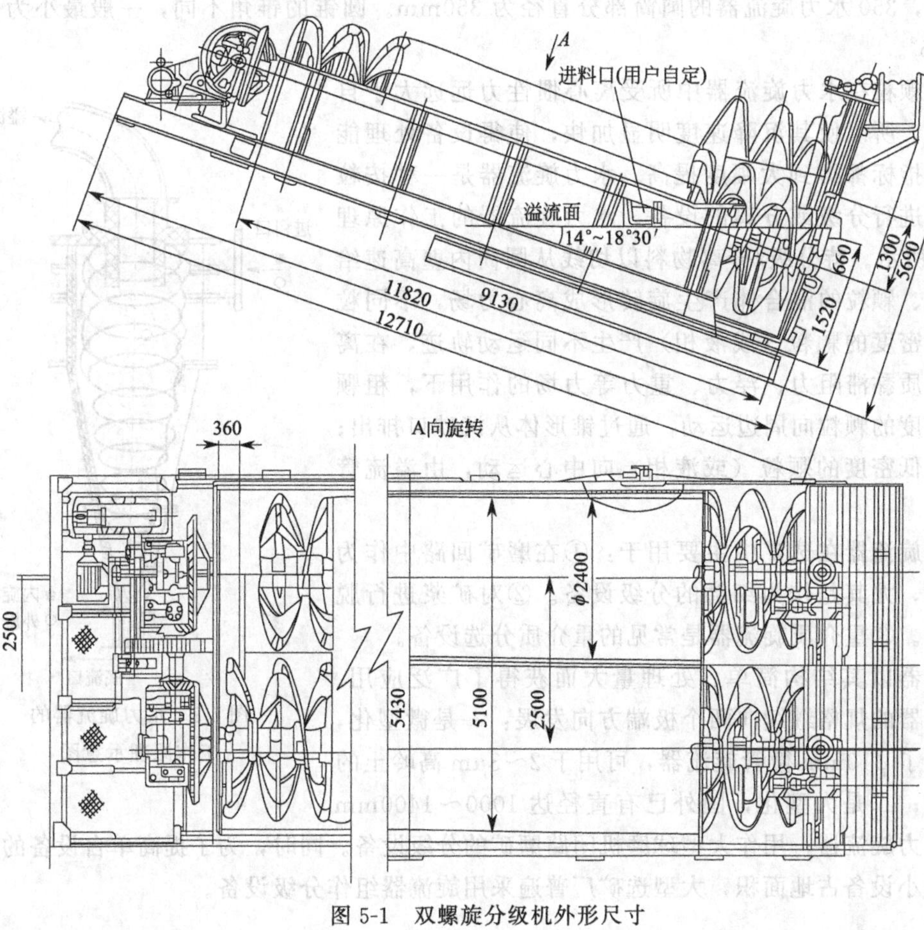

图 5-1 双螺旋分级机外形尺寸

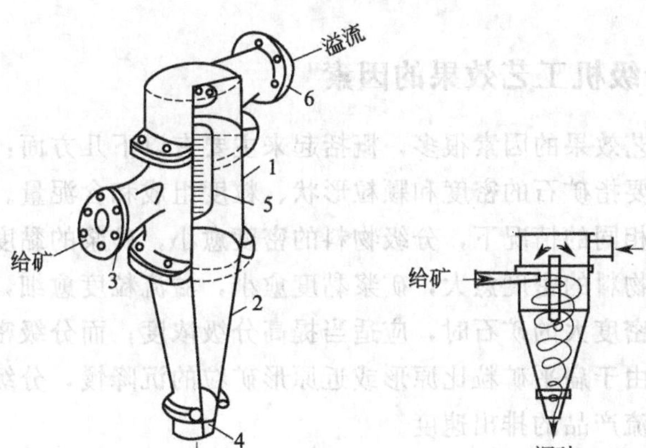

图 5-2 水力旋流器的结构示意图

1—圆柱形壳体；2—圆锥形壳体；3—给矿管口；4—沉砂排出嘴；5—溢流管；6—溢流排出管口

壳面的切线方向连接有给矿管 3，在底板之上沿壳体切线方向连接有溢流排出管 6，锥体最下端有可更换的沉砂排出嘴 4。水力旋流器多用耐磨铸铁制造，为减低壳体内壁的磨损速度，还常用辉绿岩铸石、耐磨橡胶等耐磨材料做衬里。水力旋流器的规格以圆柱体的直径表示，例如，350 水力旋流器的圆筒部分直径为 350mm。圆锥的锥角不同，一般最小为 10°、最大为 45°。

由于颗粒在水力旋流器中所受离心惯性力远远大于自身的重力，所以使其沉降速度明显加快，使得设备处理能力和作业指标都得到大幅度提高。水力旋流器是一种按粒度、密度进行分级或分离的设备。水力旋流器的工作原理如图 5-3 所示。待分级/分离物料以切线从圆筒内壁高速给入，介质、颗粒的混合体产生旋转形成离心力场，不同粒度、不同密度的颗粒（或液相）产生不同运动轨迹，在离心力、介质黏滞阻力、浮力、重力等力场的作用下，粗颗粒、大密度的颗粒向周边运动，通过锥形体从沉砂口排出；细颗粒、低密度的颗粒（或液相）向中心运动，由溢流管排出。

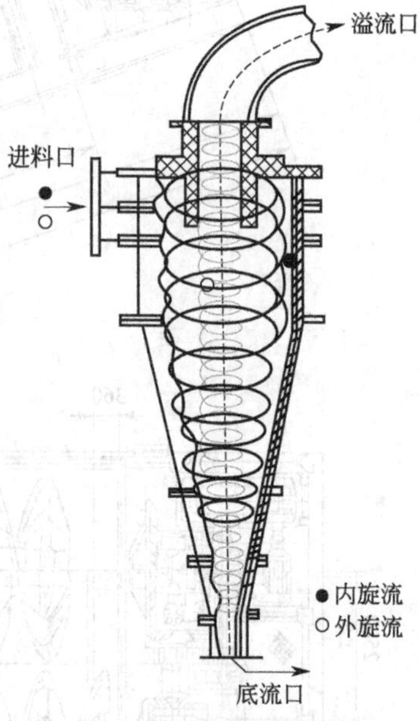

图 5-3 水力旋流器的工作原理示意图

水力旋流器在选矿中主要用于：①在磨矿回路中作为分级设备，尤其是作为细磨的分级设备。②对矿浆进行脱泥、浓缩。③重介质旋流器是常见的重介质分选设备。

旋流器以其结构简单、处理量大而获得了广泛应用。目前旋流器的规格继续向两个极端方向发展：一是微型化，已经制成了 ϕ10mm 微管旋流器，可用于 2～3μm 高岭土的超细分级；二是大型化，国外已有直径达 1000～1400mm 的大型水力旋流器，用作大型球磨机闭路磨矿的分级设备。同时，为了提高单台设备的生产能力，减小设备占地面积，大型选矿厂普遍采用旋流器组作分级设备。

5.3 分级过程影响因素

5.3.1 影响螺旋分级机工艺效果的因素

影响螺旋分级机工艺效果的因素很多，概括起来主要有以下几方面：

（1）矿石性质　主要指矿石的密度和颗粒形状、粒度组成和含泥量。

在浓度和其他条件相同的情况下，分级物料的密度愈小，矿浆的黏度愈大，溢流产品的粒度愈粗；反之，分级物料的密度愈大，矿浆黏度愈小，溢流粒度愈细，返砂中的细粒级含量愈多。所以，当分级密度大的矿石时，应适当提高分级浓度；而分级密度小的矿石时，则应适当降低分级密度。由于扁平矿粒比原形或近原形矿粒的沉降慢，分级时应采用较低的矿浆浓度，或者是加快溢流产品的排出速度。

分级给料中含泥量或细粒级愈多，矿浆黏度愈大，则矿粒在矿浆中的沉降速度愈小，溢流产物的粒度就愈粗。在这种情况下，为保证获得合乎要求的溢流细度，可适当增大补加水，以降低矿浆浓度。如果给料中含泥量少，或者是经过了脱泥处理，则应适当提高矿浆浓度，以减少返砂中夹带过多的细粒级物料。

（2）分级机结构　主要包括槽子倾角的大小、螺旋的旋转速度、槽子的宽度。

槽子的倾角大小不仅决定分级的沉降面积，还影响螺旋叶片对矿浆的搅动程度，因而也就影响溢流产物的质量。槽子的倾角小，分级机沉降面积大，溢流细度较细，返砂中细粒含量多；反之，槽子的倾角大，沉降面积小，粗粒物料下滑机会较多，溢流粒度变粗，但返砂夹细较少。当然，分级机安装之后，其倾角是不变动的，只能在操作条件上适应已定的倾角。

螺旋的旋转速度应满足以用来运送沉降的粗粒。分级机螺旋轴的转速愈快，则对矿浆的搅拌作用愈强，溢流产品中夹带的粗粒愈多。为了获得较粗的溢流和处理密度大沉降较快的物料，可以适当增大螺旋的转速，但不能过大，以免破坏分级效果。但对二段磨矿或细磨循环中所使用的分级机，应使螺旋转速尽量放慢些。在螺旋分级机中一般采用较低转速，对于大型螺旋分级机更是如此。要获得粗溢流，2m 直径的螺旋转速不得超过 6r/min，一般 1m 以上直径螺旋转速应控制在 2～8r/min。

槽子宽度对溢流产品的排出速度有很大关系，槽子宽则溢流排出速度快，因而粗粒随溢流排出的可能性就大。另外，槽子愈宽则矿石的沉降面积就愈大，易于沉降。所以槽子的宽度对分级效果的影响是不大的，只是与分级机的处理能力有密切关系。槽子宽度越大，处理能力越大。反之，处理能力小。螺旋分级机的槽体宽度应与磨机处理能力大小相适应。

(3) 操作条件　包括矿浆浓度、给矿量及给矿的均匀程度、溢流堰的高低。

矿浆浓度小，则矿浆的黏度也随之降低。因而矿粒的沉降速度也随之加快，得到的溢流产品粒度也就细些。反之，溢流产品粒度就粗些。但应该指出，当矿浆浓度降低到一定程度后，如果浓度继续降低，反而会使溢流产品粒度变粗。当浓度降低很多时，矿浆体积（或矿浆量）也很大，使分级机中的矿浆流速（上升流速和水平流速）也随之增加。因此，较粗的矿粒也被冲入到溢流产品中去。所以矿浆浓度必须按规定合理控制。

当矿浆浓度一定时，如果给入分级机的矿量增多，则矿浆的流速也随之增大，因而使溢流产品粒度变粗。矿量减少则溢流产品粒度变细，同时返砂中细粒含量也增加。所以，分级机的给矿量应该适当。尤其应该使给矿均匀，不能忽大忽小，波动范围愈小愈好，才能使分级机在正常处理的情况下进行工作，才能获得良好的分级效果。

当溢流堰加高时，可以使矿粒的沉降面积增大。同时由于矿浆面的升高，螺旋对矿浆面的搅拌作用也减弱，可以使溢流粒度细些。相反，溢流堰降低，矿粒沉降面积减小，矿浆面降低，螺旋对矿浆面的搅拌作用也增强，使溢流粒度粗些。

5.3.2　影响水力旋流器工艺效果的因素

为了提高分级效率，水力旋流器获得广泛应用。影响水力旋流器分级效率的影响因素包括给矿性质、结构参数和操作条件等。

(1) 旋流器的给矿性质　最主要的是给矿粒度组成（包括含泥量）和给矿浓度。给矿粒度组成和对产物的粒度要求影响选用旋流器的直径和给矿压力。

(2) 旋流器的结构参数

① 旋流器的直径。生产率及溢流粒度随其直径的增大而增大，通常大直径旋流器效率较低，溢流中粗粒含量多。

② 给矿口尺寸与形状。增大给矿口尺寸，处理量增大，溢流粒度变粗，分级效率下降。

③ 溢流管直径及插入深度。增大溢流管尺寸，处理量增大，溢流粒度变粗，分级效率下降。

④ 沉砂嘴直径。沉砂嘴大，溢流量小，溢流粒度变细。沉砂嘴小，沉砂浓度高，溢流量大，粗粒含量高。

⑤ 柱体高度。柱体高度的大小影响矿浆受离心力作用时间的长短，一般柱体高度为直

径的0.6～1.0倍为宜。

⑥ 旋流器的锥角。旋流器锥角的大小影响到矿浆向下流动的阻力和分级面的大小。细分级或脱泥时应当采用较小的锥角（10°～15°），粗分级或浓缩时应采用较大的锥角（25°～40°）。

(3) 旋流器的操作条件

① 给矿压力。给矿压力是旋流器工作的重要参数。提高给矿压力，矿浆流速大，可以提高分级效率和沉砂浓度。通过增大压力来降低分级粒度，收效甚微，而动能消耗却将大幅度增加，而且旋流器沉砂口的磨损特别严重。因此，处理粗粒物料时，应尽可能采用低压力操作，只在处理细粒及泥质物料时，才采用较高压力操作。

② 给矿浓度。给矿浓度高，分级粒度变粗，分级效率也降低。根据生产经验，当分级粒度为0.074mm时，给矿浓度以10％～20％为宜；分级粒度为0.019mm时，给矿浓度控制在5％～10％范围内。

③ 溢流和沉砂的排出方式。旋流器的最佳工作状态是沉砂呈伞状喷出。伞面角不宜过大，以刚能散开为宜。当用于浓缩时，沉砂以绳状排出，浓度最高。当用于脱水时，沉砂以最大的伞状排出，溢流固含量最少。

5.4 磨矿分级工艺流程

5.4.1 常规磨矿流程

磨矿流程及段数的确定主要根据矿石的可磨性、矿物粒度嵌布特性及分选工艺流程结构等条件而定。一般应用条件是：

① 当要求矿石入选粒度小于0.2mm，即磨矿细度为－0.074mm含量55％～65％时，可考虑：a.对矿石碎磨至10～15mm，采用一段闭路磨矿流程；b.当选厂规模较大时，可将矿石破碎到20～25mm，用第一段开路的两段磨矿流程，该流程中的第一段磨矿常用棒磨机；c.当矿石性质适宜自磨时，可将矿石破碎至300～350mm，采用自磨—球磨、半自磨—球磨或自磨—球磨加细碎流程来处理。

② 当要求矿石入选粒度小于0.15mm，即磨矿细度为－0.074mm含量大于70％～80％时，可考虑：a.当矿物嵌布粒度均匀时，采用常规碎磨流程，一般选厂都适宜两段全闭路连续磨矿流程；b.对于小选厂，为使流程简化，也采用一段闭路磨矿流程，但需要增加溢流控制分级。

③ 当要求矿石入选粒度小于0.074mm，即磨矿细度－0.074mm含量大于90％时，可考虑：a.当矿物嵌布粒度均匀时，可采用两段全闭路连续磨矿流程，且第二段磨矿的分级作业增加溢流控制分级；b.当矿物嵌布粒度不均匀时，可采用多段磨矿流程，如有的磁铁矿选矿厂采用三段磨矿的阶段选别流程；c.处理有色金属矿石，为避免有用矿物大量泥化，也采用多段磨矿、多段选别的流程。

常用的一段磨矿分级流程有如下三种，如图5-4所示。

图5-4(a)是只有检查分级的一段闭路磨矿流程，是目前我国有色金属和黑色金属选矿厂应用最广泛的。图5-4(b)是预先分级、检查分级合并的一段闭路磨矿流程。图5-4(c)是带有控制分级的一段闭路磨矿流程。这种流程给矿粒度很不均匀，合理装球困难，而且磨矿效率较低，一般选矿厂很少采用。

常用的二段磨矿分级流程形式如图5-5所示。

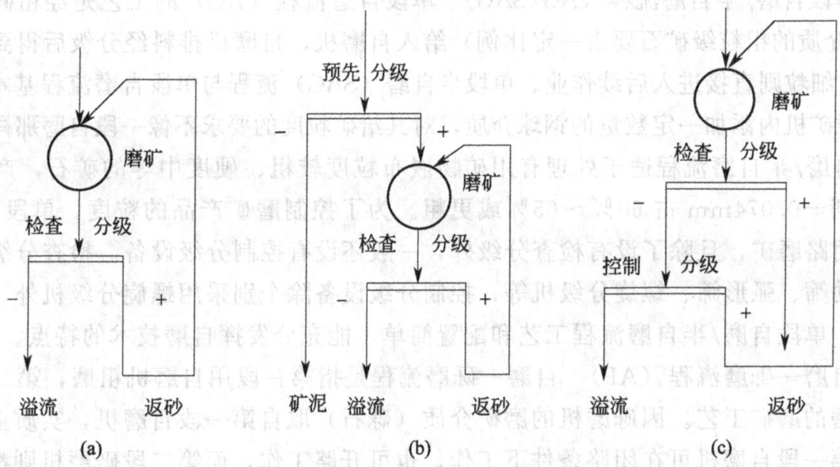

图 5-4 常用的一段磨矿分级流程

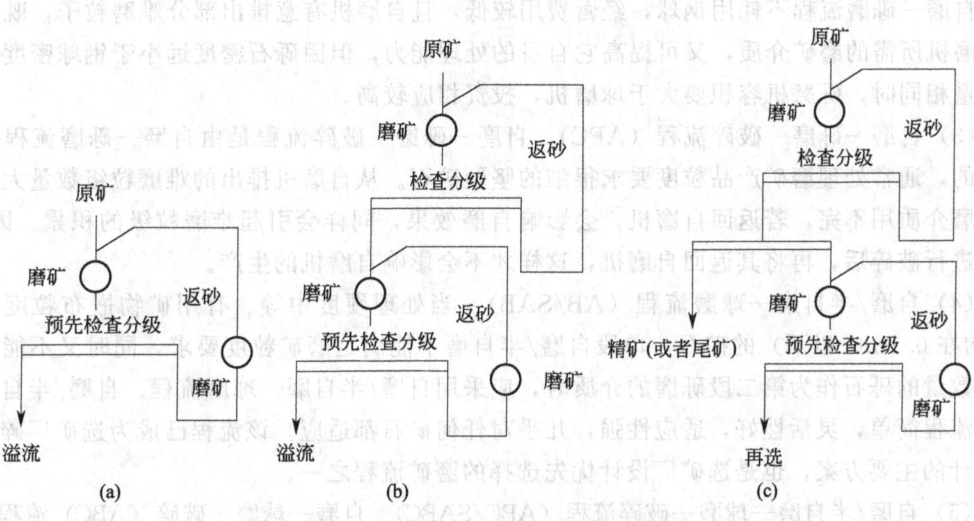

图 5-5 常用的二段磨矿分级流程图

图 5-5(a) 为二段一闭路磨矿流程。它适用于给料粒度大，生产规模也大的选矿厂采用。图 5-5(b) 为二段二闭路磨矿分级流程。它常用于最终产品粒度要求小于 0.15mm 的大中型选矿厂。图 5-5(c) 为带有阶段选别的二段二闭路的磨矿分级流程。它适用于第一段磨矿产品中已有相当数量的有用矿物达到单体解离的情况，可减少磨矿费用和提高金属回收率。

当矿石的可磨性很差，而且要求磨矿粒度极细时，或者要求精矿品位很高而矿石又属于细粒嵌布或不均匀嵌布时，或者旧选矿厂欲提高原有磨矿作业的生产能力时，可以采用三段或多段磨矿流程。对于极易泥化的矿石，为了提高磨矿和选矿效率，防止过粉碎，尽早地回收已解离的有用矿物，则可采用阶段磨矿和阶段选别流程。利用选择性磨矿，能最大限度地回收有用矿物。采用阶段磨矿流程的大型铁矿选矿厂，在矿石性质适合的情况下可在一段磨矿之后进行选别抛除粗粒尾矿，或直接获得粗粒最终精矿。

5.4.2 自磨/半自磨流程

按磨矿段数、工艺调整方法或强化手段的不同，常见自磨/半自磨工艺流程有如下几种。

（1）单段自磨/半自磨流程（AG/SAG） 单段自磨流程（AG）的工艺是经粗碎后的矿石（充当磨矿介质的粗粒级矿石要占一定比例）给入自磨机，自磨机排料经分级后得到的粗粒返回自磨机，细粒则直接进入后续作业。单段半自磨（SAG）流程与单段自磨流程基本相同，不同的是在磨矿机内添加一定数量的钢球介质，对其给矿粒度的要求不像一段自磨那样严格。

单段自磨/半自磨流程适于处理有用矿物嵌布粒度较粗、硬度中等的矿石，产品粒度一般只能达到－0.074mm 占 60％～65％或更粗。为了控制磨矿产品的粒度，单段自磨/半自磨一般为闭路磨矿，且除了设有检查分级外，一般还设有控制分级设备。检查分级设备有圆筒筛、振动筛、弧形筛、螺旋分级机等；控制分级设备除个别采用螺旋分级机外，多数为水力旋流器。单段自磨/半自磨流程工艺和配置简单，能充分发挥自磨技术的特点。

（2）自磨—砾磨流程（AP） 自磨—砾磨流程是指第一段用自磨机粗磨，第二段用砾磨机进行细磨的磨矿工艺。因砾磨机的磨矿介质（砾石）取自第一段自磨机，实质上也算是矿石自磨。第一段自磨机可在闭路条件下工作，也可开路工作，而第二段砾磨机则都采用闭路磨矿。砾磨机用的砾石可由破碎系统供给，也可由自磨机供给。

自磨—砾磨流程不耗用钢球，经营费用较低，且自磨机有意排出部分难磨粒子，既可解决砾磨机所需的磨矿介质，又可提高它自身的处理能力，但因砾石密度远小于钢球密度，故处理量相同时，砾磨机容积要大于球磨机，投资相应较高。

（3）自磨—砾磨—破碎流程（APC） 自磨—砾磨—破碎流程是由自磨—砾磨流程衍生而来的，通常处理磨矿产品粒度要求很细的坚硬矿石。从自磨机排出的难磨粒级数量大，作为砾磨介质用不完，若返回自磨机，会影响自磨效果，同样会引起难磨粒级的积累。因此，需要进行破碎后，再将其返回自磨机，这样才不会影响自磨机的生产。

（4）自磨/半自磨—球磨流程（AB/SAB） 当处理硬度中等、有用矿物嵌布粒度较细（平均在 0.1mm 以下）的矿石，单段自磨/半自磨不能满足磨矿粒度要求，同时又不能得到足够数量的砾石作为第二段砾磨的介质时，应采用自磨/半自磨—球磨流程。自磨/半自磨—球磨流程简单，灵活性好，适应性强，几乎对任何矿石都适应。该流程已成为选矿厂碎磨工艺设计的主要方案，也是选矿厂设计优先选择的磨矿流程之一。

（5）自磨/半自磨—球磨—破碎流程（ABC/SABC） 自磨—球磨—破碎（ABC）流程是将自磨机的顽石引出进行破碎，破碎产品返回自磨机的工艺。这是解决自磨顽石积累及提高生产率的措施。而半自磨—球磨—破碎流程（SABC）为了解决磨矿机中顽石积累问题，采取向磨矿机添加一定数量的钢球以及从磨矿机中排出“顽石”进行破碎后再返回半自磨机中的措施。

（6）带中间粒级破碎的自磨流程 原矿经粗碎以后，从中筛出部分粗粒级，作为自磨机的磨矿介质。其余粗碎产物进行中、细碎，破碎到球磨机给矿粒度后给入自磨机进行自磨。该流程既和传统的破碎流程有相似之处，又具有自磨的某些优越性。但是，由于增加了中、细碎作业，流程复杂，投资大，带来了物料储运等问题，故在新设计选矿厂中较少采用。

思考题

1. 分级作业分为哪几种？
2. 分级作业的评价指标有哪些？
3. 分级机械的种类有哪些？
4. 分级过程的影响因素有哪些？
5. 如何确定磨矿流程及段数？

第 6 章 重力选矿

重力选矿又称重选，是指基于矿物颗粒之间存在的一定密度差，借助某些流体介质的动力及其他机械力的作用，造成适宜的松散分层及分离条件，从而实现按密度分选矿粒群的过程。重选过程中颗粒粒度和形状会影响按密度分选的精确性。因此，如何最大限度地发挥密度的差异，减少颗粒粒度和形状对分选结果的影响，一直是重选理论的研究核心。

根据介质运动形式和作业目的的不同，重选可分为如下几种工艺方法：水力分级、重介质选矿、跳汰选矿、溜槽选矿、摇床选矿、洗矿等，其中洗矿和水力分级是按密度分离的作业，其他则均属于按密度分选的作业。

各种重选过程的共同特点是：①矿粒间必须存在密度的差异；②分选过程在运动介质中进行；③在重力、流体动力及其他机械力的联合作用下，矿粒群松散并按密度分层；④分层好的物料，在运动介质的作用下实现分离，并获得不同的最终产品。

6.1 物料的重选可选性判断准则

由于重选是利用不同物料颗粒间的密度差异进行分离的过程，因此对物料进行重选的难易程度与待分离成分之间的密度差以及介质的密度有着非常密切的关系。重选方法对物料进行分选的难易程度可通过重选可选性判断准则 E 进行分析，其计算式为：

$$E=(\rho_1'-\rho)/(\rho_1-\rho) \tag{6-1}$$

式中 ρ_1'——被分选物料中高密度组分的密度，kg/m^3；

ρ_1——被分选物料中低密度组分的密度，kg/m^3；

ρ——介质的密度，kg/m^3。

通常按比值 E 可将物料的重选可选性划分为五个等级，如表 6-1 所示。

表 6-1 物料按密度分选的难易程度

E	＞2.5	2.5～1.75	1.75～1.5	1.5～1.25	＜1.25
重选难易程度	极易选	易选	可选	难选	极难选

物料分选的难易程度与颗粒粒度也有关系，通常物料粒度越细越难选。一般情况下，−0.074mm 粒级物料用常规重选法进行处理就比较困难，在重选实践中该物料常被称为矿泥。

对于自然金（$\rho=1600\sim1900kg/m^3$）、黑钨矿（$\rho=7300kg/m^3$）、锡石（$\rho=6800\sim7100kg/m^3$）与石英（$\rho=2650kg/m^3$）以及煤（$\rho=1250kg/m^3$）与煤矸石（$\rho=1800kg/m^3$）在水（$\rho=1000kg/m^3$）中的分选情况，其 E 值分别为 9.1～10.9、3.8、3.5～3.7 和 3.2，所以这些分选过程都非常容易进行，从而使重选称为处理金、钨、锡等矿石及煤炭的最有效方法。

此外，重选方法也常用来回收密度比较大的钍石（$\rho=4400\sim5400kg/m^3$）、钛铁矿（$\rho=4500\sim5500kg/m^3$）、金红石（$\rho=4100\sim5200kg/m^3$）、锆石（$\rho=4000\sim4900kg/m^3$）、独居石（$\rho=4900\sim5500kg/m^3$）、钽铁矿（$\rho=6700\sim8300kg/m^3$）、铌铁矿（$\rho=5300\sim6600kg/m^3$）等稀有金属和有色金属矿物，还用于分选粗粒嵌布及少量细粒嵌布赤铁矿石（$\rho=4800\sim5300kg/m^3$）和锰铁矿（软锰矿 $\rho=4700\sim4800kg/m^3$ 或硬锰矿 $\rho=3700\sim4700kg/m^3$）以及石棉、金刚石等非金属矿物和固体废弃物。

6.2 颗粒在介质中的沉降运动

重选的实质概括起来就是物料松散—分层—分离的过程。将待分选物料置于分选设备内形成散体物料床层，使其在重力、流体浮力、流体动力、惯性力或其他机械力的推动下松散，目的是使不同密度颗粒发生分层转移，分层后的物料层在机械作用下分别排出，即实现分选。重选理论就是研究物料松散与分层的关系。流体的松散方式不同，分层结果也受影响。各种重选工艺方法的工作受到以下重选基本原理的支配：

① 颗粒及颗粒群的沉降理论；

② 颗粒群按密度分层的理论；

③ 颗粒群在回转流中的分层理论；

④ 颗粒群在斜面流中的分层理论。

厚斜面流分选松散床层的基本作用力是斜面水流紊流脉动作用，薄斜面流或膜层流分选主要用来分选细粒和微细粒级物料。颗粒群在回转流中的分选，尽管介质的运动方式与斜面流不同，但除了重力与离心力的差别外，基本的作用规律仍是相同的。

6.2.1 介质性质对颗粒运动的影响

垂直沉降是颗粒在介质中运动的基本形式。在真空中，不同密度、不同粒度、不同形状的颗粒，其沉降速度是相同的，但它们在介质中因所受浮力和阻力不同而有不同的沉降速度。因此，介质的性质是影响颗粒沉降过程的主要因素。

6.2.1.1 介质密度和黏度的影响

介质的密度是指单位体积内介质的质量，常用单位为 kg/m^3。液体的密度常用符号 ρ 表示，可通过测定一定体积的质量来计算。而悬浮液的密度则是指单位体积悬浮液内固体与液体的质量之和，通常用符号 ρ_{su} 表示，其计算式为：

$$\rho_{su}=\varphi\rho_1+(1-\varphi)\rho=\varphi(\rho_1-\rho)+\rho \tag{6-2}$$

或

$$\rho_{su}=(1-\varphi_1)(\rho_1-\rho)+\rho=\rho_1-\varphi_1(\rho_1-\rho) \tag{6-3}$$

式中 φ——悬浮液的固体体积分数，即固体体积与悬浮液总体积之比；

φ_1——悬浮液的松散度，即液体体积与悬浮液总体积之比，$\varphi_1=1-\varphi$；

ρ_1——悬浮颗粒的密度，kg/m^3；

ρ——液体的密度，kg/m^3。

黏度是流体介质最主要的性质之一。均质流体在做层流运动时，其黏性符合牛顿内摩擦定律，即：

$$F=\mu A\frac{\mathrm{d}u}{\mathrm{d}y} \tag{6-4}$$

式中 F——黏性摩擦力，N；

μ——流体的黏度，Pa·s；

A——摩擦面积，m^2；

$\mathrm{d}u/\mathrm{d}y$——速度梯度，s^{-1}。

流体的黏度 μ 与其密度 ρ 的比值称为运动黏度，以 υ 表示，单位为 m^2/s，即：

$$\upsilon=\mu/\rho \tag{6-5}$$

单位摩擦面积上的黏性摩擦力称为内摩擦切应力，记为 τ，单位为 Pa，其计算式为：

$$\tau=\mu\frac{\mathrm{d}u}{\mathrm{d}y} \tag{6-6}$$

6.2.1.2 颗粒在介质中受力情况

矿粒在介质中运动时，由于介质质点间内聚力的作用，最终表现为阻滞矿粒运动的作用力，称为介质阻力。介质阻力始终与矿粒相对于介质的运动速度方向相反。由于介质的惯性，使运动矿粒前后介质的流动状态和动压力不同，这种因压力差所引起的阻力，称为压差阻力。由于介质的黏性，使介质分子与矿粒表面存在黏性摩擦力，这种因黏性摩擦力所致的阻力，称为摩擦阻力。介质阻力由压差阻力和摩擦阻力组成，这两种阻力同时作用在矿粒上。介质阻力的形式与流体的绕流流态即雷诺数 Re 有关。不同情况下，它们各自所占比例不同，但归根结底，都由介质黏性所致。最重要的介质阻力公式为黏性摩擦阻力区的斯托克斯公式和涡流压差阻力区的牛顿-雷廷智公式，其次是过渡区的阿连公式。

当矿粒尺寸微小或矿粒相对于介质的运动速度（简称矿粒的相对速度）较小，且其形状又易于流体绕流，附面层没有分离时，摩擦阻力占优势，压差阻力可忽略（$Re\leqslant 1$），摩擦阻力可用斯托克斯公式计算，即：

$$R_S=3\pi\mu d v \tag{6-7}$$

或

$$R_S=\frac{3\pi}{Re}d^2\rho v^2 \tag{6-8}$$

式中 R_S——介质对矿粒的摩擦阻力，N；

μ——介质的动力黏度，Pa·s；

d——颗粒的直径，m；

ρ——介质的密度，kg/m^3；

Re——运动矿粒的雷诺数；

v——矿粒的相对速度，m/s。

一般粉状物料（煤粉、黏土粉、水泥等）和雾滴在空气中沉降，或在气力输送计算中，只考虑黏性阻力，不计压差阻力，故按斯托克斯公式处理。对于微细固体颗粒在水中沉降（煤泥水、矿浆等）也可用斯托克斯阻力公式。

当矿粒尺寸较粉尘大，速度也稍大时，且颗粒沉降时后部开始出现附面层分离，其黏性摩擦阻力和压差阻力是相同的数量级（$1<Re\leqslant 500$），此时过渡区阻力用阿连公式计算，即：

$$R_A=\frac{5\pi}{\sqrt[4]{Re}}d^2\rho v^2 \tag{6-9}$$

一般细粒物料，如细粒煤炭、石英砂和石灰石砂等，在空气或水中沉降，必须同时考虑黏性阻力和压差阻力，即按阿连公式处理。

当矿粒尺寸或矿粒的相对速度较大，且其形状又不易使介质绕流，导致其较早发生附面层分离，在颗粒尾部全部形成旋涡区（$500<Re<2\times10^5$），此时压差阻力占优势，摩擦阻力可以忽略不计。压差阻力可用牛顿-雷廷智公式来计算，即：

$$R_{N\text{-}R}=0.055\pi d^2\rho v^2 \tag{6-10}$$

牛顿-雷廷智公式适用于一般块状物料在空气或水中沉降时阻力的计算。在计算中只计压差阻力，而不计黏性阻力。

可见，介质阻力与矿粒尺寸、矿粒的相对速度、介质密度及介质黏度有关。当压差阻力占优势时，介质阻力与矿粒的相对速度的平方和直径的平方成正比；当摩擦阻力占优势时，介质阻力与矿粒的相对速度和直径的一次方成正比。

介质阻力还可用下列通式表示，即：

$$R=\psi d^2\rho v^2 \tag{6-11}$$

式中，ψ 为阻力系数，它是矿粒形状和雷诺数 Re 的函数。由式(6-11) 可知，介质阻力 R 与 d^2、v^2、ρ 成正比，并与雷诺数 Re 有关。

由于 ψ 与 Re 的函数关系至今尚没有办法用理论将它求出来，因此只有依靠实验的方法。英国物理学家李莱总结了大量实验资料，并在对数坐标上作出了各种不同形状颗粒在流体介质中运动时，雷诺数 Re 与阻力系数 ψ 间的关系曲线，又称李莱曲线。图 6-1 是球形颗粒的 ψ 与 Re 的关系曲线，虚线为个别公式的计算值，实线为实测值。图 6-2 为不规则形状

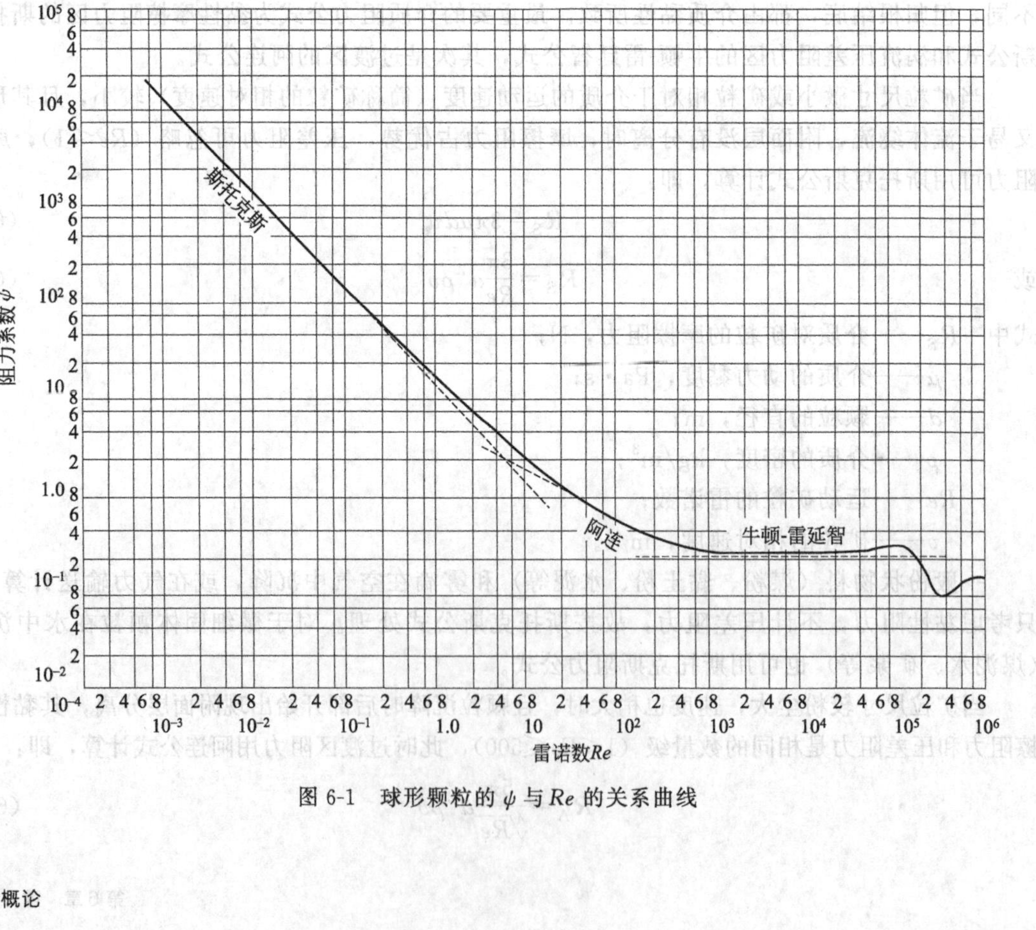

图 6-1　球形颗粒的 ψ 与 Re 的关系曲线

矿粒的 ψ_k 与 Re_v 的关系曲线。已知 Re，可利用该曲线求出 ψ，再用阻力通式求解。

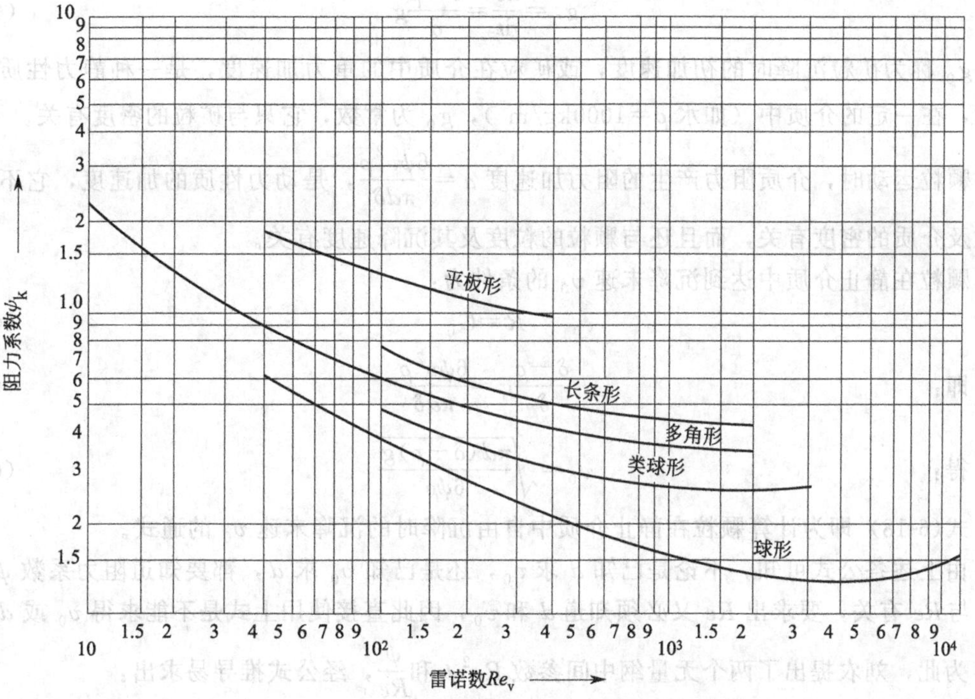

图 6-2 不规则形状矿粒的 ψ_k 与 Re_v 的关系曲线

6.2.2 颗粒在介质中的自由沉降

矿粒在静止介质中沉降时，矿粒对介质的相对速度即为矿粒的运动速度。沉降初期，矿粒运动速度很小，介质阻力也很小，矿粒主要在重力 G_0 作用下，做加速沉降运动。随着矿粒沉降速度的增大，介质阻力渐增，矿粒的运动加速度逐渐减小，直至为零。此时，矿粒的沉降速度达到最大值，作用在矿粒上的重力 G_0 与阻力 R 平衡，矿粒以等速度沉降，称这个速度为矿粒的沉降末速，以 v_0 表示。

矿粒在介质中沉降时，其所受合力与运动加速度之间有如下关系：

$$G_0-R=m\frac{dv}{dt} \tag{6-12}$$

式中 m——矿粒的质量，kg；

v——矿粒的沉降速度，m/s。

若矿粒为球体，则球体质量为：

$$m=\frac{\pi}{6}d^3\delta \tag{6-13}$$

式中，δ 为矿粒的密度，kg/m^3。

将 G_0、m、R 代入式(6-12)，可得：

$$\frac{dv}{dt}=\frac{\delta-\rho}{\delta}g-\frac{6\psi v^2\rho}{\pi d\delta} \tag{6-14}$$

运动开始瞬间，初速度 $v=0$，此时矿粒运动的加速度具有最大值，通常以 g_0 表示，即：

$$g_0=\frac{dv}{dt}=\frac{\delta-\rho}{\delta}g \tag{6-15}$$

g_0 称为矿粒沉降时的初加速度，或矿粒在介质中的重力加速度，是一种静力性质的加速度，在一定的介质中（如水 $\rho=1000kg/m^3$），g_0 为常数，它只与矿粒的密度有关。

颗粒运动时，介质阻力产生的阻力加速度 $a=\frac{6\psi v^2\rho}{\pi d\delta}$，是动力性质的加速度，它不仅与颗粒及介质的密度有关，而且还与颗粒的粒度及其沉降速度有关。

颗粒在静止介质中达到沉降末速 v_0 的条件为：

$$R=G_0 \tag{6-16}$$

即：

$$\frac{\delta-\rho}{\delta}g=\frac{6\psi v^2\rho}{\pi d\delta} \tag{6-17}$$

得：

$$v_0=\sqrt{\frac{\pi d(\delta-\rho)g}{6\psi\rho}} \tag{6-18}$$

式(6-18) 即为计算颗粒在静止介质中自由沉降时的沉降末速 v_0 的通式。

由上述各公式可知，不论是已知 d 求 v_0，还是已知 v_0 求 d，都要知道阻力系数 ψ，而 ψ 又与 Re 有关，要求出 Re 又必须知道 d 和 v_0，因此直接使用上式是不能求得 v_0 或 d 的。

为此，刘农提出了两个无量纲中间参数 $Re^2\psi$ 和 $\frac{\psi}{Re}$，经公式推导易求出：

$$Re^2\psi=\frac{\pi d^3(\delta-\rho)\rho g}{6\mu^2}=\frac{G_0\rho}{\mu^2} \tag{6-19}$$

$$\frac{\psi}{Re}=\frac{\pi\mu(\delta-\rho)g}{6\rho^2 v_0^3} \tag{6-20}$$

从公式中可以看出，$Re^2\psi$ 是不包含 v_0 的无量纲中间参数，而 $\frac{\psi}{Re}$ 是不包含 d 的无量纲中间参数，里亚申柯利用刘农提出的两个无量纲中间参数，利用李莱曲线，事先求出 ψ 与 Re 的对应值，计算出 $Re^2\psi$ 或 $\frac{\psi}{Re}$，使用对数坐标绘制出 $Re^2\psi$-Re 或 $\frac{\psi}{Re}$-Re 关系曲线。

按照求沉降末速通式的原则，采用斯托克斯公式、阿连公式和牛顿-雷廷智阻力公式，也可求出三个适用于不同 Re 范围的颗粒在静止介质中自由沉降末速的个别公式。

对于较小尺寸或以较小速度沉降的矿粒，介质阻力以摩擦阻力为主，此时可用斯托克斯沉降末速公式计算 v_0，即：

$$v_{0S}=\frac{d^2}{18\mu}(\delta-\rho)g \quad (m/s) \tag{6-21}$$

若单位采用 CGS 制，则：

$$v_{0S}=54.5d^2(\frac{\delta-\rho}{\mu}) \quad (cm/s) \tag{6-22}$$

对于中间尺寸颗粒的沉降末速，可采用阿连公式计算，即：

$$v_{0A}=d\sqrt[3]{(\frac{2}{15}g\frac{\delta-\rho}{\rho})^2}\sqrt[3]{\frac{\rho}{\mu}} \quad (m/s) \tag{6-23}$$

若单位采用 CGS 制，则：

$$v_{0A}=25.8d\sqrt[3]{\left(\frac{\delta-\rho}{\rho}\right)^{2}}\sqrt[3]{\frac{\rho}{\mu}}\qquad(\text{cm/s})\tag{6-24}$$

较大尺寸或以较快速度沉降的矿粒，介质阻力以压差阻力为主，此时用牛顿-雷廷智沉降末速公式计算 v_0，即：

$$v_{0\text{N-R}}=\sqrt{\frac{3d(\delta-\rho)g}{\rho}}\qquad(\text{m/s})\tag{6-25}$$

若单位采用 CGS 制，则：

$$v_{0\text{N-R}}=54.2\sqrt{\frac{d(\delta-\rho)}{\rho}}\qquad(\text{cm/s})\tag{6-26}$$

三个流态区颗粒沉降末速公式的统一表达式为：

$$v_0=kd^x\left(\frac{\delta-\rho}{\rho}\right)^y\left(\frac{\rho}{\mu}\right)^z\tag{6-27}$$

表 6-2 球形颗粒在介质中沉降末速的个别公式系数、指数的选择

流态区	公式名称	k	x	y	z	Re	$Re^2\psi$	ψ/Re
黏性摩擦阻力区	斯托克斯公式(层流绕流)	54.5	2	1	1	0～0.5	0～5.25	$-\infty$～42
过渡区	过渡区的起始段	23.6	3/2	5/6	2/3	0.5～30	5.25～720	42～0.027
	阿连公式	25.8	1	2/3	1/3	30～300	$720\sim2.3\times10^4$	$0.027\sim8.7\times10^{-4}$
	过渡区的末段	37.2	2/3	5/9	1/9	300～3000	$2.3\times10^4\sim1.4\times10^6$	$8.7\times10^{-4}\sim5.2\times10^{-5}$
涡流压差阻力区	牛顿公式(紊流绕流)	54.2	1/2	1/2	0	$3000\sim10^5$	$1.4\times10^6\sim1.7\times10^9$	$5.2\times10^{-5}\sim1.7\times10^{-6}$
高度湍流区	$Re>2\times10^5$ 工业生产中遇不到							

总之，上述三个阻力公式，可在特定的阻力区内使用，将它们写成统一形式，其系数和指数根据 Re 值在表 6-2 中查取，计算时采用 CGS 制。

以上沉降末速通式和个别公式均表明：矿粒的沉降末速与矿粒的性质（δ、d）和介质的性质（ρ、μ）有关。在一定的介质中，若矿粒的尺寸和密度越大，则沉降末速也越大。相同尺寸时，密度大者，具有较大沉降末速。相同密度时，尺寸大者，具有较大沉降末速。相同尺寸和密度时，介质密度大，一般黏性亦大，则沉降速度相对变小。对于形状不规则的矿粒，在使用上述各公式时，必须考虑到形状的影响，而对 v_0 公式加以修正，此时，d 应该用与矿粒同体积球体直径 d_V（亦称体积当量直径），同时，公式应乘一个形状（修正）系数 Φ，具体如下：

不规则颗粒状矿粒的沉降末速通式：

$$v_{0k}=\sqrt{\frac{\pi d_V(\delta-\rho)g}{6\psi_k\rho}}=\sqrt{\frac{\psi}{\psi_k}}v_0=\Phi v_0\tag{6-28}$$

式中，Φ 是矿粒沉降速度公式中的形状修正系数，或简称形状系数。也就是说，若用球体沉降速度公式计算形状不规则的矿粒沉降速度时，必须引入一个形状系数。若将形状系数 Φ 与球形系数 χ 作一比较（见表 6-3），可以看出，两者是很接近的。因此，在进行粗略计算时，可用球形系数 χ 取代形状系数 Φ。这说明，使用形状系数来表示物体形状特征，在研究矿粒沉降运动时，具有实际意义。

表 6-3 不规则形状矿粒形状系数与球形系数的比较

矿粒形状	阻力系数比值 ψ_k/ψ	形状系数 Φ		球形系数 χ
		范围	平均值	
类球形	1.2～1.8	0.91～0.75	0.85	1.0～0.8
多角形	1.5～2.25	0.82～0.67	0.75	0.8～0.65
长条形	2～3	0.71～0.58	0.65	0.65～0.5
扁平形	3～4.5	0.58～0.47	0.53	＜0.5

由于颗粒的自由沉降末速同时受到密度、粒度及形状的影响，所以在同一介质中，性质不同的颗粒可能具有相同的沉降末速。密度不同而在同一介质中具有相同沉降末速的颗粒称为等降颗粒；在自由沉降条件下等降颗粒中低密度颗粒与高密度颗粒的粒度之比称为自由沉降等降比，记为 e_0，即：

$$e_0=\frac{d_{v1}}{d_{v2}} \tag{6-29}$$

式中 d_{v1}——等降颗粒中低密度颗粒的粒度，m；

d_{v2}——等降颗粒中高密度颗粒的粒度，m。

对于密度分别为 δ_1、δ_2 的两个颗粒，在等降条件下，由 $v_{01}=v_{02}$，可得关系式：

$$\sqrt{\frac{\pi d_{v1}(\delta_1-\rho)g}{6\psi_1\rho}}=\sqrt{\frac{\pi d_{v2}(\delta_2-\rho)g}{6\psi_2\rho}} \tag{6-30}$$

因此：

$$e_0=\frac{d_{v1}}{d_{v2}}=\frac{\psi_1(\delta_2-\rho)}{\psi_2(\delta_1-\rho)} \tag{6-31}$$

由于等沉比通式中包含阻力系数 ψ，故无法直接计算，所以 e_0 常借助于个别公式来求得。但两个等沉比颗粒必须在同一性质阻力范围内。对形状不规则的矿粒还应把球形系数 χ 考虑在内。

① 按斯托克斯公式求 e_0，对形状不规则的矿粒，当 $v_{01}=v_{02}$ 时，即：

$$e_{0S}=\frac{d_{v1}}{d_{v2}}=\left(\frac{x_2}{x_1}\right)^{1/2}\left(\frac{\delta_2-\rho}{\delta_1-\rho}\right)^{1/2} \tag{6-32}$$

② 按阿连公式求 e_0，同理得：

$$e_{0A}=\frac{d_{v1}}{d_{v2}}=\left(\frac{x_2}{x_1}\right)\left(\frac{\delta_2-\rho}{\delta_1-\rho}\right)^{2/3} \tag{6-33}$$

③ 按牛顿-雷廷智公式求 e_0，同理得：

$$e_{0N\text{-}R}=\frac{d_{v1}}{d_{v2}}=\left(\frac{x_2}{x_1}\right)^2\left(\frac{\delta_2-\rho}{\delta_1-\rho}\right) \tag{6-34}$$

6.2.3 颗粒在介质中的干涉沉降

6.2.3.1 矿粒在干扰沉降中运动的特点及常见的集中干扰沉降现象

实际选矿过程，并非是单个颗粒在无限介质中的自由沉降，而是矿粒成群地在有限介质空间里的沉降。这种沉降形式称为干涉沉降。干涉沉降时，其沉降速度除受到自由沉降因素支配外，还受容器器壁及周围颗粒所引起的附加因素的影响。所受附加因素有：

① 流体介质的黏滞性增加，引起介质阻力变大。由于粒群中任一颗粒沉降，均将引起周围流体的运动，又由于固体颗粒的大量存在，且这些固体又不像流体介质那样易于变形，

所以介质就会受到阻尼而不易自由流动，这就相当于增加了流体的黏滞性，从而使沉降速度降低。

② 颗粒沉降时与介质的相对速度增大，导致沉降阻力增大。由于粒群在有限的容器中沉降时，流体受到容器边界的约束，根据流体的连续性规律，一部分介质的下降便会引起相同体积介质的上升，从而引起一股附加的上升水流，使颗粒与介质的相对速度增大，导致介质阻力增加。

③ 在某些特定情况下，颗粒沉降受到的浮力作用变大。如颗粒群的粒度级别过宽时，对于其中粒度大的颗粒，其周围粒群与介质构成了重悬浮液，从而使颗粒的沉降环境变成了液-固两相流悬浮体，其密度大于介质的密度，因此，颗粒将受到比分散介质大的浮力作用。

④ 机械阻力的产生。处于运动中的粒群，颗粒之间、颗粒与器壁之间产生摩擦碰撞，致使每个沉降颗粒除受介质阻力外，还受机械阻力。

上述诸因素都将使颗粒的干扰沉降速度小于自由沉降速度，其降低程度将随介质中固体颗粒的密集程度增加而增加。因此，干扰沉降速度不是一个定值。

颗粒干扰沉降时所受阻力（包括介质阻力和机械阻力）的大小，主要取决于介质中固体颗粒的体积含量，以固体容积浓度 λ 表示，即单位体积悬浮液内固体颗粒占有的体积为：

$$\lambda=\frac{V_g}{V}\times 100\% \tag{6-35}$$

式中 V_g——悬浮液内固体颗粒所占体积；

V——悬浮液中总体积。

单位体积悬浮液内液体所占有的体积称为松散度 θ，因此

$$\theta=1-\lambda \tag{6-36}$$

容积浓度或松散度 θ 均可反映悬浮液（矿浆）中固体颗粒稠密或稀疏的程度。λ 越大或 θ 越小，说明颗粒沉降时受到粒群干扰的影响也就越显著，干涉沉降的速度也就越小。

6.2.3.2 颗粒的干涉沉降速度计算

由于干涉沉降是实际重力分选过程中最基本而又最普遍的现象，所以很久以来就为工程技术界的学者们所重视。里亚申柯根据物体在介质中的有效重力和介质的动压力平衡即可维持悬浮的原理，利用了均匀粒群（密度、粒度均相同的粒群）在上升水流中的悬浮研究了干涉沉降的规律。其试验装置如图 6-3 所示，他采用直径为 30～50mm 垂直放置的干涉沉降玻璃管，在靠近下部有用以支承粒群的筛网，玻璃管旁侧与一个或数个沿纵高配置的测压管相连。干涉沉降管的底端与使介质流能稳定上升的涡流管连通，介质流经给水管沿切线方向给入涡流管，使水在旋转中上升，造成管内介质均匀分布。沉降管上端的溢流槽，用以收集介质和粒群。当试验完毕后，拔出涡流管下部的橡胶塞，可将干涉沉降管中的介质全部放出。

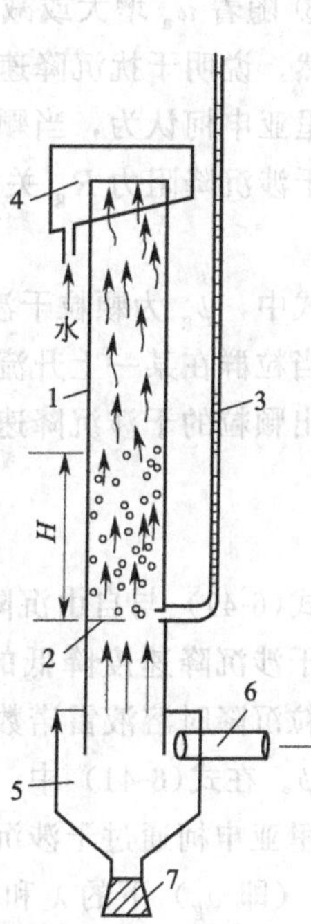

图 6-3　干涉沉降试验装置

1—干涉沉降玻璃管；2—筛网；3—测压管；4—溢流槽；5—涡流管；6—切向给水管；7—橡胶塞

当上升介质流速为某一恒速时，粒群相应的悬浮高度为定值。此时测量由上部溢流出的水量 Q，然后根据沉降管的横截面积 A，便可算出上升介质流的速度 u_a，即：

$$u_a=\frac{Q}{A} \tag{6-37}$$

若突然切断水源，使 $u_a=0$ 时，测定悬浮体上界面的下落速度，该速度就是构成悬浮体的任一颗粒的干涉沉降速度 v_g，实验证明在数值上 $v_g=u_a$。

里亚申柯通过实验得到如下结果：

① 上升水流速度 u_a 很小时，床层保持紧密。只有当 u_a 达到一定值后，粒群才开始悬浮。使粒群开始悬浮所需的最小上升流速远小于单个颗粒悬浮所需的上升流速，说明颗粒的 $v_g<u_a$，颗粒的 v_0 值越大，其悬浮的最小上升流速也越大。

② 当 u_a 一定时，对于一定量的粒群悬浮高度 H 也是一定的；增加物料量，高度 H 也增加，并存在着下述关系：

$$\frac{\sum G}{H}=\text{常数} \tag{6-38}$$

式中，$\sum G$ 为加入的物料量。

在试验中，沉降管横截面积 S 和颗粒的重度 γ 都为定值，所以容积浓度 λ 也是常数，即：

$$\lambda=\frac{V_K}{V}=\frac{\sum G/\gamma}{SH}=\frac{\sum G}{SH\gamma}=\text{常数} \tag{6-39}$$

同理，松散度（$\theta=1-\lambda$）也是常数。由此可见，容积浓度与粒群数量无关，只与上升流速 u_a 有关。即干扰沉降速度 v_g 与同时沉降的物料量无关，只与 λ 有关。

③ 随着 u_a 增大或减小，H 也发生增减变化，λ 和 θ 亦随之改变。u_a 增大，λ 减小，反之亦然。说明干扰沉降速度 v_g 不是定值，而是 λ 的函数。

里亚申柯认为，当颗粒干涉沉降时，每个颗粒都受到各种阻力的作用，这些阻力之和，可用干涉沉降阻力 R_g 关系式表示。即：

$$R_g=\psi_g v_g^2 d_g^2 \rho \tag{6-40}$$

式中，ψ_g 为颗粒干涉沉降时的阻力系数。

当粒群在某一上升流速达到稳定悬浮液时，其中每一颗粒的受力，应有 $G_0=R_g$，由此可求出颗粒的干涉沉降速度 v_g 为：

$$v_g=\sqrt{\frac{\pi d_V(\delta-\rho)}{6\psi_g\rho}g} \tag{6-41}$$

式(6-41) 与自由沉降末速通式形式相似，所不同的是阻力系数为 ψ_g。里亚申柯将导致颗粒干涉沉降速度降低的各种因素都归结在阻力系数上，ψ_g 不仅与颗粒性质（d、δ、χ）和颗粒沉降时溶液雷诺数 Re 有关，而且还是颗粒沉降时悬浮粒群容积浓度 λ 的函数。因此 $\psi_g>\psi$。在式(6-41) 中，由于 ψ_g 是未知的，因此用该式仍无法求出 v_g。

里亚申柯通过干涉沉降管的大量试验，得到对应的 u_a 及悬浮高度 H 值，算出矿粒在不同 u_a（即 v_g）下的 λ 和 ψ_g 的对应值。即：

$$\lambda=\frac{\sum G}{SH\gamma} \tag{6-42}$$

$$\psi_g=\frac{G_0}{v_g^2 d_g^2 \rho} \tag{6-43}$$

然后在对数坐标上，画出 $\lg\psi_g$ 与 $\lg$（$1-\lambda$）的关系曲线，如图 6-4 所示，表明 $\lg\psi_g$ 与

$\lg(1-\lambda)$ 间为线性关系，但不同粒度或不同性质的物料，其直线斜率不同。因此，当 $\lambda=0$（即 $\theta=1$）时，颗粒属于自由沉降，此时 $\psi_g=\psi$，故 $\lg\psi_g=f[\lg(1-\lambda)]$ 在 $\lg(1-\lambda)=0$ 的纵坐标上的截距，就是该颗粒在介质中自由沉降的阻力系数 ψ 值。

据此可写出一般的直线方程：

$$\lg\psi_g=\lg\psi-k\lg(1-\lambda) \tag{6-44}$$

故得：

$$\psi_g=\frac{\psi}{(1-\lambda)^k} \tag{6-45}$$

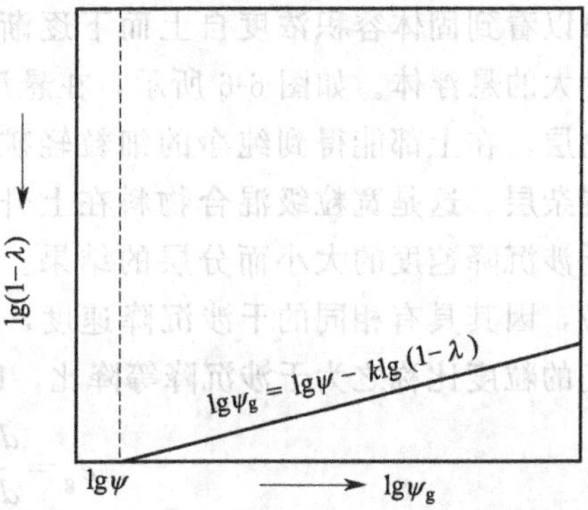

图 6-4　$\lg\psi_g$ 与 $\lg(1-\lambda)$ 关系曲线

将其代入式(6-41) 中，可得：

$$v_g=\sqrt{\frac{\pi d_V(\delta-\rho)}{6\psi\rho}g(1-\lambda)^k}=v_0(1-\lambda)^{k/2} \tag{6-46}$$

令 $n=k/2$，则：

$$v_g=v_0(1-\lambda)^n=v_0\theta^n \tag{6-47}$$

式中，n 为与矿粒性质有关的实验指数。n 值求法可以利用 v_g 的经验公式，变换坐标求得。

如以 $\lg(1-\lambda)$ 为横坐标，以 $\lg(v_g/v_0)$ 为纵坐标，或以 $\lg(1-\lambda)$ 为横坐标，以 $\lg u_a$ 即 $\lg v_g$ 为纵坐标均可求得 n 值。

求 n 值的另一种方法，是最大沉淀度法。所谓沉淀度是指在单位时间内单位横断面积上所沉淀的固体体积量。据此，沉淀度$=v_g\lambda$，将 $v_g=v_0(1-\lambda)^n$ 代入，即：

$$v_g\lambda=v_0(1-\lambda)^n\lambda \tag{6-48}$$

利用求最大值的方法对式(6-48) 微分，一阶导数等于零，二阶导数小于零，$v_g\lambda$ 有最大值。由此可求出：

$$n=\frac{1}{\lambda_1}-1 \tag{6-49}$$

式中，λ_1 为沉淀度最大时的 λ。

若以 λ 为横坐标，以 $v_g\lambda$ 为纵坐标，在坐标上可以给出其关系曲线如图 6-5 所示。与最大沉淀度对应的 λ 值即为 λ_1。将 λ_1 看作临界容积浓度，代入式(6-49) 即可求出 n 值。

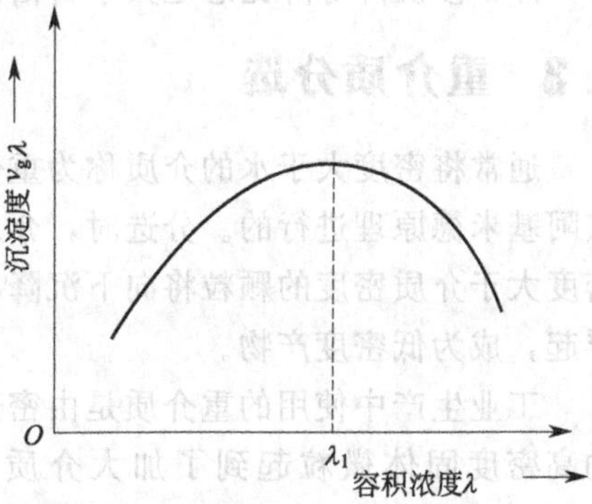

图 6-5　沉淀度与容积浓度的关系曲线

苏联的选矿研究设计院经过大量研究，得出 n 值与颗粒粒度和形状的关系见表 6-4 和表 6-5。

表 6-4　n 值与颗粒粒度之间的关系

颗粒粒度/mm	2.0	1.4	0.9	0.5	0.3	0.2	0.15	0.08
n	2.7	3.2	3.8	4.6	5.4	6.0	6.6	7.5

表 6-5　n 值与颗粒形状之间的关系

颗粒形状	浑圆形	多角形	长条形
n	2.5	3.5	4.5

6.2.3.3　物料沿垂向的重力分层及干涉沉降等降比

将一组粒度不同、密度不同的宽级别粒群置于上升介质流中悬浮，流速稳定后，在管中可以看到固体容积浓度自上而下逐渐增大，而粒度亦是自上而下逐渐变大的悬浮体。如图 6-6 所示，在悬浮体下部可以获得纯净的粗粒重矿物层，在上部能得到纯净的细粒轻矿物层，中间段相当高的范围内是混杂层。这是宽粒级混合物料在上升介质流的作用下，各种颗粒按其干涉沉降速度的大小而分层的结果。各窄层中处于混杂状态的轻重颗粒，因其具有相同的干涉沉降速度，故称其为干涉沉降等沉颗粒。它们的粒度比称之为干涉沉降等降比，以符号 e_g 表示，即

$$e_g=\frac{d_{v1}}{d_{v2}} \tag{6-50}$$

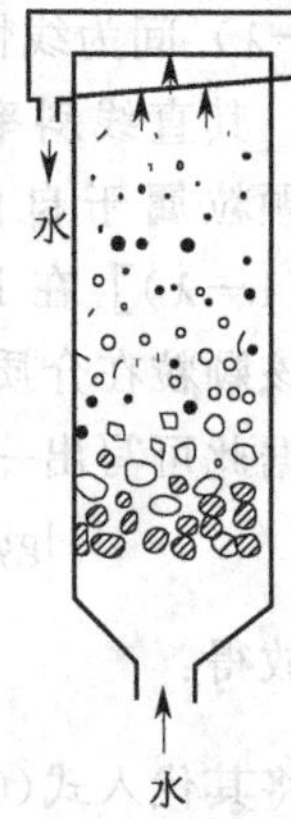

图 6-6　两种密度不同的宽级别物料在上升水流中的悬浮分层

因是等沉颗粒，故：

$$v_{01}(1-\lambda_1)^{n_1}=v_{02}(1-\lambda_2)^{n_2} \tag{6-51}$$

若两异类粒群的颗粒的自由沉降在同一阻力范围内，则 $n_1=n_2=n$。将自由沉降末速计算公式(6-28) 代入方程(6-51)，并将 n 及 v_{0k} 也都代入方程 (6-51)，经整理后可得：

$$e_g=e_0\left(\frac{1-\lambda_2}{1-\lambda_1}\right)^n=e_0\left(\frac{\theta_2}{\theta_1}\right)^n \tag{6-52}$$

在涡流压差阻力范围内取 $n=2.39$，在摩擦阻力范围内取 $n=4.78$。

两种颗粒在混杂状态时，相对于同样大小的颗粒间隙，粒度小者容积浓度小，松散度大，而粒度大者容积浓度大，松散度小，故总是 $(1-\lambda_2)>(1-\lambda_1)$，即 $\theta_2>\theta_1$，因此：

$$e_g>e_0 \tag{6-53}$$

即干涉沉降等降比总是大于自由沉降等降比，且可随容积浓度的减小而降低。

6.3　重介质分选

通常将密度大于水的介质称为重介质，在这类介质中进行的选矿称为重介质分选，它是按阿基米德原理进行的。分选时，介质密度常选择在物料中待分开的两种组分的密度之间，密度大于介质密度的颗粒将向下沉降，成为高密度产物；而密度小于介质密度的颗粒则向上浮起，成为低密度产物。

工业生产中使用的重介质是由密度比较大的固体微粒分散在水中构成的重悬浮液，其中的高密度固体微粒起到了加大介质密度的作用，称为加重质。加重质的粒度一般要求 −0.074mm 占 60%～80%，能均匀分散于水中。位于重悬浮液中的粒度较大的固体颗粒将受到像均匀介质一样增大了的浮力作用。

为了适应工业生产的需要，要求加重质的密度适宜、价格低廉、便于回收。根据这些要求，在工业上使用的加重质主要有硅铁、方铅矿、磁铁矿、黄铁矿、毒砂（砷黄铁矿）等。

(1) 硅铁　选矿用的硅铁含硅量为 13%～18%，这样的硅铁密度为 6.8g/cm³，可配制密度为 3.2～3.5g/cm³ 的重悬浮液。硅铁有耐氧化、硬度大、带强磁性等特点，使用后经筛分和磁选可以回收再用。根据制造方法的不同，硅铁又分为磨碎硅铁、喷雾硅铁和电炉刚玉废料（属含杂硅铁）等。

(2) 方铅矿　纯的方铅矿密度为 7.5g/cm³，通常所用为方铅矿精矿，Pb 品位为 60%，配制的悬浮液密度为 3.5g/cm³。方铅矿悬浮液用后可用浮选法回收再用，但其硬度低，易泥化，配制的悬浮液黏度高，且容易损失，因而已逐渐少用。

(3) 磁铁矿　纯磁铁矿密度为5.0g/cm^{3}左右，用含Fe 60%以上的铁精矿配制的悬浮液密度最大可达2.5g/cm^3。磁铁矿在水中不易氧化，可用弱磁选法回收。

从原理上看，重介质选矿是严格按密度分选的，与矿粒的粒度及形状无关。介质常表现出较高的黏度，严重影响颗粒的沉降速度。若给矿粒度大，重矿物沉降快，对分层精确性的影响倒不显著；但若给矿粒度小，则往往因有一部分粒度小的重矿物颗粒未来得及沉降到底部，便被介质带到机外，从而降低了分选效率。因此，在分选前需预先筛分出细小矿粒。

用重介质分选法选煤时，一般给料粒度下限为3～6mm，上限为300～400mm。经过一次分选即可得到精煤。用重介质分选法选别金属矿石时，通常给料粒度下限为1.5～3.0mm，上限为50～150mm。若用重介质旋流器进行分选，则给料粒度下限可降低到0.5～1.0mm。

6.3.1　重悬浮液的性质

(1) 重悬浮液的黏度　重悬浮液是非均质两相流体，它的黏度与均质液体不同。其差异主要表现在即使温度保持恒定，悬浮液的黏度也不是一个定值，同时悬浮液的黏度明显比分散介质的大。其原因可归结为如下三个方面：

① 悬浮液流动时，由于固体颗粒的存在，既增加了摩擦面积，又增加了流体层间的速度梯度，从而导致流动时的摩擦阻力增加。

② 固体体积分数φ较高时，因固体颗粒间摩擦、碰撞，使悬浮液的流动变形阻力增大。

③ 由于加重质颗粒的表面积很大，它们彼此容易自发地联结起来，形成一种局部或整体的空间网状结构物，以降低表面能（图6-7），这种现象称为悬浮液的结构化，在形成结构化的悬浮液中，由于包裹在网格中的水失去了流动性，使得整个悬浮液具有一定的机械强度，因而流动性明显减弱，在外观上即表现为黏度增加。

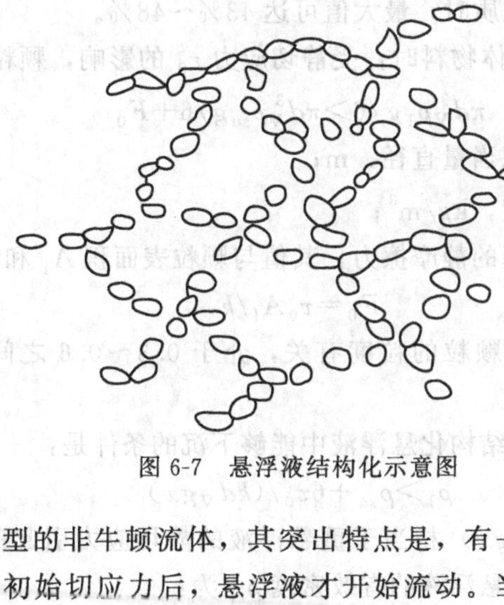

图6-7　悬浮液结构化示意图

结构化悬浮液是典型的非牛顿流体，其突出特点是，有一定的初始切应力τ(图6-8)，只有当外力克服了这一初始切应力后，悬浮液才开始流动。当流动的速度梯度达到一定值后，结构物被破坏，切应力又与速度梯度保持直线关系，此时有：

$$\tau=\tau_0+\mu_0\frac{du}{dh} \tag{6-54}$$

式中　τ——结构化悬浮液的切应力，Pa；

τ_0——结构化悬浮液的静切应力，Pa；

μ_0——结构化悬浮液的牛顿黏度，Pa·s；

du/dh——结构化悬浮液流动过程的速度梯度，s^{-1}。

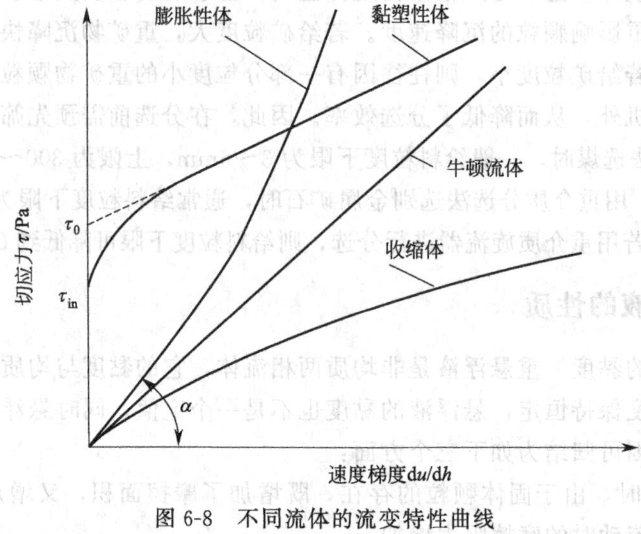

图 6-8　不同流体的流变特性曲线

(2) 重悬浮液的密度　重悬浮液的密度有物理密度和有效密度之分。重悬浮液的物理密度由加重质的密度和体积分数共同决定，用符号 ρ_{su} 表示，计算式为：

$$\rho_{su}=\varphi(\rho_{hm}-1000)+1000 \tag{6-55}$$

式中　ρ_{hm}——加重质的密度，kg/m^3；

φ——重悬浮液的固体体积分数，采用磨碎的加重质时最大值为 17%～35%，大多数为 25%，采用球形颗粒加重质时，最大值可达 43%～48%。

在结构化悬浮液中分选固体物料时，受静切应力 τ_0 的影响，颗粒向下沉降的条件为：

$$\pi d_V^3\rho_1 g/6>\pi d_V^3\rho_{su} g/6+F_0 \tag{6-56}$$

式中　d_V——固体颗粒的体积当量直径，m；

ρ_1——固体颗粒的密度，kg/m^3；

F_0——由静切应力引起的静摩擦力，其值与颗粒表面积 A_f 和静切应力 τ_0 成正比。

$$F_0=\tau_0 A_f/k \tag{6-57}$$

式中，k 是比例系数，与颗粒的粒度有关，介于 0.3～0.6 之间，当颗粒的粒度大于 10mm 时，$k=0.6$。

由上述两式，可得颗粒在结构化悬浮液中能够下沉的条件是：

$$\rho_1>\rho_{s\mu}+6\tau_0/(kd_V gx) \tag{6-58}$$

式(6-58) 中的 $6\tau_0/(kd_V gx)$ 相当于重悬浮液的静切应力引起的密度增大值。所以对于高密度颗粒的沉降来说，重悬浮液的有效密度 ρ_{ef} 为：

$$\rho_{ef}=\rho_{su}+6\tau_0/(kd_V gx) \tag{6-59}$$

由于静切应力的方向始终同颗粒的运动方向相反，所以当低密度颗粒上浮时，重悬浮液的有效密度 ρ_{ef} 则变为：

$$\rho_{ef}=\rho_{su}-6\tau_0/(kd_V gx) \tag{6-60}$$

由式(6-59) 和式(6-60) 可以看出，重悬浮液的有效密度不仅与加重质的密度和体积分数有关，同时还与 τ_0 及固体颗粒的粒度和形状有关。

密度 ρ_1 介于上述两项有效密度之间的颗粒，既不能上浮，也不能下沉，因而得不到有效的分选。这种现象在形状不规则的细小颗粒上表现尤为突出，是造成分选效率不高的主要原因，这再次表明入选前脱除细小颗粒的必要性。

(3) 重悬浮液的稳定性　重悬浮液的稳定性是指悬浮液保持自身密度、黏度不变的性能。通常用加重质颗粒在重悬浮液中沉降速度 v 的倒数来描述悬浮液的稳定性，称作悬浮液的稳定性指标，记为 Z，即：

$$Z=1/v \tag{6-61}$$

Z 值越大，重悬浮液的稳定性越高，分选越容易进行。

v 的大小可用沉降曲线求出，将待测的悬浮液置于量筒中，搅拌均匀后，静止沉淀，片刻在上部即出现一清水层，下部混浊层界面的下降速度即为加重质颗粒的沉降速度 v。将混浊层下降高度与对应时间画在直角坐标纸，将各点连接起来得一条曲线（见图 6-9），曲线上任意一点的切线与横轴夹角的正切即为该点的瞬时沉降速度。从图可以看出，沉降开始后在相当长一段时间内曲线的斜率基本不变，评定重悬浮液稳定性的沉降速度即以这一段为准。

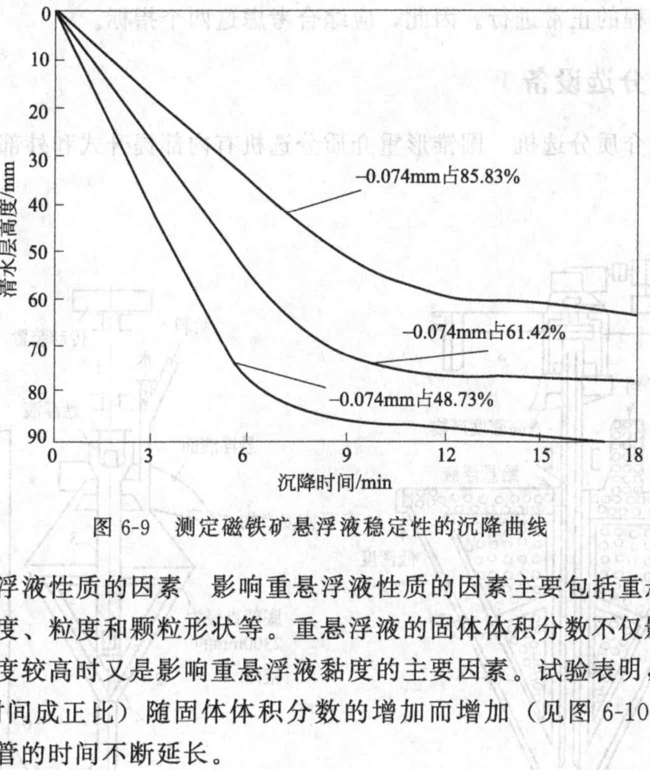

图 6-9　测定磁铁矿悬浮液稳定性的沉降曲线

(4) 影响重悬浮液性质的因素　影响重悬浮液性质的因素主要包括重悬浮液的固体体积分数、加重质的密度、粒度和颗粒形状等。重悬浮液的固体体积分数不仅影响重悬浮液的物理密度，而且当浓度较高时又是影响重悬浮液黏度的主要因素。试验表明，重悬浮液的黏度（与流出毛细管的时间成正比）随固体体积分数的增加而增加（见图 6-10），亦即一定体积重悬浮液流出毛细管的时间不断延长。

从图 6-10 可知，固体体积分数较低时，黏度增加缓慢，而当固体体积分数超过某临界值 φ_0 时，黏度急剧增大，φ_0 称为临界固体体积分数。当重悬浮液的固体体积分数超过临界值时，颗粒在其中的沉降速度急剧降低，从而使设备生产能力明显下降，分选效率也随之降低。

加重质的密度主要影响重悬浮液的密度，而粒度和颗粒形状则主要影响重悬浮液的黏度和稳定性。重悬浮液的黏度越大其稳定性也就越好，但颗粒在其中的沉降或上浮速度较低，使设备的生产能力和分选精确度下降；如果重悬浮液的黏度比较小，则稳定性也比较差，严

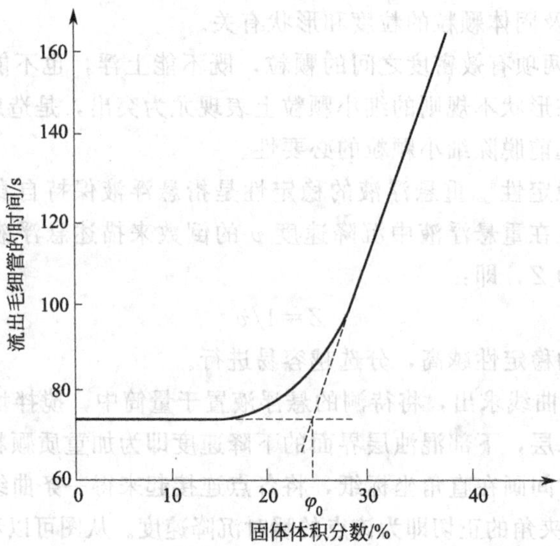

图 6-10　重悬浮液的黏度与固体体积分数的关系

重时会影响分选过程的正常进行。因此，应综合考虑这两个指标。

6.3.2　重介质分选设备

（1）圆锥形重介质分选机　圆锥形重介质分选机有内部提升式和外部提升式两种，结构如图 6-11 所示。

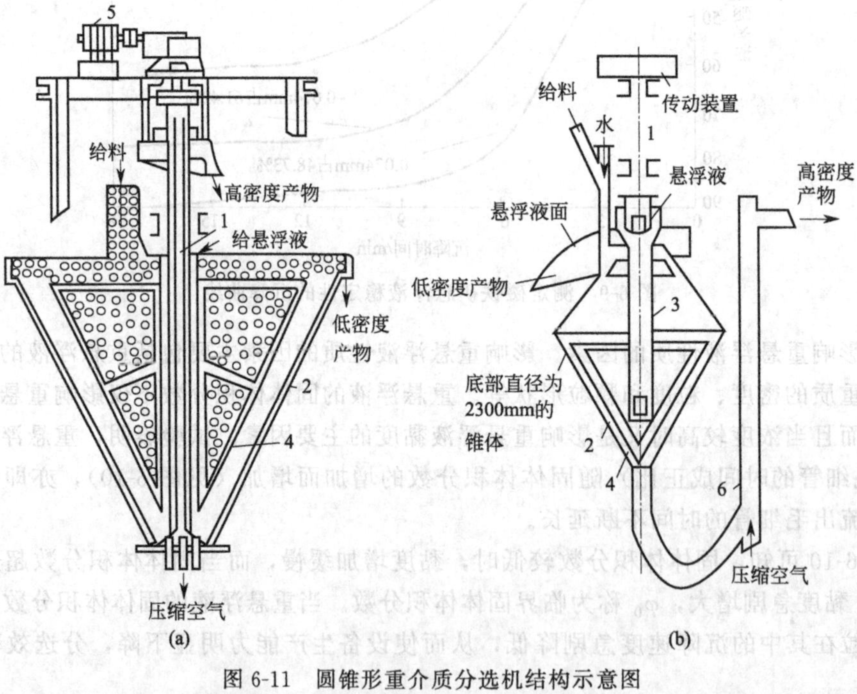

图 6-11　圆锥形重介质分选机结构示意图

1—中空轴；2—圆锥形分选槽；3—套管；4—刮板；5—电动机；6—外部空气提升管

图 6-11(a) 为内部提升式圆锥形重介质分选机，即在倒置的圆锥形分选槽内，安装有空心回转轴。空心轴同时又作为排出高密度产物的空气提升管。中空轴外面有一个带孔的套管，重

悬浮液给入套管内，穿过孔眼流入分选圆锥内。套管外固定有两个三角形刮板，以 4～5r/min 速度旋转以维持悬浮液密度均匀并防止被分选物料沉积。入选物料由上表面给入，密度较低的部分浮在表层，经四周溢流堰排出，密度较高的部分沉向底部。压缩空气由中空轴下部给入。当中空轴内的高密度产物、重悬浮液和空气组成的气-固-液三相混合物密度低于外部重悬浮液密度时，中空轴内的混合物即向上流动，将高密度产物提升到一定高度后排出。外部提升式分选机的工作过程与此相同，只是高密度产物由外部提升管排出［见图 6-11(b)］。

这种设备的分选面积大、工作稳定、分离精确度较高。给料粒度范围为 5～50mm，适于处理低密度组分含量高的物料。它的主要缺点是需要使用微细粒加重质，介质循环量大，增加了介质回收和净化的工作量，而且需要配置空气压缩装置。

(2) 鼓形重介质分选机　鼓形重介质分选机的构造如图 6-12 所示，外形为一横卧的鼓形圆筒，由 4 个辊轮支撑，通过设置在圆筒外壁中部的大齿轮，由传动装置带动旋转。在圆筒内壁沿纵向设有带孔的扬板。入选物料与悬浮液一起从筒的一端给入。高密度颗粒沉到底部，由扬板提起投入排料溜槽中，低密度颗粒则随悬浮液一起从筒的另一端排出。这种设备结构简单，运转可靠，便于操作。在设备中，重悬浮液搅动强烈，所以可采用粒度较粗的加重质，且介质循环量少，它的主要缺点是分选面积小，搅动大，不适于处理细粒物料，给料粒度通常为 150～6mm。

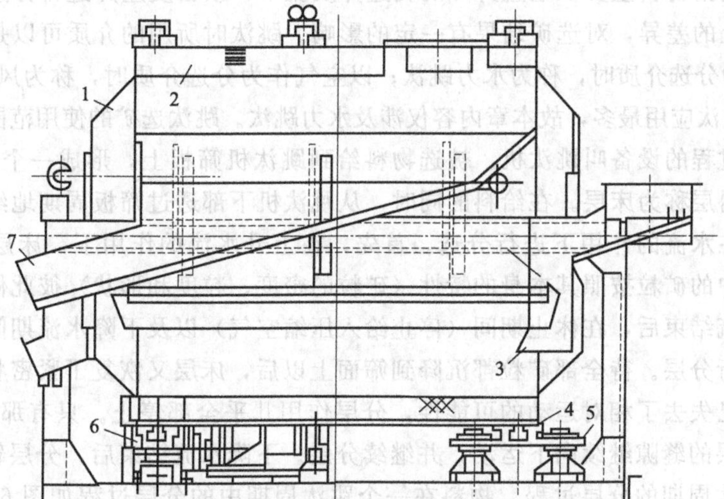

图 6-12　鼓形重介质分选机的构造示意图

1—转鼓；2—扬板；3—给料漏斗；4—托辊；5—挡辊；6—传动系统；7—高密度产物漏斗

(3) 重介质振动溜槽　重介质振动溜槽的基本结构如图 6-13 所示，机体的主要部分是断面为矩形的槽体，支承在倾斜的弹簧板上，由曲柄连杆机构带动做往复运动。槽体的底部为冲孔筛板，筛板下有 5～6 个独立水室，分别与高压水管连接。在槽体的末端设有分离隔板，用以分开低密度产物和高密度产物。

该设备工作时，待分选物料和重悬浮液一起由给料端给入重介质振动溜槽，介质在槽中受到摇动和上升水流的作用形成一个高浓度的床层，它对物料起着分选和搬运作用。分层后的高密度产物从分离隔板的下方排出，而低密度产物则由隔板上方流出。

重介质振动溜槽的优点是，床层在振动下易松散，可以使用粗粒（−1.5mm）加重质。加重质在槽体的底部浓集，浓度可达 60%，提高了分选密度。因此又可采用密度较低的加

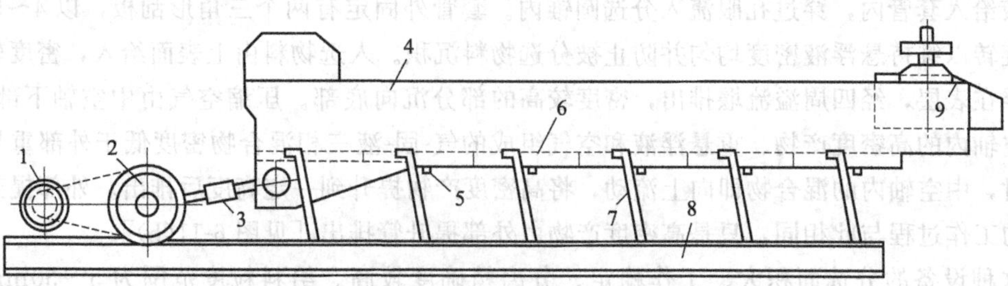

图 6-13　重介质振动溜槽基本结构示意图

1—电动机；2—传动装置；3—连杆；4—槽体；5—给水管；6—槽底水室；
7—支承弹簧板；8—机架；9—分离隔板

重质，例如用来对铁矿石进行预选时，可以采用细粒铁精矿作加重质。

重介质振动溜槽的处理能力很大，每 100mm 槽宽的处理量达 7t/h，适于分选粗粒物料，给料粒度一般为 6～75mm。设备的机体笨重，工作时振动力很大，需要安装在坚固的地面基础上。

6.4　跳汰分选

跳汰分选是指物料主要在垂直升降的变速介质流中，按密度差异进行分选的过程。物料在粒度和形状上的差异，对选矿结果有一定的影响。跳汰时所用的介质可以是水，也可以是空气。以水作为分选介质时，称为水力跳汰；以空气作为分选介质时，称为风力跳汰。目前，生产中以水力跳汰应用最多，故本章内容仅涉及水力跳汰。跳汰选矿的使用范围见表 6-6。

实现跳汰过程的设备叫跳汰机。被选物料给到跳汰机筛板上，形成一个密集的物料层，这个密集的物料层称为床层。在给料的同时，从跳汰机下部透过筛板周期地给入一个上下交变水流，物料在水流的作用下进行分选。首先，在上升水流的作用下，床层逐渐松散、悬浮，这时床层中的矿粒按照其本身的特性（矿粒的密度、粒度和形状）彼此做相对运动进行分层。上升水流结束后，在休止期间（停止给入压缩空气）以及下降水流期间，床层逐渐紧密，并继续进行分层。待全部矿粒都沉降到筛面上以后，床层又恢复了紧密状态，这时大部分矿粒彼此间已失去了相对运动的可能性，分层作用几乎全部停止。只有那些极细的矿粒，尚可以穿过床层的缝隙继续向下运动，并继续分层。下降水流结束后，分层暂告终止，至此完成了一个跳汰周期的分层过程。物料在一个跳汰周期中的分层过程如图 6-14 所示。物料在每一个周期中，都只能受到一定的分选作用，经过多次重复后，分层逐渐完善。最后，密度低的矿粒集中在最上层，密度高的矿粒集中在最底层。

在跳汰机入料端给入物料的同时，伴随物料也给入了一定量的水平水流。水平水流虽然对分选也起一定的影响，但它主要是起润湿和运输作用。润湿是为了防止干物料进入水中后结团；运输是负责将分层之后居于上层的低密度物料冲走，使它从跳汰机的溢流堰排出机外。

跳汰机中水流运动的速度及方向是周期变化的，这样的水流称作脉动水流。脉动水流每完成一次周期性变化所用的时间即为跳汰周期。在一个周期内表示水速随时间变化的关系曲线称作跳汰周期曲线。水流在跳汰室中上下运动的最大位移称为水流冲程。水流每分钟循环的次数称为冲次。跳汰室内床层厚度、水流的跳汰周期曲线形式、冲程和冲次是影响跳汰过程的重要参数。

跳汰分选法的优点在于：工艺流程简单，设备操作维修方便，处理能力大，且有足够的分选精确度。因此，在生产中应用很普遍，是重选中最重要的一种分选方法。

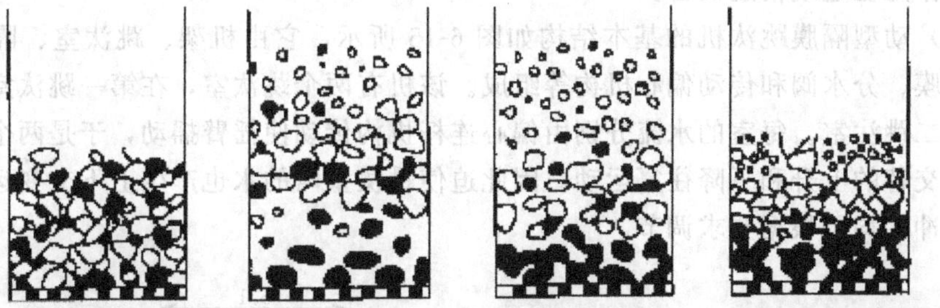

(a)分层前颗粒混杂堆积　(b)上升水流将床层抬起　(c)颗粒在水流中沉降分层　(d)水流下降，床层紧密，高密度产物进入下层

图 6-14　跳汰分层过程示意图

表 6-6　跳汰选矿的使用范围

有用矿物类型		有用成分密度/(g/cm³)	跳汰入料粒级/mm	可选用的其他设备
黑色金属	褐铁矿	3.5	3～50	溜槽
	假象赤铁矿	5.3	3～50	溜槽
	硬锰矿	4.2	0.2～50	重介质分选机
	水锰矿	4.3	0.2～50	重介质分选机
	软铁矿	4.8	0.2～50	重介质分选机
	磁铁矿-赤铁矿	5.2	0.5～1.0	重介质分选机
	磁铁矿-假象赤铁矿			磁选机
砂矿	锡石、钨、锰矿、钽铁矿、铌矿	6～8	0.05～25	溜槽、螺旋选矿机
	钛锆矿、钍矿	4.2～5.2	0.05～25	溜槽、螺旋选矿机
	黄金、白金	达 15.6	0.05～25	溜槽、螺旋选矿机
	金刚石	3.5	0.05～25	溜槽、螺旋选矿机
原生矿	钨锰矿、锡石	6.95～7.35	0.3～6	溜槽和摇床
煤	烟煤	达 1.2	0.5～13(10)	重介质旋流器、摇床
			13(10～100)	重介质分选机
			0.5～50(100)	
	无烟煤	1.8～2.0	13～100(250)	重介质分选机
可燃性页岩		2～2.2	25～150	重介质分选机

煤炭分选中，跳汰选煤占很大比重。全世界每年入选煤炭中，有 50%左右是采用跳汰机处理的；我国跳汰选煤占全部入选原煤量的 70%。另外跳汰选煤处理的粒度级别较宽，在 0.5～150mm 范围内，可不分级入选，也可先分级再入选。

矿石分选中，跳汰选矿是处理粗、中粒矿石的有效方法，大量地用于分选钨矿、锡矿、金矿及某些稀有金属矿石；此外，还用于分选铁、锰矿石和非金属矿石。处理金属矿石时，给矿粒度上限可达 30～50mm，回收的粒度下限为 0.2～0.074mm。

6.4.1　跳汰机种类

选矿用跳汰机种类繁多，在重选厂应用最广的是隔膜跳汰机，根据隔膜所在位置的不同划分为上（旁）动型隔膜跳汰机、下动型圆锥隔膜跳汰机、侧动型隔膜跳汰机、复振跳汰机和圆形跳汰机等。

(1) 上（旁）动型隔膜跳汰机　上（旁）动型隔膜跳汰机在我国广泛用于分选钨矿、锡矿和金矿等，分选粒度上限可达 12～18mm，下限为 0.2mm，可用于粗、中、细粒矿石的分选，也可作为粗选或精选设备。

上（旁）动型隔膜跳汰机的基本结构如图 6-15 所示，它由机架、跳汰室、隔膜室、网室、橡胶隔膜、分水阀和传动偏心机构等组成。该机有两个跳汰室，在第一跳汰室给料经分选后进入第二跳汰室。每室的水流分别由偏心连杆机构传动使摇臂摇动，于是两个连杆带动两室隔膜做交替的上升和下降往复运动，因此迫使跳汰室内的水也产生上下交变运动。跳汰机的冲程和冲次均可根据要求调节。

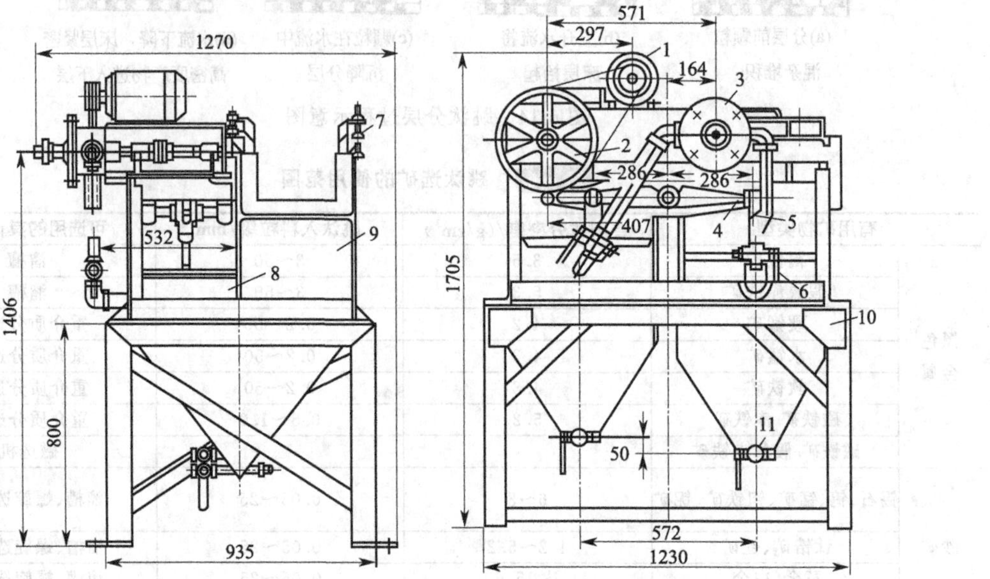

图 6-15　300mm×450mm 双室旁动型隔膜跳汰机的结构

1—电动机；2—传动装置；3—分水管；4—摇臂；5—连杆；6—橡胶隔膜；7—筛网压板；8—隔膜室；9—跳汰室；10—机架；11—排料活栓

跳汰室分选的筛上重产物（粗精矿）由中心套筒装置排出，如图 6-16 所示。其筛上精矿由水箱底部的排水阀门排出。轻产物则随上部水流越过尾矿堰排出。

上（旁）动型隔膜跳汰机只有一种定型产品，每室宽 300mm、长 450mm，双室串联。

该机具有冲程调节范围大、适应较宽的给矿粒度、水的鼓动均匀、床层稳定、分选指标好、精矿排放容易、可一次获得粗精矿或合格精矿、单位面积生产率大、操作维修方便等优点。其缺点是：单机规模小，生产能力低，由于隔膜室占用机体的一半，因此，占地面积大。

(2) 下动型圆锥隔膜跳汰机　下动型圆锥隔膜跳汰机也是常用隔膜跳汰机的一种，有两个跳汰室，传动装置安设在跳汰室的下方。隔膜是一个可动的倒圆锥体，用环形橡胶隔膜与跳汰室相连。电动机和皮带轮安置在设备的一端，通过杠杆推动隔膜做上下往复运动，使跳汰室产生上升下降水流。设备结构如图 6-17 所示，设备工作过程如图 6-18 所示。

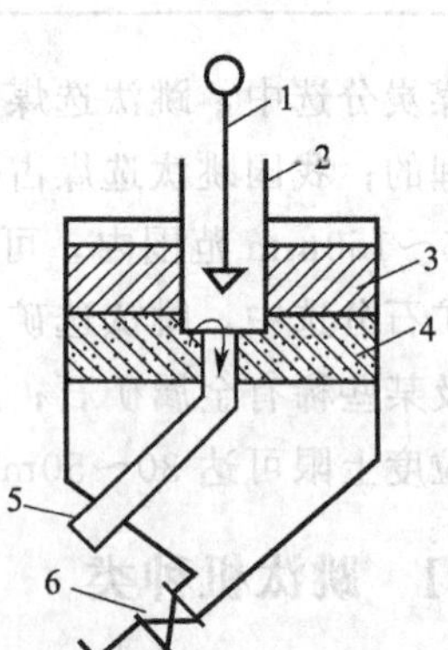

图 6-16　筛上精矿中心排矿装置

1—锥形阀；2—外套筒；3—轻矿层；4—重矿层；5—筛上精矿导管（内套筒）；6—筛下精矿阀门

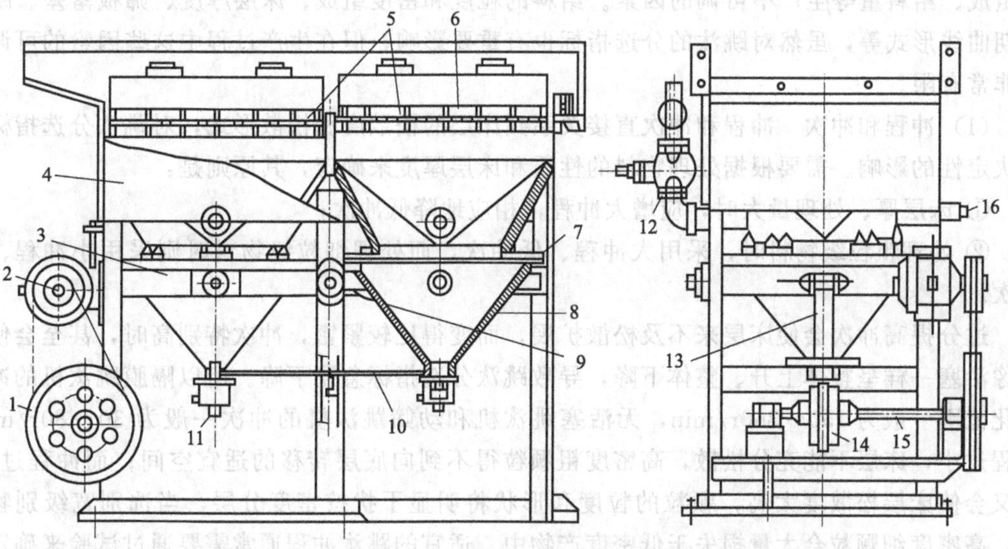

图 6-17　1000mm×1000mm 双室下动型圆锥隔膜跳汰机的结构

1—大皮带轮；2—电动机；3—活动框架；4—机架；5—筛格；6—筛板；7—隔膜；8—可动锥斗；9—支撑轴；10，13—弹簧板；11—排料阀门；12—进水阀门；14—偏心头部分；15—偏心轴；16—木塞

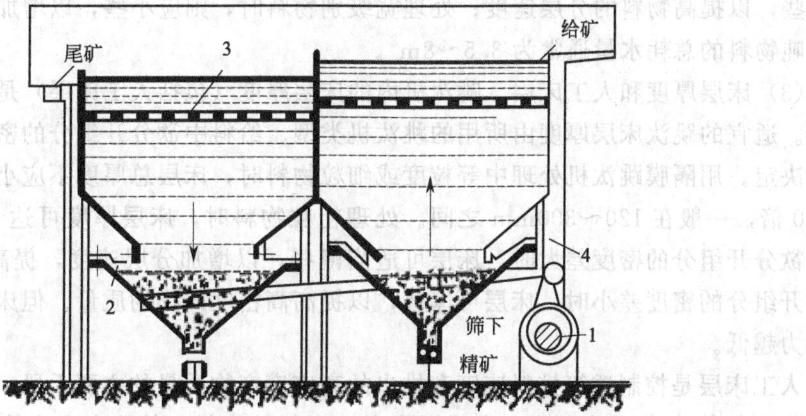

图 6-18　下动型圆锥隔膜跳汰机工作示意图

1—传动装置；2—隔膜；3—筛面；4—机架

该机的重产物由可动锥底阀门间断排出。该机优点是设备大，故生产能力大；占地面积小；设备结构紧凑；上升水流分布均匀；重产物排料口安设在可动锥底，因此，排料顺畅。缺点是装置在下部的鼓动隔膜承受力大，易使橡胶隔膜破裂，支架折断，因而维护检修困难；冲程不能调得太大，处理粗粒物料效果不好；传动机构设置在机械的下部，容易受侵蚀而损坏等。

该机只适用于处理小于 6mm 的中、细粒级的矿石。若经改造也可分选粗粒级矿石，如江西大吉山钨矿重选厂选别 5～10mm 的钨矿，在处理能力、作业回收率和精矿品位等方面都有明显的效果。

6.4.2　跳汰分选的影响因素

跳汰分选工艺影响因素主要包括冲程、冲次、给矿水、筛下补加水、床层厚度、人工床层组成、给料量等生产中可调的因素。给料的粒度和密度组成、床层厚度、筛板落差、跳汰周期曲线形式等，虽然对跳汰的分选指标也有重要影响，但在生产过程中这些因素的可调范围非常有限。

(1) 冲程和冲次　冲程和冲次直接关系到床层的松散度和松散形式，对跳汰分选指标有着决定性的影响。需要根据处理物料的性质和床层厚度来确定，其原则是：

① 床层厚、处理量大时，应增大冲程，相应地降低冲次；

② 处理粗粒级物料时，采用大冲程、低冲次，而处理细粒级物料时则采用小冲程、高冲次。

过分提高冲次会使床层来不及松散扩展，而变得比较紧密，冲次特别高时，甚至会使床层像活塞一样呈整体上升、整体下降，导致跳汰分选指标急剧下降。所以隔膜跳汰机的冲次变化范围一般为150～360r/min，无活塞跳汰机和动筛跳汰机的冲次一般为30～80r/min。冲程过小，床层不能充分松散，高密度粗颗粒得不到向底层转移的适宜空间；而冲程过大，则又会使床层松散度太高，颗粒的粒度和形状将明显干扰按密度分层，当选别宽级别物料时，高密度细颗粒会大量损失于低密度产物中。适宜的跳汰冲程通常需要通过试验来确定。

(2) 给矿水和筛下补加水　给矿水和筛下补加水之和为跳汰分选的总耗水量。给矿水主要用来湿润给料，并使之有适当的流动性，给料中固体质量分数一般为30%～50%，并应保持稳定。筛下补加水是操作中调整床层松散度的主要手段，处理窄级别物料时筛下补加水可大些，以提高物料的分层速度；处理宽级别物料时，则应小些，以增加吸入作用。跳汰分选每吨物料的总耗水量通常为3.5～8m^3。

(3) 床层厚度和人工床层　跳汰机内的床层厚度（包括人工床层）是指筛板到溢流堰的高度。适宜的跳汰床层厚度由所用的跳汰机类型、给料中欲分开组分的密度差和给料粒度等因素决定。用隔膜跳汰机处理中等粒度或细粒物料时，床层总厚度不应小于给料最大粒度的5～10倍，一般在120～300mm之间。处理粗粒物料时，床层厚度可达500mm。另外，给料中欲分开组分的密度差大时，床层可适当薄些，以增加分层速度，提高设备的生产能力；欲分开组分的密度差小时，床层可厚些，以提高高密度产物的质量。但床层越厚，设备的生产能力越低。

人工床层是控制透筛排料速度和排出的高密度产物质量的主要手段。生产中要求人工床层一定要保持在床层的底层，为此用作人工床层的物料，其粒度应为筛孔尺寸的2～3倍，并比入选物料的最大粒度大3～6倍；其密度以接近或略大于高密度产物为宜。生产中常采用给料中的高密度粗颗粒作人工床层。分选细粒物料时，人工床层的铺设厚度一般为10～50mm，分选稍粗一些的物料时可达100mm。人工床层的密度越高、粒度越小、铺设厚度越大，高密度产物的产率就越小，回收率也就越低，但密度却越高。

(4) 筛板落差　相邻2个跳汰室筛板的高差称为筛板落差，它有助于推动物料向排料端运动。一般来说，处理粗粒物料或欲分开组分的密度差较大的物料时，落差应大些；处理细粒物料或难选物料时，落差应小些。旁动型隔膜跳汰机和梯形跳汰机的筛板落差通常为50mm，而粗粒跳汰机的筛板落差则可达100mm。

(5) 给料性质和给料量　跳汰机的处理能力与给料性质密切相关。当处理粗粒、易选物料，且对高密度产物的质量要求不高时，给料量可大些；反之则应小些。同时，为了获得较好的分选指标，给料的粒度组成、密度组成和给矿浓度应尽可能保持稳定，尤其是给料量，更不要波动太大。跳汰机的处理能力随给料粒度、给料中欲分开组分的密度差、作业要求和设备规格而有很大变化。为了便于比较，常用单位筛面的生产能力[t/(m^2·h)]表示。

6.5 溜槽分选

6.5.1 溜槽分选概述

溜槽分选是利用沿斜面流动的水流进行选矿的方法。在溜槽内，不同密度的矿粒在水流的流动动力、矿粒重力（或离心力）、矿粒与槽底间的摩擦力等作用下发生分层，结果使密度大的矿粒集中在下层，以较低的速度沿槽底向前运动，在给矿的同时排出槽外（这种溜槽称为无沉积型溜槽），或者是滞留于槽底（这种溜槽称为沉积型溜槽）。经过一段时间后，间断地排出槽外，密度小的矿粒分布在上层，以较大的速度被水流带走。由此，不同密度的矿粒在槽内得到了分选，矿粒的粒度和形状也影响分选的精确性。

根据溜槽结构和分选对象的不同，大致可分为粗粒溜槽和细粒溜槽两类。粗粒溜槽通常是由木制或钢板焊成的窄而长的斜槽，在槽底装有挡板或粗糙的铺物。槽中水层厚度达10～100mm以上，水流速度较快，给矿粒度也由数毫米到数十毫米。这种溜槽主要用于分选砂金、砂铂、砂锡及其他稀有金属砂矿。在过去工业不发达时期，这类设备应用较多，目前除选金尚有应用外，其他已多被跳汰机所取代。

溜槽类分选设备的突出优点是结构简单，生产费用低，操作简便，所以特别适合于处理高密度组分含量较低的物料。

6.5.2 粗粒溜槽

设在地面上的粗粒溜槽通常用木材或钢板制成，长约15m，大多数宽0.7～0.9m，槽底倾角为5°～8°。在溜槽内每隔0.4～0.5m设横向挡板，挡板由木材或角钢制成。粗粒溜槽的工作过程如图6-19所示。

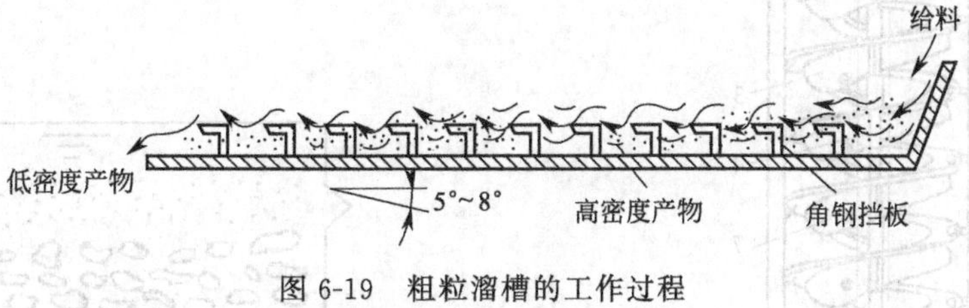

图 6-19 粗粒溜槽的工作过程

物料入选前常将10～20mm以上的粗粒级筛除，然后和水一起由溜槽的一端给入，在强烈湍流流动中松散床层，高密度细颗粒进入底层后被挡板保护而留在槽内，上层的低密度颗粒则被水流带到槽外，经过一段时间给料后，高密度颗粒在槽底形成一定厚度的积累，即停止给料，并加清水清洗。再去掉挡板进行人工耙动冲洗，得到的高密度产物，再用摇床或跳汰机进行精选。

粗粒溜槽的结构简单，生产成本低廉，处理高密度组分含量较低的物料时，能有效地分选出大量的低密度产物。因此一直是应用广泛的粗选设备。

6.5.3 螺旋选矿机和螺旋溜槽

将底部为曲面的窄长溜槽绕垂直轴线弯曲成螺旋状，即构成螺旋选矿机或螺旋溜槽，两者的区别在于螺旋选矿机的螺旋槽内表面呈椭圆形，在螺旋槽的内缘开有精矿排出孔，沿垂直轴设置精矿排出管；而螺旋溜槽的螺旋槽内表面呈抛物线形，分选产物都从螺旋槽的底端排出。在螺旋选矿机或螺旋溜槽内，物料在离心惯性力和中粒的联合作用下实现按密度分选。根据螺旋槽嵌套的个数，把螺旋选矿机或溜槽细分为不同头数的螺旋选矿机或螺旋溜槽。

螺旋选矿机和螺旋溜槽的结构如图 6-20 所示。这种设备的主体由 3～5 圈螺旋槽组成，螺旋槽在纵向（沿矿浆流动方向）和横向（径向）上均有一定的倾斜度。这种设备的优点是结构简单，处理能力大，本身不消耗动力，操作维护方便。其缺点是机身高，给料和中间产物需用砂泵输送。

（1）不同密度颗粒在螺旋槽中的分选原理 螺旋选矿机或螺旋溜槽内，物料之所以得到分选，主要是由于受水流特性的影响。从槽的内侧至外侧，螺旋槽内的流膜厚度逐渐增大，流速也逐渐加大，液流由层流逐渐变为紊流。

液流的厚度和流速主要取决于螺旋槽断面形状。当横向倾角和螺距一定时，增大流量，湿周向外扩展，使流膜厚度增大，流速亦加大，即紊动度增大，但是对内缘流动特性影响不大。该流动特性使螺旋槽能够在矿浆体积有较大变化时，对分选效果影响不大。

矿粒在螺旋槽内主要受水流运动特性的影响。不同密度粒群在螺旋槽面除受流体动力的推动外还受到重力、惯性离心力和摩擦力的作用。此外还有横向环水中上层液流向外侧的动压力和下层液流向内侧的动压力以及环流的法向分速度与紊流的脉动速度所形成的动压力。

矿粒在螺旋槽内进行松散和分层的过程和一般弱紊流中的作用是一样的，矿粒群在沿螺旋槽底运动过程中，重矿物颗粒逐渐转入下层，而轻矿物颗粒转入上层，大约经第一圈后分层就能基本完成，如图 6-21 所示。

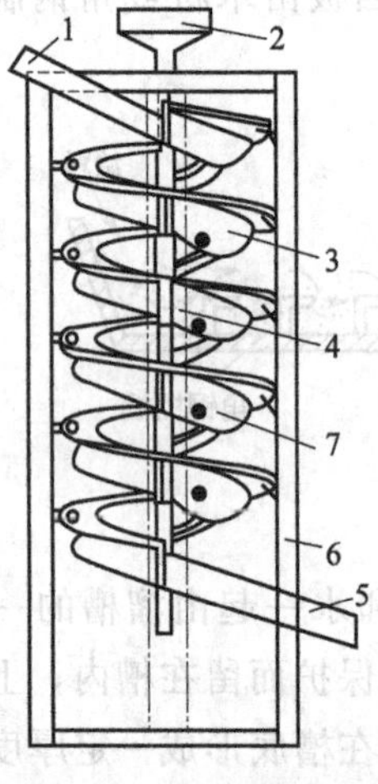

图 6-20 螺旋选矿机和螺旋溜槽的结构示意图

1—给料槽；2—冲洗水导管；3—螺旋槽；4—连接用法兰盘；5—低密度产物槽；6—机架；7—高密度产物排出管

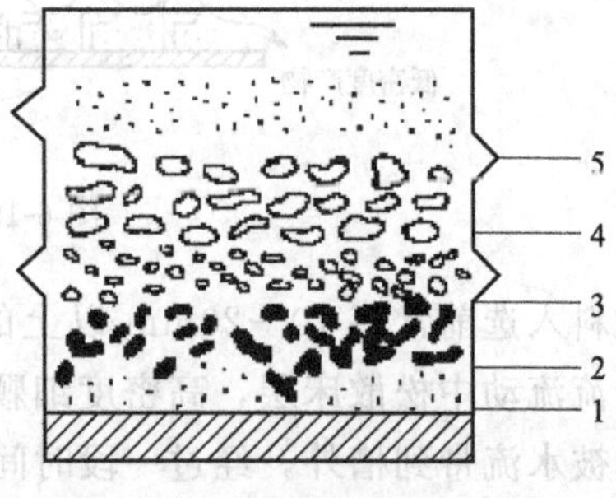

图 6-21 颗粒在螺旋槽内的分层结果

1—高密度细颗粒；2—高密度粗颗粒；3—低密度细颗粒；4—低密度粗颗粒；5—特别微细的颗粒

分层后，即形成了以重矿物为主的下部流动层和以轻矿物为主的上部流动层。下层颗粒群密集度大，并与槽体接触，又受到上面的压力，因而其运动阻力大；处在上部流动层的颗粒恰好相反，它们所受阻力较小，因此，增大了上、下流动层间的速度差，轻矿物颗粒位于纵向流速高的上层液流中，因而派生出较大的惯性离心力，并同时受到横向环流所给予的向外流体动压力，这两种力的合力大于颗粒的重力分力和摩擦力，所以轻矿物颗粒向槽的外缘移动。重矿物颗粒处于纵向流速较低的下层液流，因而具有较小的惯性离心力，其重力分力和横向环流所给予向内的流体动压力也大于颗粒的惯性离心力和摩擦力，所以推动重矿物颗粒富集于内缘，而悬浮在液流中的矿泥被甩到了槽的最外缘，中间密度的连生体则占据着槽的中间带。颗粒在螺旋槽面上的分带如图 6-22 所示。

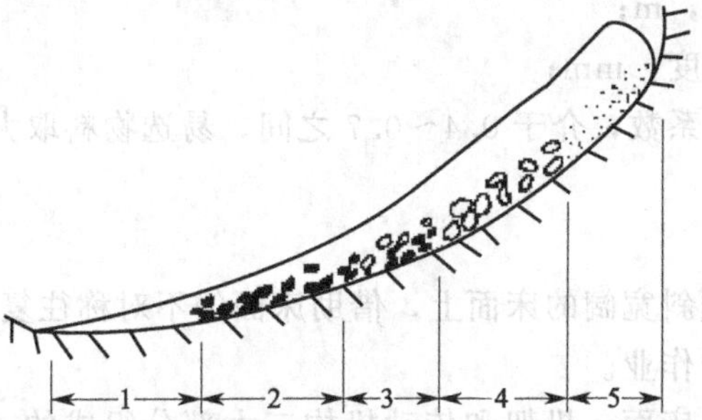

图 6-22　颗粒在螺旋槽内的分带结果

1—高密度细颗粒；2—高密度粗颗粒；3—低密度细颗粒；4—低密度粗颗粒；5—特别微细的颗粒

（2）螺旋选矿机或螺旋溜槽分选指标的影响因素　影响螺旋选矿机或螺旋溜槽分选指标的因素包括结构因素和操作因素。前者有螺旋直径、槽的横断面形状、螺距和螺旋槽圈数等；后者有给矿体积、给矿浓度、冲洗水量以及给矿性质等。

① 螺旋直径。螺旋的直径 D 是代表螺旋选矿机规格并决定其他结构参数的基本参数。研究表明，处理 1～2mm 的粗粒级原料，应当采用直径 1000mm 以上的螺旋；处理 0.074～1mm 的原料时，螺旋直径对分选影响不大。目前常用螺旋选矿机规格为直径 600mm。

② 螺距。螺距 h 决定了螺旋的纵向倾角，因此影响矿浆在槽内的流动速度与流膜厚度，分选细粒物料的螺距要大于处理粗粒物料的螺距。工业型螺旋选矿机的螺距 h 与直径 D 的比值为 0.4～0.6。

③ 螺旋槽横断面形状。常用的螺旋槽横断面形状有椭圆形溜槽断面和立方抛物线形溜槽断面两种。椭圆形断面用于矿砂的分选中，椭圆的水平半径与垂直半径的比值为 2～4，分选粒度大的用小比值，分选粒度小的用大比值。

④ 螺旋槽圈数。螺旋槽圈数决定矿石分层和分带所需运行的距离。试验表明，水流由内缘运行到外缘行经的距离约为 1 圈半。但对矿粒来说则远大于此数，处理砂矿时螺旋槽有 4 圈已足够用，处理难选的矿石则应增加到 5～6 圈。为了增加单位面积的处理量，可将螺旋槽嵌套组装，用增加头数的办法解决。

⑤ 给矿浓度。螺旋选矿机可有较宽的给矿浓度范围，在固体质量占 10%～35%时，对分选指标影响不大。当浓度在适宜值时，给矿体积在较宽范围内变化，对分选指标影响也不大。

⑥ 冲洗水量。由于受离心力作用常使槽的内缘矿粒脱水。为了改善矿粒沿槽移动情况并提高精矿品位，常需在槽的内缘喷注冲洗水，以清洗混入精矿带的轻矿物颗粒。加入的水量视精矿质量要求与重矿物颗粒沿槽移动情况而定。

⑦ 给矿性质。给矿粒度大小、矿石中轻、重矿物的密度差别、形状差别等都对分选有明显影响。这些是不能调节的因素，但在选用螺旋选矿机时，都是应该注意的。

在生产实践中，常用下式计算螺旋选矿机和螺旋溜槽的生产能力G(kg/h)：

$$G=mK_{k}\rho_{1,av}D^{2}\{d_{max}[(\rho_{1}-1000)/(\rho_{1}'-1000)]\}^{0.5} \tag{6-62}$$

式中 m——螺旋槽个数；

$\rho_{1,av}$——给料的平均密度，kg/m^3；

ρ_1——给料中高密度组分的密度，kg/m^3；

ρ_1'——给料中低密度组分的密度，kg/m^3；

D——螺旋槽外径，m；

d_{max}——给料最大粒度，mm；

K_k——物料可选性系数，介于0.4～0.7之间，易选物料取大值。

6.6 摇床分选

摇床分选是在一个倾斜宽阔的床面上，借助床面的不对称往复运动和薄层斜面水流的作用，进行矿石分选的一种作业。

所有摇床基本上是由床面、机架和传动机构三大部分组成的。其典型结构如图6-23所示，床面近似梯形，床面横向微倾斜，其倾角不大于10°，一般在0.5°～5°之间；纵向自给料端至精矿端轻微向上倾斜，倾角为1°～2°，但一般为0°。床面用木材或铝制作，表面涂漆或用橡胶覆盖。给料槽和给水槽布置在倾斜床面坡度高的一侧。在床面上沿纵向布置若干排床条（也称格条）。整个床面由机架支撑或吊挂。机架安设调坡装置，可根据需要调整床面的横向倾角。在床面纵长靠近给料槽端配有传动装置，由其带动床面做往复摇动。

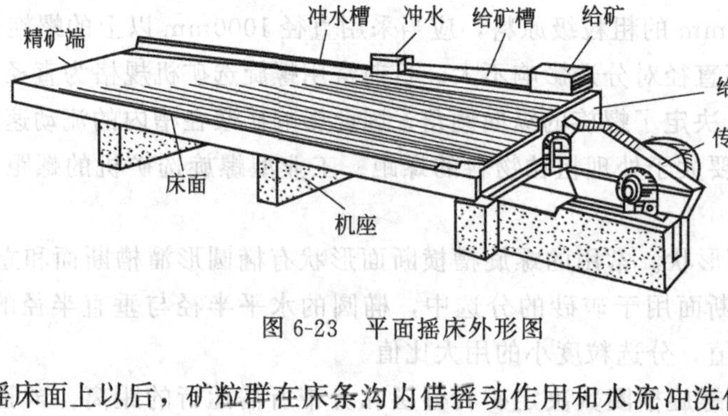

图6-23 平面摇床外形图

矿浆给到摇床面上以后，矿粒群在床条沟内借摇动作用和水流冲洗作用产生松散和分层。不同密度和粒度矿粒沿床面的不同方向移动，分别自床面不同区间内排出（见图6-24）。最先排出的是漂浮于水面的矿泥，然后依次为粗粒轻矿粒、细粒轻矿粒、粗粒重矿粒，从床面最左端排出的是床层最底的细粒重矿粒。

6.6.1 摇床分选原理

物料在摇床床面上分选，主要是由床条的形式、床面的不对称运动及床面上的横冲水三个因素综合作用的结果。

首先，由于床条在床面上激烈摇动时，加强了斜面水流扰动作用，增强了旋涡和由此产生的水流垂直分速对物料的悬浮作用，使物料悬浮并按密度和粒度进行分层。与此同时，由于床面的激烈摇动还将产生按粒度和密度的析离作用。图6-25为物料在床条间的分层状况。

此外，摇床床面做差动运动的惯性力和水流的冲刷作用，使不同粒度和密度的矿粒具有

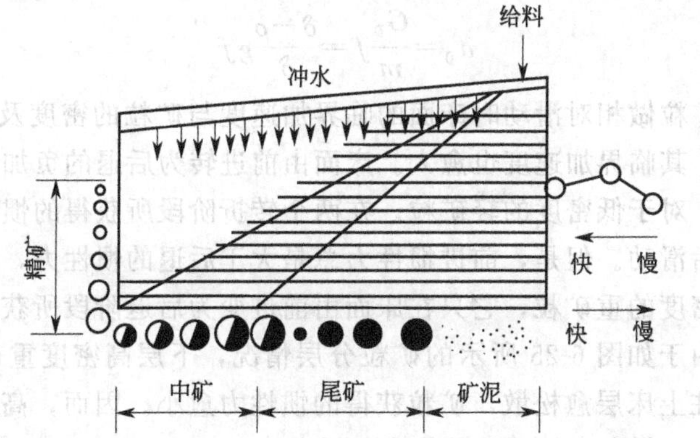

图 6-24　摇床工作过程

● 低密度矿粒；○ 高密度矿粒；◐ 中等密度矿粒；∴ 矿泥

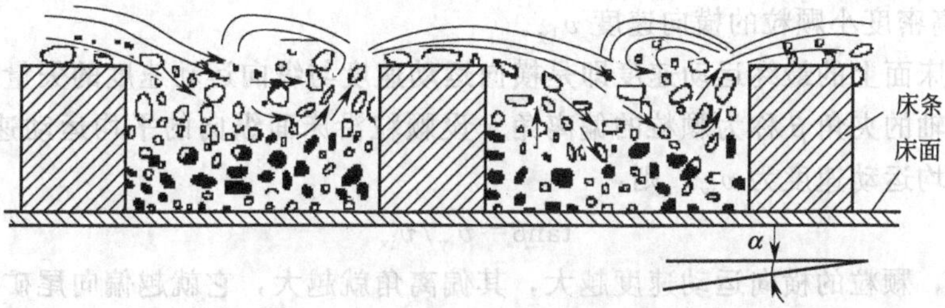

图 6-25　物料在床条间的分层状况

不同的运动速度和方向，这是使产品得以分离的原因，见图 6-26。

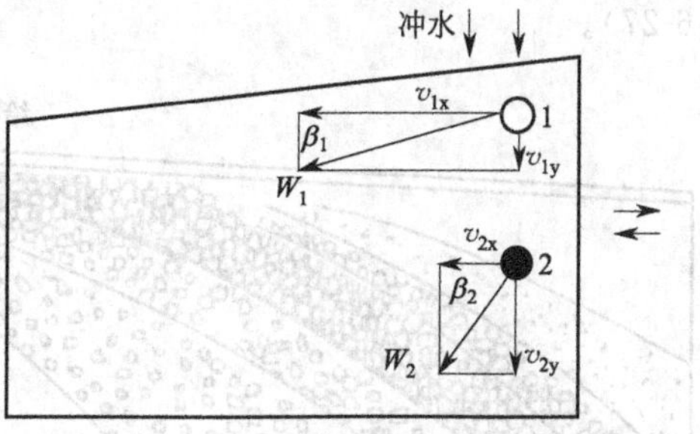

图 6-26　矿粒在床面上的运动

1—重矿粒；2—轻矿粒

床面的不对称往复运动使矿粒断断续续地向前移动。显然，只有床面给矿颗粒的惯性力大于矿粒与床面的摩擦力时，矿粒才能开始与床面做相对滑动，即：

$$ma \geqslant Gf \tag{6-63}$$

式中　m——矿粒的质量；

a——床面及随其运动的矿粒的加速度；

G——矿粒所受重力；

f——矿粒对床面的摩擦系数。

因为矿粒是在水介质中运动的，故上式应以矿粒在水中所受重力 G_0 代入，得出矿粒开始与床面做相对滑动的临界加速度 a_0 为：

$$a_0=\frac{G_0}{m}f=\frac{\delta-\rho}{\delta}gf \tag{6-64}$$

由上式可见，矿粒做相对滑动时床面的临界加速度与矿粒的密度及其摩擦系数 f 有关。矿粒的密度 δ 愈大，其临界加速度也愈大。床面由前进转为后退的负加速度大于由后退变为前进时的正加速度。对于低密度的轻矿粒，在两个转折阶段所获得的惯性力均大于其与床面的摩擦力，产生前后滑动。但是，前进惯性力总是大于后退的惯性力，总体上轻矿粒还是向前移动的。对于高密度的重矿粒，它只在床面由前进变为后退阶段所获得的惯性力，才足以使它滑动，另外还由于如图 6-25 所示的矿粒分层情况，下层高密度重矿粒紧挨床面，得到较大的惯性力；愈往上床层愈松散，矿粒获得的惯性力愈小。因而，高密度重矿粒所获得的纵向运动速度 v_{1x} 大于低密度轻矿粒的纵向运动速度 v_{2x}。

矿粒的横向运动由横冲水推动所致。由于横冲水流层沿厚度方向的速度分布是上层大于下层，因有床条的阻挡，上层物料受横冲水的作用较大。因此上层轻矿粒大颗粒的横向速度 v_{2y} 大于下层高密度小颗粒的横向速度 v_{1y}。

颗粒在摇床面上的最终运动速度即是横向运动速度与纵向运动速度的矢量和。颗粒运动方向与床面纵轴的夹角 β 称为颗粒的偏离角。设颗粒沿床面纵向的平均运动速度为 v_{ix}，沿床面横向的平均运动速度为 v_{iy}，则：

$$\tan\beta=v_{iy}/v_{ix} \tag{6-65}$$

由此可见，颗粒的横向运动速度越大，其偏离角就越大，它就越偏向尾矿侧移动；而颗粒的纵向运动速度越大，其偏离角则越小，它就越偏向精矿端移动。由前两部分的分析结论可知，除了呈悬浮状态的极微细颗粒以外，低密度粗颗粒的偏离角最大，高密度细颗粒的偏离角最小，低密度细颗粒和高密度粗颗粒的偏离角则介于两者之间，这样便形成了颗粒在摇床面上的扇形分带（见图 6-27）。

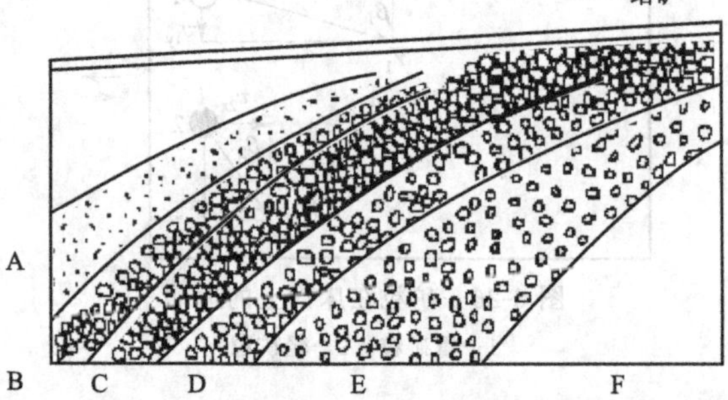

图 6-27　颗粒在床面上的扇形分带示意图

A—高密度产物；B～D—中间产物；E—低密度产物；F—溢流和细泥

颗粒的扇形分带越宽，分选精确性就越高，而分带的宽窄又取决于不同性质颗粒沿床面纵向和横向上的运动速度差，因此所有影响颗粒两种运动速度的因素，都能对摇床的选别指标产生一定程度的影响。

6.6.2　摇床种类

摇床用于分选金属矿石时，按处理物料的粒度区分有：粗砂摇床，用来处理 0.5～3mm 物料；细砂摇床，用于处理 0.074～0.5mm 的物料；矿泥摇床，处理 0.037～0.074mm 的物料。摇床若按床面层数分，有单层摇床和多层摇床；按安装方式分有落地式和悬挂式；按分选的主导作用力，又可分为重力摇床和离心摇床。

目前摇床最通用的分类是根据其摇动机构和支承方式区分，由于它们决定了床面的运动特性，因而也影响到使用和选择。我国常用摇床的分类见表 6-7。

表 6-7　我国常用摇床分类

力场	往复运动特性	床面运动轨迹	摇动机构	支撑方式	摇床名称
重力	不对称直线	直线	凸轮杠杆式	滑动支撑	贵阳式摇床
			惯性弹簧式	滚动支撑	弹簧摇床
		弧线	偏心肘板式	摇动支撑	衡阳式摇床
	对称直线	向上前方倾斜弧线	惯性式	弹性支撑	快速摇床
离心力	不对称直线	直线、圆周	惯性弹簧式	中心轴	离心摇床

(1) 6-S 摇床　6-S 摇床的结构如图 6-28 所示，它的床头是图 6-29 所示的偏心连杆式。电动机通过皮带轮带动偏心轴转动，从而带动偏心轴上的摇动杆上下运动，摇动杆两侧的肘板即相应做上下摆动，前肘板的轴承座是固定的，而后肘板的轴承座则支撑在弹簧上，当肘板下降时后肘板座即压紧弹簧向后移动，从而通过往复杆带动床面后退；当肘板向上摆动时，弹簧伸长，保持肘板与肘板座不脱离，并推动床面前进。

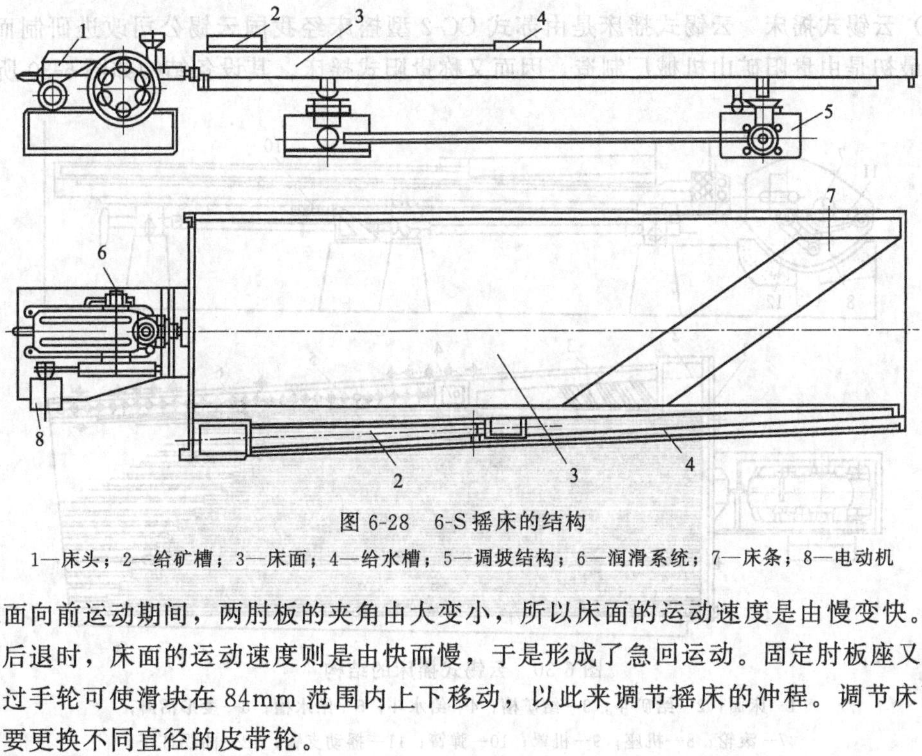

图 6-28　6-S 摇床的结构

1—床头；2—给矿槽；3—床面；4—给水槽；5—调坡结构；6—润滑系统；7—床条；8—电动机

床面向前运动期间，两肘板的夹角由大变小，所以床面的运动速度是由慢变快。反之，在床面后退时，床面的运动速度则是由快而慢，于是形成了急回运动。固定肘板座又称为滑块，通过手轮可使滑块在 84mm 范围内上下移动，以此来调节摇床的冲程。调节床面的冲次则需要更换不同直径的皮带轮。

6-S 摇床的床面采用 4 个板形摇杆支撑，这种支撑方式的摇动阻力小，而且床面还有稍许的起伏振动，这对物料在床面上松散更有利。但它同时也将引起水流波动，因而不适合处理微细粒级物料。6-S 摇床的床面外形呈直角梯形，从传动端到精矿端有 1°～2°上升斜坡。

6-S 摇床的冲程调节范围大，松散力强，最适合分选 0.5～2mm 的物料；冲程容易调节且调坡时仍能保持运转平稳。这种设备的主要缺点是结构比较复杂，易损零件多。

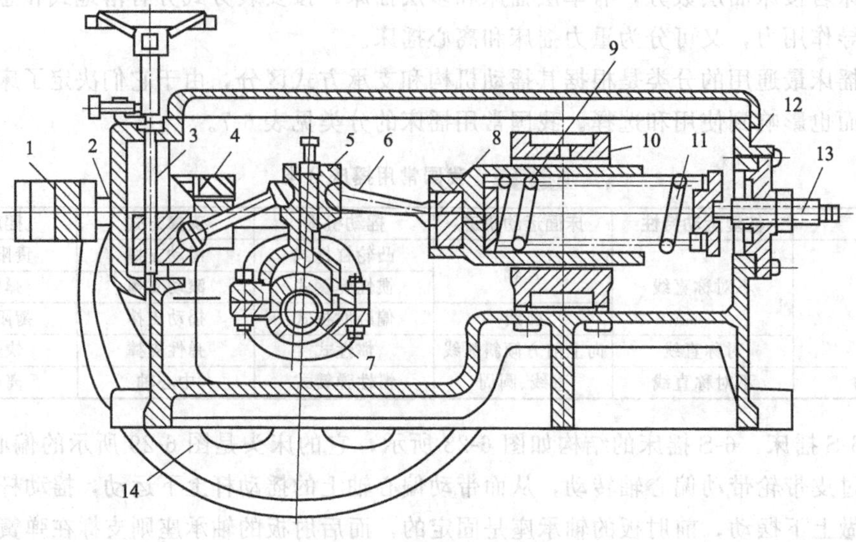

图 6-29　偏心连杆式床头

1—联动座；2—往复杆；3—调节丝杠；4—调节滑块；5—摇动杆；6—肘板；7—偏心轴；8—肘板座；9—弹簧；10—轴承座；11—后轴；12—箱体；13—调节螺栓；14—大皮带轮

（2）云锡式摇床　云锡式摇床是由苏式 CC-2 型摇床经我国云锡公司改进研制而成的。由于它最初是由贵阳矿山机械厂制造，因而又称贵阳式摇床。其设备结构如图 6-30 所示。

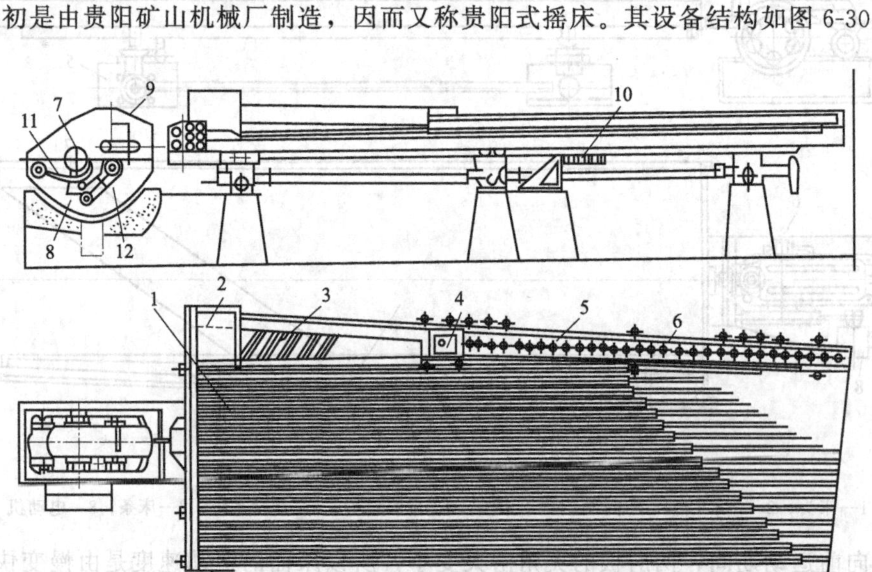

图 6-30　云锡式摇床的结构

1—床面；2—给矿斗；3—给矿槽；4—给水斗；5—给水槽；6—菱形活瓣；7—滚轮；8—机座；9—机罩；10—弹簧；11—摇动支臂；12—曲拐杠杆

云锡式摇床的床头采用凸轮杠杆式摇动机构，其构造如图 6-31 所示。凸轮杠杆式摇动机构主要由传动偏心轮、台板、卡子、摇臂等部件组成。滚轮 6 活套在偏心轴 5 上，当偏心轴 5 逆时针转动时，滚轮 6 便压迫摇动支臂（即台板 8）向下运动，其摆动量通过连接杆（即卡子 9）传给曲拐杠杆 10（即摇臂），通过滑动头 3 和拉杆 1 拖动床面向后运动，同时压缩位于床面下的弹簧。当床面转而向前运动时，弹簧伸张，推动床面前进。

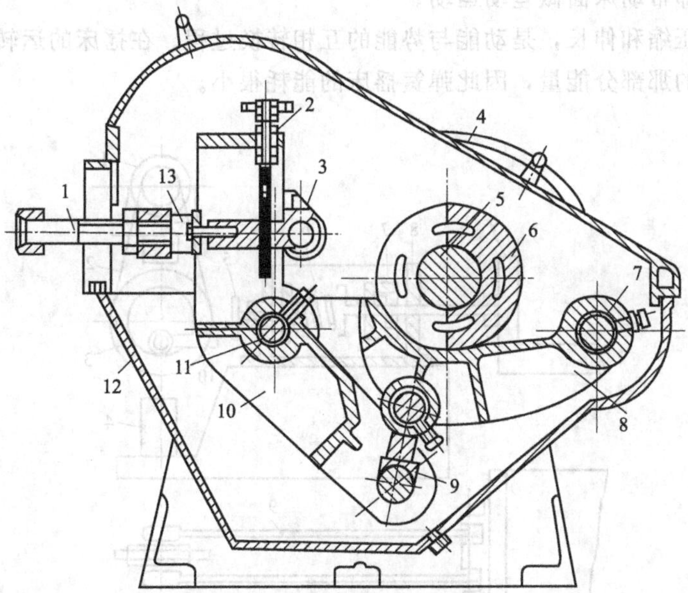

图 6-31　凸轮杠杆结构床头

1—拉杆；2—调节丝杠；3—滑动头；4—大皮带轮；5—偏心轴；6—滚轮；7—台板偏心轴；8—摇动支臂（台板）；9—连接杆（卡子）；10—曲拐杠杆；11—摇臂轴；12—机罩；13—连接叉

云锡式摇床的床面外形和尺寸与 6-S 摇床相同，上面也钉有床条，所不同的是床面沿纵向连续有几个坡度。

（3）弹簧摇床　弹簧摇床与前两种摇床不同，是以软、硬弹簧作为差动运动机构的。经生产实践并不断改进后现已作为定型产品，其设备构造如图 6-32 所示。

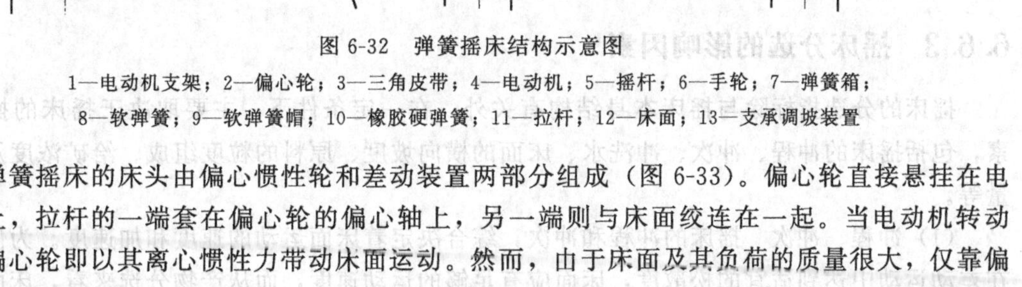

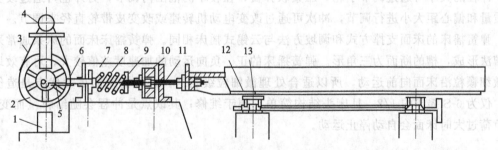

图 6-32　弹簧摇床结构示意图

1—电动机支架；2—偏心轮；3—三角皮带；4—电动机；5—摇杆；6—手轮；7—弹簧箱；8—软弹簧；9—软弹簧帽；10—橡胶硬弹簧；11—拉杆；12—床面；13—支承调坡装置

弹簧摇床的床头由偏心惯性轮和差动装置两部分组成（图 6-33）。偏心轮直接悬挂在电动机上，拉杆的一端套在偏心轮的偏心轴上，另一端则与床面绞连在一起。当电动机转动时，偏心轮即以其离心惯性力带动床面运动。然而，由于床面及其负荷的质量很大，仅靠偏心轮的离心惯性力不足以产生很大的冲程，因此另外附加了软、硬弹簧，储存一部分能量，当床面向前运动时，软弹簧伸长，释放出的弹性势能帮助偏心轮的离心力推动床面前进，使硬弹簧与弹簧箱内壁发生撞击。硬弹簧多由硬橡胶制成，其刚性较大，一旦受压即把床面的动能迅速转变为弹性势能，迫使床面立即停止运动。此后硬弹簧伸长，推动床面急速后退，如此反复进行，即带动床面做差动运动。

弹簧交替地压缩和伸长，是动能与势能的互相转换过程。在摇床的运转中，只需要补偿因摩擦等消耗掉的那部分能量，因此弹簧摇床的能耗很小。

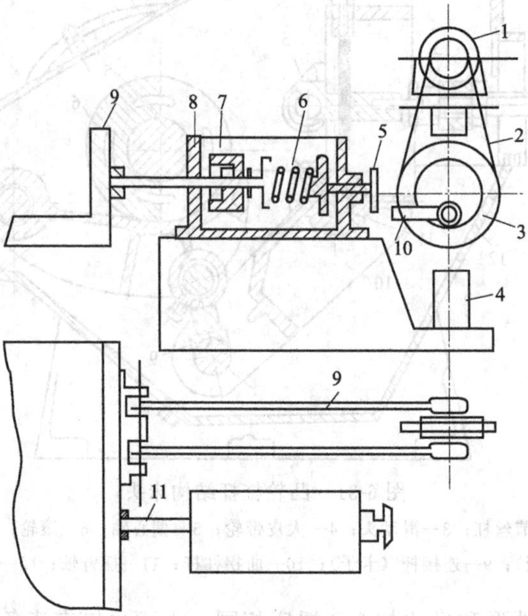

图 6-33　惯性弹簧式床头

1—电动机；2—三角皮带；3—偏心轮；4—电动机支架；5—调节手轮；6—软弹簧；7—橡胶硬弹簧；8—床头箱；9—床面；10—摇杆；11—拉杆

冲程的大小可通过调节手轮，压紧软弹簧，在较小的范围内调节，另外也可通过改变偏块质量和偏心距大小进行调节，冲次可通过改变电动机转速或改变皮带轮直径来调节。

弹簧摇床的床面支撑方式和调坡方法与云锡式摇床相同。弹簧摇床床面的床条通常采用刻槽法形成，槽的断面为三角形。弹簧摇床的正、负向运动的加速度差值较大，可有效地推动微细颗粒沿床面向前运动，所以适合处理微细粒级物料。这种摇床的最大优点是造价低廉，仅为 6-S 摇床的 1/2，且床头结构简单，便于维修；其缺点是冲程会随给料量而变化，当负荷过大时床面会自动停止运动。

6.6.3　摇床分选的影响因素

摇床的分选指标除与摇床本身结构有关外，在一定条件下，主要取决于摇床的操作因素，包括摇床的冲程、冲次、冲洗水、床面的横向坡度、原料的粒度组成、给矿浓度及给矿量等。

(1) 冲程、冲次　摇床的冲程和冲次，综合决定着床面运动的速度和加速度。为使床层在差动运动中达到适宜的松散度，床面应有足够的运动速度，而从产物分选来看，床面还应有适当的正、负加速度之差值。冲程、冲次的适宜值主要与入选物料粒度的大小有关。冲程增大，水流的垂直分速以及由此产生的上浮力也增大，保证较粗较重的颗粒能够松散。冲次增加，则降低水流的悬浮能力。因此，选粗粒物料用低冲次、大冲程；选细粒物料用高冲次、小冲程。

除了入选物料粒度外，摇床的负荷及矿石密度也影响冲程及冲次的大小。床面的负荷量增大或矿石密度大时，宜采用较大的冲程和较小的冲次，其组合值要加大，反之则采用较小的冲程和较大的冲次，其组合值要减小。

(2) 横向坡度与冲洗水　冲洗水由给矿水和洗涤水两部分组成。冲洗水的大小和坡度共同决定着横向水流的流速。横向水速大小一方面要满足床层松散的需要，并保证最上层的轻矿物颗粒能被水流带走；另一方面又不宜过大，否则不利于重矿物细颗粒的沉降。冲洗水量应能覆盖住床层，增大坡度或增大水量均可增大横向水流。处理粗粒物料时，既要求有大水量又要求有大坡度，而分选细粒物料时则相反。处理同一种物料时，“大坡小水”和“小坡大水”均可使矿粒获得同样的横向速度，但“大坡小水”的操作方法有助于省水，不过此时精矿带将变窄，而不利于提高精矿质量。因此用于粗选的摇床，宜采用“大坡小水”的操作方法；用于精选的摇床则应采用“小坡大水”的操作方法。

(3) 给矿性质　给矿性质包括给矿的粒度组成、给矿浓度和给矿量等。

给矿量和给矿浓度在生产操作中应保持稳定。给矿量和给矿浓度变化，将影响物料在床面上的分层、分带状况，因而直接影响分选指标。当给矿量增大，矿层厚度增大，析离分层的阻力也增大，从而影响分层速度。同时因横向矿浆流速增大，也使尾矿损失增加。如果给矿量过少，在床面上难以形成一定的床层厚度，也会影响分选效果。适宜的给矿量还与物料的可选性和给矿的粒度组成有关。当给矿粒度小、含泥量高时，应控制较小的给矿浓度。正常给矿浓度，一般为15％～30％。

因在摇床分选中析离分层占主导地位，所以最佳的给矿粒度组成，应是密度大的矿粒粒度均比密度小的矿粒粒度小，这就需要物料在分选前进行水力分级，因为分级结果不但改变了物料的粒度组成，而且原料还被分成了不同的粒度级别，便于按物料粒度及粒度组成的不同，选用不同结构形式的摇床。

思考题

1. 自由沉降与干涉沉降的区别是什么？
2. 水力分级与筛分的区别是什么？
3. 常见重选设备有哪些？并分别简述其适用范围。
4. 简述影响悬浮液黏度的主要因素以及悬浮液黏度的测量方法。
5. 在跳汰分选过程中，跳汰周期特性的基本形式及有利于分选的形式是什么？理想的水流特性是什么？
6. 简述摇床选矿的基本原理。

第 7 章 磁电选矿

7.1 磁选理论基础

7.1.1 磁选的物理基础

磁选是在不均匀磁场中利用矿物之间的磁性差异而使不同矿物实现分离的一种方法，所以弄清磁学的一些基本概念是学习磁选的首要前提。

7.1.1.1 磁感应强度和磁场强度

磁场是物质的特殊状态，并显示在载电导体或磁极的周围。描述磁场大小和方向的物理量有磁感应强度 B 和磁场强度 H。在国际单位制中，磁感应强度 B 的单位为特斯拉（T），磁场强度 H 的国际单位为安培每米（A/m）。磁感应强度与磁场强度间存在如下关系：

$$B=\mu H \tag{7-1}$$

式中，μ 称为物质的磁导率。

当磁介质被置于磁场中时，由于磁场的作用而磁化，从而在介质内产生磁矩。单位体积内的磁矩称为磁化强度，磁化强度是表征磁介质磁化程度的物理量。在一般情况下，磁介质中某点的磁化强度 M 与该点的磁感应强度成正比，在国际单位制中表示为：

$$M=\kappa B/\mu=\kappa H \tag{7-2}$$

式中，κ 称为物质的体积磁化率，无因次。

在磁介质中，磁场中任意点处的磁感应强度，除了原磁场外，还应包括磁介质磁化后产生的附加磁场。因此，在有磁介质的磁场中，任一点的磁感应强度 B、磁场强度 H、磁化强度 M 之间存在如下关系：

$$B=\mu_0(H+M) \tag{7-3}$$

比较式(7-1)～式(7-3) 可知：

$$\mu=\mu_0(1+\kappa) \tag{7-4}$$

令 $\mu_r=1+\kappa$，称 μ_r 为磁介质的相对磁导率。

κ 只与磁介质的性质有关。它是表示物质被磁化难易程度的量，κ 值愈大，表明该物质愈容易被磁化。对大多数物质，κ 是常数，而强磁性物质的 κ 不是常数。

物质的体积磁化率与其本身密度的比值，称为物质的比磁化率（系数），即：

$$\chi=\kappa/\delta \tag{7-5}$$

式中 χ——物体的比磁化率，m^3/kg；

δ——物体的密度，kg/m^3。

7.1.1.2 非均匀磁场和磁场梯度

根据磁场中磁力线的分布状态，可将磁场分为均匀磁场和非均匀磁场。在均匀磁场中，磁力线的分布是均匀的，各点的磁场强度大小相等、方向相同，即磁场强度 H 等于常数。在非均匀磁场中，磁力线的分布是不均匀的，各点磁场强度的大小和方向都是变化的，亦即磁场强度 H 不是常数。

磁场的不均匀程度用磁场梯度表示，其表示形式为 dH/dx 或 $\mathrm{grad}H$。显然，在均匀磁场中 $dH/dx=0$；在非均匀磁场中 $dH/dx\neq0$。dH/dx 愈大，磁场的不均匀程度愈高。磁场中某点的磁场梯度目前还不能直接测量，需要根据测得的磁场强度随空间距离的变化值，通过计算或作图求出该点的磁场梯度。

以到磁极表面的距离为横坐标，以磁场强度为纵坐标，将不同距离各点所对应的磁场强度标示在坐标系中，连接各点的曲线称为磁场强度的分布曲线（见图 7-1）。若需要求 A 点的磁场梯度，可过 A 点做曲线的切线，切线的斜率就是该点的磁场梯度，其单位是 A/m^2。由此可见，磁场梯度就是沿磁场强度最大变化率方向上，单位距离的磁场强度变化值。如果已知磁场强度在最大变化率方向上的分布函数 $H(x)$，则这一分布函数的导数就是磁场梯度的分布函数式。

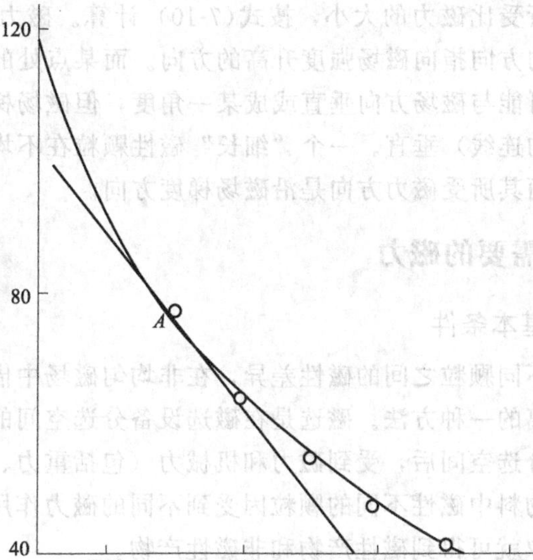

图 7-1 磁场强度分布曲线

7.1.2 磁性颗粒在非均匀磁场中所受的磁力

磁性颗粒在非均匀磁场中所受的磁力 F_m 可以用下式表示：

$$F_m=\mu_0 P_m \mathrm{grad}H \tag{7-6}$$

式中，P_m 为磁矩，设颗粒的体积为 ΔV，磁化强度为 M，则 $P_m = M\Delta V$，其中的 $M = \kappa H$，所以有：

$$P_m = \kappa H \Delta V \tag{7-7}$$

把式(7-7) 代入式(7-6) 得：

$$F_m = \mu_0 \kappa \Delta V H \, \mathrm{grad} H \tag{7-8}$$

由式(7-5) 得 $\kappa = \chi\delta$，代入式(7-8) 得：

$$F_m = \mu_0 \chi \delta \Delta V H \, \mathrm{grad} H = m \mu_0 \chi H \, \mathrm{grad} H \tag{7-9}$$

式中，$m = \delta \Delta V$ 为颗粒的质量，进一步可以得到作用在单位质量颗粒上的磁力为：

$$f_m = F_m / m = \mu_0 \chi H \, \mathrm{grad} H \tag{7-10}$$

式中，f_m 为比磁力，N/kg；$H \mathrm{grad} H$ 为磁场力，A^2/m^3。

从式(7-10) 中还可以看出，如果颗粒所在处的磁场梯度 $\mathrm{grad} H = 0$，即使磁场强度很高，作用在磁性颗粒上的比磁力也等于零，这说明磁选必须在非均匀磁场中进行。为了提高磁场力 $H \mathrm{grad} H$，不仅需要设法提高磁场强度 H，而且应该研究提高磁场梯度 $\mathrm{grad} H$ 的措施。

应该指出的是，利用式(7-10) 计算颗粒所受的比磁力时，一般采用颗粒中心处的磁场强度 H。因此，只有在磁场梯度 $\mathrm{grad} H$ 等于常数时，计算结果才是准确的。但在实际生产中，磁选设备分选空间的 $\mathrm{grad} H$ 不是常数，所以颗粒的粒度越小，其计算误差也就越小。对于粗颗粒或尺寸较大的物料块，必须将其分成许多体积很小的部分，先对每个小部分所受的磁力进行计算，然后再求出总的磁力，这在实际工作中是很难做到的。所以在通常的情况下，多是根据磁选机的类型，结合实际情况，首先估算出作用在颗粒上的机械力的合力 $\sum F_{机}$，然后再确定所需要的磁力。

磁性颗粒在磁场中所受比磁力的大小，按式(7-10) 计算。磁力的方向是沿磁场梯度的方向，即颗粒所受磁力的方向指向磁场强度升高的方向。而某点处的磁场梯度方向可能与该点的磁场方向平行，也可能与磁场方向垂直或成某一角度，但磁场梯度一定与等磁场线（磁场中磁场强度相等的点的连线）垂直。一个“细长”磁性颗粒在不均匀磁场中，其长轴方向一定平行于磁场方向，而其所受磁力方向是沿磁场梯度方向。

7.1.3 磁选过程所需要的磁力

7.1.3.1 磁选分离的基本条件

磁选是根据物料中不同颗粒之间的磁性差异，在非均匀磁场中借助于颗粒所受磁力、机械力等的不同而进行分离的一种方法。磁选是在磁选设备分选空间的磁场中进行的，被分选的物料给入磁选设备的分选空间后，受到磁力和机械力（包括重力、摩擦力、流体阻力、离心惯性力等）的作用，物料中磁性不同的颗粒因受到不同的磁力作用，而沿着不同的路径运动，在不同位置分别接取就可得到磁性产物和非磁性产物。

进入磁性产物的磁性颗粒的路径由作用在这些颗粒上的磁力和所有机械力的合力决定；而进入非磁性产物的非磁性颗粒的运动路径则由作用在它们上面的机械力的合力决定。因此，为了保证把被分选物料中的磁性颗粒与非磁性颗粒分开，必须满足的条件是：

$$F_m > \sum F_{机} \tag{7-11}$$

式中　F_m——作用在磁性颗粒上的磁力；

$\sum F_{机}$——作用在颗粒上的与磁力方向相反的所有机械力的合力。

如果要分离磁性较强和磁性较弱的两种固体颗粒，则必须满足的条件为：

$$F_{1m} > \sum F_{机} > F_{2m} \tag{7-12}$$

式中，F_{1m} 和 F_{2m} 分别是作用在磁性较强颗粒和磁性较弱颗粒上的磁力。

由此可见，磁选是利用磁力和机械力对不同磁性的颗粒产生的不同作用而实现的。两种颗粒（或矿物）的磁性差别越大，越容易实现分离。而对于磁性相近的固体颗粒，则不容易实现有效分离。

7.1.3.2 回收磁性颗粒所需要的磁力

由磁选必须满足的条件可知，与磁力相竞争的力是作用在颗粒上的机械力。分选设备类型不同时，每种机械力的重要性也不同。磁性颗粒在磁场中分离有吸出型、吸住型和偏移型（见图 7-2）三种基本形式。在上面给料的干式磁分离过程中，磁性颗粒所受的机械力主要是重力和离心惯性力。在湿式磁分离中，磁性颗粒所受的机械力主要是重力和流体对颗粒运动产生的阻力。

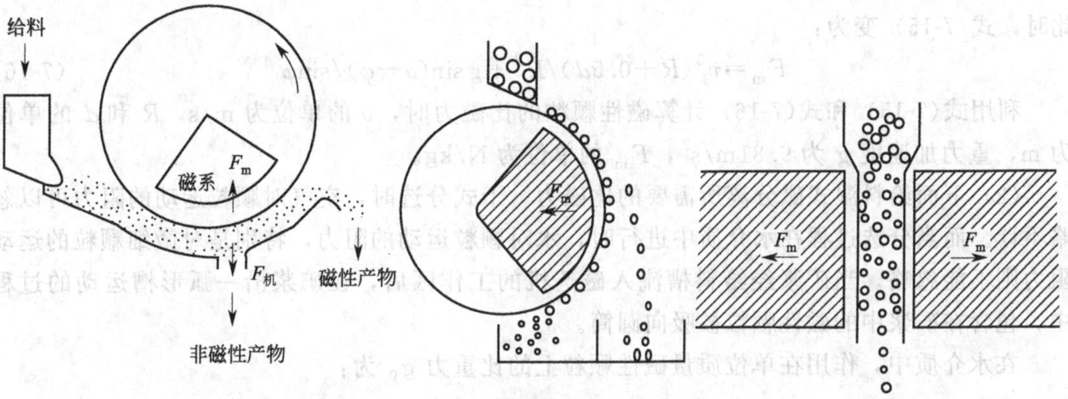

图 7-2 物料在磁场中分离的示意图

(1) 上面给料的干式磁分离所需要的比磁力 上面给料时，颗粒直接给到回转的筒面或辊面上，磁性颗粒做曲线运动。这时磁选分离的任务是将磁性颗粒吸在筒面或辊面上，非磁性颗粒在离心惯性力和重力的作用下，脱离辊面，从而实现两种性质颗粒的分离。为了便于分析问题，考虑作用于单位质量的磁性颗粒上的磁力和机械力，在这种情况下，作用在颗粒上的各种力如图 7-3 所示。

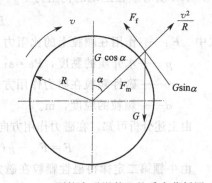

图 7-3 颗粒在磁滑轮上的受力分析图

设分选圆筒的半径为 R，圆周速度为 v，颗粒或物料块在圆筒上的位置到圆筒中心的连线与圆筒垂直直径之间的夹角为 α。在惯性系（以地面为参考）中，忽略颗粒之间的摩擦力和压力以后，作用在单位质量磁性颗粒上的力有重力 G、筒皮对颗粒的摩擦力 F_f、磁系对磁性颗粒的磁吸力、与磁力方向相反的离心惯性力 F_c。

重力在圆筒表面切线上的分力会引起磁性颗粒在圆筒表面上滑动，为了避免颗粒在筒面上滑动，必须满足的条件为：

$$F_f \geq g\sin\alpha$$

或 $$(F_m+g\cos\alpha-v^2/R)\tan\varphi \geqslant g\sin\alpha$$

由此得：

$$F_m \geqslant v^2/R-g\cos\alpha+g\sin\alpha/\tan\varphi=v^2/R+g\sin(\alpha-\varphi)/\sin\varphi \tag{7-13}$$

式中 φ——颗粒和筒面之间的静摩擦角；

$\tan\varphi$——颗粒和筒面之间的静摩擦系数。

当 $\alpha=90°+\varphi$ 时，颗粒所需要的磁力最大，此时：

$$F_m=v^2/R+g/\sin\varphi \tag{7-14}$$

对于表面较为粗糙的皮带，$\varphi=30°$，因而有：

$$F_m=v^2/R+2g \tag{7-15}$$

此时颗粒所在的位置角 $\alpha=120°$，所需要的磁力最大。

需要指出的是，如果颗粒直径 d 与辊筒半径 R 比较，不能忽略时（$d/R>0.05$），上述计算式中的 R 应以 $R+0.5d$ 代替，辊筒表面的运动线速度 v 也应以 $v(R+0.5d)/R$ 代替，此时，式(7-15) 变为：

$$F_m=v^2(R+0.5d)/R^2+g\sin(\alpha-\varphi)/\sin\varphi \tag{7-16}$$

利用式(7-15) 和式(7-16) 计算磁性颗粒的比磁力时，v 的单位为 m/s，R 和 d 的单位为 m，重力加速度 g 为 9.81m/s^2，F_m 的单位为 N/kg。

(2) 下面给料湿式磁分离所需要的比磁力　干式分选时，空气对颗粒运动的阻力可以忽略不计。而当分选过程在水介质中进行时，水对颗粒运动的阻力，特别是对微细颗粒的运动阻力则不能忽略。当矿浆经给料槽流入磁选机的工作区后，在矿浆沿一弧形槽运动的过程中，包含在矿浆中的磁性颗粒被吸向圆筒。

在水介质中，作用在单位质量磁性颗粒上的比重力 g_0 为：

$$g_0=g(\rho_1-1000)/\rho_1 \tag{7-17}$$

式中，ρ_1 为磁性颗粒的密度，kg/m^3。

由于水介质的作用，使得磁性颗粒在磁力作用方向上的运动速度下降。在实际分选过程中，水介质对颗粒运动的比阻力 F_d 一般用下式进行计算：

$$F_d=18\mu v/(d^2\rho_1) \tag{7-18}$$

式中 F_d——作用在颗粒上的比阻力，N/kg；

μ——水介质的黏度，Pa·s；

v——磁性颗粒在磁力作用方向上的运动速度，m/s；

d——颗粒的粒度，m。

由上述分析可知，在磁力作用方向上，作用在单位质量磁性颗粒上的合力的最小值 F 为：

$$F=F_m-g(\rho_1-1000)/\rho_1-18\mu v/(d^2\rho_1) \tag{7-19}$$

由牛顿第二定律得磁性颗粒在磁力作用方向上的运动方程为：

$$F_m-g(\rho_1-1000)/\rho_1-18\mu v/(d^2\rho_1)=a \tag{7-20}$$

式中，a 为磁性颗粒在磁力作用方向上的加速度，m/s^2。

如果分选空间中距圆筒表面最远点到圆筒表面的距离为 h，磁性颗粒在加速度 a 的作用下，从该点运动到圆筒表面所需的时间为 t_1，则三者之间的关系为：

$$h=a{t_1}^2/2 \tag{7-21}$$

如果矿浆在磁选机的分选空间内运动的距离为 L，平均运动速度为 v_0，则磁性颗粒通过分选空间的运动时间 t_2 为：

$$t_2 = L/v_0 \tag{7-22}$$

在上述情况下，把通过分选空间的矿浆中携带的磁性颗粒全部吸到圆筒表面的条件为：

$$t_1 \leqslant t_2$$

或 $$a \geqslant 2hv_0^2/L^2$$

把这一条件代入式(7-20）得：

$$F_m \geqslant g(\rho_1 - 1000)/\rho_1 + 18\mu v/(d^2\rho_1) + 2hv_0^2/L^2 \tag{7-23}$$

从式(7-23）中可以看出，在湿式磁选过程中，吸出磁性颗粒所需要的磁力，与颗粒的粒度、密度、矿浆通过分选空间的平均运动速度等有关，颗粒的粒度越小、密度越大，所需要的磁力也就越大。

7.2 矿物的磁性

7.2.1 物质按磁性的分类

磁性是物质最基本的属性之一，自然界中各种物质都其有不同程度的磁性，其中少数物质表现出很强的磁性，而大多数物质的磁性都很弱。

在物理学中，根据物质的相对磁导率将其分为三类。第一类为顺磁性物质，简称顺磁质，例如锰、铬、铂、氧等，这些物质的相对磁导率 μ_r 大于 1，也就是说，顺磁质的磁导率 μ 大于真空中的磁导率 μ_0。第二类为抗磁性物质，简称抗磁质，例如汞、铜、铋、硫、氯、氢、银、金、锌、铅等，这些物质的相对磁导率 μ_r 小于 1，也就是说，抗磁质的磁导率 μ 小于真空中的磁导率 μ_0。事实上，所有的抗磁质和大多数顺磁质的相对磁导率与 1 相差甚微。第三类为铁磁性物质，简称铁磁质，这类物质包括铁、钴、镍以及这些金属的合金和铁氧体物质等，它们的相对磁导率 μ_r 的数值很大（$\mu_r \gg 1$ 或 $\mu \gg \mu_0$），并且还有一些特殊性质，铁磁质所表现出的磁性称为铁磁性。

此外，自然界中还存在着反铁磁性物质和亚铁磁性物质。反铁磁性物质在奈耳温度（反铁磁性物质转变成顺磁质时的温度）以上表现为顺磁质，由于奈耳温度很低，所以在通常的室温下，可以把反铁磁性物质列为顺磁质一类。亚铁磁性物质的宏观磁性大体上与铁磁质类似，因而从应用的观点出发，可把亚铁磁性物质列为铁磁质一类。

在实际工作中，可对固体物料进行磁化率测定，以确定其磁性强弱。例如通过实际测定，将自然界中存在的矿物分为强磁性矿物、弱磁性矿物和非磁性矿物。

强磁性矿物的物质比磁化系数 $\chi \geqslant 3.8 \times 10^{-5}\,m^3/kg$，在磁场强度为（0.8～1.2）$\times 10^5\,A/m$ 的弱磁场磁选机中可将其回收；弱磁性矿物的物质比磁化系数 $\chi =$（1.26～75）$\times 10^{-7}\,m^3/kg$，在磁场强度为（0.8～1.6）$\times 10^6\,A/m$ 的强磁场磁选机中可以将其回收；非磁性矿物的物质比磁化系数 $\chi < 1.26 \times 10^{-7}\,m^3/kg$，在目前的技术条件下，还不能用磁选方法对这类矿物进行回收，自然界中存在的矿物，绝大部分属于非磁性矿物。

应当指出的是，对于一种具体的矿物，必须通过实际测定才能确定其磁性的强弱。另外，对矿物按磁性进行分类所依据的物质比磁化系数的范围，特别是划分弱磁性矿物和非磁性矿物所依据的物质比磁化系数的界限并不十分严格，这只是一种大致的分类，随着磁选技术的不断发展，进行分类所依据的物质比磁化系数的范围也会相应发生变化。

7.2.2 强磁性矿物的磁性

所谓强磁性矿物，通常是指可以用弱磁场磁选机对其进行回收的矿物，这些矿物在本质上属于亚铁磁性物质。磁铁矿、磁赤铁矿、磁黄铁矿等都属于强磁性矿物，它们都具有强磁性矿物在磁性上的共同特性。由于磁铁矿是典型的强磁性矿物，又是磁选的主要回收对象，因而在这里以磁铁矿为例，通过对它的磁性分析，阐明强磁性矿物的磁性特点。

(1) 磁铁矿在磁场中磁化　鞍山某天然磁铁矿和人工磁铁矿的比磁化强度和比磁化系数与外部磁化磁场的关系如图 7-4 所示。由图 7-4 中的磁化曲线 $M_b=f(H)$ 可以看出，磁铁矿在磁化磁场强度 $H=0$ 时，它的比磁化强度 $M_b=0$。随着外部磁场强度 H 的增加，磁铁矿的比磁化强度 M_b 不断增加。在开始阶段增加缓慢，随后增加迅速，此后又变为缓慢增加。直到外磁场强度增加而比磁化强度 M_b 不再增加时，比磁化强度 M_b 达到最大值，此点称为磁饱和点，用 $M_{b,max}$ 表示。如果从磁饱和点开始降低外部磁化磁场强度 H，M_b 将随之减小，但并不沿原来的曲线变化，而是沿着位于原来曲线上方的另一条曲线下降。当 H 减小到零时，M_b 并不下降为零，而是保留一定的数值，这一数值称为剩磁，用 M_{br} 表示，这种磁化强度变化滞后于磁化磁场强度变化的现象称为磁滞现象。如果要消除磁铁矿的剩磁 M_{br}，需要对磁铁矿施加一个与磁化磁场方向相反的磁场，这个磁场称为退磁场。随着退磁场的强度逐渐增大，M_b 继续下降，直到 M_b 等于零。消除剩磁 M_{br} 所施加的退磁场强度称为矫顽力，用 H_c 表示。

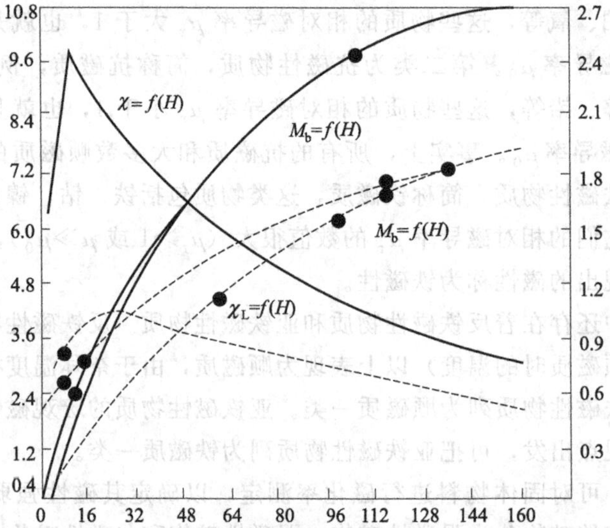

图 7-4　磁铁矿的比磁化强度和比磁化系数与磁化磁场强度的关系

实线—天然磁铁矿；虚线—人工磁铁矿

由图 7-4 中的比磁化系数曲线 $\chi=f(H)$ 可以看出，磁铁矿的比磁化系数随着磁化磁场强度 H 的变化而变化。开始时，比磁化系数 χ 随磁化场强 H 的增加而迅速增加，并且很快达到最大值。此后，磁化场强 H 再增加，比磁化系数 χ 不仅不增加，反而减小。在相同的磁化磁场强度条件下，不同矿物的比磁化系数也不相同。χ 达到最大值所需要的磁化磁场强度 H 也不同，它们所具有的剩磁 M_{br} 和矫顽力 H_c 都不相同。另外，即使是同一种矿物，例如都是天然磁铁矿，化学组成都是 Fe_3O_4，但当它们的生成特性（如晶体结构、晶格缺陷、类质同相置换等）不同时，它们的 χ、M_{br} 和 H_c 也都不相同。

从图 7-4 中还可以看出，使磁铁矿的比磁化系数 χ 达到最大值所需要的磁化磁场强度是很低的。从理论上讲，磁选过程应当使颗粒处于最大比磁化系数状态，以便使颗粒受到较大的磁力。从这点出发，磁选机的磁场强度为达到最大比磁化系数所需要的磁场强度。然而，实际生产中使用的磁选机的磁场强度要比这高得多。这是由于颗粒受到的比磁力大小不仅与比磁化系数有关，还取决于磁场强度和磁场梯度的大小。当磁场强度太低时，比磁化系数虽然达到了最大值，但仍不能产生足够大的比磁力。

(2) 磁铁矿的磁性特点　磁铁矿的磁性具有如下一些特点。

① 磁铁矿的比磁化强度 M_b 不是磁化磁场强度 H 的单值函数。对于同一个磁化场强，它的比磁化强度可以有多个不同的数值，这就是说，强磁性矿物的比磁化强度不仅与它们本身的性质有关，还与磁化磁场强度的变化过程有关。

② 磁铁矿的比磁化系数 χ 不是常数，与磁化磁场强度 H 也不呈线性关系，而且磁铁矿的比磁化系数很大，是弱磁性矿物的几百倍乃至几千倍，且在较低的磁化场强作用下，就能达到最大值。

③ 磁铁矿的比磁化强度不仅数值大，而且在较低的磁化场强作用下就能达到磁饱和。

④ 磁铁矿存在剩磁现象，当离开磁化磁场以后，它仍然保留着一定的剩磁。

⑤ 磁铁矿的强磁性特点是可以改变的，它具有一个临界点，即居里点（575℃）。当温度超过磁铁矿的居里点时，亚铁磁性的磁铁矿变为顺磁性的弱磁性矿物。

7.2.3　弱磁性矿物的磁性

自然界中，大部分天然矿物都是弱磁性的，这些弱磁性矿物的比磁化系数只有 $(19\sim750)\times10^{-8}m^3/kg$，其磁性比强磁性矿物要弱得多。这是由它们的物质结构和磁化本质所决定的。

弱磁性矿物绝大多数属于顺磁质，只有个别矿物，如赤铁矿等属于反铁磁质。对于顺磁性物质来说，它们的原子或分子都具有未被抵消的电子磁矩，因而使原子有一个总磁矩。在无外磁场时，原子磁矩的方向是无规则的，所以物体不显示出宏观磁性。只有在外部磁场作用下，部分原子磁矩转向外磁场方向，因而对外显示出磁性。但由于它的磁性来源是部分原子磁矩的转动，而属于亚铁磁质的磁铁矿的磁性来源于磁畴运动，所以，弱磁性矿物的比磁化系数比强磁性矿物低许多。由于原子磁矩的磁性主要由电子自旋所贡献，而要使电子自旋方向完全一致需要极高的外磁场（大约为 $8.0\times10^7A/m$），这实际上是达不到的，所以弱磁性矿物没有磁饱和现象。

反铁磁质与亚铁磁质在结构上是一样的，都由磁畴组成，但磁畴内部的微观结构不同。在亚铁磁质中，磁畴磁矩不为零；而在反铁磁质中，每个磁畴的磁矩都等于零，外磁场对它几乎不产生什么影响。因此反铁磁质的磁化率接近于零，与亚铁磁质存在着居里点一样，反铁磁质也存在着使其转化为顺磁质的特定温度，这个温度称为涅耳温度。由于涅耳温度极低，多数为几十开尔文，即－200℃左右，因此，在一般情况下（如室温）反铁磁质均表现为顺磁质。

由于顺磁质与亚铁磁质在结构和磁化本质上的差别，致使纯的弱磁性矿物不具有强磁性矿物的磁性特点。弱磁性矿物的比磁化系数不仅数值小，而且与磁化磁场强度无关，是一个常数；矿物的磁化强度与磁化磁场强度成简单的线性关系，弱磁性矿物没有磁滞现象和剩磁现象。

需要指出的是，弱磁性矿物之间在磁性上的差别还是很大的。即使是同一种矿物，由于矿床成因类型不同，矿石的形成条件不同，矿物内部结构上的某些差异，使得矿物的比磁化系数有较大的差别。例如，江西铁坑铁矿的高硅型蜂窝状褐铁矿的比磁化系数为 $0.8\times10^{-6}m^3/kg$；同一矿山的矽卡岩型褐铁矿的比磁化系数为 $2.25\times10^{-6}m^3/kg$。

另外，在弱磁性矿物中夹杂有强磁性矿物时，即使是极少量，也会对其比磁化系数产生较大的甚至是很大的影响。假象赤铁矿是弱磁性铁矿物，其比磁化系数比赤铁矿、褐铁矿、镜铁矿、菱铁矿的都高，其原因就在于假象赤铁矿中往往会或多或少地夹带一些强磁性的磁铁矿。

7.2.4 弱磁性铁矿物的磁化焙烧

弱磁性铁矿物由于其磁性弱，不能用经济有效的弱磁场磁选法进行分选。为了用弱磁场磁选法处理弱磁性铁矿石，常运用磁化焙烧将弱磁性铁矿石中的弱磁性铁矿物（如赤铁矿、褐铁矿、黄铁矿、菱铁矿等）转变为强磁性铁矿物。

磁化焙烧是矿石加热到一定温度后，在一定的气氛中进行化学反应的过程。经磁化焙烧后，铁矿物的磁性显著增强，脉石矿物的磁性则变化不大。铁锰矿石经磁化焙烧后，其中的弱磁性铁矿物转变成强磁性铁矿物，而锰矿物的磁性则变化不大。因此，各种弱磁性铁矿石或铁锰矿石，经磁化焙烧后都可以对其进行有效的磁选分离。

（1）还原焙烧　赤铁矿、褐铁矿和铁锰矿石在加热到一定温度后，与适量的还原剂作用，就可以使弱磁性的赤铁矿转变为强磁性的磁铁矿。常用的还原剂有 C、CO 和 H_2。赤铁矿（Fe_2O_3）与还原剂（以 CO 为例）作用的反应如下：

$$3Fe_2O_3+CO\xrightarrow{570℃}2Fe_3O_4+CO_2 \tag{7-24}$$

褐铁矿（$Fe_2O_3 \cdot H_2O$）在加热到一定温度后开始脱水，变成赤铁矿，按上述反应被还原成磁铁矿。在铁锰矿石的磁化焙烧过程中，发生的还原反应为：

$$MnO_2+CO\longrightarrow MnO+CO_2 \tag{7-25}$$

$$3Fe_2O_3+CO\longrightarrow 2Fe_3O_4+CO_2 \tag{7-26}$$

矿石的还原焙烧程度一般用还原度 R 表示，其定义式为：

$$R=[w(\mathrm{FeO})/w(\mathrm{TFe})]\times 100\% \tag{7-27}$$

式中　$w(\mathrm{FeO})$——还原焙烧矿石中 FeO 的质量分数；

$w(\mathrm{TFe})$——还原焙烧中全铁的质量分数。

若赤铁矿全部还原成磁铁矿，则还原程度最佳，矿物的磁性最强，此时的还原度为 42.8%。

（2）中性焙烧　菱铁矿、菱镁铁矿等碳酸铁矿石以及菱铁矿与赤铁矿或褐铁矿的比值大于 1[$w(FeCO_3):w(Fe_2O_3)$大于 1]的含有多种铁矿物的铁矿石，都可以用中性磁化焙烧法进行处理。中性磁化焙烧法就是将这些矿石与空气隔绝加热至适当的温度后，使菱铁矿分解生成磁铁矿的方法。对于含多种铁矿物的铁矿石，菱铁矿分解出的一氧化碳可以将赤铁矿或褐铁矿还原成磁铁矿，其化学反应式为：

$$3FeCO_3\xrightarrow{300\sim400℃}Fe_3O_4+2CO_2\uparrow+CO\uparrow \tag{7-28}$$

$$3Fe_2O_3+CO\xrightarrow{570℃}2Fe_3O_4+CO_2 \tag{7-29}$$

（3）氧化焙烧　黄铁矿（FeS_2）在氧化气氛中短时间焙烧时被氧化成磁黄铁矿，其化学反应为：

$$7FeS_2+6O_2\longrightarrow Fe_7S_8+6SO_2 \tag{7-30}$$

如焙烧时间很长，则磁黄铁矿可继续与 O_2 发生反应，生成磁铁矿，其化学反应为：

$$3Fe_7S_8+38O_2\longrightarrow 7Fe_3O_4+24SO_2 \tag{7-31}$$

这种焙烧方法多用于稀有金属矿石分选产物的提纯，采用焙烧磁选工艺，分出其中的黄铁矿杂质。

（4）氧化还原焙烧　含有黄铁矿、赤铁矿或褐铁矿的铁矿石，在菱铁矿与赤铁矿的比值[$w(FeCO_3)$：$w(Fe_2O_3)$]小于1时，可用氧化还原焙烧法处理。氧化还原焙烧法就是将矿石加热至一定温度，在氧化气氛中将矿石中的$FeCO_3$氧化成Fe_2O_3，然后再在还原气氛中将Fe_2O_3还原成Fe_3O_4的方法，其化学反应为：

$$4FeCO_3 + O_2 \longrightarrow 2Fe_2O_3 + 4CO_2 \tag{7-32}$$

$$3Fe_2O_3 + CO \longrightarrow 2Fe_3O_4 + CO_2 \tag{7-33}$$

7.2.5 物料的磁性对磁选过程的影响

磁选是根据物料在磁性上的差别进行分离的分选方法。因此物料的磁性强弱、物料中不同组分之间磁性差异的大小和被分选物料的磁性特点等，都对磁选过程有着显著的影响。

处理强磁性的磁铁矿矿石，一般都采用弱磁场磁选设备组成的单一磁选工艺，而磁铁矿矿石中又都程度不同地含有某些弱磁性铁矿物，特别是在矿体上部，由于氧化作用，矿石的磁性率都比较低。由于弱磁性铁矿物在弱磁场磁选设备中不能被回收，所以会造成金属流失，影响金属回收率。如果弱磁性铁矿物的含量高到一定程度，在技术条件允许的情况下，需要考虑回收这些弱磁性铁矿物。

其次，在弱磁性铁矿石中也往往含有强磁性的铁矿物，例如鞍山式赤铁矿矿石和假象赤铁矿矿石中都含有磁铁矿。对于这些含有磁铁矿的弱磁性铁矿石，采用强磁选-浮选工艺处理时，强磁性矿物对选别过程影响很大，如没有相应措施，强磁场磁选设备会发生磁性堵塞，造成选别工艺难以实现。为此，在用强磁场磁选设备处理此类矿石的流程中，在强磁场磁选设备前面加弱磁场磁选机或中磁场磁选机，预先选出强磁性矿物。

在磁铁矿矿石的分选过程中，经常出现磁铁矿与脉石矿物的连生体进入磁性产物而影响选别产物质量的现象。因此研究连生体中磁铁矿含量对连生体磁性的影响是很有必要的。在目前的恒定磁场磁选设备的分选过程中，连生体进入磁性产物的可能性是很大的。表7-1是分选磁铁矿矿石所得磁性产物的显微镜观察结果。

表7-1　磁性产物的显微镜观察结果

−0.074mm含量/%	铁品位/%	各种颗粒所占的质量分数/%		
		单体磁铁矿	单体石英	连生体
85	64.08	43.78	8.36	47.86
85	63.94	58.90	5.90	35.20
71	58.35	55.79	5.89	38.32

表7-1中的数据表明，在磁选所得的磁性产物中，单体状态存在的脉石是较少的，而以连生体状态存在的脉石却是较多的。因此，可以认为大量连生体的存在是影响磁选精矿质量的主要因素。鉴于此，在磁铁矿矿石的选矿厂中，常采用细筛再磨工艺，提高最终精矿的质量。

7.3 磁选设备

在磁选生产实践中，由于所处物料的磁性不同，粒度和其他物理性质不同，所以需要采用不同性能和结构的磁选设备。随着磁选技术的进步，磁选设备也不断发展和完善。目前国内外应用的磁选设备类型很多，规格也比较复杂。

7.3.1 弱磁场磁选设备

弱磁场磁选设备根据分选介质的不同可分为干式弱磁选机和湿式弱磁选机两种。干式弱磁选机主要有磁滑轮、永磁双筒干式磁选机、交叉带式磁选机等；湿式弱磁选机主要有永磁筒式磁选机、磁力脱水槽、磁团聚重力选矿机等。

7.3.1.1 磁滑轮

磁滑轮（或称磁滚筒）有永磁和电磁两种。永磁磁滑轮的设备结构如图 7-5 所示。这种设备的主要组成部分是一个回转的多极磁系，套在磁系外面的是用不锈钢非导磁材料制成的圆筒。磁系和圆筒固定在一个轴上，安装在皮带机的头部（代替首轮）。

永磁磁滑轮应与皮带配合使用，可单独装成永磁带式磁选机，也可装在皮带运输机头部。

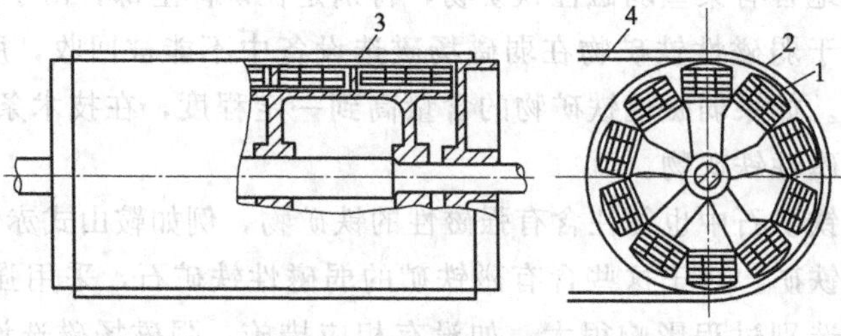

图 7-5 永磁磁滑轮的结构

1—多磁极系；2—圆筒；3—磁导板；4—皮带

在实际使用中，物料均匀地给到皮带上，当物料随皮带一起经过圆筒时，非磁性或磁性很弱的矿粒在离心力和重力作用下脱离皮带面，而磁性较强的矿粒受磁力作用被吸在皮带上，并由皮带带到圆筒的下部，当皮带离开圆筒伸直时，由于磁场强度减弱而落于磁性产品槽中。

永磁磁滑轮可用在磁铁矿选厂粗碎或中碎后的粗选作业中，选出部分废石，以减轻下段作业的负荷，降低选矿成本，提高选矿指标。也可用在富磁铁矿冶炼前的分选作业上，矿石经中碎后给入该磁选机，用以选出大部分废石，提高入炉品位，降低冶炼成本，提高冶炼指标。也可用在赤铁矿石还原闭路焙烧作业中，没有充分还原的矿石（生矿）经该机分选后返回再焙烧，控制焙烧质量，降低选矿成本，提高选矿回收率。

7.3.1.2 永磁筒式磁选机

永磁筒式磁选机是磁选厂普遍应用的一种磁选设备，目前应用的有 750mm×1800mm、750mm×1200mm 和 1050mm×2400mm 等型号。在磁系结构一样的情况下，根据槽体结构类型不同，分为顺流型、逆流型和半逆流型三种。其中，半逆流型槽体在磁选中应用最为普遍。三种类型磁选机底箱的示意图如图 7-6 所示。

（1）半逆流型磁选机 图 7-7 为湿式弱磁场圆筒磁选机的结构图。这种设备主要由圆筒、磁系和槽体（或称作底箱）等三个部分组成。圆筒用不锈钢板卷成，圆筒端盖是用铝或铜铸成的。圆筒由电动机经减速机带动。圆筒的旋转线速度一般为 1.0～1.7m/s。

半逆流型槽体如图 7-6(a) 和图 7-7 所示。浆体从它的下方给到圆筒的下部，非磁性产物的移动方向和圆筒的旋转方向相反，磁性产物的移动方向和圆筒旋转方向相同。具有这种

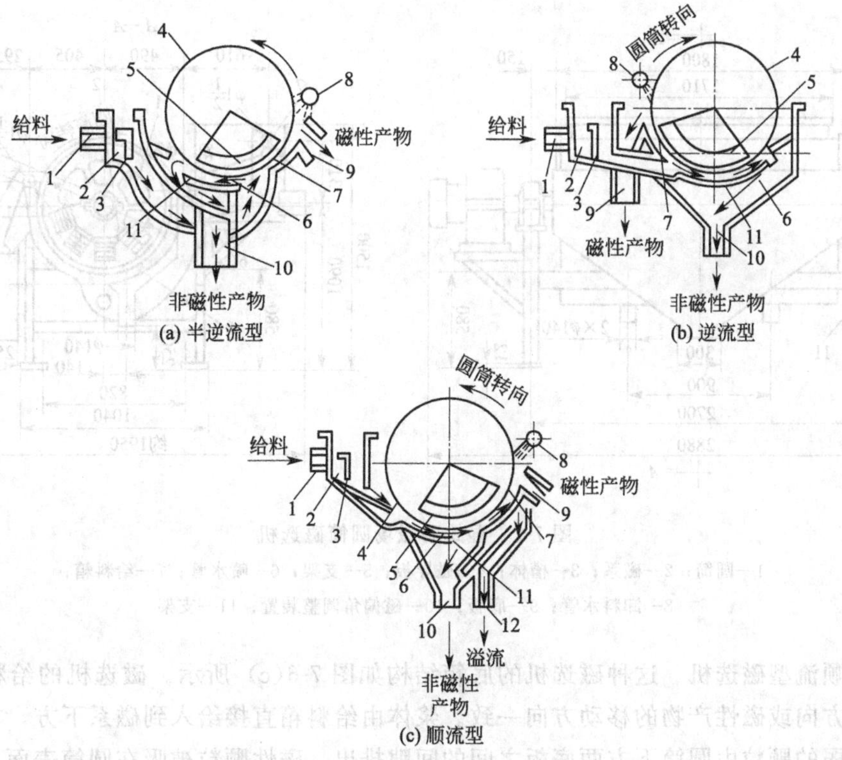

图 7-6　三种类型磁选机底箱示意图

1—给料管；2—给料箱；3—挡板；4—圆筒；5—磁系；6—扫选区；7—脱水区；8—冲洗水区；9—磁性产物管；10—非磁性产物管；11—底板；12—溢流管

特点的槽体称作半逆流型槽体。

物料在磁选机中的分选过程大致为：浆体经过给料箱进入磁选机槽体以后，在喷水管喷出水的作用下，呈松散状态进入给料区；磁性颗粒在磁场力作用下，被吸在圆筒的表面上，随圆筒一起向上移动。在移动过程中，由于磁系的极性交替，使得磁性颗粒成链地进行翻动；在翻动过程中，夹杂在磁性颗粒中间的一部分非磁性颗粒被清除出去，这有利于提高磁性产物的质量。磁性颗粒随圆筒转至磁系外区时，由于磁场强度减小，在冲洗水的作用下进入磁性产物槽中；非磁性颗粒和磁性很弱的颗粒，则在槽体内浆体流的作用下，通过底板上的孔流入非磁性产物管中。这种类型的磁选机常用作分选粒度为0.5～0mm的细粒强磁性物料的粗选设备和精选设备，尤其适合用作0.15～0mm的强磁性物料的精选设备。

(2) 逆流型磁选机　这种磁选机的底箱结构如图7-6(b) 所示。它的给料方向和圆筒旋转方向或磁性产物的移动方向相反。浆体由给料箱直接进入到圆筒的磁系下方，非磁性颗粒和磁性很弱的颗粒从磁系右边缘下方的底板上的孔排出，磁性颗粒随圆筒逆着给料方向移动到磁性产物排出端，被排到磁性产物槽中。这种磁选机的适宜给料粒度为0.6～0mm，常用在细粒强磁性物料的粗选和扫选作业中。由于这种磁选机的磁性产物排出端距给料口较近，磁翻作用差，所以磁性产物质量不高，但是它的非磁性产物排出口即给料口较远，浆体经过较长的选别区，增加了磁性颗粒被吸着的机会，另外两种产物排出口间的距离远，磁性颗粒混入非磁性产物中的可能性小，所以这种磁选机对磁性颗粒的回收率高。

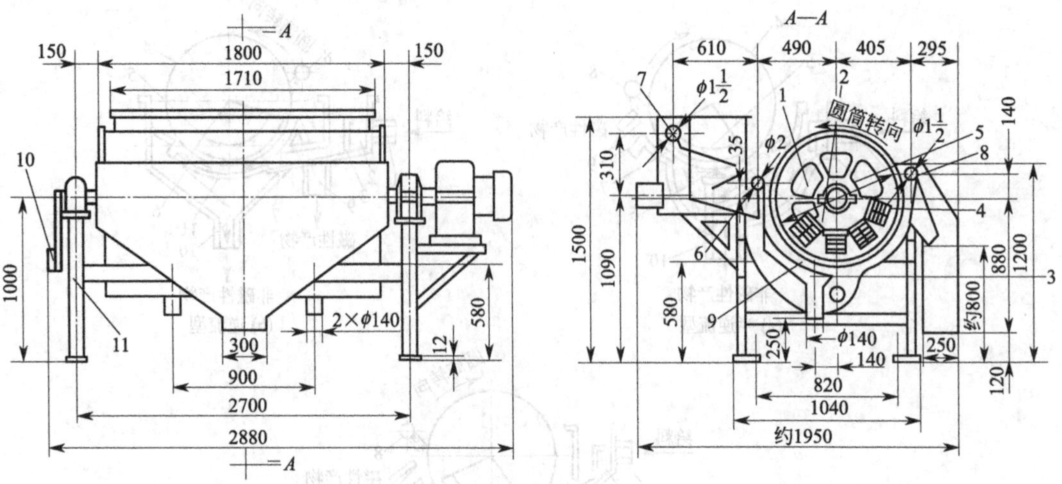

图 7-7 湿式弱磁场圆筒磁选机

1—圆筒；2—磁系；3—槽体；4—磁导板；5—支架；6—喷水管；7—给料箱；8—卸料水管；9—底板；10—磁偏角调整装置；11—支架

(3) 顺流型磁选机 这种磁选机的底箱结构如图 7-6(c) 所示。磁选机的给料方向和圆筒的旋转方向或磁性产物的移动方向一致。浆体由给料箱直接给入到磁系下方，非磁性颗粒和磁性很弱的颗粒由圆筒下方两底板之间的间隙排出，磁性颗粒被吸在圆筒表面上，随圆筒一起旋转到磁系的边缘磁场较弱处排出。这种磁选机适用于粒度为 6.0～0mm 的粗粒强磁性物料的粗选和精选作业。

7.3.2 中磁场磁选设备

中磁场磁选机主要用作强磁性矿石的粗选和扫选设备，尤其是当矿石中非磁性脉石矿物的结晶粒度与磁铁矿相比明显较粗时，在粗磨条件下就产生大量的单体脉石矿物颗粒，此时大都采用阶段磨-选流程，即用中磁场磁选机在粗磨条件下进行粗选，丢弃大量的脉石矿物，降低二段磨矿设备的负荷，减少磨矿能耗，提高选矿厂的经济效益。

生产中使用的中磁场磁选机主要有 SLon 立环脉动中磁场磁选机、CT 系列永磁筒式磁选机、ZCT 系列筒式磁选机、SSS-II 湿式双频双立环高梯度磁选机、PMHIS 系列和 DPMS 系列永磁中强磁场磁选机、DYC 型永磁中强磁场磁选机。

7.3.3 强磁场磁选设备

7.3.3.1 琼斯型湿式强磁场磁选机

琼斯型湿式强磁场磁选机首先是在英国发展起来的，由德国洪堡公司制造。这种磁选机的外形尺寸为 6300mm×4005mm×250mm，转盘直径为 3170mm，处理能力为 100～120t/h。琼斯型湿式强磁场磁选机的结构如图 7-8 所示。

这种磁选机的机体由一钢制的框架组成，在框架上装 2 个 U 形磁轭，在磁轭的水平部位上，安装 4 组励磁线圈，线圈外部有密封保护壳，用风扇吹风冷却。在 2 个 U 形磁轭之间装有上下 2 个转盘，转盘起铁芯作用，与磁轭构成闭合磁路。分选箱直接固定于转盘的周

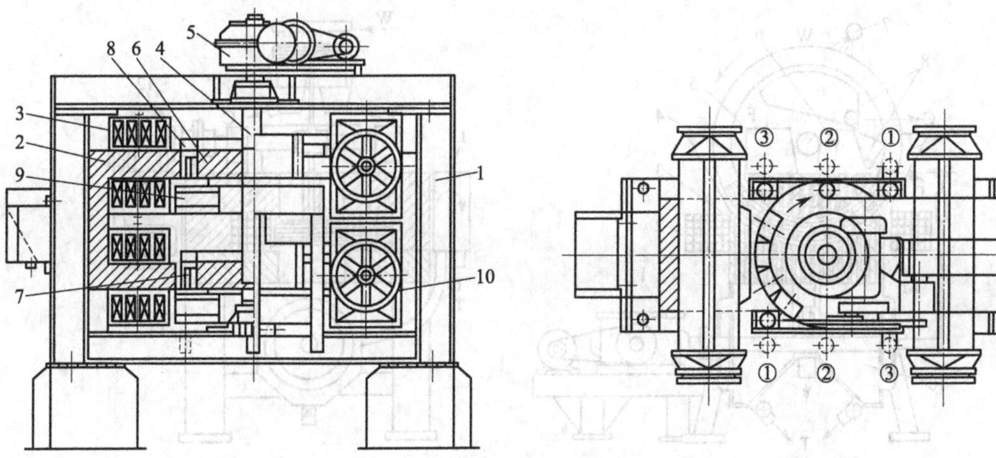

图 7-8　DP-317 型琼斯湿式强磁选机

1—框架；2—U 形磁轭；3—线圈；4—垂直中心轴；5—蜗杆传动装置；6—转盘；7—分选箱；8—拢料圈；9—非磁性产物溜槽；10—线圈外部非密封保护壳；①—非磁性产物；②—磁性产物；③—中间产物

边，因此，分选箱与极头之间只有一道空气间隙。转盘和分选箱通过蜗轮蜗杆传动装置和垂直中心轴驱动，在 U 形磁轭之间旋转。

浆体从磁场的进口处给入，通过分选箱内的齿板缝隙，非磁性颗粒不受磁场的作用流至下部的产品接受槽中成为非磁性产物。磁性颗粒被吸附于齿板上，并随分选箱一起移动，在脱离磁场区之前（转盘转动约 60°），用压力水清洗吸附于齿板上的磁性颗粒，将其中夹杂的非磁性颗粒和连生体颗粒冲洗下去成为中间产物，进入中间产物接受槽。当分选箱转到磁中性区（即 $H=0$）时，设有冲洗装置，用压力水将吸附于齿板上的磁性颗粒冲下成为磁性产物。

琼斯型强磁场磁选机除用于分选赤铁矿、菱铁矿、钛铁矿和铌铁矿矿石外，还可用来分选稀有金属矿石，如从铅矿石中回收非硫化铜矿物和钨矿物，也可以用它从高炉煤灰和粉磨燃料灰中分离出铁氧化物。

7.3.3.2　SLON 型立环脉动强磁选机

20 世纪 80 年代初开始研制的 SLON 型脉动高梯度磁选机，到目前已有 SLON-1000、SLON-1500 和 SLON-2000 等多种型号，并已在工业上得到应用。图 7-9 为 SLON-1500 型立环脉动高梯度磁选机的结构示意图。这种设备主要由脉动机构、激磁线圈、铁轭、转环和各种料斗、水斗组成。立环内装有导磁不锈钢板网介质（也可以根据需要充填钢毛等磁介质）。转环和脉动机构分别由电机驱动。

分选物料时，转环做顺时针旋转，浆体从给料斗给入，沿上铁轭缝隙流经转环，其中的磁性颗粒被吸在磁介质表面，由转环带至顶部无磁场区后，被冲洗水冲入磁性产物斗中。同时，当给料中有粗颗粒不能穿过磁介质堆时，它们会停留在磁介质堆的上表面，当磁介质堆被转环带至顶部时，被冲洗水冲入磁性产物斗中。

当鼓膜在冲程箱的驱动下做往复运动时，只要浆体液面高度能浸没转环下部的磁介质，分选室的浆体就做上下往复运动，从而使物料在分选过程中始终保持松散状态，这可以有效地消除非磁性颗粒的机械夹杂，显著地提高磁性产物的质量。此外，脉动对防止磁介质的堵

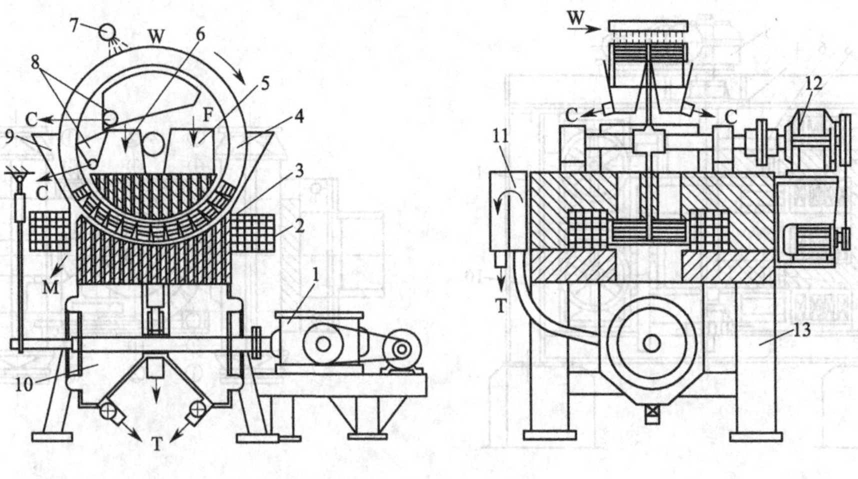

图 7-9　SLON-1500 的结构示意图

1—脉动机构；2—激磁线圈；3—铁轭；4—转环；5—给料斗；6—漂洗水；7—磁性产物冲洗管；8—磁性产物斗；9—中间产物斗；10—非磁性产物斗；11—液面斗；12—转环驱动机构；13—机架；F—给料；W—清水；C—磁性产物；M—中间产物；T—非磁性产物

塞也大有好处。

为了保证良好的分选效果，使脉动充分发挥作用，维持浆体液面高度至关重要。该机的液位调节可通过调节非磁性产物斗下部的阀门、给料量或漂洗水量来实现。

在马鞍山铁矿选矿厂，该机已成功用来分选细粒赤铁矿。给料为 ϕ350mm 旋流器的溢流，其铁品位为 28.13%，磁性产物的铁品位为 56.09%，非磁性产物的铁品位为 16.52%，作业回收率为 58.49%。与采用卧式离心分选机相比，磁性产物的铁品位和回收率分别提高 4%和 10%左右。

7.4 电选

对物料进行电选是基于物料具有不同的电学性质，当颗粒经过高压电场时，利用作用在这些颗粒上的电场力和机械力的差异进行分选的一种选别方法。

虽然电选的物料必须经过干燥、筛分、加热等预处理过程，但电选设备结构简单，操作容易，维修方便，生产费用较低，分选效果好，所以广泛应用于稀有金属矿石的精选，而且在有色金属矿石、非金属矿石，甚至在黑色金属矿石的分选中也得到了应用。

7.4.1 电选的基本原理

7.4.1.1 矿物的电性质

在电选过程中，首先使固体颗粒带电，而使颗粒带电的方法主要取决于它们自身的电性质。矿物的电性质是指它们的电阻（或电导率）、介电常量、比导电度和整流性等。由于各种物料的组成不同，表现出的电性质也有明显差异。即使属于同一种物料，由于所含杂质不同，其电性质也有差别。

（1）矿物的电阻　矿物的电阻是指矿物颗粒的粒度 d＝1mm 时，所测定出的欧姆数值。根据所测出的电阻值，常将矿物分为导体矿物、非导体矿物和中等导体矿物 3 种类型。

导体矿物的电阻小于$1\times10^{6}\Omega$，这类矿物的导电性较好，在通常的电选过程中，能作为导体矿物被选出；非导体矿物的电阻大于$1\times10^{7}\Omega$，这类矿物的导电性很差，在通常的电选过程中，只能作为非导体矿物被选出；中等导体矿物的导电性介于导体矿物和非导体矿物之间，在通常的电选过程中，这类矿物常作为中间产物被选出。

(2) 矿物的介电常量　介电常量是介电体（非导体）的一个重要电性指标，通常用ε表示，表征介电体隔绝电荷之间相互作用的能力。在电介质中，电荷之间的相互作用力F_{ε}比在真空中的作用力F_0小，F_0与F_{ε}之比称为该电介质的介电常量。电介质的介电常量越大，表示它隔绝电荷之间相互作用的能力越强，其自身的导电性也越好。反之，介电常量越小，电介质自身的导电性就越差。

空气的介电常量近似等于1，而其他物质的介电常量均大于1。介电常量的大小与电场强度无关，仅与所使用的交流电的频率和环境温度有关。

(3) 矿物的比导电度　矿物的比导电度也是表征矿物电性质的一个指标。矿物的比导电度越小，其导电性就越好。试验发现，电子流入或流出矿物颗粒的难易程度，除与颗粒自身的电阻有关外，还与颗粒与电极之间接触界面的电阻有关，而界面电阻又与颗粒和电极的接触面（或接触点）的电位差有关。电位差较小时，电子往往不能流入或流出导电性差的矿物颗粒，而当电位差相当大时，电子就能流入或流出，此时导体矿物颗粒表现出导体的特性，而非导体矿物颗粒则在电场中表现出与导体矿物颗粒不同的行为。

(4) 矿物的整流性　在测定矿物的比导电度时会发现，有一些矿物只能在高压电极带正电时才起导体的作用，如石英；而另一些矿物则只有高压电极带负电时才起导体作用，如方解石；还有一些矿物，不管高压电极带正电还是带负电，当电位差达到一定的数值后，均表现为导体，如磁铁矿、钛铁矿、金红石等。矿物所表现出的这种与高压电极极性相关的电性质称为整流性，并规定只能在高压电极带负电时，获得正电荷的矿物为正整流性矿物；只能在高压电极带正电时，获得负电荷的矿物为负整流性矿物；不论高压电极带什么样的电荷，均表现为导体的矿物称为全整流性矿物。

根据矿物的电性质，可以原则上分析用电选法对其进行分选的可能性及实现有效分选的条件。根据矿物电阻和介电常量的大小，可以大致确定矿物用电选分离的可能性；根据矿物的比导电度可大致确定其最低分选电压；根据矿物的整流性可确定高压电极的极性。但实际上往往采用负电进行分选，正电很少采用，因为采用正电时对高压电源的绝缘程度要求较高，且不能带来更好的效果。

7.4.1.2　颗粒在电场中带电的方法

物体带电的方法有很多种，如摩擦带电、传导带电、感应带电、压热带电、电晕电场中带电等，但在电选实践中，使颗粒带电而达到分选目的的方法主要有以下几种：

(1) 摩擦带电　摩擦带电是通过接触、碰撞、摩擦等方法使颗粒带电，一种是颗粒与颗粒之间相互摩擦，分别获得不同符号的电荷；另一种是颗粒与某种材料摩擦、碰撞或颗粒在其上滚动等使颗粒带电。通过摩擦、碰撞等使颗粒带电，完全是由电子的转移所致。介电常量大的颗粒，具有较高的能位，容易极化而释放出外层电子；反之，介电常量较小的颗粒，能位也较低，难于极化，容易接受电子。释放出电子的颗粒带正电，接受电子的颗粒带负电。

(2) 感应带电　感应带电是颗粒并不与带电的电极或带电体接触，完全靠受到电场感应的方法带电。导体颗粒移近电极时，靠近电极的一端产生与电极符号相反的电荷，远离电极的一端产生与电极符号相同的电荷。如颗粒从电场中移开，这两种相反的电荷便互相抵消，颗粒又恢复到不带电的状态。这种电荷称为感应电荷，可以用接地的方法移走。

非导体颗粒在电场中只能被极化。非导体分子中的电子和原子核结合得相当紧密，电子处于束缚状态。当接近电极时，非导体分子中的电子和原子核之间只能做微观的相对运动，形成“电偶极子”，这些电偶极子大致按电场的方向排列，因此在非导体和外电场垂直的两个表面上分别出现正、负电荷。这些正、负电荷的数量相等，但不能离开原来的分子，因而称为“束缚电荷”。束缚电荷与感应电荷不同，不能互相分离，也不能用接地的方法移走。两种电性不同的颗粒在分选电场中的运动有差异，利用这种差异可以将两种颗粒分开。

(3) 传导带电　颗粒与带电电极直接接触时，由于颗粒本身的电性质不同，与带电电极接触后所表现出的行为也明显不同。导电性好的颗粒，直接从电极上获得电荷，因同性电荷相斥而使颗粒被弹离电极；反之，不导电或导电性很差的颗粒则不能很快或根本不能从电极上获得电荷，只能受到电场的极化，极化后发生正、负电荷中心偏移，靠近电极的一端产生与电极极性相反的电荷，因而不能被电极排斥，从而使两种颗粒因运动轨迹的不同而得到分离。

(4) 电晕电场中带电　电晕电场是不均匀电场，在电场中有两个电极，其中一个电极的直径比另一个电极小很多。在大气压力下提高两电极间的电位差到某一数值时，由负极发射出大量的电子，这些电子在电场作用下以很快的速度运动，当与气体分子碰撞时便使气体分子电离，经过不断碰撞和电离，电场中气体的离子数大大增加，气体被电离的正离子飞向负极，负离子飞向正极。

气体的电离从直径很小的电极附近开始，如电离范围只限于这一电极附近，这种放电叫电晕放电，如果再提高电位差时，气体的电离范围就能扩展到两极间整个空间，并产生出火花，最后成为电弧，此时为火花放电。

当电晕放电发生时，阳离子飞向负电极，阴离子飞向正电极，从而在此空间中形成了体电荷，通过此空间区的固体颗粒均能获得负电荷，这种带电方式称为电晕电场带电。由于物料传导电荷的能力不同，导电性较好的颗粒获得电荷后，能立刻将电荷放走，不受电力作用；而导电性较差的颗粒则不能将获得的电荷放走，从而受到电力的作用。利用两者在不同力的作用下表现出的行为差异，就可以将它们分开。

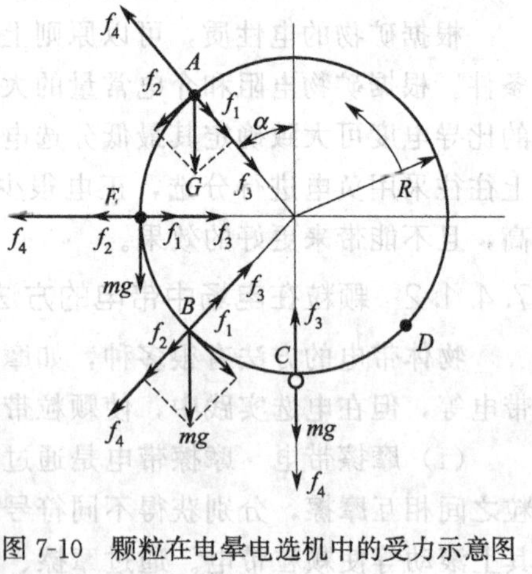

图 7-10　颗粒在电晕电选机中的受力示意图

7.4.1.3 电选的基本条件

被分选的物料颗粒进入电选机的电场以后，受到电场力和机械力的作用。在较常用的圆筒形电晕电选机中，颗粒的受力情况如图 7-10 所示。在这种情况下，作用在颗粒上的电场力包括库仑力、非均匀电场力和镜面力；作用在颗粒上的机械力包括重力和离心惯性力。

(1) 库仑力　根据库仑定律，一个带电颗粒在电场中所受到的库仑力为：

$$f_1 = QE \tag{7-34}$$

式中　f_1——作用在颗粒上的库仑力，N；

Q——颗粒所带的电荷，C；

E——颗粒所在处的电场强度，N/C。

在电晕电场中，颗粒吸附离子所获得的电荷可由下式确定：

$$Q_t=[1+2(\varepsilon-1)/(\varepsilon-2)]Er^2M \tag{7-35}$$

式中 Q_t——颗粒在电场中经过 t 时间所获得的电荷；

ε——颗粒的介电常量；

r——颗粒的半径；

M——参数。

M 的计算式为：

$$M=\pi knet/(1+\pi knet) \tag{7-36}$$

式中 k——离子迁移率或称淌度，即在每 10mm 为 1V 电压下离子的迁移速度，当 $p=101.325\text{kPa}$ 时，$k=2.1\times10^{-4}\text{m}^2/(\text{V}\cdot\text{s})$；

n——电场中离子的浓度，$n=1.7\times10^9$ 个/m^3；

e——电子电荷，$e=1.601\times10^{-19}\text{C}$。

对导体颗粒而言，库仑力为静电极对它的吸引力，其方向朝向带电电极；对非导体颗粒而言，则为斥力，方向朝向接地极。

(2) 非均匀电场力　非均匀电场力也称为有质动力。当电介质颗粒位于电场中时，将因极化而产生束缚电荷。在均匀电场中，这将使电介质颗粒受到一个力矩的作用；在非均匀电场中，这将使电介质颗粒受到一个力的作用，这个力称为非均匀电场力，其计算式为：

$$f_2=\alpha EV\text{d}E/\text{d}x \tag{7-37}$$

式中 α——极化率；

E——电场强度；

V——颗粒的体积；

$\text{d}E/\text{d}x$——电场梯度。

对于球形颗粒，$\alpha=3(\varepsilon-1)/[4\pi(\varepsilon+2)]$，$V=4\pi r^3/3$，则式(7-37) 变为：

$$f_2=r^3[(\varepsilon-1)/(\varepsilon+2)]E\text{d}E/\text{d}x \tag{7-38}$$

在电晕放电电场中，越靠近电晕电极，$\text{d}E/\text{d}x$ 越大，而在圆筒表面附近，电场已接近均匀，所以 $\text{d}E/\text{d}x$ 很小，从而使 f_2 也很小，f_2 的方向沿法线向外。

(3) 镜面力　镜面力又称界面吸力，是带电颗粒表面的剩余电荷与圆筒表面相应位置的感应电荷之间的吸引力。它的作用方向为圆筒表面的内法线方向，其大小为：

$$f_3=Q^2(R)/r^2=[1+2(\varepsilon-1)/(\varepsilon+2)]^2E^2r^2M^2f^2(R) \tag{7-39}$$

从以上 3 种作用力的计算式可以看出，库仑力和镜面力的大小主要取决于颗粒的剩余电荷，而剩余电荷又取决于颗粒的界面电阻。对于导体颗粒，由于它的界面电阻接近于零，放电速度快，剩余电荷少，所以作用在它上面的库仑力和镜面力也接近于零。而对于非导体颗粒，它的界面电阻大，放电速度慢，剩余电荷多，所以作用在它上面的库仑力和镜面力大。作用在颗粒上的非均匀电场力远远小于库仑力，实际上可以忽略不计。

(4) 机械力　作用在颗粒上的离心惯性力为：

$$f_4=mv^2/R \tag{7-40}$$

式中 f_4——作用在颗粒上的离心惯性力，N；

m——颗粒的质量，kg；

v——颗粒所在处圆筒的运动线速度，m/s；

R——分选圆筒的半径，m。

颗粒在随辊筒一起运动的整个过程中，离心惯性力起着使颗粒脱离辊筒的作用。

颗粒自身的重力为：

$$G=mg \tag{7-41}$$

式中 G——颗粒自身重力，N；

g——重力加速度，m/s^2。

为了将不同电性的颗粒分开，颗粒在电选机上所受的合力应满足下列要求：

导体颗粒必须在图 7-10 所示的 AB 范围内落下，其力学关系式为：

$$f_4+f_2>f_1+f_3+mg\cos\alpha \tag{7-42}$$

中等导电性颗粒必须在图 7-10 所示的 BC 范围内落下，其力学关系式为：

$$f_4+f_2>f_1+f_3-mg\cos\alpha \tag{7-43}$$

非导体颗粒必须在图 7-10 所示的 CD 范围内强制落下，其力学关系式为：

$$f_3>f_4+mg\cos\alpha \tag{7-44}$$

7.4.2 电选机

电选机是用来分离不同电性物料的分选设备。根据电场的特征可将电选机分为静电场电选机、电晕电场电选机和复合电场电选机三类；根据使颗粒带电方法的特征，可分为接触带电电选机、摩擦带电电选机和电晕带电电选机三类；根据设备的结构特征，可分为筒式（辊式）电选机、箱式电选机、板型电选机和筛网型电选机四类。

目前国内外用于工业生产的电选机，有 90%以上是辊筒式电选机。因此，这里主要介绍几种典型的辊筒式电选机。

7.4.2.1 DX-1型高压电选机

DX-1 型高压电选机的结构如图 7-11 所示，这种电选设备主要由电极、转鼓、给料部分、毛刷、传动装置和排料装置等部分组成。

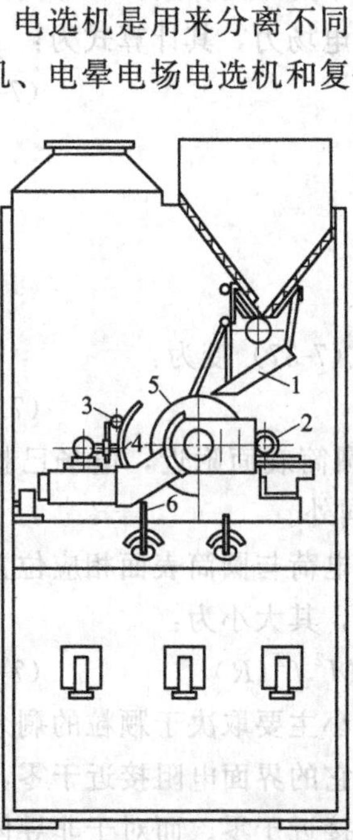

图 7-11 DX-1 型高压电选机结构示意图

1—给料部分；2—毛刷；3—偏转电极；4—电晕电极；5—转鼓；6—分料板

电晕电极为 6 根电晕丝，在第二根电晕丝旁边设有直径为 45mm 的钢管或铝管作为偏转电极。除电晕电极与分选转鼓之间的距离可调节外，整个电晕电极还可以环绕分选转鼓旋转一定角度。

转鼓内部装有电热器和测温热电偶。电源线等自空心轴引入，空心轴固定不动，转鼓绕空心轴旋转。转鼓通过改变直流电动机的电压而达到无级调速，可调范围为 0～5r/s。给料部分主要由给料斗、给料辊和电磁振动给料板 3 部分组成。电磁振动给料板的背面装有电阻丝，将物料预热。当分选细粒物料时，给料辊和电磁振动给料板同时使用；当分选粗粒物料时，电磁振动给料板不接通电源，只起导料和加热作用。给料辊直径为 80mm，长 860mm，转速为 0.45～1.67r/s。排料毛刷的外径为 140mm，转速为辊筒转速的 1.25 倍。

这种电选机的分选过程及工作原理与双辊筒电选机的相同，只是该机的电压可达 60000V，从而使电场力得到了加强。另外，因采用了多根电晕电极，并使用了较大直径的辊筒，使电场作用区域得以拓宽，物料在电场内荷电的机会增多，因而提高了分选效果。DX-1 型高压电选机的适宜给料粒度为 0～2mm，处理能力为 0.2～0.8t/h。

7.4.2.2 美国卡普科 (Carpco)电选机

卡普科 HP16-114 型电选机的结构如图 7-12 所示。这种电选机主要由加热器、给料斗、辊筒、电极、分料隔板和接料斗等部分组成。

辊筒用不锈钢制成，直径有 152mm、254mm、356mm 等多种规格，辊筒的转速可在 0～10r/s 之间连续调节。辊筒用红外线加热，使辊筒表面保持所需要的温度。辊筒配有两个高压电极。高压电极为一黄铜圆管，在圆管前方相近处放置一根直径约为 0.25mm 的电晕丝。给料斗中装有电热器，能使物料保持最适宜的分选温度。装在柜子底部的整流器供给 0～40000V 的正高压或负高压。

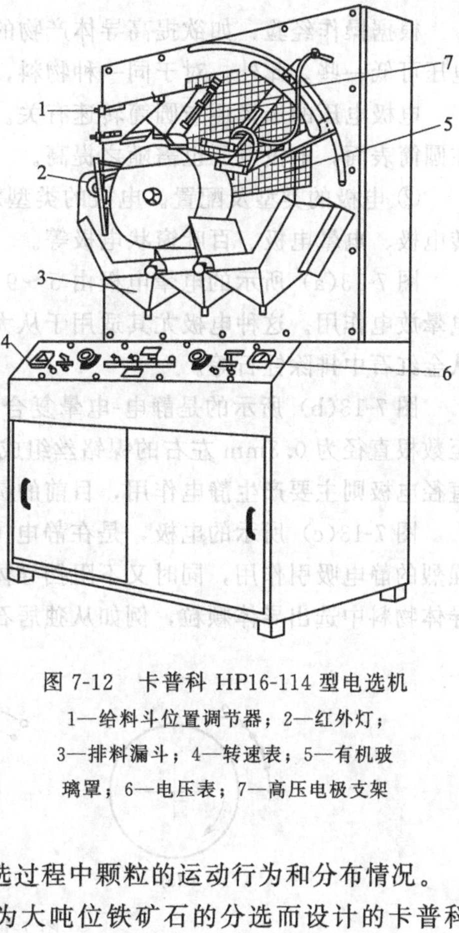

图 7-12 卡普科 HP16-114 型电选机

1—给料斗位置调节器；2—红外灯；3—排料漏斗；4—转速表；5—有机玻璃罩；6—电压表；7—高压电极支架

这种电选机采用的粗直径圆管电极可在窄范围造成密度大的非放电性电场，而电晕丝又可以向一定方向产生非常狭小的电晕电流，所以二者相互配合可产生非常强的束状放电区域。当被分选的物料随辊筒的旋转进入束状放电区域时，物料受到喷射放电作用。这种放电给导电性差的颗粒以充分的表面电荷，使它们被吸在辊筒表面上。而对于导电性好的颗粒，获得的电荷则迅速传到接地的辊筒上，成为不带电体，偏向高压电极一侧落下。

这种设备的一个突出特点是带有对分选过程进行照相记录的系统。用普通的摄影机记录操作参数的位置；若采用高速摄影机，则可以记录下分选过程中颗粒的运动行为和分布情况。

除了卡普科 HP16-114 型电选机以外，还有专为大吨位铁矿石的分选而设计的卡普科 HL-120 系列电选机。这类电选机的辊筒直径有 200mm、250mm、300mm 和 350mm 等多种规格。每台机器有 4 个或 6 个辊筒。

7.4.3 电选过程影响因素

影响电选过程的因素有很多种，主要包括电场参数、机械因素、物料性质等。

(1) 电场参数　对电选过程有重要影响的电场参数包括电极电压、电晕电流、电极的类型及配置等。

① 电极电压及电晕电流。在电选过程中，电压的高低和电晕放电电流的大小是两个非常重要的影响因素。例如，在锡石的电选过程，当采用圆弧多丝电极时，使用 15kV 的电压，可获得 90%的回收率，而采用单丝电极时，则需要 30kV 的电压，才能达到同样的

回收率。

当然，极间电压改变时，电晕电流也随之改变。例如，对某种电选机，在电极距离为60mm时，测得的电晕电流与极间电压的关系见表7-2。由于电极电压较容易控制，所以电极电压是设备操作过程中的一个调节参数。

表7-2　电晕电流与极间电压之间的关系

极间电压/kV	20	30	36	40	50
电晕电流/mA	1.0	1.2	1.4	2.0	2.5

根据操作经验，如欲提高导体产物的质量，电压可高一些；欲提高非导体产物的质量，电压可低一些。此外，对于同一种物料，当粒度不同时，最佳分选电压也有所不同。

电极电压的选择还与圆筒转速有关。当圆筒转速提高时，为了使非导体颗粒仍然能紧贴在圆筒表面，电极电压也需随之提高。

② 电极的类型及配置。电极的类型对分选效果影响很大。常用的电极类型主要包括偏转电极、电晕电极、百叶窗状电极等。

图7-13(a) 所示的电晕电极由5～9根直径为0.3mm左右的镍铬丝组成，具有强烈的电晕放电作用。这种电极尤其适用于从大量的导体物料中分出非导体颗粒，如钛铁矿除磷、从金红石中排除钍石等。

图7-13(b) 所示的是静电-电晕复合电极，由1根直径为40mm左右的铜管或铝管和1至数根直径为0.3mm左右的镍铬丝组成。镍铬丝直径小，其有强烈的电晕放电作用，而大直径电极则主要产生静电作用，目前的圆筒形电晕电选机大多采用这种电极。

图7-13(c) 所示的电极，是在静电-电晕复合电极的下方增加1个百叶窗状电极，具有强烈的静电吸引作用，同时又不阻挡导体颗粒的运动轨迹。这种电极特别适用于从大量的非导体物料中选出导体颗粒，例如从独居石中分选出铌铁矿等。

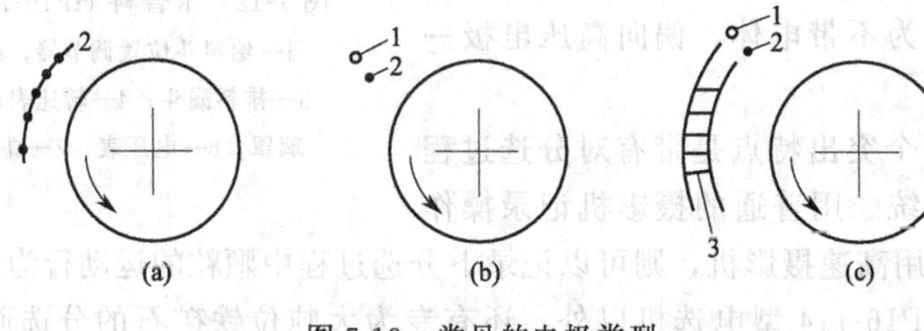

图7-13　常见的电极类型

1—偏转电极；2—电晕电极；3—百叶窗状电极

电晕丝根数对电晕放电电流也同样具有明显的影响。电晕电流与电晕丝根数的关系如图7-14所示。从图7-14中可以看出，对于每一种直径的电晕丝，当电压一定时，存在最佳的电晕丝根数。这时单位电晕丝长度的电晕电流具有最大值。电晕丝根数超过最佳值时，由于电晕丝之间的距离太小，电晕丝之间互相屏蔽而使电晕电流下降。

在只有1根电晕丝的静电-电晕复合电场电选机中，电晕电极与圆筒中心的连线同垂直轴的夹角大多为25°～35°。在一定的电压下，随着电晕电极与圆筒之间的距离减小，电晕电流将增加。偏转电极的方向与垂直轴之间的夹角大多为50°～70°。

此外，偏转电极电压、偏转电极与圆筒电极之间的距离、偏转电极的位置等对电晕电流都有一定的影响。

(2) 机械因素　对电选过程有影响的机械因素主要包括圆筒转速和产品分隔板的位置两方面。

接地圆筒转速提高时，不仅使颗粒随圆筒一起做圆周运动所需要的力增加，而且使颗粒通过电晕放电区的时间缩短。因此，提高圆筒转速将使导体产物的产率增加，非导体产物的产率相应减小；相反，如接地圆筒的转速太低，不仅会导致导体颗粒混入非导体产物中，而且设备的处理量也会急剧下降。通常，当需要从大量的导体物料中分出非导体颗粒或分选粗粒级物料时，圆筒的转速应低一些；分选细粒级物料时，圆筒的转速应高一些；当需要提高导体产物的质量时，圆筒的转速要低一些；当需要提高非导体产物的质量时，同筒的转速要高一些。

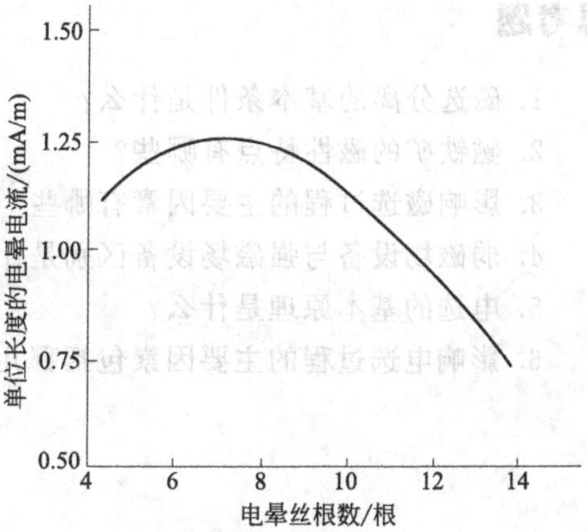

图 7-14　电晕电流与电晕丝根数的关系

产品分隔板的位置影响分选产物的产率和质量。在实际工作中，必须根据产物质量和回收率等指标的要求，适当地选择前后分隔板的位置。

(3) 物料性质　物料性质对电选过程的影响主要指它们的表面性质、粒度及其组成情况等的影响。

① 物料表面性质。物料中的水分不但能改变颗粒的表面电阻，降低颗粒间电导率的差异，而且还能使非导体微粒黏附在导体颗粒上或使导体微粒黏附在非导体颗粒上，从而改变它们原来的表面性质，使电选过程的分选精确度下降。因此，在电选前必须对物料进行加热干燥，以去除颗粒表面的水分。

另外，由于不同颗粒的表面具有不同的吸湿性，往往因空气湿度的变化而引起颗粒表面水分的变化。因此，在电选时还应当注意空气湿度对分选过程的影响。

物料的表面性质可以采用人工方法来改变。例如，用酸除去颗粒表面的铁质和其他污染物，使原表面暴露出来，或是添加其他药剂。与颗粒表面生成新的化合物，或减少颗粒之间的黏附作用，使颗粒彼此分散。用药剂处理颗粒的表面一般都在水中进行，但也有进行干式处理的，即将物料与固体药剂的混合物加热，使药剂蒸发，产生的蒸气吸附在颗粒表面上。进行湿式处理后，必须将物料烘干。

② 物料的粒度和粒度组成。在电选过程中，作用在颗粒上的机械力使它具有离开辊筒的趋势。因此，在一定的辊筒转速下，如果颗粒的粒度较大，为了使颗粒吸附在辊筒上，就需要增加作用在它上面的电场力。通过改变电晕电极与辊筒间的距离或提高电压，可以达到提高电场力的目的。但在特定的设备上这两个参数的调整是有限度的，所以，目前电选处理的物料粒度上限一般为 3mm。

另外，原料中存在的微细颗粒会易附在粗粒上，这将引起分选产物的质量降低和有用成分的损失，因此，电选前要求颗粒表面干净，没有微细颗粒的黏附现象。事先除去被分选物料中的微细颗粒，可大幅度改善电选效果。尤其是当原料中颗粒的导电性相差不大时，进行预先分级可明显提高电选的技术指标。电选处理物料的颗粒粒度下限约为 0.05mm，被处理物料粒度的最佳范围为 0.15～0.4mm。

思考题

1. 磁选分离的基本条件是什么？
2. 磁铁矿的磁性特点有哪些？
3. 影响磁选过程的主要因素有哪些？
4. 弱磁场设备与强磁场设备区别是什么？
5. 电选的基本原理是什么？
6. 影响电选过程的主要因素包括哪几种？

第 8 章

浮游选矿

浮选即泡沫浮选，或称浮游选矿，是依据各种矿物表面物理化学性质的差异，从矿浆中借助于气泡的浮力选分矿物的过程，是从水的悬浮液中（通常称矿物悬浮液为矿浆）浮出固体矿物的精选过程，是气-液-固三相界面的选择性分离过程。

浮选包括矿浆准备、加药调整和充气浮选三个作业。矿浆准备作业包括磨矿、分级、调浆，目的是得到单体解离的矿粒以及适宜矿浆浓度的矿浆；加药调整作业目的是调节与控制相界面的物理化学性质，促使气泡与不同矿粒的选择性附着，达到彼此分离的目的；充气浮选作业中，调制好的矿浆引入浮选机内，通过浮选机的充气搅拌，产生大量弥散的气泡，可浮性好的矿粒附着于气泡上，形成矿化泡沫，可浮性差的矿粒，不能附着于气泡上而留在槽中，作为尾矿从浮选机中排出。

8.1 浮选基本原理

8.1.1 矿物表面的润湿性和可浮性

润湿是自然界中的常见现象，发生在固液界面上，如图 8-1 所示。在石蜡表面滴一滴水，水呈球状；而在石英表面滴一滴水，水则迅速展开。通常把水在矿物表面上展开和不展开的现象称为润湿和不润湿现象。易被水润湿的表面称为亲水性表面，这种矿物称亲水性矿物；不易被水润湿的表面称为疏水性表面，这种矿物称疏水性矿物。例如，石英、长石、云母、方解石等很容易被水润湿，是亲水性矿物；而石墨、辉钼矿、煤、硫黄等不易被水润湿，是疏水性矿物。

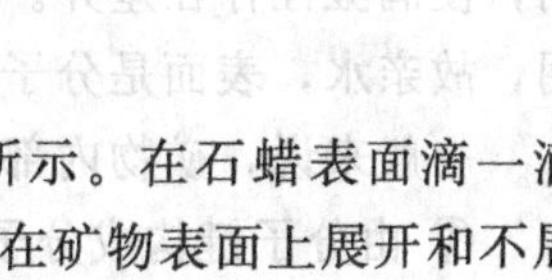

图 8-1 润湿现象

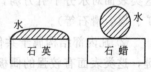

在浮选过程中，颗粒表面的润湿性是指固体表面与水相互作用这一界面现象的强弱程度。颗粒表面润湿性及其调节是浮选过程的核心问题。物质的润湿性取决于其表面分子与液体分子间作用能和液体分子间缔合能的关系，如果物质表面分子与液体分子间作用能大于液体分子间缔合能，则润湿性强。液体分子间缔合能较容易测定，而其与固体的作用能较难测定。目前仅个别矿物与水的作用能已经测定，如石英（SiO_2）与水的作用能为 470×10^{-3} J/m^2。水分子的缔合能为 146×10^{-3} J/m^2，所以石英易被水润湿。

根据矿物与水的润湿作用程度，矿物的润湿性分类如下：①亲水性矿物：如石英、磁铁矿。②疏水性矿物：如石墨、滑石。③中等润湿性矿物：如硫化铅、辉铜矿。

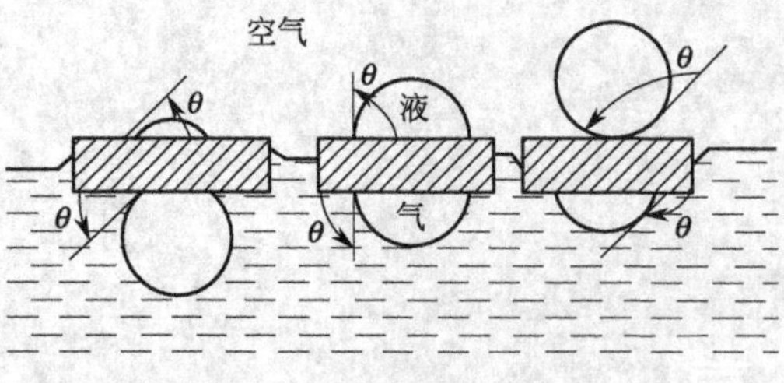

图 8-2　气泡在水中与矿物表面相接触的平衡关系

在一浸于液体中的矿物表面上附着一个气泡，当达平衡时气泡在矿物表面形成一定的接触周边，称为三相润湿周边。通过三相平衡接触点，固-液与液-气两个界面所包之角（包含水相）称为接触角，以 θ 表示。如图 8-2 所示。

在不同矿物表面接触角（θ）大小是不同的，接触角可以标志矿物表面的润湿性。如果矿物表面形成的 θ 角很小，则称其为亲水性表面，当矿物完全亲水时，$\theta=0°$，润湿性 $\cos\theta=1$，可浮性（$1-\cos\theta$）$=0$，此时矿粒不会附着气泡上浮；反之，当矿物疏水性增加时，接触角 θ 增大，润湿性 $\cos\theta$ 减小，可浮性（$1-\cos\theta$）增大，当 θ 角较大，则称其疏水性表面。亲水性与疏水性的明确界限是不存在的，只是相对的。θ 角越大说明矿物表面疏水性越强；θ 角越小，则矿物表面亲水性越强。矿物或某些物料的浮选分离就是利用矿物间或物料间润湿性的差别，调节矿物润湿性的方法，可分为物理方法（如加热、辐射）和化学方法（添加浮选药剂）两大类。

8.1.2　矿物的表面能和水化作用

矿物实际上都是晶体，是原子、分子或离子在空间以一定键联系起来的，并进行排列。矿物内部键能是平衡的，表面原子、分子或离子朝向内部的一方与内层也是平衡的，但朝向外部的一方，键能没有得到饱和。故表面不饱和键性质决定矿物的润湿性，进而决定矿物的可浮性。

矿物表面的离子能发生极化现象，离子价数越高，离子半径越小，极化越难。因此负离子较易极化，阳离子较难极化。不同矿物表面极性不同，导致与极性水分子的作用程度不同，使润湿性存在差异。当表面是离子键或共价键时，由于极性强，易与极性水分子发生作用，故亲水，表面是分子键时，极性小，与极性水分子的作用弱，故表面疏水。

一般来说，矿物内部结构与表面键性有如下关系：

① 由分子键构成分子键晶体的矿物，沿较弱的分子键层面断裂，其表面是弱的分子键。这类表面对水分子引力弱，接触角都在 60°～90°之间，划分为非极性矿物（如石墨、辉钼矿、煤、滑石等）。

② 凡内部结构属于共价键晶格和离子晶格的矿物，其破碎断面往往呈现原子键或离子键，这类表面有较强的偶极作用或静电力。因而亲水，天然可浮性小。具有强共价键或离子键表面的矿物称为极性矿物。

矿物在水中，表面与极性水分子发生水化作用，使矿物表面不饱和键力得到一定补偿。水化作用的强弱与矿物表面不饱和键的性质和极性的强弱密切相关。放于水中的矿物由于不饱和键力或极性的影响吸引偶极水分子，使极性水分子在矿物表面产生定向、密集的有序排列，这种界面水就称为矿物表面的水化膜（水化层）。

极性矿物表面，水分子受强静电、氢键及偶极作用，这种作用远超过水分子间的氢键作用，迫使部分氢键断开，在矿物表面形成一个水分子的定向、密集的有序排列。这种作用较强，可达几千、几万个水分子。非极性表面水分子在矿物表面发生诱导效应、分散效应，这种作用较弱。水分子做定向、密集排布，形成水化层。水化层黏度高，稳定性好，其厚度与矿物的润湿性成正比，亲水性矿物（如石英、云母）水化层的厚度较厚，可达 10～3cm，疏水性矿物（如辉钼矿）表面水化膜的厚度薄，只有 10^{-6}～10^{-7} cm。如图 8-3 所示。

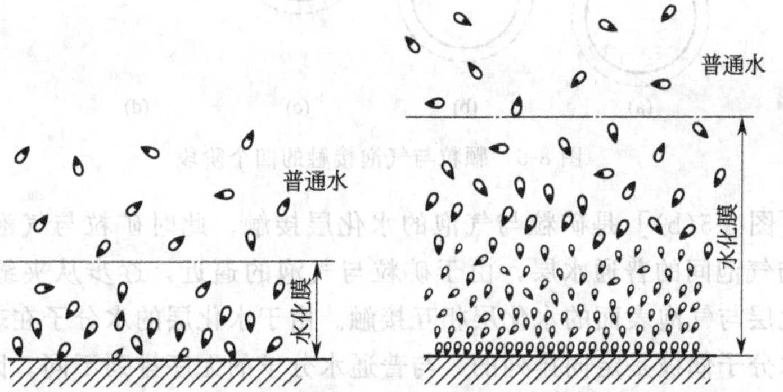

(a) 疏水性矿物表面呈弱键，水化层薄　(b) 亲水性矿物表面呈强键，水化层厚

图 8-3　水化层示意图

水化层的厚度与自由能变化的关系如图 8-4 所示，可分为三种类型：

① 矿物表面强水化性。如图 8-4 中曲线 1 所示，随着水化层的变薄（如矿粒向气泡靠近），体系自由能不断增高。表明，矿物表面的水化层很牢固，亲水性矿物不易和气泡接触与黏附。因此，亲水性矿物表面除非有很大外力作用，否则不会自发薄化。

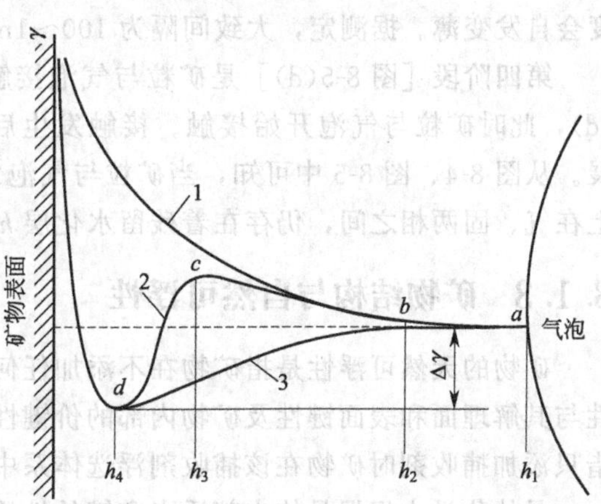

图 8-4　水化层的厚度与自由能变化的关系

1—强水化性表面；2—中等水化性表面；3—弱水化性表面

② 矿物表面中等水化性。如图 8-4 中曲线 2 所示。这是浮选中经常遇到的较有代表性的情况，即矿物具有一定程度的天然疏水性，通过使用捕收剂使矿物具有一定的疏水性。此时，水偶极之间以及水分子与矿物表面之间结合比较强烈，在水化层减薄过程中存在一个能峰，只有越过这一能峰后，水化层才能部分自发破裂（即自发薄化）。此时，给以某种外力或某种能量克服能峰阻碍，水化层才能自发而迅速地破裂，使矿粒黏附在气泡上。

③ 矿物表面弱水化性。如图 8-4 中曲线 3 所示，随着水化层变薄，自由能相应降低。疏水性矿物的水化层是极不稳定的，会自发破裂。水化层厚度与自由能变化的这种关系表明，疏水性矿物较易与气泡接触黏附。

浮选中常遇到的颗粒既非完全亲水，也非绝对疏水，往往是中间状态，即图 8-4 中曲线 2 的情况，这时颗粒向气泡黏着的过程可分为四个阶段，如图 8-5 所示。

第一阶段［图 8-5(a)］为颗粒与气泡的互相接近。这是由浮选机的充气搅拌、矿浆运动、表面间引力等因素综合造成的。颗粒与气泡互相接触的机会，是与搅拌强度、颗粒和气泡的大小尺寸等相关的。此时颗粒与气泡的相对位置如图 8-5(a) 所示，自由能变化不多。

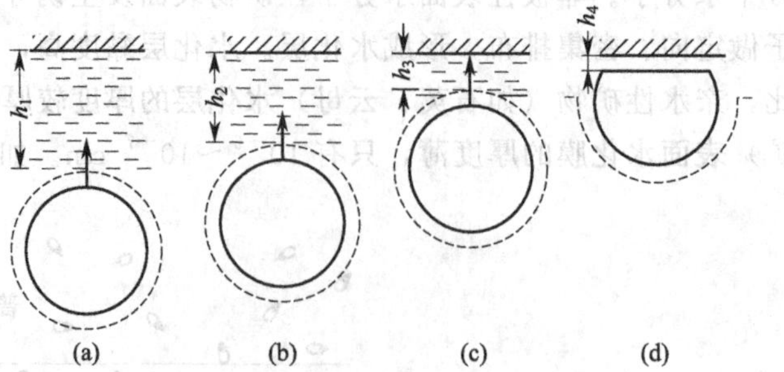

图 8-5 颗粒与气泡接触的四个阶段

第二阶段［图 8-5(b)］是矿粒与气泡的水化层接触。此时矿粒与气泡间的距离变化为 h_2。原来矿粒与气泡间的普通水层，由于矿粒与气泡的逼近，逐步从夹缝中被挤走，直至矿粒表面的水化层与气泡表面的水化层相互接触。由于水化层的水分子在表面键能的作用力场范围内，故水分子偶极是定向排列的，与普通水分子的无序排列不同。因此，要挤走水化层中的水分子，就需要外界向体系做功，才能克服 b 到 c 的能峰。

第三阶段［图 8-5(c)］是水化膜的变薄或破裂。水化层受外加能的作用变薄到一定程度，成为水化膜，如图 8-4 中的位置 c，间隔距离为 h_3。此后，沿曲线 2 由 c 到 d，此时水化膜表现出不稳定性，即已越过能峰 c，再逼近，距离 h_3 缩为 h_4，自由能降低，水化膜厚度会自发变薄。据测定，大致间隔为 100～1nm。此时颗粒与气泡自发靠近。

第四阶段［图 8-5(d)］是矿粒与气泡接触。从图 8-5(c) 所示的情况自发进行到图 8-5(d)，此时矿粒与气泡开始接触。接触发生后，如为疏水矿物表面，接触周边可能继续扩展。从图 8-4、图 8-5 中可知，当矿粒与气泡发生附着之后形成了所谓的三相接触，但实际上在气、固两相之间，仍存在着残留水化层 h_4。欲除掉它是十分困难的。

8.1.3 矿物结构与自然可浮性

矿物的天然可浮性是指矿物在不添加任何浮选药剂的情况下的浮游性，矿物的天然可浮性与其解理面和表面键性及矿物内部的价键性质、晶体结构密切相关。矿物的自然可浮性是指只添加捕收剂时矿物在该捕收剂浮选体系中的可浮性。

晶体化学中根据晶体内部质点和键的性质将矿物分为四类：离子晶体、原子晶体（共价晶体）、分子晶体和金属晶体。

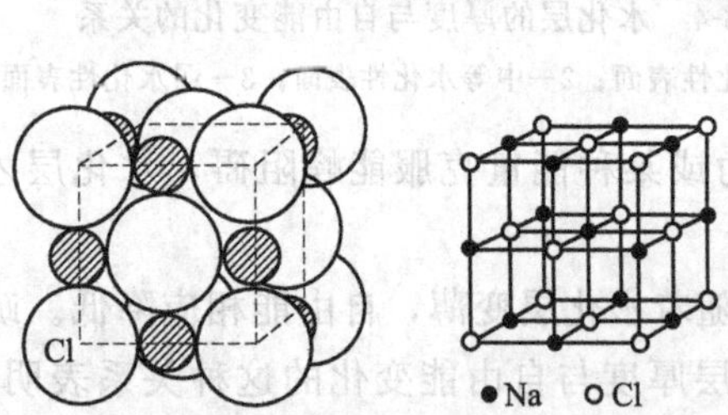

(a) 晶体中离子的排列　　(b) 晶格

图 8-6 岩盐的晶体结构

(1) 离子晶体　离子晶体由阴离子和阳离子组成，阴、阳离子交替排列在晶格结点上。它们之间以静电引力相结合。这种结合力所形成的键称离子键。矿物断裂时，沿离子界面断开，断裂后表面露出的是不饱和的离子键。由于阴、阳离子的电子云可近似地看成是球形对称，故离子键没有方向性，一般配位数较高，硬度较大，极性较强。具有典型离子键的晶体矿物有岩盐（NaCl）、萤石（CaF_2）、闪锌矿（ZnS）、金红石（TiO_2）和方解石（$CaCO_3$）等。岩盐的晶体结构如图 8-6 所示。

(2) 原子晶体　原子晶体由原子组成，晶格结点上排列的是中性原子，靠共用电子对结合在一起，这种键称为原子键或共价键。共价键具有方向性和饱和性，一般配位数很小，因此，该晶体结构的紧密程度远比离子晶格低。原子晶格中没有自由电子，故晶体是不良导体；晶格断裂时，必须破坏共价键，故极性较强。共价键键合强度比离子键高，因此晶体的硬度比离子晶体高。自然界单纯以共价键结合的晶体在矿物中较少见，最典型的如金刚石，其晶体结构如图 8-7 所示。多数晶体为离子键和共价键的混合键型，如石英（SiO_2）、锡石（SnO_2）等。

（3）分子晶体　分子晶体的晶格中分子是结构的基本单元。分子间由极弱的范德华力（即分子间力）或分子键连接。晶体破裂时暴露出的是弱分子键。分子间的引力与分子间距离的二次方成反比。分子晶体的特点：分子间无自由电子运动，故为不良导体。组成晶体的分子键很弱，因此硬度较小，对水的亲合力弱。多数层状结构矿物层与层之间常以弱分子键相连，如石墨、辉钼矿等。石墨的晶体结构如图 8-8 所示。

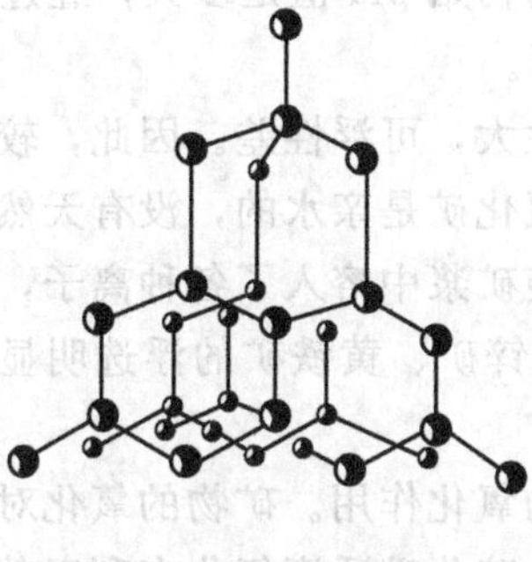

图 8-7　金刚石的晶体结构

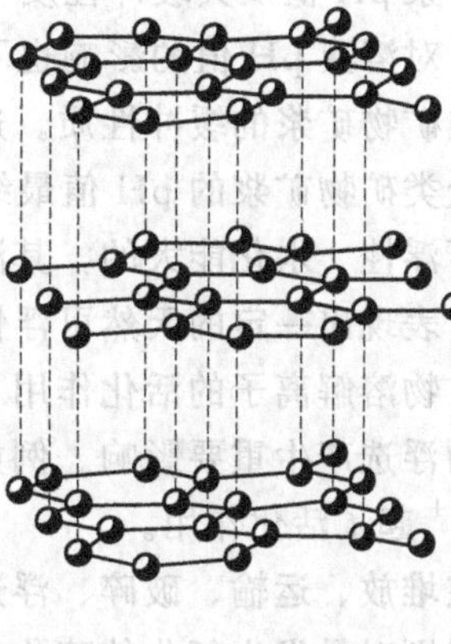

图 8-8　石墨的晶体结构

（4）金属晶体　金属晶体的结点上为金属阳离子，周围有自由运动的电子，阳离子与公有电子相互作用，结合成金属键。金属键无方向和饱和性，具有最大的配位数和最紧密的堆积。晶格断裂后其断裂面上为强不饱和键。自然金和自然铜属于此类。但自然界中很少矿物由单一的键组成，常见的矿物多为混合键或过渡键型晶体。例如，硫化矿物和氧化矿物多为离子-共价键或离子-共价-金属键；氢氧化物和含氧盐类矿物则多为离子-分子键和离子-共价键。多种元素所构成的晶体常同时存在几种不同性质的键。同一元素组成的晶体内，有时也有不同的键。因此，具体矿物的内部成键性质应作具体研究。

矿物的晶体结构与可浮性的关系：矿物的可浮性主要取决于矿物破裂后表面暴露的不饱和键，若表面呈离子键，即表面作用力很强的静电力场，这类矿物是亲水的，其天然可浮性差，需加异极性的捕收剂来改变矿物表面的亲水性，才可能浮选；如果矿物表面是共价晶体或分子晶体，破碎后表面主要是共价键或分子键，如果表面是共价键，即表面有较强的价键能，这类矿物是亲水的，不易浮选，也需加异极性捕收剂作用后才能浮选。只有表面暴露的是分子键，矿物表面才是疏水的，分子键有三种，其中以色散力为主的表面疏水性最好，如石蜡、石墨、辉钼矿等。

8.1.4　矿物在水中的溶解与氧化

矿物在水中要受到氧化和水化作用，导致矿物晶格内部键能削弱、破坏，从而使表面的一些离子溶解下来。这些离子与水中固有的离子，如 K^+、Na^+、Ca^{2+}、Mg^{2+}、Cl^-、

SO_4^{2-}、HCO_3^- 等，统称为“难免离子”。

难免离子对浮选的影响：①难免离子与捕收剂发生反应，从而消耗捕收剂。如使用脂肪酸类捕收剂时，Ca^{2+}、Mg^{2+} 等离子与捕收剂反应生成沉淀。②难免离子对矿物产生活化作用，从而使矿物的分离产生困难。如多金属分离时，Cu^{2+} 对闪锌矿的活化。③季节性变化时，一些积雪融化带来的腐烂植物的分解产物对浮选要产生影响。

消除难免离子影响的方法包括：①通过水的软化等方法，消除难免离子与捕收剂发生的沉淀反应。②控制充气氧化条件，尽量减少矿物氧化溶解而产生难免离子。③控制磨矿时间和细度，减少微细粒矿物溶解产生难免离子。④调节 pH 值，使某些难免离子形成不溶性沉淀物。

矿物溶解对浮选过程在以下几个方面存在影响：

（1）矿浆 pH 值及其缓冲性质　硫化物矿物溶解后对溶液 pH 值一般无影响。氧化物矿物溶解后，对溶液 pH 值的影响也不大。盐类矿物的矿浆 pH 值一般维持在某一狭小范围，这就是盐类矿物矿浆的缓冲性质。这意味着，无论矿浆的初始 pH 值是多大，经过一定时间平衡后，盐类矿物矿浆的 pH 值最终会趋于某一狭小范围。

（2）可浮性　水化能大的，其溶解度大，矿物亲水性大，可浮性差。因此，较难溶的纯净的硫化矿表现出一定的天然可浮性，而溶解度较大的氧化矿是亲水的，没有天然可浮性。

（3）矿物溶解离子的活化作用　由于矿物的溶解，使矿浆中溶入了各种离子，这些离子会对矿物的浮选产生重要影响。例如溶解的 Cu^{2+} 会使闪锌矿、黄铁矿的浮选明显改善，此时认为 Cu^{2+} 起了活化作用。

矿物在堆放、运输、破碎、浮选过程中都受到空气的氧化作用。矿物的氧化对浮选有重要影响，特别对易发生氧化的硫化矿物，影响更为显著。硫化矿适度氧化有利于其浮选，但深度氧化会使其可浮性下降。如未氧化的纯方铅矿表面是亲水的，但其表面初步氧化后，表面与黄药的作用能力增强，使其易浮，但深度氧化后，可浮性降低。铜、镍、锌等硫化矿的可浮性也有同样的规律。

为了控制矿物的氧化程度以调节其可浮性，可采取的措施如下：

① 调节矿浆搅拌强度和时间。充气搅拌的强弱与时间长短，是控制矿浆表面氧化的重要因素。

② 调节矿浆槽和浮选机的充气量。短期适量充气，对一般硫化矿浮选有利，但长时间过分充气，可使硫化矿的可浮性下降。

③ 调节矿浆的 pH 值。在不同的 pH 值范围内，矿物的氧化速度不同，所以调节矿浆的 pH 值可以控制氧化程度。

④ 加入氧化剂（如高锰酸钾、二氧化锰、双氧水等）或还原剂（如硫化钠等）控制矿物表面氧化程度。

硫化矿物的表面氧化反应有如下几种形式，氧化产物有两类，一是硫氧化合物，如 S^0、SO_3^{2-}、SO_4^{2-} 和 $S_2O_3^{2-}$ 等，二是金属离子的羟基化合物，如 Me^+、$Me(OH)_n^{-(n-1)}$。

$$MeS + \frac{1}{2}O_2 + 2H^+ \longrightarrow Me^{2+} + S^0 + H_2O$$

$$2MeS + 3O_2 + 4H_2O \longrightarrow 2Me(OH)_2 + 2H_2SO_3$$

$$MeS + 2O_2 + 2H_2O \longrightarrow Me(OH)_2 + H_2SO_4$$

$$2MeS + 2O_2 + 2H^+ \longrightarrow 2Me^{2+} + S_2O_3^{2-} + H_2O$$

研究表明，氧与硫化物相互作用过程分阶段进行。第一阶段，氧的适量物理吸附，硫化物表面保持疏水；第二阶段，氧在吸收硫化物晶格的电子之间发生离子化；第三阶段，离子化的氧化学吸附并进而使硫化物发生氧化生成各种硫氧化基。

8.1.5 固液界面双电层

在水溶液中矿物表面荷电的原因主要有以下几方面。

① 矿物表面组分的选择性解离或溶解。离子型物料在水介质中细磨时，由于新断裂表面上的正、负离子的表面结合能及受水偶极子的作用力（水化）不同，会发生非等物质的量的转移，有的离子会从颗粒表面选择性地优先离解或溶解而进入液相，结果使表面荷电。若阳离子的溶解能力比阴离子大，则固体颗粒表面荷负电；反之，颗粒表面则荷正电。阴、阳离子的溶解能力差别越大，颗粒表面荷电就越多。

② 矿物颗粒表面对溶液中阴、阳离子的不等量吸附。颗粒表面对水溶液中阴、阳离子的吸附往往也是非等量的，当带某种电荷的离子在颗粒表面吸附偏多时，即可引起颗粒表面荷电。可见，固-液界面的荷电性状态与溶液中的离子组成密切相关。矿物表面吸附离子的原因，可以认为是带有电价性的残余价键力所致。但在许多情况下，某种离子也会优先在中性表面吸附，这是由于范德华力的作用所致，并称为特性吸附，它与离子的极化力和颗粒表面原子的极化度（极化变形性）有关。

③ 矿物表面生成两性羟基化合物的电离和吸引 H^+ 或 OH^-。这种荷电原因的典型实例是矿浆中某些难溶极性氧化物（如石英等），经破碎、磨碎后与水作用，在界面上生成含羟基的两性化合物，这时固体表面的电性是由两性化合物的电离和吸附 H^+ 或 OH^- 引起的。石英表面的荷电机理为石英在破碎、磨碎过程中，因晶体内无脆弱交界面层，所以必须沿着Si—O键断裂。这表明，经过破碎、磨碎后的石英分别带有负电荷和正电荷。由于磨碎是在水介质中进行的，带负电荷的石英颗粒表面将吸引水中的 H^+，而带正电荷的表面则吸引水中的 OH^-（H^+ 和 OH^- 均为石英的定位离子）。在水溶液中，石英表面生成类似硅酸的化合物（$H_2Si_xO_y$）。由于硅酸是一种弱酸，在水溶液中可部分电离成 $Si_xO_y^{2-}$ 或 $HSi_xO_y^-$ 和 H^+，其中 $Si_xO_y^{2-}$ 与矿物颗粒的内部原子联结牢固，因而保留在颗粒表面，而 H^+ 则转入溶液，使石英颗粒表面荷负电。由此可见，上述过程与体系的pH值有密切关系。处于石英颗粒表面的硅酸的电离程度将随着pH值的变化而变化，pH值越高，电离愈完全，石英表面负电荷的密度也愈大。据测定，纯的石英在蒸馏水中，当pH值大于2～3.7时，石英表面荷负电，pH值小于2～3.7时，石英表面荷正电。

④ 晶格取代。黏土矿物、云母等是由铝氧八面体和硅氧四面体的层片状晶格构成的。在铝氧八面体层片中，当 Al^{3+} 被低价的 Mg^{2+} 或 Ca^{2+} 取代时，或在硅氧四面体层片中 Si^{4+} 被 Al^{3+} 取代时，都会使晶格带负电。为了维持电中性，颗粒表面就会吸附某些阳离子（例如碱金属离子 Na^+ 或 K^+）。将这类矿物置于水中时，碱金属阳离子因水化而从表面进入溶液，从而使颗粒表面荷负电。

矿物表面荷电以后，将吸引水溶液带相反电荷的离子，在固-液界面两侧形成双电层。在浮选过程中，固-液界面的双电层可用斯特恩（Stern）双电层模型表示（见图8-9）。

在两相间可以自由转移，并决定矿物表面电荷（或电位）的离子称定位离子。定位离子所在的矿物表面荷电层称定位离子层或双电层内层，如图8-9中的A层。

溶液中起电平衡作用的反号离子称配衡离子或反离子。配衡离子存在的液层称配衡离子

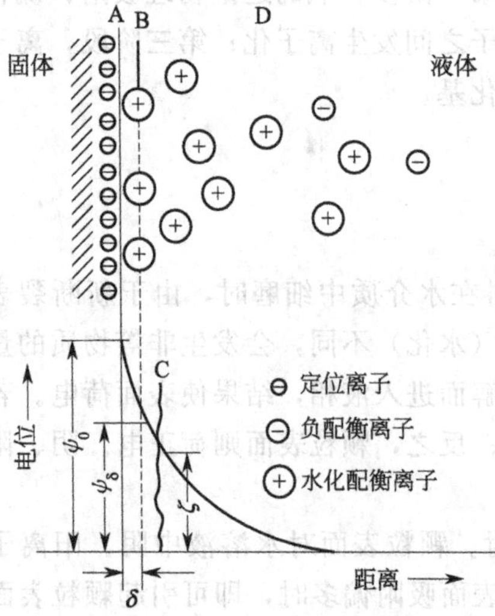

图 8-9 双电层中的电位

A—内层（定位离子层）；B—紧密层（Stern 层）；C—滑移面；D—扩散层；ψ_0—表面总电位；ζ—动电位；δ—紧密层的厚度

层或反离子层、双电层外层。

在通常的电解质浓度下，配衡离子受定位离子的静电引力作用，在固-液界面上吸附较多而形成单层排列。随着离开表面的距离增加，配衡离子浓度将逐渐降低，直至为零。

因此，配衡离子层又可用一假设的分界面将其分成紧密层（或称斯特恩层，如图 8-9 中的 B 层）以及“扩散层”[或称古依（Gouy）层，如图 8-9 中的 D 层]。该分界面称为紧密面。紧密面离矿物表面的距离等于水化配衡离子的有效半径（δ）。

零电点（point of zero charge）是指当固体表面电位 ψ_0 为零时，溶液中定位离子浓度的负对数。常用 PZC 来表示。

等电点（iso-electro point）是指当在特性吸附的体系中，电动电位为零时电解质浓度的负对数。常用 IEP 来表示，即电荷转换点。

当不存在特性吸附时，ζ 为零时，ψ_0 也为零，故此时 PZC＝IEP。但如果存在特性吸附，如捕收剂和金属离子在双电层外层紧密层发生吸附时，PZC≠IEP。

浮选药剂在固-液界面上的吸附，常受颗粒表面电性的影响。例如，在不同 pH 值条件下，测定出针铁矿的动电位变化，同时用不同的捕收剂进行浮选试验，其结果如图 8-10 所示，针铁矿的零电点为 pH＝6.7。当 pH＜6.7 时，针铁矿的表面荷正电，用阴离子捕收剂十二烷基硫酸钠能很好地对其进行浮选；当 pH＞6.7 时，针铁矿表面荷负电，用阳离子捕收剂十二胺对其进行浮选，可获得比较好的浮选结果。

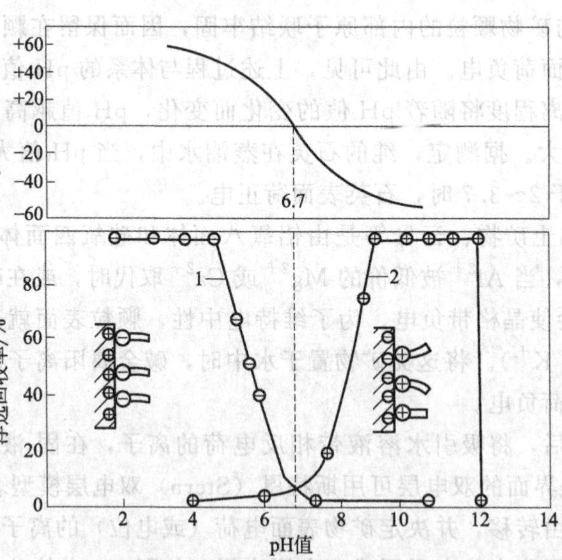

图 8-10 针铁矿动电位与可浮性关系

1—用 RSO_4^- 作捕收剂；2—用 RNH_3^+ 作捕收剂

对针铁矿和石英的人工混合矿样进行的浮选分离试验结果如图8-11所示，选择系数是指在疏水性产物中针铁矿和石英的回收率之差。

从图8-11中可以看出，当pH＝2时，用阴离子型捕收剂有最好的分选性；用阳离子捕收剂则在pH＝6.4左右有最好的分选性。在生产实践中，用十二胺浮选铁矿物时，最适宜的pH值为6左右，而用磺酸盐类捕收剂进行浮选时，pH值一般为3～4。

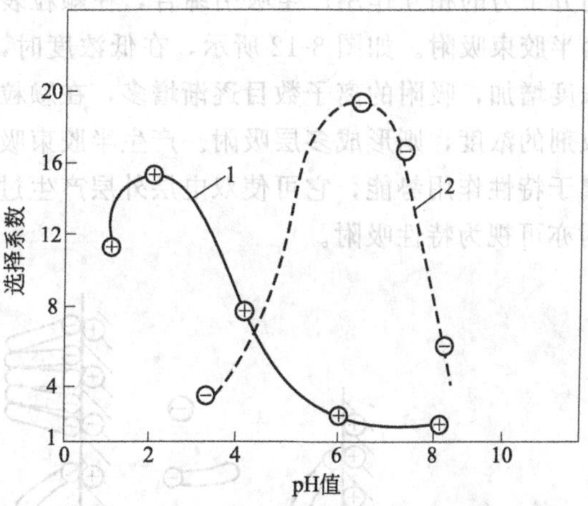

图8-11　针铁矿与石英混合物浮选结果

1—阴离子型捕收剂；2—阳离子型捕收剂

8.1.6　矿物表面的吸附

吸附是液体或气体中某种物质在相界面上产生浓度增高或降低的现象。如向溶液中加入某种溶质后，使溶液表面自由能降低，并且表面层溶质的浓度大于溶液内部浓度，则称该溶质为表面活性物质（或表面活性剂），这种吸附称正吸附。反之，如果加入溶质后，使溶液的表面自由能升高，并且表面层的溶质浓度小于液体内部的浓度，则称该溶质为非表面活性物质（或称非表面活性剂），此种吸附称负吸附，或称解吸。

在浮选中，亲水性矿物在捕收剂的吸附作用下表面疏水，使其可浮。疏水性矿物在抑制剂的吸附作用下表面亲水，使其被抑制。起泡剂吸附在气液界面上，降低了气液界面的自由能，防止气泡兼并破裂，提高了气泡的稳定性和分散度，达到促进泡沫和矿物形成稳定矿化泡沫层的目的，使目的矿物得到有效回收。

按吸附本质分，吸附可分为物理吸附和化学吸附。物理吸附的吸附本质是物理作用，分子靠范德华力吸附，离子靠静电力吸附，没有化学键的生成与破坏，也没有原子的重新排列。物理吸附的主要特征是：吸附作用力弱，吸附无选择性，吸附质与吸附剂连接不牢固，易于解吸，吸附进行速度快，且易达到平衡状态，吸附与脱附的可逆性强，吸附过程不需要高活化能，在低温条件下也可进行吸附过程；由于吸附质之间具有一定的作用力，在第一吸附层之上还可发生多分子层吸附。化学吸附的吸附本质是化学作用，吸附质与吸附剂之间发生电子转移或共享，形成新的化学键合，与化学键相似。化学吸附在许多离子型捕收剂与矿物的作用中广为存在。化学吸附的基本特征是：吸附作用力强，具有很强的选择性，吸附能高，吸附的热效应大且与化学反应热大体接近，需在一定的温度条件才易进行，且吸附进行速度较慢，化学吸附过程具有较强的选择性和不可逆性或只有缓慢的可逆反应，且不易解吸，化学吸附的产物通常是单分子层表面化合物。

按药剂解离性质、聚集状态的不同，吸附可分为分子吸附和离子吸附、胶粒吸附和半胶束吸附。分子吸附是对分子的吸附，如对弱电解质的吸附、非极性油在矿物表面的非极性吸附，其特点是不改变矿物表面电性。离子吸附是对离子的吸附，分交换吸附和定位吸附。交换吸附可发生在双电层内层，也可发生在外层。定位吸附具有强烈的选择性，只有定位离子才能产生，吸附的结果改变了矿物表面的电性（数量或符号）。胶粒吸附是指溶液中所形成的胶态物（分子或离子聚合物），借助某种作用力吸附在固体表面。胶粒吸附可以呈化学吸附，亦可以呈物理吸附。当长烃链捕收剂的浓度足够高时，吸附在颗粒表面的捕收剂由烃链间分子力的相互作用产生吸引缔合，在颗粒表面形成二维空间的胶束吸附产物，这种吸附称为半胶束吸附。如图 8-12 所示，在低浓度时，捕收剂离子是单个的静电吸附；随着捕收剂浓度增加，吸附的离子数目逐渐增多，在颗粒表面形成半胶束，而使电位变号；继续增加捕收剂的浓度，则形成多层吸附。产生半胶束吸附的作用力，除静电力外，还有范德华力，并属于特性作用势能，它可使双电层外层产生过充电现象，改变动电位的符号，所以半胶束吸附亦可视为特性吸附。

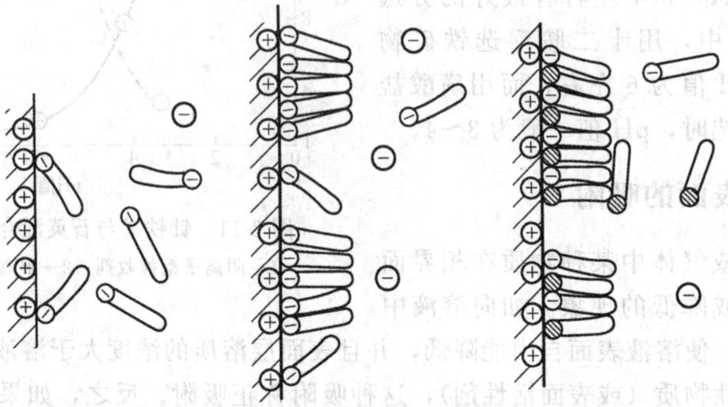

图 8-12 捕收剂阴离子在双电层中吸附的示意图

⊕ 定位离子；⊖ 水化反离子；⊖⊂⊃ 捕收剂离子；⊘⊂⊃ 捕收剂分子

按吸附位置进行分类，吸附可分为双电层内层吸附和双电层外层吸附。双电层内层吸附又称定位离子的吸附（或一次吸附），其吸附特点是选择性高，作用速度快，所需活化能小，决定表面电位（进入晶格中）。双电层外层吸附可分为一般二次吸附和特殊二次吸附。一般二次吸附，即静电吸附，如 NaCl、KCl、KNO_3 等惰性电解质的吸附。特殊二次吸附，即依靠范德华力和化学键力吸附，如多价金属离子的水合物、多价金属离子的氢氧络合物以及某些捕收剂在紧密层内的吸附，其特点是选择性差，具有可逆性，作用速度快。

8.1.7 矿物的晶体特征

类质同象置换是指一种原子或离子可以置换某些矿物晶格内的原子或离子并形成固溶体的现象。类质同象置换必须具备的条件：

① 原子或离子互相交换取代，其半径必须接近。互相取代的两种原子或离子的半径比＜15%。这是由几何因素决定的，大的离子不可能进入晶格中比它更小的空间位置中。

② 离子的极化性质相近，即离子的外层电子结构相近。如 Na^+ 和 Cu^+ 的离子半径相同，但不能互相取代，其原因是两者的外层电子结构不一样。

③ 离子的电价相近。如 Pb^{2+} 置换 K^+，Al^{3+} 置换 Si^{4+}。

类质同象置换的特点是矿物晶形外表没有发生改变，但表面性质和可浮性均发生改变。如闪锌矿中 Zn^{2+} 被 Cu^{2+} 置换时，其浮游性被活化，而当闪锌矿中 Zn^{2+} 被 Fe^{2+} 置换时，矿物可浮性则降低。

在矿物结构中不存在单纯的离子键或共价键。离子键成分大，键的极性就越强，键就越容易断裂，因此矿物表面与水的相互作用活性就越强，亲水性就越强。共价键成分越大，键的非极性程度越大，键就越难以断裂。矿物表面与水相互作用的活性就较弱，此时矿物表面疏水性越强。

矿石破碎时，矿物沿脆弱面（如裂缝、解理面、晶格间含杂质区等）裂开，或沿应力集中部位断裂。单纯离子晶格断裂时，常沿着离子界面断裂，如岩盐的断裂面如图 8-13(a) 所示；较复杂的离子晶格，则其解理面的规律是：①不会使基团断裂；②往往沿阴离子交界面断裂，如图 8-13(c) 方解石、图 8-13(d) 重晶石就是沿 CO_3^{2-} 离子、SO_4^{2-} 离子的交界面断开，只有当没有阴离子交界层时，才可能沿阳离子交界层断裂；③当晶格中有不同的阴离子交界层或者各层间的距离不同时，常沿较脆弱的交界层或距离较大的层面间断裂，如图 8-13(b) 萤石的解离；④共价晶格的可能断裂面，常是相邻原子距离较远的层面，或键能弱的层面，如图 8-13(e) 石墨、图 8-13(f) 辉钼矿沿层片间断裂。分子键是较弱的键，因此当矿物含有分子键时，常使分子键发生断裂。

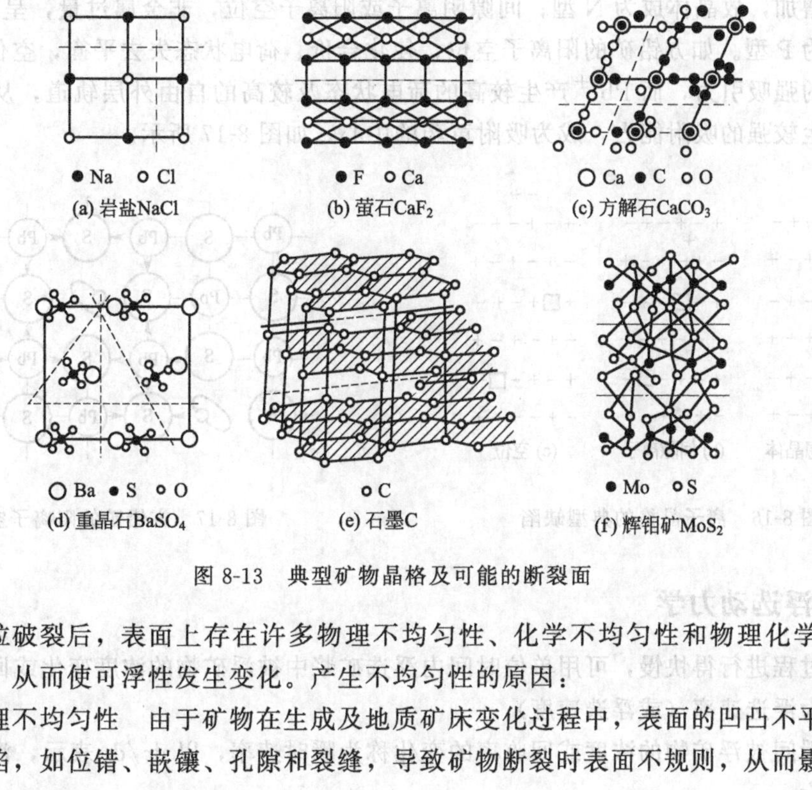

图 8-13 典型矿物晶格及可能的断裂面

矿物颗粒破裂后，表面上存在许多物理不均匀性、化学不均匀性和物理化学不均匀性（半导体性），从而使可浮性发生变化。产生不均匀性的原因：

(1) 物理不均匀性 由于矿物在生成及地质矿床变化过程中，表面的凹凸不平，或晶格存在各种缺陷，如位错、嵌镶、孔隙和裂缝，导致矿物断裂时表面不规则，从而影响矿物可浮性。如图 8-14 和图 8-15 所示。

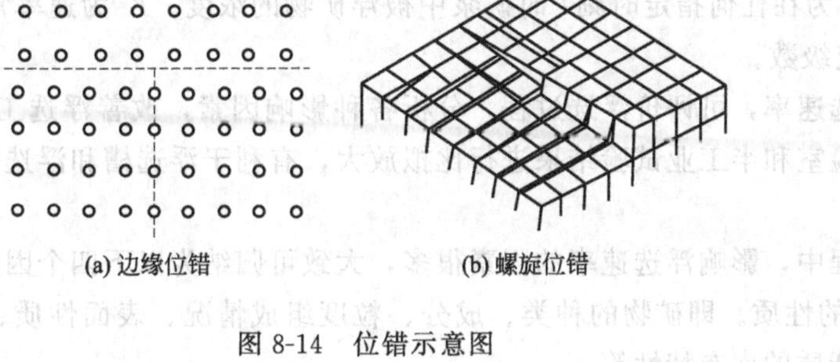

图 8-14 位错示意图

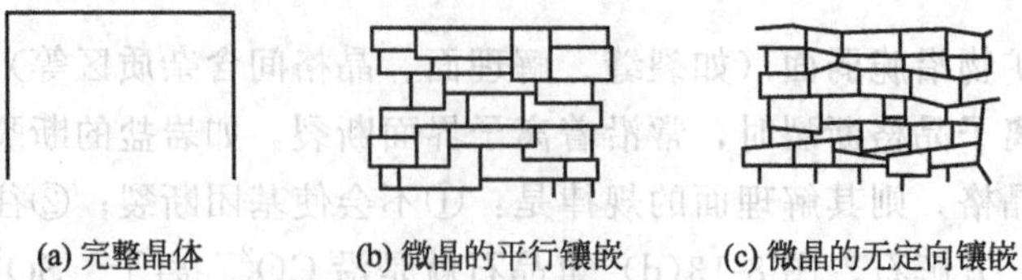

(a) 完整晶体　(b) 微晶的平行镶嵌　(c) 微晶的无定向镶嵌

图 8-15　晶体的镶嵌现象

(2) 化学不均匀性　微缺陷存在，如空位和间隙离子的存在。如图 8-16 所示。

(3) 物理化学不均匀性　几乎所有的硫化矿物都具有半导体特性，其电导率比金属低得多，其中的载流子包括自由电子和空穴。电子半导体称 N 型半导体，靠电子导电；空穴半导体称 P 型半导体，靠空穴导电。阴离子空位或间隙阳离子，金属过量，呈正电性缺陷，电子密度增加，故晶体成为 N 型；间隙阴离子或阳离子空位，非金属过量，呈负电性缺陷，故晶体成为 P 型。如方铅矿的阳离子空位，使化合价、荷电状态失去平衡，空位附近 S^{2-} 产生对电子的强吸引力，而 Pb^{2+} 产生较高的荷电状态及较高的自由外层轨道，从而对黄原酸阴离子产生较强的吸附能力，成为吸附黄药的中心，如图 8-17 所示。

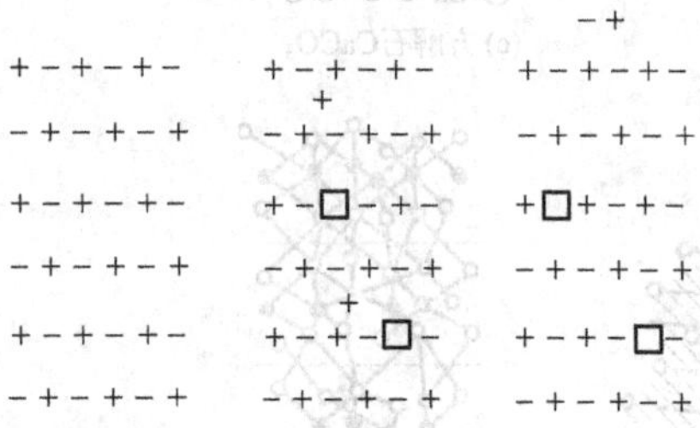

(a) 理想晶体　(b) 间隙离子　(c) 空位

图 8-16　离子晶格的典型缺陷

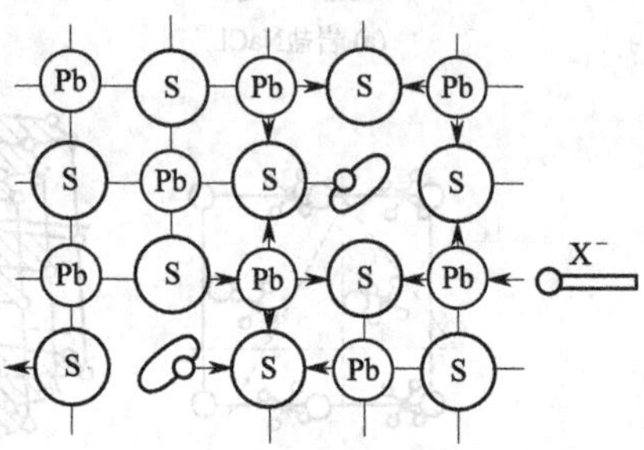

图 8-17　方铅矿的阳离子空位

8.1.8　浮选动力学

浮选过程进行得快慢，可用单位时间内浮选矿浆中被浮矿物的浓度变化或回收率变化来衡量，称为浮选速率（或浮选速度）。

某一瞬间被浮矿物的浓度或回收率的变化称为瞬时速率，以 dc/dt 表示，浮选速率方程式可表示为：

$$\frac{dc}{dt}=-Kc^n$$

式中，c 为在任何指定时刻 t 时矿浆中被浮矿物的浓度；K 为速率常数，s^{-1} 或 min^{-1}；n 为浮选反应级数。

研究浮选速率，可评价浮选过程，分析各种影响因素，改善浮选工艺，改进浮选设计，并可根据实验室和半工业试验结果进行比拟放大，有利于浮选槽和浮选回路的最佳化控制和自动化等。

浮选过程中，影响浮选速率的因素很多，大致可归纳为以下四个因素：

① 矿物的性质。即矿物的种类、成分、粒度组成情况、表面性质、颗粒性状及单体解离度、矿物杂质的嵌布特性等。

② 浮选药剂的性能。浮选中使用的药剂种类、用量及性能，浮选中的介质 pH 值及水质情况等。

③ 浮选机性能。生产中使用的浮选机类型、结构和工艺性能，如搅拌强度、充气量的大小、气体的分散程度和气泡的分布均匀程度、形成的泡沫层厚度、刮泡速度及液面稳定情况等。

④ 操作因素。浮选过程中对入料浓度、分选粒度、给矿量的控制、液面高度、泡沫层厚度和刮泡速度的调节和控制等，均会影响到浮选速率。

浮选生产中应在保持产品质量的前提下，尽量提高浮选速率，提高浮选机的处理能力，降低生产成本。

提高浮选速率的主要措施有：

① 配制合理的药方，特别要注意起泡剂的用量。一般来说，稍微增加起泡剂就会促进浮选速率。但必须注意，过量的起泡剂会降低选择性。所以，在精选时和捕收剂用量较大的情况下，起泡剂的用量更不能过量。

② 在适当范围内，增加浮选机叶轮转速、降低槽子深度，使叶轮和盖板间隙缩小等增加充气量的措施，都可促进浮选速度。

③ 尽快使矿浆通过浮选槽。串联槽要比并联槽快，也有利于提高浮选速率。

④ 精选槽的大小必须适当。一般来说，精选槽尺寸不能太大，精选槽太大，使矿浆在槽中停留时间过久，不仅会使精矿泡沫贫化，而且也降低了浮选速率。

⑤ 控制适当的矿浆浓度，可以得到最大的浮选速率。

8.2 浮选药剂

矿物能否浮选取决于矿物表面的疏水性。自然界中的矿物，绝大多数可浮性都很差，必须用浮选药剂来加强。而且这种加强必须要有选择性，即只能加强一种矿物或某几种矿物的可浮性，而对其他矿物不仅不能加强，有时还要削弱。这样，就可以人为地控制矿物的浮选行为。实践证明，浮选药剂的种类、用量、添加方式对浮选工艺指标起到了决定性的作用。新型高效的浮选药剂出现对浮选技术的发展与进步具有很大的促进和推动作用。浮选药剂种类繁多，迄今为止在浮选工业生产实践中得到应用较多的药剂已经达到 100 多种。根据浮选药剂在使用过程中所起到的作用不同分为三个大类：捕收剂、起泡剂、调整剂。

8.2.1 捕收剂

捕收剂是浮选最主要的一类药剂，其目的是通过在被浮矿物表面选择性吸附形成疏水层，从而使疏水性矿粒附着气泡上浮至泡沫产品。

捕收剂多数是具有异极性的有机化合物，分子结构可分为非极性基部分和极性基部分。非极性基为具有疏水亲气性的碳氢链，极性基具有亲水亲固性，又分为亲固原子、中心核原子和连接原子。极性基决定药剂在矿物表面固着强度和选择性；非极性基决定药剂在矿物表面疏水性。少数捕收剂为非极性有机化合物。

按照捕收剂在溶液中解不解离，将捕收剂分为离子型捕收剂和非离子型捕收剂。按照离子型捕收剂在溶液中解离之后起捕收作用基团的电性，可将离子型捕收剂分为阴离子捕收剂和阳离子捕收剂。阳离子捕收剂主要是脂肪胺类捕收剂，用于氧化矿选矿；阴离子捕收剂根据亲固原子不同可分为氧化矿捕收剂（亲固原子主要为 O、N）和硫化矿捕收剂（亲固原子主要为 S)。

8.2.1.1 阴离子捕收剂

阴离子捕收剂，是解离之后吸附于矿物表面使矿物疏水的活性基团为阴离子的捕收剂。具体可分为以下八类。

（1）羧酸类捕收剂　这类捕收剂主要包括脂肪酸、妥尔油及氧化石油产物。

脂肪酸分饱和脂肪酸和不饱和脂肪酸。典型饱和脂肪酸有硬脂酸和棕榈油，不饱和脂肪酸主要有油酸。作为捕收剂，不饱和酸比饱和酸选择性强。脂肪酸主要由动植物油制备，过程如下：

$$
\begin{array}{ccc}
H_2C-O-\overset{\overset{\textstyle O}{\|}}{C}-R^1 & & H_2C-OH \; + \; R^1-\overset{\overset{\textstyle O}{\|}}{C}-ONa \\
HC-O-\overset{\overset{\textstyle O}{\|}}{C}-R^2 & \xrightarrow{H_2O+NaOH} & HC-OH \; + \; R^2-\overset{\overset{\textstyle O}{\|}}{C}-ONa \\
H_2C-O-\overset{\overset{\textstyle O}{\|}}{C}-R^3 & & H_2C-OH \; + \; R^3-\overset{\overset{\textstyle O}{\|}}{C}-ONa
\end{array}
$$

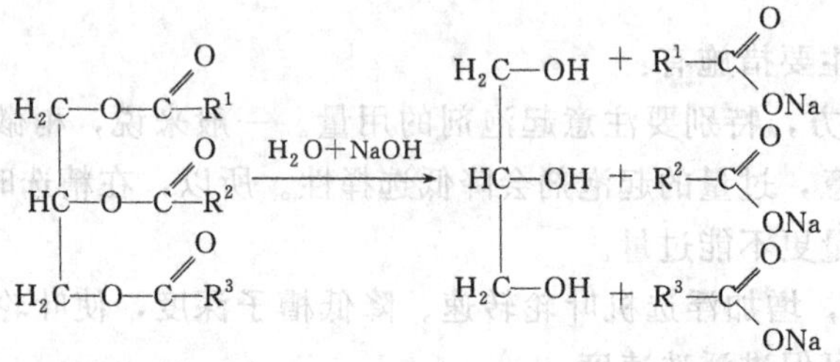

动植物油　　　　　　　　　　　甘油　　　脂肪酸钠

上述反应中，脂肪酸皂化与甘油分离之后可作为捕收剂，植物油比动物油的捕收能力强。一般浮选使用的脂肪酸为油酸、亚油酸、共轭亚油酸、棕榈油及硬脂酸的混合物。

妥尔油还要含有 $10\% \sim 50\%$ 的松香油，这两类捕收剂主要作用于磷酸盐、含锂矿物、硅酸盐和稀土矿物（如氟碳铈矿和独居石）。

（2）烷基硫酸盐类捕收剂　此类捕收剂包括磺酸（或磺酸盐）及烷基硫酸盐。制备过程如下：

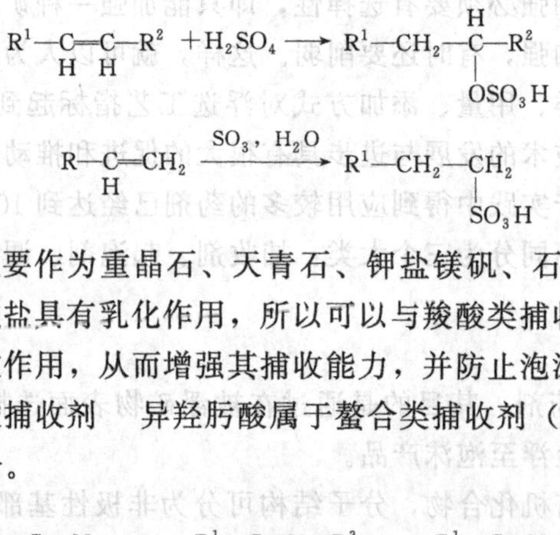

$$
R^1-\overset{\overset{\textstyle H}{|}}{C}=\overset{\overset{\textstyle H}{|}}{C}-R^2 \; + H_2SO_4 \longrightarrow R^1-CH_2-\overset{\overset{\textstyle H}{|}}{\underset{\underset{\textstyle OSO_3H}{|}}{C}}-R^2 \quad \text{烯烃与硫酸反应}
$$

$$
R-\overset{\textstyle H}{C}=CH_2 \xrightarrow{SO_3, \; H_2O} R^1-CH_2-\underset{\underset{\textstyle SO_3H}{|}}{CH_2} \quad \text{烯烃与无水硫酸反应}
$$

这类捕收剂主要作为重晶石、天青石、钾盐镁矾、石膏及硬石膏等含硫氧化矿物捕收剂。由于烷基硫酸盐具有乳化作用，所以可以与羧酸类捕收剂混合使用以增强脂肪酸或妥尔油在矿浆中的分散作用，从而增强其捕收能力，并防止泡沫过量。

（3）异羟肟酸捕收剂　异羟肟酸属于螯合类捕收剂（chelating collectors），异羟肟酸有以下三种不同成分。

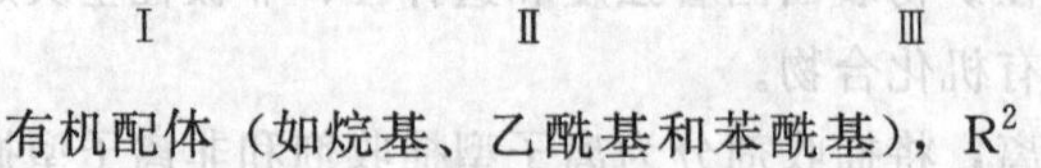

$$
\underset{\text{I}}{\underset{\overset{\textstyle |}{OR^3} \; \overset{\textstyle |}{OR^2}}{R^1-C=N}} \qquad \underset{\text{II}}{\underset{\overset{\textstyle \|}{O} \quad \overset{\textstyle |}{OR^2}}{R^1-C-N-R^3}} \qquad \underset{\text{III}}{\underset{\overset{\textstyle |}{OH} \; \overset{\textstyle |}{OR^2}}{R^1-C=N}} \qquad
\begin{array}{l}
R^1=C_nH_{2n+1} \\
R^2=H, \; K \; 或 \; Na \\
R^3=C_6 \sim C_{12}
\end{array}
$$

其中 R^1 为有机配体（如烷基、乙酰基和苯酰基），R^2 和 R^3 为无机或有机基团。其中第三种为最常用异羟肟酸，典型结构如下。

$$
\underset{\overset{\textstyle \|}{O} \quad \overset{\textstyle |}{OH}}{R-C-N-H}
$$

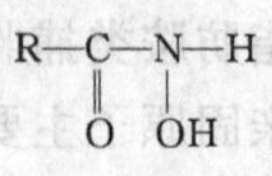

异羟肟酸在稀土选矿及难选氧化类有色矿（如孔雀石、钛酸盐矿、锡石、钛铁矿及烧绿石）选矿中得到广泛应用。主要浮选特性：R＝C$_7$～C$_9$的异羟肟酸浮选应用最为成功，在应用异羟肟酸浮选时，浮选效果与矿浆中矿泥含量关系较大。

（4）有机磷酸盐类捕收剂　这类捕收剂主要应用于锡石和金红石的选矿，常用结构为苯乙烯磷酸，结构如下：

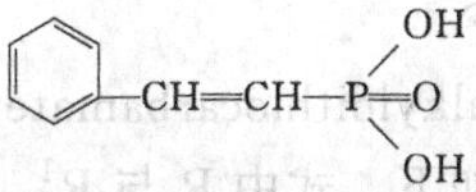

（5）有机磷酸酯类捕收剂　这类捕收剂主要由磷酸单酯和双酯组成，分子的非极性基与极性基通过氧桥连接，非极性碳氢基可能为脂肪烃或芳香烃，结构如下：

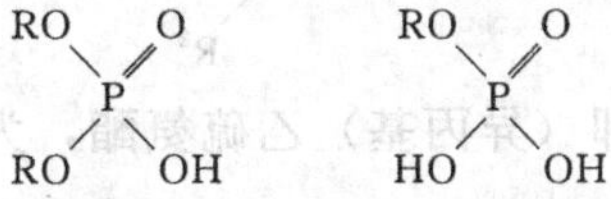

$$
\begin{array}{cc}
\underset{\text{二烷基磷酸}}{\overset{\displaystyle RO}{\underset{\displaystyle RO}{}}\!\!-\!\!\overset{\displaystyle O}{\underset{\displaystyle OH}{P}}} &
\underset{\text{烷基磷酸}}{\overset{\displaystyle RO}{\underset{\displaystyle HO}{}}\!\!-\!\!\overset{\displaystyle O}{\underset{\displaystyle OH}{P}}}
\end{array}
$$

这类捕收剂捕收能力较强，在碱性介质中可用来捕收磷灰石和白钨矿，在酸性介质中可用来捕收含钛矿物（钛铁矿、金红石和钙钛矿）。Mechanobre用25％的五价磷和75％的环烷酸合成环烷酸磷酸酯，可在pH为4～6左右浮选锆石、锡石和烧绿石。

（6）硫醇捕收剂　这是含—SH基最简单的捕收剂，通式为R—SH，具有恶臭，与金属能形成不溶性化合物，可作为某些钼矿、含金硫化矿和硫砷铜矿的捕收剂。

（7）碳酸的硫、氮衍生物　这类捕收剂是最重要硫化矿选矿的捕收剂，共同特征为都是碳酸衍生物，不同点是S、N对碳酸中的氧取代方式不同（或与中心C原子的连接方式不同）。

① 黄药。学名烃基黄原酸盐或烃基二硫代碳酸盐，因色黄又称黄药，是硫化矿选矿最常用的捕收剂，1882年被瑞斯（Zeise）发明，1924年首次用于浮选，距今已快百年历史，仍为现今最常用硫化矿捕收剂。合成方法及结构式：

$$
ROH+CS_2+NaOH \longrightarrow R-O-C\!\!<^{\displaystyle SNa}_{\displaystyle S}
$$

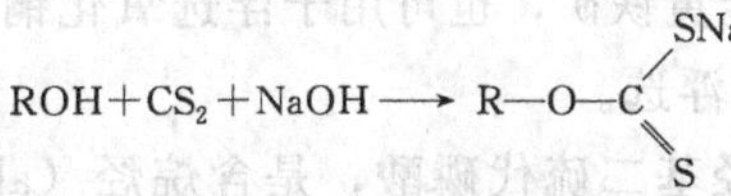

黄药特性：a. 在酸性介质中易分解；b. 长烃链黄药比短烃链黄药捕收能力强，戊＞丁＞丙＞乙＞甲；c. 烃链越长，合成越困难；d. 带支链黄药由于支链烃基的正诱导效应（Inductive Effect），使得其捕收能力强于直链黄药。

② 硫氮捕收剂。硫氮捕收剂，学名为N,N-二烷基二硫代氨基甲酸盐或酯，结构式如下：

$$
\underset{R^2}{\overset{R^1}{}}\!\!N\!\!-\!\!\overset{S}{\underset{SMe}{C}}
$$

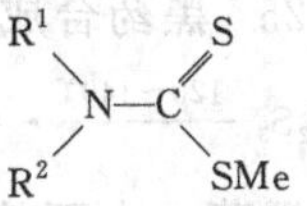

当Me＝Na、K时为硫氮盐，当Me＝R^{3}时为硫氮酯，R^1、R^{2}可不同或相同，其中之一可为H。

硫氮盐最常见的为二乙基二硫代氨基甲酸钠，即"铜试剂"。其浮选特性为：捕收能力强于黄药，浮选速度快，高碱度下可改善Pb、Zn分离效果，不用或少用氰化物作为抑制剂。

常用的硫氮酯（酯105）为二乙基二硫代氨基甲酸丙腈酯，合成与结构式：

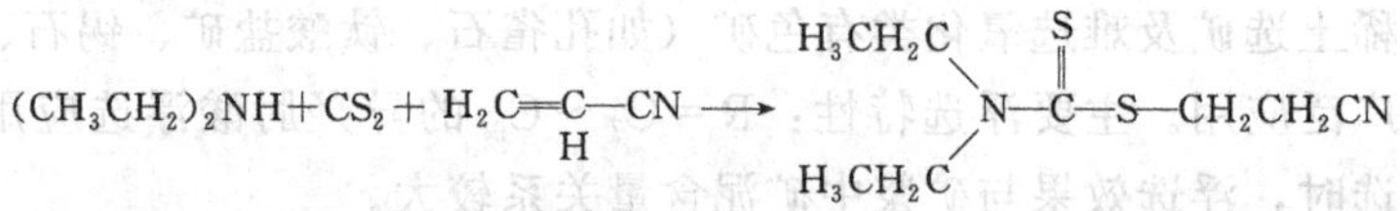

$$(CH_3CH_2)_2NH + CS_2 + H_2C=\underset{H}{\overset{}{C}}-CN \longrightarrow \underset{H_3CH_2C}{\overset{H_3CH_2C}{\diagdown}}N-\underset{\overset{\|}{S}}{C}-S-CH_2CH_2CN$$

酯 105 为棕色液体，有微弱鱼腥味，相对密度为 1.11，难溶于水，捕收能力强，兼具气泡性能。铜陵狮子山铜矿（现冬瓜山铜矿）、白银铜矿和德兴铜矿工业试验表明，该药剂可替代黄药和松醇油，用量比黄药少。

③ 硫氨酯捕收剂 (*O*-alkyl-*N*-alkyldithiocarbamate)。硫氨酯捕收剂，学名为 *O*-烷基-*N* 烷基二硫代氨基甲酸酯，结构式如下，式中 R 与 R[1]、R[2] 可为不同烃基，R[1] 可为 H：

$$RO-\underset{\overset{\|}{S}}{C}-N\underset{R^2}{\overset{R^1}{\diagup}}$$

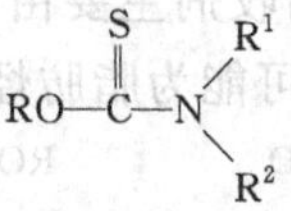

最常用的为 Z-200 捕收剂，即（异丙基）乙硫氨酯，为美国 Dow 公司生产，合成及结构式如下，催化剂为镍盐或钯盐：

$$\underset{H_3C}{\overset{H_3C}{\diagup}}CH-O-\underset{\overset{\|}{S}}{C}-SNa +C_2H_5NH_2 \xrightarrow[60\sim90℃]{催化剂} \underset{H_3C}{\overset{H_3C}{\diagup}}CH-O-\underset{\overset{\|}{S}}{C}-NHC_2H_5 + NaHS$$

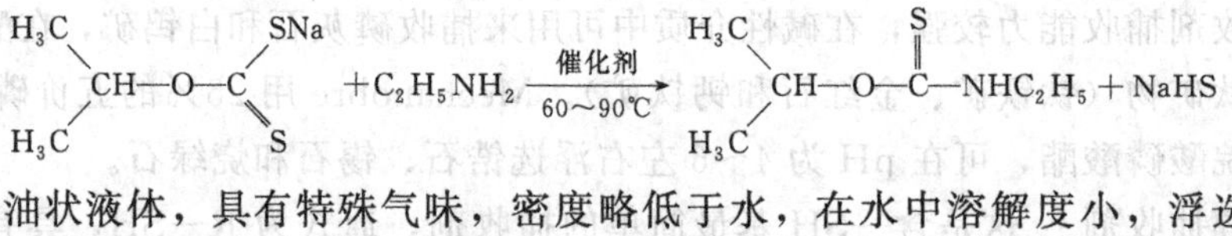

Z-200 为油状液体，具有特殊气味，密度略低于水，在水中溶解度小，浮选性能为：选择性极强，pH 值 10 左右可以优先从黄铁矿中浮选出黄铜矿和闪锌矿，从而实现铜、锌优先浮选；由于硫氨酯对黄铁矿的捕收能力弱，所以在铜硫分离时可较大程度降低石灰用量，降低浮选碱度，从而降低浮选过程中高碱度对金、银、钼的抑制。

④ 巯基苯骈噻唑。巯基苯骈噻唑由苯胺、二硫化碳和元素硫合成，合成及结构式如下：

$$\bigcirc\!\!\!\!-NH_2 +CS_2+S \longrightarrow \bigcirc\!\!\!\!\overset{N}{\underset{S}{\diagdown\!\!-}}C-SH +H_2S$$

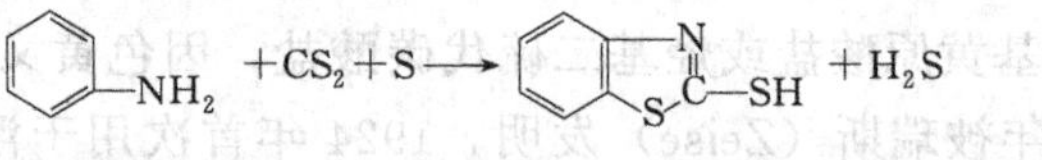

巯基苯骈噻唑为微黄色细晶状固体，水溶性较小，浮选特性为：捕收能力比黄药和硫氮酯强，可用于浮选黄铁矿、含金黄铁矿，也可用于浮选氧化铜矿和氧化铅矿（白铅矿），氧化铜矿需要预先用 Na_2S 硫化后浮选。

（8）黑药　黑药学名为二烃基二硫代磷酸，是含烷烃（alkyl）或芳香烃的二烃基二硫代磷酸（盐），结构通式如下，式中 Me 可为 H^+、Na^+、K^+ 或 NH_4^+，R 为烷烃基或芳香烃：

$$\underset{RO}{\overset{RO}{\diagup}}P\underset{SMe}{\overset{S}{\diagdown}}$$

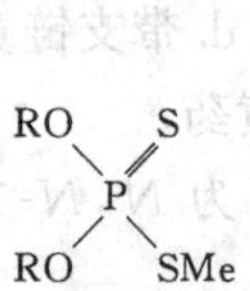

最常用的为 25[#] 黑药和丁胺黑药。25[#] 黑药合成及结构式：

$$4H_3C-\bigcirc\!\!\!\!-OH +P_2S_5 \xrightarrow{120\sim140℃} (H_3C-\bigcirc\!\!\!\!-O)_2PSSH$$

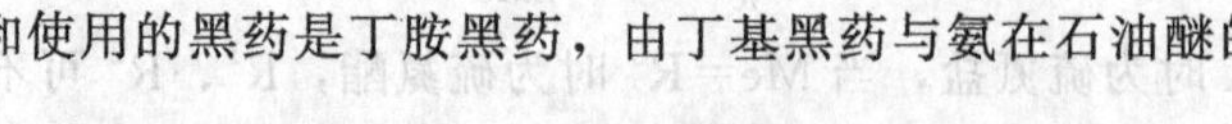

我国主要生产和使用的黑药是丁胺黑药，由丁基黑药与氨在石油醚的催化下合成，其合成及结构式：

$$(CH_3CH_2CH_2CH_2O)_2PSSH + NH_3 \xrightarrow{石油醚} (CH_3CH_2CH_2CH_2O)_2PSSNH_4$$

丁铵黑药的浮选特性为：①有起泡性，可减少松醇油的使用；②可在较低 pH 条件下浮选 Cu、Pb，节省石灰用量；③与黄药相比，其捕收性弱，选择性强，故在铜铅分离和铜锌分离时，可少用氰化钠、硫酸锌等抑制剂，从而可提高精矿中金、银的含量。

8.2.1.2 阳离子捕收剂

阳离子捕收剂为脂肪胺类捕收剂，根据结构可分为伯胺（1）、仲胺（2）、叔胺（3）和季铵盐（4）四种：

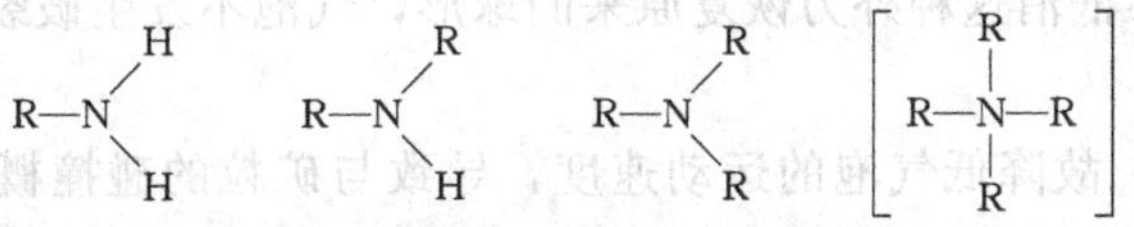

（1）　（2）　（3）　（4）

根据 N 原子所连烃基的不同可分为脂肪胺、芳香胺和醚胺。

（1）脂肪胺捕收剂　脂肪胺合成可以脂肪酸为原料，与氨作用后再用氧化铝催化脱水成脂肪腈，然后在海绵镍存在下加氢还原成脂肪胺，如下：

$$RCOOH \xrightarrow{NH_3} RCOONH_4 \xrightarrow[Al_2O_3]{-H_2O} RC\equiv N \xrightarrow[20\sim25atm(1atm=101.325kPa)]{Ni,2H_2,170\sim220℃} RCH_2NH_2$$

脂肪胺性质：水中溶解度小，作为捕收剂使用时应配制成脂肪胺醋酸溶液或盐酸溶液使用。可用于浮选未经 CaO 活化的石英及其他硅酸盐矿物；也可用于浮选可溶性钾盐，从光卤石中浮选分离氯化钾，还作为络合剂浮选菱锌矿等。

（2）醚胺　用作捕收剂的醚胺是烷基丙基醚胺，通式为：$RO—CH_2CH_2CH_2NH_2$，式中 R 为 C_8～C_{18} 的烷基，合成过程如下：

$$H_2C=CHCN+ROH \longrightarrow ROCH_2CH_2CN \xrightarrow[Ni]{2H_2} ROCH_2CH_2CH_2NH_2$$

醚胺与脂肪胺相比，在脂肪胺的烷基上引入一个醚基，可降低其熔点，增加溶解度，在矿浆中较易分散，浮选效果可得到改善。武汉理工大学研发 GE-609 耐低温阳离子捕收剂，属于醚二胺类。在酒钢、鞍钢的工业试验表明，GE-609 在使用过程中对低温适应能力强，浮选精矿品位比十二胺高，但由于醚胺捕收剂起泡性过强，所以适应过程中存在泡沫多、消泡难和浮选剂易跑槽等缺点。

8.2.1.3 非离子型捕收剂

非离子型捕收剂或非极性捕收剂主要为烃油，如煤油、柴油等，在水溶液中不能溶解形成离子。

由于非离子型捕收剂不存在亲固基团，所以不能在矿物表面形成定向吸附层，而只能在某些天然疏水性矿物表面产生物理附着，所以此类捕收剂仅能用于捕收石墨、辉钼矿、硫黄和滑石等天然可浮矿物。用黄药、黑药乳化煤油后浮选辉钼矿，可降低黄药黑药的用量，提高回收率。煤泥浮选时采用甲基异丁基甲醇、聚丙二醇基醚和仲辛醇作为起泡剂，煤油作为捕收剂用于煤泥脱灰可得到较好结果。

8.2.2 起泡剂

起泡剂的结构与捕收剂相似，也是异极性的表面活性物质。非极性基长度一般为 C_6～C_8。因为每增加一个 C 原子，表面活性增加 14 倍，但碳链过长导致溶解度减小。起泡能力还取决于泡沫量及泡沫的机械强度和黏度。极性基为—OH、—COOH、C═O、$—NH_2$、$—SO_4H$、$—SO_3H$ 等，一般起泡剂均采用—OH。

由于浮选过程中需要大量稳定的气泡，故需加入起泡剂，起泡剂的作用如下：

① 防止气泡兼并。起泡剂在气泡表面吸附后，能形成水化外壳。不加起泡剂时气泡直

径为 3～5mm，加入起泡剂后可减少至 0.5～1.0mm。

② 增大气泡机械强度。分布有起泡剂的气泡在外力的作用下产生变形，变形区表面积大，起泡剂浓度降低，此处表面张力增大，即增大了反抗变形的能力。如果外界引起气泡变形的力不大，空气泡将抵消这种外力恢复原来的球形，气泡不发生破裂。故起泡剂增加了气泡的机械强度。

③ 由于不易变形，故降低气泡的运动速度，导致与矿粒的碰撞概率增大，并有利于气泡的相对稳定。

实践中常用的起泡剂：

① 2 号油。又称松醇油，主要成分为萜烯醇，分子式如下：

$$CH_3-C\begin{matrix} CH_2-CH_2 \\ | \quad\quad | \\ CH-CH_2 \end{matrix}CH_2-C\begin{matrix} CH_3 \\ | \\ -OH \\ | \\ CH_3 \end{matrix}$$

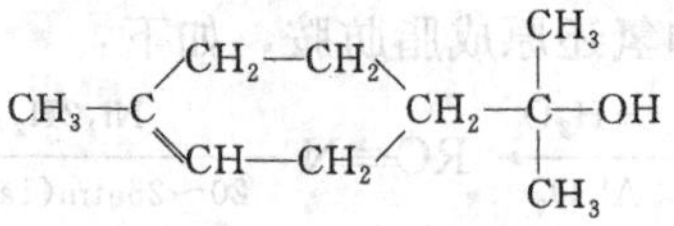

该起泡剂的特点是泡沫较脆，选择性好，无捕收能力，是目前国内最常用的起泡剂。

② 甲基异丁基甲醇。分子结构如下：

$$CH_3-C\begin{matrix} | \\ | \\ CH_3 \end{matrix}-CH_2-C\begin{matrix} | \\ | \\ OH \end{matrix}-CH_3$$

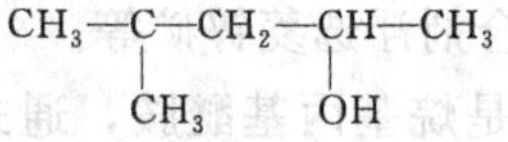

该药剂以丙酮为原料制得，是目前国外广为应用的起泡剂，其特点是泡沫性能好、溶解度大、起泡速度快、消泡容易、不具捕收性、用量少、使用方便和选择性好，可以提高疏水性矿物的品位。

③ 醚醇起泡剂，是一种新型合成起泡剂，如乙基聚丙醚醇等，该类起泡剂具有水溶性好、泡沫不粘、选择性好、用量较少、使用方便等特点。

④ 4 号油，也称丁醚油，学名 1,1,3-三乙氧基丁烷，其分子中的极性基是 3 个乙氧基。该起泡剂易溶于水，并能使水的表面张力降低，起泡能力强，使用时所需用量少。

8.2.3 调整剂

浮选过程所使用的除捕收剂和起泡剂以外的药剂均可称为调整剂。调整剂是控制颗粒与捕收剂作用的一种辅助药剂，也可视为控制矿浆中不同矿物颗粒相互之间分散或聚集状态的调节剂。调整剂可分为活化剂、抑制剂和介质调整剂。介质调整剂又可分为 pH 调整剂、矿泥分散剂、絮凝剂、团聚剂和凝聚剂。

8.2.3.1 活化剂

凡能增强颗粒表面对捕收剂的吸附能力的药剂统称为活化剂。生产中常用的活化剂有金属离子、硫酸铜、硫化钠、无机酸、无机碱、有机活化剂等。

使用黄药类捕收剂时，能与黄原酸形成难溶性盐的金属阳离子，如 Cu^{2+}、Ag^+、Pb^{2+}等，都可用作活化剂。使用脂肪酸类捕收剂进行浮选时，能与羧酸形成难溶性盐的碱土金属阳离子，如 Ca^{2+}、Mg^{2+}、Ba^{2+}等，也可用作活化剂，石英表面经这些离子活化后，就可以吸附脂肪酸类捕收剂而实现浮选。

硫酸铜是实践中最常用的活化剂，它可以活化闪锌矿、黄铁矿、磁黄铁矿和钴、镍等的硫化物矿物。实践中硫酸铜的用量要控制适当，过量时既能活化硫化铁矿物，使浮选的选择性降低，又能使泡沫变脆。

对于孔雀石、铅矾、白铅矿等有色金属含氧盐矿物，不能直接用黄药进行浮选，但用硫化钠对它们进行硫化后，都能很好地用黄药浮选。其原因是由于硫化钠的作用，在颗粒表面生成了硫化物薄膜，使之可以与黄药发生作用。

浮选生产中用作活化剂的无机酸和碱主要有硫酸、氢氧化钠、碳酸钠、氢氟酸等。它们的作用主要是清洗颗粒表面的氧化膜或黏附的微细颗粒。例如，黄铁矿颗粒表面存在氢氧化铁亲水薄膜时，即失去了可浮性，用硫酸清洗后，黄铁矿颗粒就可恢复可浮性。又如，被石灰抑制的黄铁矿或磁黄铁矿颗粒，用碳酸钠可以活化它们的浮选。此外，某些硅酸盐矿物，其所含金属阳离子被硅酸骨架所包围，使用酸或碱将表面溶蚀，可以暴露出金属离子，增强它们与捕收剂作用的活性，此时，多采用溶蚀性较强的氢氟酸。

生产中使用的有机活化剂有聚乙烯二醇或醚、工业草酸、乙二胺磷酸盐等。在多金属硫化物矿石的浮选生产中，聚乙烯二醇或醚可作为脉石矿物的活化剂，将其与起泡剂一起添加，采用反浮选首先脱除大量脉石，然后再进行铜铅混合浮选。工业草酸常用来活化被石灰抑制的黄铁矿和磁黄铁矿。乙二胺磷酸盐是氧化铜矿物的活化剂，在浮选生产中，能改善泡沫状况，降低硫化钠和丁黄药的用量。

活化剂一般通过以下几种方式使矿物得到活化：

① 难溶的活化薄膜在矿物表面生成。当矿物本身很难被某种捕收剂捕收时，在活化剂的作用下矿物表面生成了一层难溶性活化薄膜后能够成功地被捕收。例如：白铅矿很难被黄药捕收，但经硫化钠作用后，白铅矿表面生成了硫化铅的薄膜后很容易用黄药浮选。

② 活化离子在矿物表面的吸附。最典型的例子是石英对 Ca^{2+}、Ba^{2+} 的吸附。纯石英不能被脂肪酸类捕收剂浮选，但石英吸附 Ca^{2+}、Ba^{2+} 后借 Ca^{2+}、Ba^{2+} 对脂肪酸捕收剂的吸附，就能实现浮选。

③ 清洗矿物表面的抑制性亲水薄膜。如在强碱介质中的黄铁矿表面上生成亲水的 $Fe(OH)_3$ 薄膜，使之不能被黄药浮选。用硫酸使黄铁矿表面亲水薄膜消失后便能用黄药浮选。

④ 消除矿浆中有害离子的影响。如硫化矿浮选时，矿浆中存在 S^{2-} 或 HS^-，硫化矿往往不能被黄药浮选，只有当这些离子消失并出现游离氧以后才能实现浮选。

8.2.3.2 抑制剂

凡能够破坏或削弱矿物对捕收剂的吸附，增强矿物表面亲水性的药剂称之为抑制剂。它通过以下三种方式抑制矿物：

① 从溶液中消除活化离子作用。某些矿物在活化离子的作用下可以实现浮选，若将这些活化离子消除就使矿物达到抑制。例如石英在 Ca^{2+}、Mg^{2+} 的活化下才能被脂肪酸类捕收剂浮选，若在浮选前加入苏打，使 Ca^{2+}、Mg^{2+} 生成不溶性盐的沉淀，消除了 Ca^{2+}、Mg^{2+} 的活化作用，可使石英失去可浮性。

② 消除矿物表面的活化薄膜。如前所述，闪锌矿表面生成硫化铜薄膜后可用黄药浮选，当硫化铜薄膜被氰化物溶解后闪锌矿就失去可浮性，从而达到抑制的目的。

③ 在矿物表面形成亲水的薄膜，提高矿物表面的水化性，削弱对捕收剂的吸附活性。形成抑制性亲水薄膜有以下几种情况：a. 形成亲水的离子吸附膜。例如矿浆中存在过量的 HS^-、S^{2-} 离子时，硫化矿物表面可吸附它们形成亲水的离子吸附膜。b. 形成亲水的胶体薄膜，例如水玻璃在水中生成硅酸胶粒，吸附于硅酸盐矿物表面，形成亲水的胶体薄膜。c. 形成亲水的化合物薄膜。例如方铅矿被重铬酸盐抑制，在矿物表面生成亲水的 $PbCrO_4$ 薄膜。

上述这些作用有时并不孤立存在，某些药剂往往同时通过几方面的配合作用才能有效地抑制矿物。以下是几类常用的抑制剂。

（1）硫化钠及其他可溶性硫化物　硫化钠和其他可溶性硫化物（硫氢化钠、硫化钙等）是有色金属氧化矿的活化剂，但用量过多时被活化的矿物又被抑制，也可用作硫化物矿物的抑制剂。硫化钠用量过大时，绝大多数硫化物矿物都会被抑制。硫化钠抑制硫化物矿物的递减顺序大致为：方铅矿、闪锌矿、黄铜矿、斑铜矿、铜蓝、黄铁矿、辉铜矿。

硫化钠的作用和浓度、搅拌时间、矿浆 pH 值及矿浆温度等因素密切相关。在需要较高的硫化钠用量时，为避免 pH 值过高，可采用 NaHS 代替，或在硫化时适当添加 $FeSO_4$、H_2SO_4 或 $(NH_4)_2SO_4$。硫化钠用量过大，会解吸吸附于颗粒表面的黄药类捕收剂，所以硫化钠可作为浮选产物的脱药剂。

（2）氰化物　氰化物（KCN、NaCN 等）是闪锌矿、黄铁矿和黄铜矿的有效抑制剂。由于氰化物是剧毒药剂，其使用已受到严格限制。

在浮选过程中起抑制作用的是 CN^-，其抑制作用可以归纳为以下几个方面：①消除矿浆中的活化离子，防止矿物被活化；②除去矿物表面的活化离子，防止矿物被活化；③CN^-吸附在矿物表面，增强矿物的亲水性，并阻止矿物表面与捕收剂作用；④溶解矿物表面的磺酸盐捕收剂薄膜。

（3）石灰　石灰吸水性强，与水作用生成消石灰 $Ca(OH)_2$。石灰常用于提高矿浆 pH 值，抑制硫化铁矿物。石灰对方铅矿，特别是表面略有氧化的方铅矿有抑制作用，从多金属硫化矿中浮选方铅矿时，常采用碳酸钠调节矿浆 pH 值。

石灰影响起泡剂的起泡能力，如松醇油类起泡剂的起泡能力随 pH 值升高而增大；酚类起泡剂的起泡能力随 pH 值的升高而降低。石灰本身又是一种凝聚剂，能使矿浆中微细颗粒凝聚。当石灰用量适当时，浮选泡沫可保持一定的黏度；当用量过大时，将促使微细矿粒凝聚，使泡沫黏结膨胀而影响浮选过程。使用脂肪酸类捕收剂时，不能用石灰来调节 pH 值，这时会生成溶解度很低的脂肪酸钙盐，消耗大量脂肪酸，并且会使浮选分离的选择性变差。实际生产中，石灰常配制成石灰乳添加。

（4）水玻璃　水玻璃是非硫化矿浮选时最常用的一种调整剂，它既是硅酸盐脉石矿物的抑制剂，又是矿泥的分散剂。水玻璃又称硅酸钠，化学组成为 $Na_2O \cdot mSiO_2$，其中 m 为模数（或称硅钠比），一般为 2～4.5。不同用途的水玻璃，其模数相差很大，模数低，碱性强，抑制作用较弱；模数高（大于 3 时），则不易分解，分散不好。选矿上常用的水玻璃模数为 2～3 左右。

水玻璃在水溶液中的性质随 pH 值、模数、金属离子以及温度而变。在酸性介质中水玻璃能抑制磷灰石；在碱性介质中，磷灰石却几乎不受抑制。添加少量的水玻璃，有时可提高萤石、赤铁矿等的可浮性，同时又可强烈地抑制方解石的浮选。

水玻璃的抑制作用与用量密切相关，用量小时具有选择性。为提高其选择性，常采用的措施有：①与苏打配合使用；②与多价金属阳离子配合使用；③加温处理。使用时一般配成 5%～10% 的溶液，用量为 0.2～2kg/(t 原矿)，作矿泥分散剂时用量约为 1.0kg/(t 矿泥) 以下。

（5）硫酸锌　硫酸锌（$ZnSO_4 \cdot 7H_2O$）是白色晶体，易溶于水，是闪锌矿的抑制剂，只有在碱性矿浆中才有抑制作用，矿浆 pH 值越高，其抑制作用越强。硫酸锌的抑制作用主要是由于在碱性矿浆中生成的氢氧化锌的亲水胶粒吸附在闪锌矿表面，阻碍矿物表面与捕收剂的作用。单独使用硫酸锌对闪锌矿的抑制作用较弱，通常与其他抑制剂配合使用。硫酸锌常与氰化物联合使用，这样不仅加强其抑制作用，而且节省氰化物用量。

(6) 二氧化硫、亚硫酸及其盐类　这类药剂包括二氧化硫气体、亚硫酸、亚硫酸钠和硫代硫酸钠，主要作为闪锌矿和硫化铁的抑制剂。由于这类药剂无毒，不溶解金等贵金属，所以应用日益广泛。目前主要应用于以下几种情况：①铅锌分离：二氧化硫或亚硫酸和石灰、硫酸锌配合，抑制闪锌矿浮选方铅矿。②锌硫分离：用亚硫酸盐抑制硫铁矿，活化闪锌矿，进行锌硫分离。③铜铅分离：铜铅混合精矿的分离通常是一个困难的问题。④铜锌分离：用亚硫酸或其盐抑制闪锌矿、浮选铜矿物应用广泛，为提高对闪锌矿的抑制，常配合少量氰化物或硫酸锌。

(7) 有机抑制剂　许多有机化合物可以用作抑制剂，如淀粉、羧甲基纤维素、单宁类、腐殖酸等。

淀粉是高分子化合物，分子式为 $(C_6H_{10}O_5)_n$。淀粉分子有两种不同的结构：一种是含有直链的链淀粉，另一种是含支链的胶淀粉。链淀粉能溶于水，胶淀粉不溶于水，但能在水中彭润。由于原料不同，淀粉的性能亦有所不同。用阳离子捕收剂浮选石英时，可以用淀粉抑制赤铁矿；铜钼混合浮选精矿分离时，可以用淀粉抑制辉钼矿。淀粉还可以作为细粒赤铁矿的选择性絮凝剂。

羧甲基纤维素（CMC）是一种应用较少的水溶性纤维素，可作为含镁脉石矿物（如蛇纹石）的抑制剂。常配成2%的溶液使用，用量25～250g/(t原矿)，用量小于10g/(t原矿)时有利于提高浮选精煤质量。

丹宁是一种多羟基的芳香酸，分子组成较复杂。丹宁从植物中提取，可溶于水。丹宁常用来抑制方解石、白云石等含钙、镁的矿物。除天然丹宁外，还有人工合成的丹宁。胶磷矿浮选时，丹宁常用作白云石、方解石、石英等的抑制剂。

腐殖酸富含于褐煤、泥煤和风化烟煤中，是一种天然高分子聚合电解质，平均相对分子质量为25000～27000，具有胶体化合物的性质。光谱分析证实，其富含羧基，是一种高度氧化的木质素，易溶于苛性钠。作浮选抑制剂用的是腐殖酸钠，可作为亮煤、褐铁矿、赤铁矿、磁铁矿等的抑制剂，还可作为煤泥的絮凝剂。

8.2.3.3　介质调整剂

介质调整剂系用于调节矿浆酸碱度的一类药剂，主要是一些常用的无机酸、碱。例如，硫酸、石灰、苏打、氢氧化钠等。这类药剂常与抑制剂或活化剂交叉，难以分清。介质调整剂的主要作用在于：①调整重金属阳离子的浓度。重金属阳离子在一定的pH值条件下会产生沉淀。②调整溶液的pH值。③调整捕收剂的浓度。捕收剂在不同的pH条件下在溶液中的存在形式不一样，如油酸在酸性条件下以分子形式存在，但在碱性条件下主要以离子形式存在。④调整抑制剂的浓度。抑制剂在不同的pH值时在溶液中的存在形式不同，如氰化物在酸性条件下要分解，从而使氰根 CN^- 浓度降低。⑤调整矿泥的分散与团聚。通过加入矿泥分散剂和团聚剂来调整。⑥调整捕收剂与矿物表面的作用。

常用的酸、碱调整剂如下：①硫酸是常用的酸性调整剂，其次如盐酸、硝酸、磷酸等。②石灰是应用最广泛的碱性调整剂，主要用于硫化矿浮选。③碳酸钠的应用仅次于石灰，主要用于非硫化矿浮选。它是一种强碱弱酸盐，在矿浆中水解得到 OH^-、HCO_3^- 和 CO_3^{2-} 等离子、对矿浆pH值有缓冲作用，pH值可保持在8～10之间。石灰对方铅矿有抑制作用，浮选方铅矿时，多采用碳酸钠来调节矿浆的pH值。用脂肪酸捕收剂浮选非硫化矿时，常用碳酸钠调节矿浆pH值，因为碳酸钠能消除Ca^{2+}、Mg^{2+}等的有害作用，同时还可以减轻矿泥对浮选的不良影响。④氢氧化钠，从铁矿石中浮选石英时，经常用氢氧化钠作为pH值调整剂。

8.2.3.4 絮凝剂及其他浮选药剂

（1）絮凝剂　促进矿浆中细粒联合变成较大团粒的药剂称为絮凝剂。按其作用机理及结构特性，可以大致分为高分子有机絮凝剂、天然高分子化合物、无机凝结剂和固体混合物。

① 高分子有机絮凝剂。作为选择性絮凝剂的高分子有机物有聚丙烯腈的衍生物（聚丙烯醚胺、水解聚丙烯酰胺、非离子型聚丙烯酰胺等）、聚氧乙烯、羧甲基纤维素、木薯淀粉、玉米淀粉、海藻酸铵、纤维素黄药、腐殖酸盐等。

聚丙烯酰胺属于非离子型絮凝剂，又称为3号凝聚剂，是以丙烯腈为原料，经水解聚合而成的。同类型聚丙烯酰胺，由于其聚合或水解条件不同，化学活性有很大差别，相对分子质量愈大，絮凝沉降作用愈快，但选择性比较差。聚丙烯酰胺的活性基为—$CONH_2$，在碱性及弱酸性介质中有非离子特性，在强酸性介质中具有弱的阳离子特性。经适当的水解引入少量离子基团（如带—COOH的聚合物），可以促进其选择性絮凝作用。

使用聚丙烯酰胺时，其用量应适当。用量很小时（每吨物料用量约几克），显示有选择性，超过一定用量，就失去了选择性，而成为无选择的全絮凝。用量再大将呈现保护溶胶作用而不能絮凝。

② 天然高分子化合物。石青粉、白胶粉、芭蕉芋淀粉等天然高分子化合物都可用作选择性絮凝剂。

③ 无机凝结剂。用作凝结剂的无机盐，有时又称为“助沉剂”，这类药剂大都是无机电解质，常用的有无机盐类、酸类和碱类。其中无机盐类包括硫酸铝、硫酸铁、硫酸亚铁、铝酸钠、氯化铁、氯化锌、四氯化钛等；酸类包括硫酸和盐酸等；碱类包括氢氧化钙和氧化钙等。

④ 固体混合物。常用的固体混合物絮凝剂有高岭土、膨润土、酸性白土和活性二氧化硅等。

（2）其他浮选药剂　浮选过程中还有一些难以包括在上述分类之内的药剂，如实践中常用的脱药剂和消泡剂等。

① 脱药剂。常用的脱药剂有酸、碱、硫化钠和活性炭等。其中酸和碱常用来造成一定的pH值，使捕收剂失效或从颗粒表面脱落；硫化钠常用来解吸固体表面的捕收剂薄膜，脱药效果较好；活性炭有很强的吸附能力，常用来吸附矿浆中的过剩药剂，促使药剂从颗粒表面解吸，但使用时应严格控制其用量，特别是混合浮选粗精矿分离前的脱药，用量过大往往会造成分离浮选时药量不足。

② 消泡剂。由于某些捕收剂（如烷基硫酸盐、丁二酸磺酸盐、烃基氨基乙磺酸等）的起泡能力很强，常影响分选效果和疏水性产物的输送。生产中常采用有消泡作用的高级脂肪醇或高级脂肪酸、酯、烃类，消除过多泡沫的有害影响。例如在烷基硫酸盐溶液中，单原子脂肪醇和高级醇组成的醇类以及碳原子数目为16～18的脂肪酸具有很好的消泡效果；在油酸钠溶液中，饱和脂肪酸具有较好的消泡效果；在烷基酰基磺酸盐溶液中，碳原子数目为大于12的饱和脂肪酸及高级醇具有良好的消泡效果。

8.3 浮选机械的种类

浮选机械是实现颗粒与气泡的选择性黏着、进行分离、完成浮选过程的重要设备。浮选机械除应具备工作连续、可靠、寿命长、构造简单等性能以外，还应具有以下基本要求：

① 良好的充气作用。浮选机械必须能吸入（或压入）足量的空气，并能使其在矿浆中充分弥散成众多尺寸适中、分布均匀的气泡。

② 搅拌作用。搅拌作用可使矿粒悬浮，并能使其在浮选槽内均匀分布。此外，搅拌作用还可促进某些难溶性药剂的溶解和分散。搅拌强度应该适当，强度不足，颗粒不能有效地悬浮；搅拌太强，液面不易形成平衡的泡沫层。

③ 能形成较平稳的泡沫区。在矿浆表面应保证能形成比较平稳的泡沫区，以使矿化气泡形成一定厚度的矿化泡沫层。

按充气和搅拌的方式不同，可将浮选机分为表 8-1 中的四种基本类型。它们各有特色，各有优缺点和各自适用场合。

表 8-1　浮选机械分类一览表

浮选机类型	充气和搅拌方式	典型设备
自吸气机械搅拌式浮选机	机械搅拌式(自吸空气)	XJK 型浮选机、JJF 型浮选机、BF 型浮选机、SF 型浮选机、GF 型浮选机、TJF 型浮选机、棒型浮选机、维姆科浮选机、XJM-KS 型浮选机、XJN 型浮选机、法连瓦尔德型浮选机、丹佛-M 型浮选机、米哈诺布尔型浮选机
充气机械搅拌式浮选机	充气与机械搅拌混合式	CHF-X 型浮选机、XCF 型浮选机、KYF 系列浮选机、丹佛-DR 型浮选机、俄罗斯的 φIIM 系列浮选机、美卓的 RCS 浮选机、波兰的 IF 系列浮选机、奥托昆普的 OK 型浮选机和 Tank Cell 浮选机、道尔-奥利佛浮选机
气升式浮选机	压气式(靠外部风机压入空气)	KYZ 型浮选柱、旋流-静态微泡浮选柱、XJM 型浮选柱、FXZ 系列静态浮选柱、CPT 型浮选柱、φII 型浮选柱、维姆科浮选柱、Flotaire 型浮选柱、Contact 浮选柱、Pneuflot 气升式浮选机
减压式浮选机	气体析出或吸入式	XPM 型喷射旋流式浮选机、埃尔摩真空浮选机、卡皮真空浮选机、达夫可拉喷射式浮选机、詹姆森浮选机

8.3.1 自吸气机械搅拌式浮选机

自吸气机械搅拌式浮选机的混合功能和充气功能是通过机械搅拌来实现的。优点是通过转子高速旋转，在高速搅拌区内形成负压，导致自吸空气和矿浆。缺点是充气量小，能耗高，磨损大。

(1) XJK 型浮选机　国产 XJK 型机械搅拌式浮选机是在国内广泛使用的一种浮选机，其结构简图见图 8-18。该型浮选机的规格有 $0.13m^3$、$0.23m^3$、$0.35m^3$、$0.62m^3$、$1.1m^3$、$2.8m^3$、$5.8m^3$。

XJK 型浮选机工作时，矿浆由进浆管给到盖板的中心处，并经叶轮高速旋转产生的离心力甩出，同时在叶轮与盖板空间形成一定的负压，由于压差的作用，使外界空气经由进气管自动吸入到负压区。在叶轮的强烈搅拌作用下矿浆与空气可得到充分的接触和混合，同时吸入的空气流也被分割成细小气泡。此外，在叶轮叶片的后方从矿浆中也可析出一些气泡。矿粒与气泡接触碰撞成矿化气泡，矿化后的气泡升浮至泡沫区经刮板刮出即得到泡沫产品。

XJK 型浮选机也有其缺点：能耗较高；叶轮盖板易磨损使间隙变大，研究表明叶轮盖板间隙若大于 8mm，将显著导致负压下降而使吸气量下降；空气弥散不充分，泡沫稳定性差，易“翻花”；不利于实现液面自动控制。

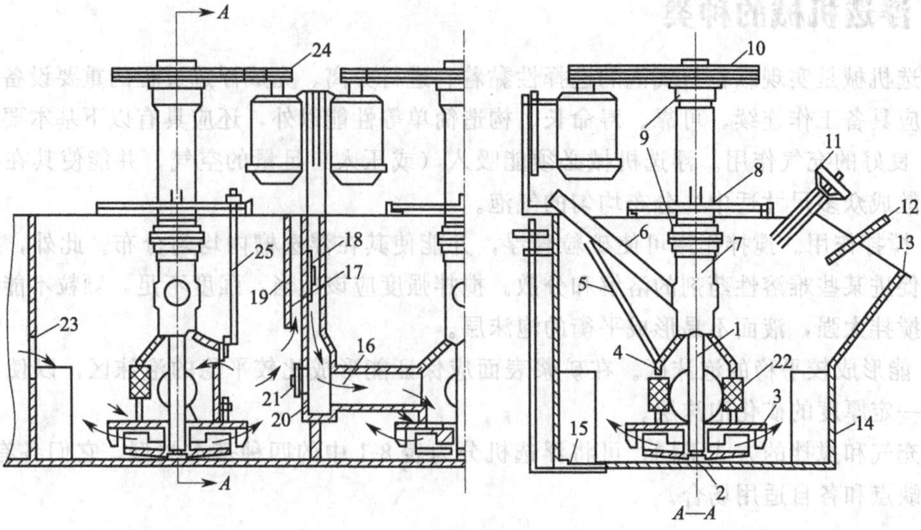

图 8-18　XJK 型机械搅拌式浮选机

1—主轴；2—叶轮；3—盖板；4—连接管；5—砂孔闸门丝杆；6—进气管；7—空气管；8—座板；9—轴承；10—皮带轮；11—溢流闸门手轮及丝杆；12—刮板；13—泡沫溢流唇；14—槽体；15—放砂闸门；16—给矿管；17—溢流堰；18—溢流闸门；19—闸门壳；20—砂孔；21—砂孔闸门；22—中矿返回孔；23—直流槽前溢流堰；24—电动机及皮带轮；25—循环孔调节杆

(2) 维姆科浮选机　维姆科浮选机的结构示意图如图 8-19 所示。它由星形转子和定子（如图 8-20 所示）、锥形罩盖、导管、竖管、假底、空气进入管和槽体组成。

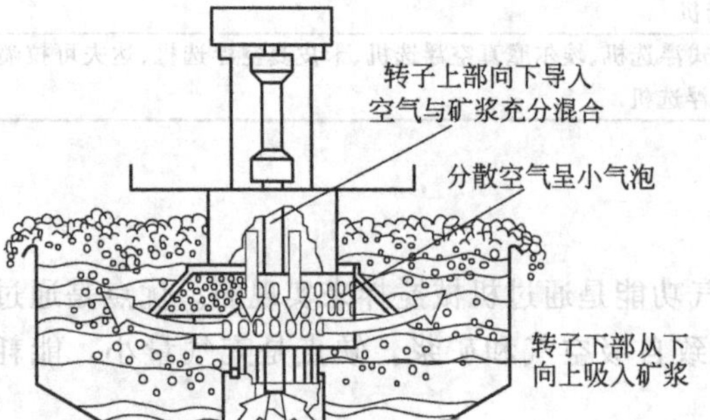

图 8-19　维姆科机械搅拌式浮选机

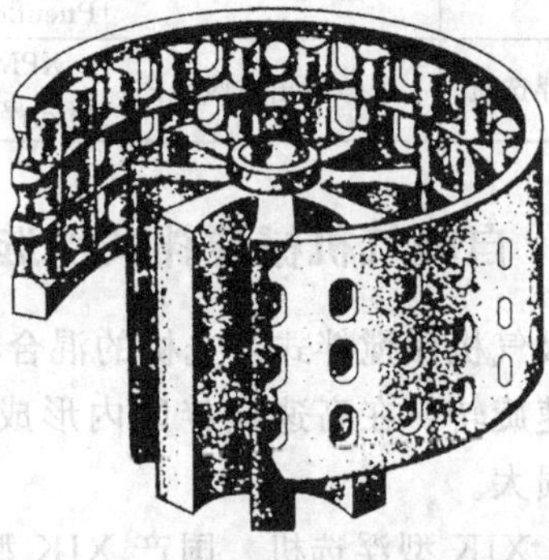

图 8-20　维姆科机械搅拌式浮选机的星形转子和定子

当转子旋转时，空气和给矿矿浆从上部向下通过竖管进入转子和定子之间的区域，充分混合并通过剪切作用生成矿化泡沫，然后被均匀地甩入槽中的分选区。槽内的浆气运动路线如图 8-19 所示。在槽体的底部装有一个假底，它不紧贴槽底壁，以便矿浆能通过假底和槽底之间以及导管进行下循环，也就是图中下部的箭头方向。这种下循环使得已经被甩入槽内分选区的矿浆，可以回到固体颗粒与气泡碰撞区，使没有附着于气泡的疏水颗粒有机会与气泡再次碰撞而形成矿化泡沫。但是，这种下循环不会对泡沫区造成负面影响，也就不会对泡沫产品的品位和回收率有害。这是维姆科浮选机的一个主要特点。它的另一个特点是：在竖管上设置了一个带孔的锥形罩作为稳定器，用来稳定矿浆和防止其对泡沫层的骚动，并可使转子产生的涡流远离泡沫区，使矿液面稳定。泡沫产品在槽体的上部自流溢出。该浮选机不能自吸矿浆，需要配置砂泵或自流来使矿浆在几个浮选机之间流动。

(3) SF型浮选机　SF型浮选机由北京矿冶研究总院设计，其结构简图如图8-21所示。

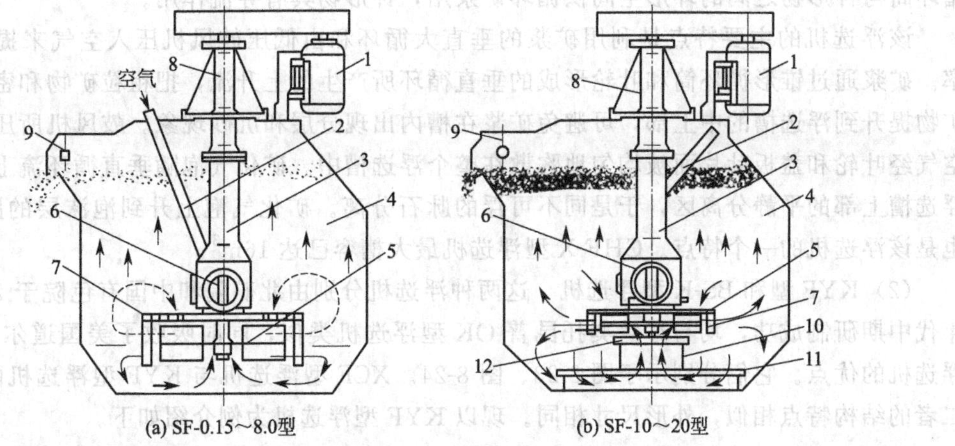

图8-21　SF型浮选机结构图

1—电动机；2—吸气管；3—中心筒；4—槽体；5—叶轮；6—主轴；7—盖板；8—轴承体；9—刮板；10—导流筒；11—假底；12—调节环

其主要特点包括：①采用后倾式叶片叶轮，造成槽内矿浆上下循环，可防止粗粒矿物沉淀，有利于粗粒矿物的浮选；②叶轮的线速度比较低，易损件使用寿命长；③单位容积的功耗比同类型浮选机低10%～15%，吸气量提高40%～60%。

8.3.2　充气机械搅拌式浮选机

充气机械搅拌式浮选机主要靠搅拌器旋转来搅拌矿浆，充气则另设压风装置。优点是充气量大且可调节，磨损小，电耗低。缺点是无吸气吸浆能力，需增设压风机及矿浆返回泵。

(1) CHF-X型浮选机　CHF-X型浮选机由北京矿冶研究总院设计，该浮选机的主要部件如图8-22所示，整个竖轴部件安装在总风筒（兼作横梁）上。

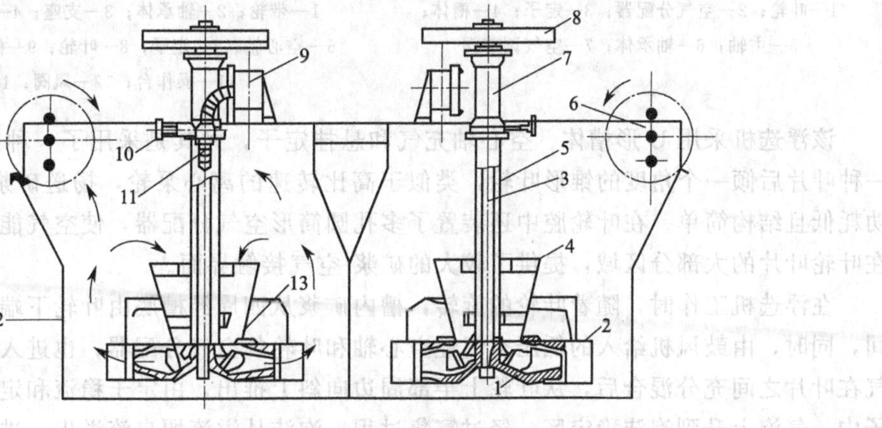

图8-22　CHF-X型浮选机结构示意图

1—叶轮；2—盖板；3—主轴；4—循环筒；5—中心筒；6—刮泡装置；7—轴承座；8—皮带轮；9—总风筒；10—调节阀；11—充气管；12—槽体；13—钟形进入管

叶轮为带有 8 个径向叶片的圆盘。盖板为 4 块组装成的圆盘，其周边均布有 24 块径向叶片。叶轮与盖板的轴向间隙为 15～20mm，径向间隙为 20～40mm。中心筒上部的充气管与总风筒相连，中心筒下部与循环筒相连。钟形物安装在中心筒下端。盖板与循环筒相连，循环筒与钟形物之间的环形空间供循环矿浆用，钟形物具有导流作用。

该浮选机的主要特点是利用矿浆的垂直大循环和由低压鼓风机压入空气来提高浮选效率。矿浆通过锥形循环筒和叶轮形成的垂直循环所产生的上升流，把粗粒矿物和密度较大的矿物提升到浮选槽的中上部，可避免矿浆在槽内出现分层和沉砂现象。鼓风机所压入的低压空气经叶轮和盖板叶片而被均匀地弥散在整个浮选槽中。矿化气泡随垂直循环流上升，进入浮选槽上部的平静分离区，于是同不可浮的脉石分离。矿化气泡上升到泡沫层的路程较短，也是该浮选机的一个特点。CHF-X 型浮选机最大槽容已达 16m^3。

(2) KYF 型和 BS-K 型浮选机　这两种浮选机分别由北矿院和中国有色院于 20 世纪 80 年代中期研制成功，均与芬兰奥托昆普 OK 型浮选机类似，同时吸收了美国道尔-奥利弗型浮选机的优点。它们分别示于图 8-23、图 8-24。XCF 型浮选机与 KYF 型浮选机配套使用，二者的结构特点相似，外形尺寸相同。现以 KYF 型浮选机为例介绍如下。

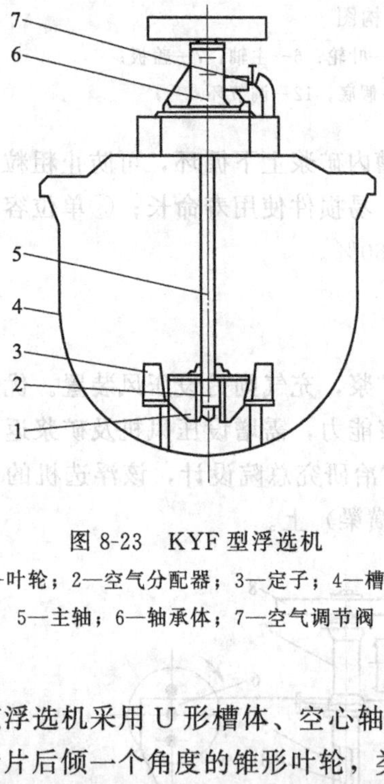

图 8-23　KYF 型浮选机

1—叶轮；2—空气分配器；3—定子；4—槽体；5—主轴；6—轴承体；7—空气调节阀

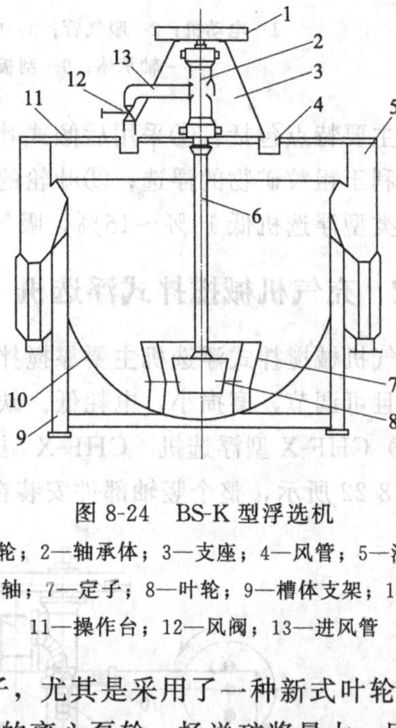

图 8-24　BS-K 型浮选机

1—带轮；2—轴承体；3—支座；4—风管；5—泡沫槽；6—空心轴；7—定子；8—叶轮；9—槽体支架；10—槽体；11—操作台；12—风阀；13—进风管

该浮选机采用 U 形槽体、空心轴充气和悬挂定子，尤其是采用了一种新式叶轮。这是一种叶片后倾一个角度的锥形叶轮，类似于高比转速的离心泵轮，扬送矿浆量大、压头小、功耗低且结构简单。在叶轮腔中还装置了多孔圆筒形空气分配器，使空气能预先均匀地分散在叶轮叶片的大部分区域，提供了较大的矿浆-空气接触界面。

在浮选机工作时，随着叶轮的旋转，槽内矿浆从四周经槽底由叶轮下端吸到叶轮叶片之间，同时，由鼓风机给入的低压空气经空心轴和叶轮的空气分配器，也进入其中。矿浆与空气在叶片之间充分混合后，从叶轮上半部周边向斜上推出，由定子稳流和定向后进入整个槽子中。气泡上升到泡沫稳定区，经过富集过程，泡沫从溢流堰自流溢出，进入泡沫槽。还有一部分矿浆向叶轮下部流去，再经叶轮搅拌，重新混合形成矿化气泡，剩余的矿浆流向下一槽，直到最终成为尾矿。

8.3.3 气升式浮选机（浮选柱）

气升式浮选机的结构特点是没有机械搅拌器，也没有运转部件，矿浆的充气和搅拌是依靠外部铺设的风机压入空气来实现的。气升式浮选机中最简单的矿浆充气方法是使气体加压后通过分散器的孔隙。气升式浮选机的一个共同的缺点是，要获取大量细小气泡比较麻烦，而且无论是刚性的还是弹性的气孔空气分散器的使用年限都不会太长，一般都只有几个月时间。

浮选柱可称为柱型气升式浮选机，它的研制及其工业应用，已成为浮选设备和工艺发展的主要方向之一。采用浮选柱进行分选时，由于能很好地浮选细粒级物料，所以回收率一般都比较高，同时由于减少了机械夹杂和用水喷淋泡沫层，在一定程度上提高了精矿品位。然而，就浮选柱的广泛应用来说，目前还存在一些问题有待解决，例如必须使浮选槽的高度达到最佳化，需要制造能确保获得最佳粒度的气泡和气泡矿化的有效充气设备等。

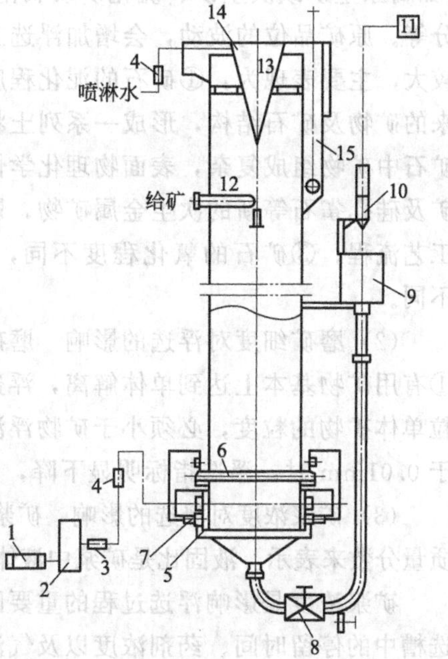

图 8-25 KYZ-B 型浮选柱系统结构示意图

1—风机；2—风包；3—减压阀；4—转子流量计；5—总水管；6—总风管；7—充气器；8—排矿；9—尾矿箱；10—气动调节阀；11—仪表箱；12—给矿管；13—推泡器；14—喷水管；15—测量筒

我国北京矿冶研究总院生产的 KYZ-B 型浮选柱的结构如图 8-25 所示。其主要特点有如下几方面：①保证浮选柱内能充入足量空气，使空气在矿浆中充分地分散成大小适中的气泡，保证柱内有足够的气-液分选界面，增加矿粒与气泡碰撞、接触和黏附的机会。②气泡发生装置所产生的气泡满足浮选动力学的要求，利于矿物与气泡集合体的形成和顺利上浮，建立一个相对稳定的分离区和平稳的泡沫层，减小矿粒的脱落机会。③给矿器保证矿浆均匀地分布于浮选柱的截面上，运动速度较小不会干扰已经矿化的气泡。④气泡发生装置优化了空间上的分布，可以消除气流余能，形成细微空气泡，稳定液面，防止翻花现象的发生；喷射气泡发生器采用了耐磨的陶瓷衬里，使用寿命长；微孔气泡发生器采用不锈钢烧结粉末，形成的气泡大小均匀，浮选柱内空气分散度高。⑤泡沫槽增加推泡器装置，缩短泡沫的输送距离，加速泡沫的刮出。⑥充气量易于调节，操作简单方便。⑦合理安排冲洗水系统的空间位置和控制冲洗水量大小，提高泡沫堰负载速率，泡沫可以及时进入泡沫槽，利于消除泡沫层的夹带，提高精矿品位。⑧通过控制给气、加药、补水、调节液面，保证浮选过程顺利进行。

8.4 浮选过程影响因素

影响浮选过程的因素很多，包括不可调因素和可调因素，不可调因素是指矿石性质，可调因素包括磨矿细度、矿浆浓度、药剂制度、浮选时间、水质、矿浆温度、充气和搅拌、矿浆酸碱度、气泡和泡沫的调节、浮选流程等。

影响浮选过程的因素主要包括磨矿细度、矿浆浓度、浮选药剂制度、浮选流程、矿浆

pH 值、浮选时间、温度、水质等。

（1）矿石性质对浮选的影响　主要包括矿石中元素含量、矿石物质组成、矿石中矿物的浸染特性（如不同矿物之间的嵌布特征及共生关系等）、类质同象杂质、矿物的存在形态（如属原生矿或次生矿、硫化矿或氧化矿等）、矿泥含量、氧化程度以及可溶性盐的含量及成分等。原矿品位的波动，会增加浮选工艺条件控制难度。其中，矿石的氧化率对浮选的影响较大，主要表现为：①矿石的泥化程度增大，许多金属矿物与脉石矿物的氧化，都会改变原来的矿物及矿石结构，形成一系列土状或黏土状矿物，使矿泥量增大；②矿石由于氧化，使矿石中矿物组成复杂，表面物理化学性质发生变化，如黄铜矿经氧化后会形成孔雀石、蓝铜矿及硅孔雀石等新的次生金属矿物，影响有用矿物的可浮性，甚至可能改变原有选矿方法或工艺流程；③矿石的氧化程度不同，影响矿浆的酸碱度，对药剂的种类及用量要求也会不同。

（2）磨矿细度对浮选的影响　磨矿细度必须满足下列要求，才能得到较好的浮选指标：①有用矿物基本上达到单体解离，浮选之前只允许有少量的有用矿物与脉石的连生体。②粗粒单体矿物的粒度，必须小于矿物浮游的粒度上限。③尽可能避免泥化，浮选矿粒的直径小于 0.01mm 时，浮选指标明显下降，当矿粒小于 2μm 时，有用矿物与脉石几乎无法分离。

（3）矿浆浓度对浮选的影响　矿浆浓度是指矿浆中固体物料的含量，通常用液固比或固体质量分数来表示。液固比是矿浆中液体与固体的质量（或体积）之比，有时又称为稀释度。

矿浆浓度是影响浮选过程的重要因素之一，它的变化将影响矿浆的充气程度、矿浆在浮选槽中的停留时间、药剂浓度以及气泡与颗粒的黏着过程等。矿浆较浓时，浮选进行较快，且较完全。适当增加浓度对浮选有利，处理每吨物料所消耗的水、电也较少。浮选时最适宜的矿浆浓度，还须考虑物料性质和具体浮选条件。一般原则是：浮选高密度粗粒物料时采用高浓度；反之采用低浓度；粗选时采用高浓度可保证获得高回收率和节省药剂；精选用低浓度，有利于提高最终疏水性产物的质量。扫选浓度由粗选决定，一般不另行控制。

（4）药剂制度对浮选的影响　药剂制度指浮选药剂的种类、用量、配制方法、加药顺序、加药地点和加药方式的总称。实践证明，药剂制度对浮选指标有重大影响，是泡沫浮选过程最重要的影响因素之一。药剂种类的选择，主要是根据所处理物料的性质、可能的流程方案，并参考国内外的实践经验，然后通过试验加以确定的。药剂种类确定应遵循以下原则：①先浮易浮矿物，后浮难浮矿物；②抑制易于抑制矿物，不抑制难抑制矿物；③捕收含量少的矿物，抑制含量多的矿物；④捕收密度小的矿物，抑制密度大的矿物。

浮选实践表明，无论是捕收剂和起泡剂，还是抑制剂和活化剂，以及介质调整剂等的用量都必须适当，才能获得较好的浮选效果，用量过高或过低均对浮选不利。药剂的添加地点主要取决于药剂与物料作用所需的时间、药剂的功能及性质。浮选过程中，通常的加药先后顺序为：pH 调整剂、抑制剂（或活化剂）、捕收剂、起泡剂。浮选被抑制过矿物的加药顺序为：活化剂、捕收剂、起泡剂。在浮选时，一种药剂要往往分成几次添加到流程中。对于易溶解、表面活性小、不易失效变质的药剂，可以一次集中添加；对于难溶于水的药剂、易被泡沫带走的药剂（如油酸、脂肪胺）、易在矿浆中反应失效的药剂（如二氧化碳、二氧化硫）、用量严格控制的药剂，往往采用多次分批加药的方式。

（5）浮选时间对浮选的影响　在实际生产条件下，矿浆通过每个浮选槽都有一定的停留时间，习惯上将矿浆流经每一作业浮选槽的时间之和称为本作业的浮选时间，于是就有所谓“粗选时间”“扫选时间”和“精选时间”之称；并将粗选作业和扫选作业之和泛称为矿石的

"浮选时间"。

浮选时间对指标的影响：增加浮选时间可增加回收率，但精矿质量随之降低。在相同矿石性质、药剂条件及操作条件下，浮选时间短导致金属的浪费和回收率低；浮选时间过长不但不能明显提高回收率，还会影响精矿的品位，对人力、物力、能耗也是一种浪费。粗选和扫选的总时间过短，会使金属回收率下降。精选和混合精矿分离时间过长，被抑制矿物浮游的机会也增加，结果使精矿品位下降。一般掌握的规律是：在矿物可浮性好，欲浮矿物的含量少，浮选机给矿粒度适中，矿浆质量分数较小，药剂作用快而强以及充气搅拌较强的条件下，浮选时间短；反之，则需较长的浮选时间。

(6) 水质对浮选的影响　浮选是在水介质中进行的，水质对浮选过程及指标的影响很大。浮选生产用水包括软水、硬水、咸水、盐的饱和溶液及生产回水等几类。不同生产过程对水质的要求不同，一般要求浮选用水不应含有大量悬浮物及可与浮选药剂或矿物反应的物质。如水中钙、镁离子含量多则为硬水，在硬水中用烃基酸和皂类浮选时，会消耗大量药剂。此外，在微细粒赤铁矿及铝土矿的选择性絮凝时，矿浆中钙离子的含量也会产生不良影响；如水中含有一些金属离子，如铁、铜、锌等，若浮选的是硫化矿物，则这些金属在矿物表面生成金属盐，影响硫化矿的可浮性。矿浆中的钙、镁、铁、铜等离子则会活化石英及硅酸盐脉石矿物。此外，溶解氧的含量，对浮选过程有重大影响。对硫化矿表面轻微地氧化可以增加其可浮性，当浮选用水中含有大量有机物如腐殖质和微生物时，则会消耗溶解于水中的氧，降低了硫化矿物的浮选速度，严重时会破坏整个浮选过程。但是过分氧化，其可浮性又会降低。

(7) 矿浆温度对浮选的影响　矿浆温度在浮选机的浮选作业中起着重要的作用，加温可以加速分子热运动，因此，加温对矿物有多方面影响。例如可以加速药剂的分散、溶解、水解、分解，以及提高药剂与矿物表面的作用速度，促进药剂的解吸，促使矿物表面的氧化等。矿浆温度实际来自下面两方面的因素：①某些浮选药剂要求在一定温度下才能溶解及发挥最佳效果。如在使用一些难溶且随着矿浆温度变化其溶解度也随之变化的油酸、胺类等浮选药剂时，矿浆温度的提高增加了其浮选效果和在水中的溶解度。例如：在使用脂肪酸类浮选剂浮选铁矿石时，矿浆温度的提高，提高了金属的回收率，且节省了浮选药剂。②某些矿石的特殊浮选工艺要求。例如：当在用黄药类浮选药剂浮选硫化矿时，混合精矿加热到一定温度时，会使被浮选矿物表面浮选药剂解吸，起到强化抑制作用，很好解决了多金属矿混合精矿在常温下难以分离的问题。采用加温浮选促使矿物的分离，实质上就是通过对各种硫化矿进行加温，利用其表面氧化速度的差异，来扩大矿物可浮性的差异。

(8) 充气和搅拌对浮选的影响　浮选前在搅拌槽（或称调浆槽）内对矿浆进行搅拌称为调浆，可分为不充气调浆、充气调浆和分级调浆等，它也是影响浮选过程的重要工艺因素之一。

不充气调浆是指不充气的条件下，在搅拌槽中对矿浆进行搅拌，目的是促进药剂与颗粒互相作用。调浆所需的搅拌强度和时间，视药剂在矿浆中的分散、溶解程度以及药剂与颗粒的作用速度而定。

充气调浆是指在未加药剂之前预先对矿浆进行充气搅拌，常用于硫化物矿物的浮选。各种硫化物矿物颗粒表面的氧化速度不同，通过充气搅拌即可扩大矿物颗粒之间的可浮性差别，有利于改善浮选效果。但过分充气也将是不利的。

所谓"分级调浆"是根据物料不同粒度所要求的不同调浆条件等，分别进行调浆，以达到改善浮选效果的目的。

(9) 矿浆酸碱度对浮选的影响　矿浆pH值影响到浮选的各个方面，主要体现在以下几个方面：①pH值对矿物表面电性的影响。对某些氧化矿和硅酸盐矿物，矿浆的pH值对其表面电性有着明显的影响，从而影响它们的浮选性质。例如，针铁矿在不同的pH值条件下，表现出不同的电性，当pH=6.7时，针铁矿表面不荷电；pH<6.7时，针铁矿表面荷正电，需用阴离子捕收剂捕收；pH>6.7时，针铁矿表面荷负电，需用阳离子捕收剂进行捕收。②pH值对矿物可浮性的影响。就绝大部分矿物而言，在用各自的捕收剂浮选时，它们的可浮性将受到矿浆pH值的直接影响。每种矿物在一定的药剂条件下，都有浮与不浮的临界pH值，矿浆的pH小于临界pH值时，矿物能上浮，大于临界pH值，矿物就不能浮。例如，用乙基黄药浮选黄铁矿时，在pH值大于11时，黄铁矿受到抑制不浮。③pH值对捕收剂在溶液中的存在状态的影响。有的捕收剂，在不同的pH值条件下，以不同的状态存在。例如十二胺，当矿浆的pH>10.65时，主要以分子状态存在，而矿浆的pH<10.65时，则主要以阳离子状态存在。另外，当捕收剂主要以离子的形式与矿物表面作用时，捕收剂在矿浆中有效离子的多少在很大程度上依赖矿浆的pH值。例如，黄药和油酸，主要以阴离子与矿物作用。而只有矿浆保持碱性，才能使这两种药剂主要以阴离子状态存在。④pH值对氧化矿和硅酸盐矿物表面羟基化的影响。氧化矿物和硅酸盐矿物表面的阳离子能水解成羟基络合物，羟基络合物的生成与质量分数大小受矿浆pH值严格控制，并且对矿物的浮选直接产生影响。例如，当用油酸浮选软锰矿时，在pH=8.5时，能获得最高回收率。

(10) 气泡和泡沫的调节对浮选的影响　泡沫在液-气界面进行分选过程中起着重要的作用，浮选泡沫的气泡大小、泡沫的稳定性、泡沫的结构及泡沫层的厚度等均显著影响浮选指标。在浮选过程中，疏水性颗粒附着在气泡上，大量附着颗粒的气泡聚集于矿浆表面形成泡沫层，这种泡沫称为三相泡沫。

为加速浮选，必须创造大量能附着疏水颗粒的气-液界面，界面的增加取决于以下三点：①起泡剂。它的作用就在于帮助获得大量的气-液界面。②充气量。使足够量的空气进入矿浆中。③空气在矿浆中的弥散程度。空气弥散度增加，界面随之增大。

进入的空气量一定时，形成的气泡愈小，界面的总面积愈大。在浮选过程中，要求气泡携带颗粒要有适当的上升速度，气泡过小难以保证充分的上浮力，而气泡过大会降低界面面积，同样降低浮选速度。浮选的气泡大小必须适合，满足浮选要求的气泡粒径为0.8～1mm。为了提高浮选过程的稳定性，要求泡沫具有一定的强度。保证泡沫能顺利地从分选设备中排出所要求的泡沫稳定时间，因不同的浮选作业而异，通常精选应长一些，而扫选应短一些，一般介于10～60s。

在三相泡沫中，常夹带有部分连生体及亲水性颗粒，这些颗粒之所以进入了泡沫，一部分是由于表面固着了捕收剂，形成了较弱的疏水性，附着于气泡被带入泡沫，但大部分是由于机械夹杂进来的。由于泡沫层中的水向下流动，可以冲洗大部分夹杂的颗粒，使之落回矿浆中。当气泡在泡沫层中兼并时，气-液界面的面积减小，气泡上原来负荷的颗粒重新排列，发生“二次富集作用”，使疏水性强的仍附着于气泡上，疏水性弱者被水带到下层或落入矿浆中。因此，浮选泡沫中上部的疏水性产物的质量高于下层的。

为了有效利用“二次富集作用”，提高疏水性产物的质量，可以适当地调整泡沫层的厚度和在槽内的停留时间。泡沫层愈厚、刮泡速度愈慢，疏水性产物的质量愈高。泡沫层厚度和停留时间的调节是浮选工艺操作的重要因素之一。若泡沫过黏，气泡间水层难以流动，二次富集作用效果显著降低。为此可在精选槽中采用淋洗法，增大泡沫层中流动的水量，从而增强分选作用，提高疏水性产物的质量。

(11) 浮选流程对浮选的影响　浮选流程是最重要的工艺因素之一，它对选别指标有很大的影响。浮选流程必须与所处理物料的性质相适应，对于不同的物料应采用不同的流程。合理的工艺流程应保证能获得最佳的选别指标和最低的生产成本。

生产中所采用的各种浮选流程，实际上都是通过系统的可选性研究试验后确定的。当选矿厂投产后，因物料性质的变化，或因采用新工艺及先进的技术等，要不断地改进与完善原流程，以获得较高的技术经济指标。在确定流程时，应主要考虑物料的性质，同时还应考虑对产物质量的要求以及选矿厂的规模等。

8.5 浮选工艺流程

浮选流程一般定义为矿石浮选时，矿浆经过各个浮选作业的总称。不同类型矿石，应用不同的流程处理，因此流程也反映了被处理矿石的工艺特性，故常称为浮选工艺流程。

8.5.1 浮选工艺流程内容

浮选工艺流程主要包括以下内容：

(1) 浮选原则流程（又称骨干流程）　只指出处理各种矿石的原则方案，其中包括段数、循环（又称回路）和矿物的浮选顺序。

矿浆经加药搅拌后进行浮选的第一个作业称为粗选，其目的是将给料中的某种或几种欲浮组分分选出来。对粗选的泡沫产品进行再浮选的作业称为精选，其目的是提高最终疏水性产物的质量。对粗选槽中残留的固体进行再浮选的作业称为扫选，其目的是降低亲水性产物中欲浮组分的含量，以提高回收率。上述各作业组成的流程如图 8-26 所示。

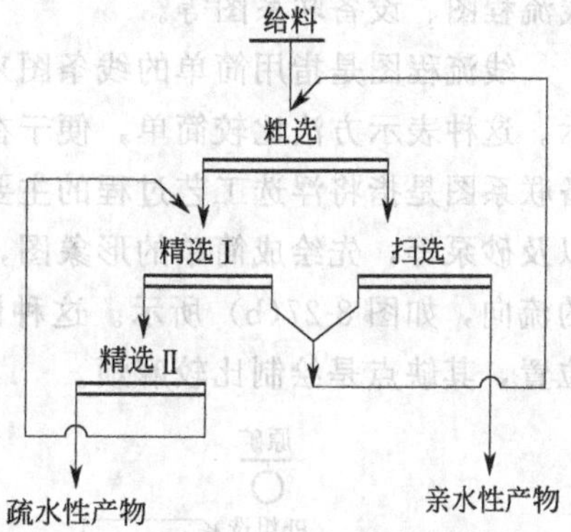

图 8-26　粗选、精选、扫选流程示意图

选别段数是指磨矿作业与选别作业结合的次数；磨 1 次（粒度变化一次），接着进行浮选即称为 1 段。所以浮选流程的段数，就是处理的物料经磨碎—浮选，再磨碎—再浮选的次数。浮选流程的段数，主要是根据欲回收组分的嵌布粒度及物料在磨碎过程中泥化情况而选定的。生产实践中所用的浮选过程有一段、两段和三段之分，三段以上流程则很少见到。阶段浮选流程又称阶段磨—浮流程，是指两段及两段以上的浮选流程，也就是将第 1 段浮选的产物进行再磨—再浮选的流程。这种浮选流程的优点是可以避免物料过粉碎，其具体操作是在第 1 段粗磨的条件下，分出大部分欲抛弃的组分，只对得到的疏水性产物（粗精矿）进行再磨再选。用这种流程处理欲回收组分嵌布较复杂的物料时，不仅可以节省磨矿费用，而且可改善浮选指标，所以在生产中得到了广泛应用。选别循环（或称浮选回路）是指选得某一最终产品（精矿）所包括的一组浮选作业，如粗选、扫选及精选等整个选别回路，并常以所选的组分来命名，如铅循环（或铅回路）。

(2) 流程内部结构　除了包含了原则流程的内容外，还详细地表达了各段磨矿分级次数，每个循环粗选、精选、扫选次数，中矿处理方式等内容。

粗选一般都是1次，只有少数情况下采用2次或2次以上。精选和扫选的次数变化较大，这与物料性质（如欲回收组分的含量、可浮性等）、对产品质量的要求、欲回收组分的价值等有关。当原料中欲回收组分的含量较高，但其可浮性较差时，如对产物质量的要求不很高，就应加强扫选，以保证有足够高的回收率，且精选作业应少，甚至不精选。当原料中欲回收组分的含量低，而对产物的质量要求很高（如浮选回收辉钼矿）时，就要加强精选，有时精选次数超过10次，甚至在精选过程中还需要结合再磨作业。当物料中两种组分的可浮性差别较大时，亲水性组分基本不浮，对这种物料的浮选，精选次数可以减少。

流程中精选作业的亲水性产物和扫选作业的疏水性产物一般统称为中间产物（中矿）。对它们的处理方法要根据其中的连生体含量、欲回收组分的可浮性、组成情况、药剂含量及对产物质量的要求等来决定。通常是将中间产物依次返回到前一作业，或送到浮选过程的适当地点。在实际生产中，中间产物的返回往往是多种多样的。一般是将中间产物返回到所处理物料的组成和可浮性与之相似的作业。当中间产物含连生体颗粒较多时，需要再磨。再磨可以单独进行，也可返回第1段磨矿作业。此外，当中间产物的性质比较特殊，不宜直接或再磨后返回前面的作业时，则需要对其进行单独浮选，或者用化学方法进行单独处理。在浮选厂的生产实践中，中间产物如何处理，是一个比较复杂的问题，由于中间产物对选别指标影响较大，所以需要经常对它们的性质进行分析研究，以确定合适的处理方案。

(3) 流程表示方法　各个国家采用的表示方法不一样。在各种书籍资料中，最常见的有线流程图、设备联系图等。

线流程图是指用简单的线条图来表示物料浮选工艺过程的一种图示法，如图8-27(a) 所示。这种表示方法比较简单，便于在流程上标注药剂用量及浮选指标等，所以比较常用。设备联系图是指将浮选工艺过程的主要设备与辅助设备如球磨机、分级设备、搅拌槽、浮选机以及砂泵等，先绘成简单的形象图，然后用带箭头的线条将这些设备联系起来，并表示矿浆的流向，如图8-27(b) 所示。这种图的特点是形象化，常常能表示设备在现场配置的相对位置，其缺点是绘制比较麻烦。

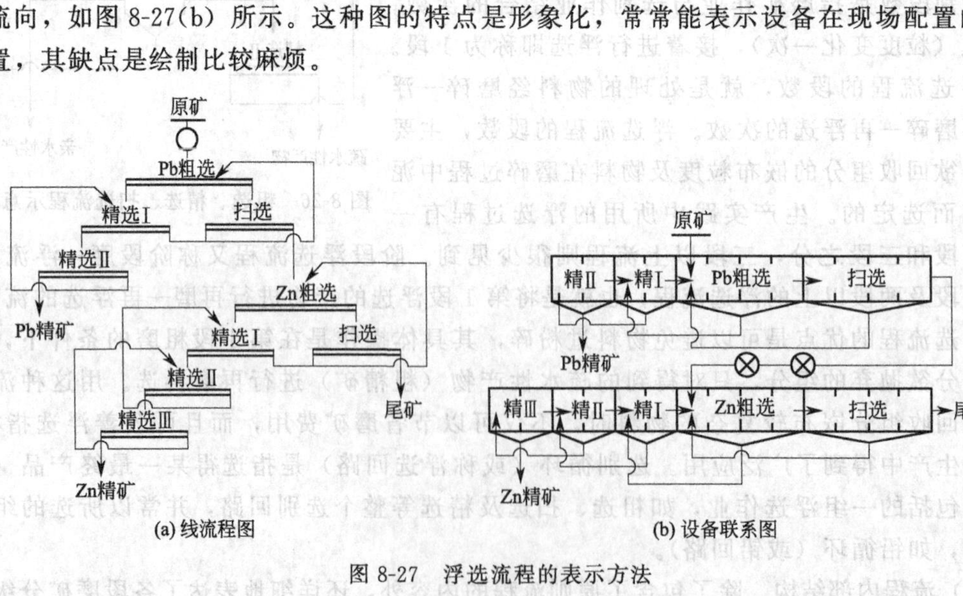

(a) 线流程图　　(b) 设备联系图

图8-27　浮选流程的表示方法

8.5.2 浮选原则流程

当浮选处理的物料中含有多种待回收的组分时，为了得出几种产品，除了确定选别段数外，还要根据待回收组分（矿物）的可浮性及它们之间的共生关系，确定各种组分的选出顺序。选出顺序不同，所构成的原则流程也不同，生产中采用的流程大体可分为优先浮选流程、混合浮选流程、部分混合浮选流程和等可浮流程等 4 类（见图 8-28）。

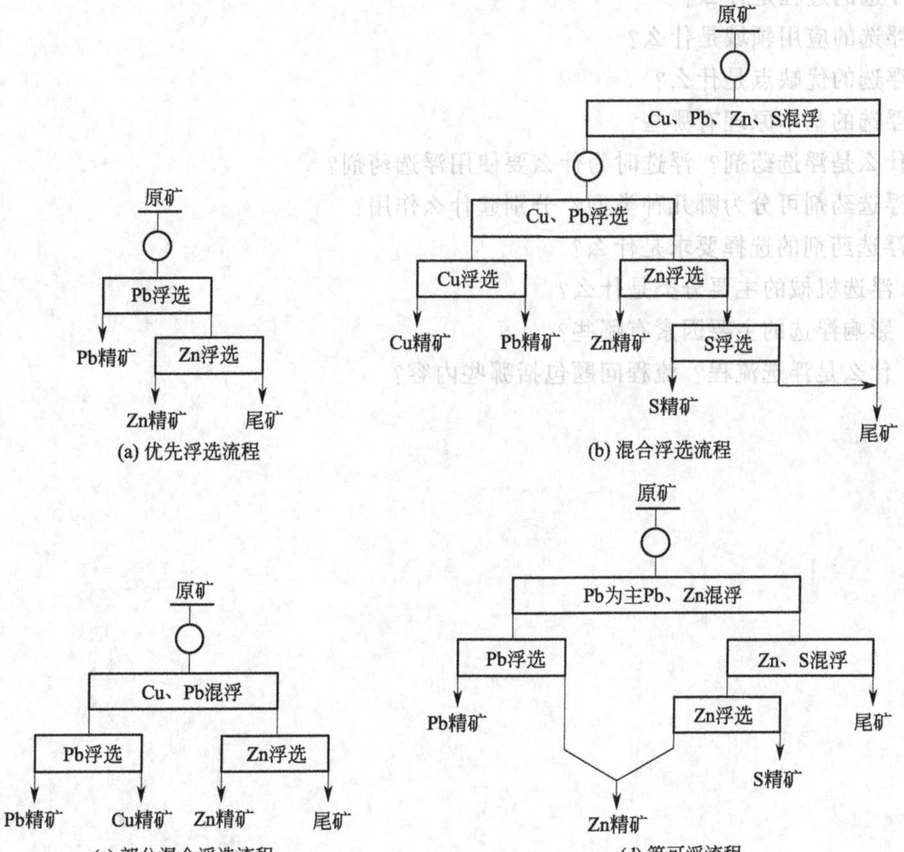

(a) 优先浮选流程　(b) 混合浮选流程　(c) 部分混合浮选流程　(d) 等可浮流程

图 8-28　常见的浮选原则流程

（1）优先浮选流程　是指将物料中要回收的各种组分按序逐一浮出，分别得到各种富含 1 种欲回收组分的产物（精矿）的工艺流程。

（2）混合浮选流程　是指先将物料中所有要回收的组分一起浮出得到中间产物，然后再对其进行浮选分离，得出各种常含 1 种欲回收组分的产物（精矿）的工艺流程。

（3）部分混合浮选流程　是指先从物料中混合浮出部分要回收的组分，并抑制其余组分，然后再活化浮出其他要回收的组分，先浮出的中间产物经浮选分离后得出富含 1 种欲回收组分的产物（精矿）的工艺流程。

（4）等可浮流程　是指将可浮性相近的要回收组分一同浮起，然后再进行分离的工艺流程，它适用于浮选处理的物料中所包含的一些组分，部分易浮、部分难浮的情况。例如，在浮选硫化铅-锌矿石时，锌矿物有的易浮，有的难浮，则可考虑采用等可浮流程，在以浮铅矿物为主时，将易浮的锌矿物与铅矿物一起浮出，这样可免除优先浮选对易浮锌矿物的强行抑制，也可免去混合浮选对难浮锌矿物的强行活化，从而降低药耗，消除残存药剂对分离的影响，有利于选别指标的提高。

思考题

1. 什么是浮选？
2. 浮选包括哪几个作业？
3. 浮选的过程是什么？
4. 浮选的应用领域是什么？
5. 浮选的优缺点是什么？
6. 浮选的基本原理有哪些？
7. 什么是浮选药剂？浮选时为什么要使用浮选药剂？
8. 浮选药剂可分为哪几种类型？分别起什么作用？
9. 浮选药剂的选择要求是什么？
10. 浮选机械的主要分类是什么？
11. 影响浮选的主要因素有哪些？
12. 什么是浮选流程？流程问题包括哪些内容？

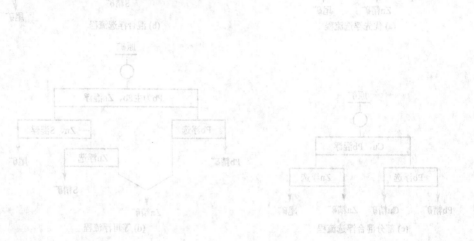

第 9 章 化学选矿

随着人类对自然矿物资源需求量的不断增加，为了最大限度地综合利用矿产资源，提高矿物加工过程的经济效益，化学选矿作为一种新的选矿工艺应运而生。与常规的选矿方法（物理选矿和表面物理化学选矿）相比，用化学选矿或物理选矿与化学选矿的联合工艺是解决“贫、细、杂”矿物资源难题和未利用矿物资源资源化的重要途径。在多数情况下，化学选矿能以单质或化合物的形态提供产品，并可提高资源综合利用的程度。它是处理和综合利用某些难选矿物原料的有效方法之一，也是解决三废（废水、废渣和废气）和保护环境的重要方法之一。

化学选矿是基于矿物组分之间的化学性质的差异，利用化学方法改变矿物组成，然后结合其他相应的方法使目的组分富集的矿物加工工艺。它包括化学浸出和化学分离两个主要过程。化学浸出主要是根据物料组分在化学性质上的差异，利用酸、碱、盐等浸出剂选择性地溶解有用组分或杂质组分，达到分离的目的。化学分离则主要是根据化学浸出液中物料组分在化学性质上的差异，利用化学沉淀、离子交换、溶剂萃取、金属置换等方法使物料组分在两相之间进行转移，实现净化分离的目的。

目前，应用化学选矿方法处理的矿石种类、数量及其他物料的处理量在不断地增加，化学选矿的应用范围在资源综合利用、三废处理和环境保护等方面也在不断扩大，化学选矿在矿物加工中的地位愈加重要。典型的化学选矿过程的原则流程图如图 9-1 所示。由图示可知，化学选矿一般包含六个主要作业：

（1）原料准备　包括矿石或其他原料的破碎筛分、磨矿分级和配料混匀等作业。目的是使物料碎磨至一定的粒度，为后续作业准备细度、浓度合适的物料或混合料。有时还需用物理选矿方法除去某些有害杂质，使目的矿物预先富集，也使矿物原料与化学试剂配料、混匀，为后续作业创造更有利的条件。

（2）焙烧　焙烧的目的是使目的组分转变成容易浸出或容易用物理选矿方法分选的形态，使部分杂质分解挥发或转变为难以浸出的形态，同时改变原料的结构构造，为后续作业准备条件。焙烧产物有焙砂、粉尘、湿法收尘液或泥浆，可根据其组成及性质采用相应方法从中回收各有用组分。

（3）浸出　根据原料性质和工艺要求，使有用组分或杂质组分选择性地溶于浸出溶剂中，从而使有用组分与杂质组分相分离或使有用组分相分离。浸出时可直接浸出矿物原料，也可浸出焙烧后的焙砂、烟尘等物料。

(4) 固液分离　采用沉降倾析、过滤和分级等方法处理浸出矿浆，以得到用于后续作业处理的澄清溶液或含有少量细矿粒的溶液。固液分离可用于化学选矿中的多个作业。

(5) 浸出液的净化和富集　为了获取高品位的化学精矿，浸出液常采用化学沉淀法、离子交换法或溶剂萃取法等进行净化分离，以除去杂质，得到有用组分含量较高的净化溶液。

(6) 制取化学精矿或金属　一般采用化学沉淀法、金属置换法、电积沉淀法和物理选矿法从净化液中沉淀析出化学精矿或金属。

有时可省去或简化固液分离作业，直接采用炭浆法、矿浆树脂法、矿浆直接电积法或物理选矿法从浸出矿浆中提取有用组分，以提高化学选矿过程的技术经济指标。

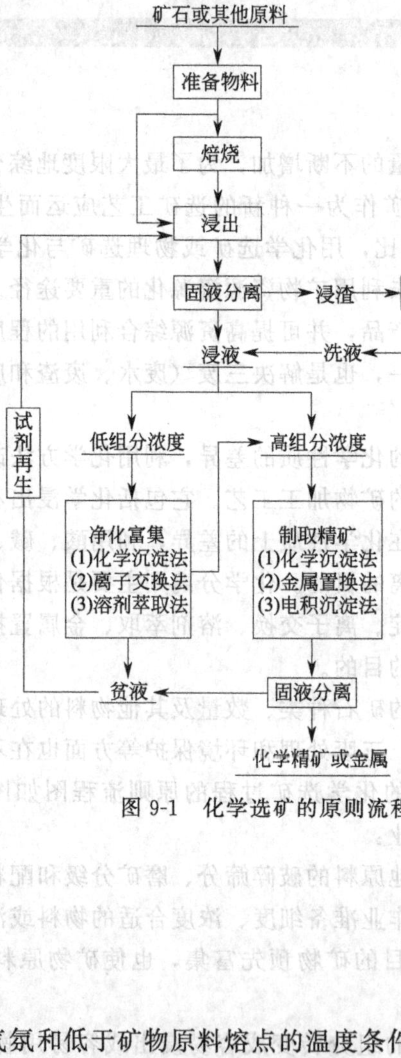

图 9-1　化学选矿的原则流程图

9.1 化学浸出

9.1.1 焙烧过程

焙烧是在适宜的气氛和低于矿物原料熔点的温度条件下，使矿物原料中的目的组分矿物发生物理和化学变化后转变为易浸或易于物理分选形态的工艺过程。焙烧后的产品称焙砂。焙烧过程通常作为选矿准备作业。

(1) 还原焙烧　还原焙烧是在低于物料熔点和还原气氛条件下，使矿石中的金属氧化物转变为相应低价金属氧化物或金属的过程。除了银和汞的氧化物在低于400℃条件下于空气中加热可分解析出金属外，绝大多数金属氧化物不能用热分解的方法还原，只能采用添加还原剂的方法将其还原。

金属氧化物的还原可用式（9-1）表示：

$$MO+R \longrightarrow M+RO \tag{9-1}$$

式中 M，MO——金属、金属氧化物；

R，RO——还原剂、还原剂氧化物。

还原焙烧可采用固体还原剂、气体还原剂或液体还原剂。生产中常用的还原剂有固体炭、CO 和 H_2。凡是对氧的化学亲和力比被还原的金属对氧的亲和力大的物质，均可作为该金属氧化物的还原剂。还原焙烧目前主要用于处理难选的铁、锰、镍、铜、锡、锑等矿物原料。

(2) 氧化焙烧与硫酸化焙烧　在氧化气氛条件下加热硫化矿物，将其中的全部（或部分）硫化物转变为相应的金属氧化物（或硫酸盐）的过程，称为氧化焙烧（或硫酸化焙烧）。

氧化焙烧是焙烧方法中应用最广的一种。如在铅锌冶炼过程中，硫化矿首先进行氧化焙烧，使其变成氧化物后进行还原，若有硫残留，将对金属回收率或炉况等造成不良影响，因而需要进行全部脱硫的氧化焙烧。有时为了通过挥发除去硫化矿中的砷和锑等有害杂质，也需进行氧化焙烧，例如脱砷焙烧。

硫酸化焙烧是处理含钴硫化精矿常用的方法，精矿脱硫产出含 SO_2 制酸烟气的同时，控制适当的条件，使钴、镍、铜等有色金属硫化物转化成相应的硫酸盐或碱式硫酸盐，而硫化铁氧化成氧化铁（Fe_2O_3）。焙砂用水或稀酸浸出钴、镍、铜等有价金属，浸渣可作为炼铁的原料，浸出液做进一步处理，回收有价金属。

在焙烧条件下，硫化矿物转变为金属氧化物和金属硫酸盐的反应可表示为：

$$2MS+3O_2 \longrightarrow 2MO+2SO_2 \tag{9-2}$$

$$2SO_2+O_2 \rightleftharpoons 2SO_3 \tag{9-3}$$

$$MO+SO_3 \rightleftharpoons MSO_4 \tag{9-4}$$

氧化焙烧时，金属硫化物转变为金属氧化物和二氧化硫的反应式（9-2）是不可逆的，而式（9-3）、式（9-4）是可逆的。当炉气中的 SO_3 分压大于金属硫酸盐的分解压时，焙烧产物是金属硫酸盐，反之，焙烧产物为金属氧化物。

(3) 氯化焙烧　氯化焙烧是在一定的温度气氛条件下，用氯化剂使矿物原料中的目的组分转变为气相或凝聚相的氯化物，以使目的组分分离富集的工艺过程。根据产品形态可将其分为中温氯化焙烧等三种类型。

① 中温氯化焙烧。中温氯化焙烧的温度一般为 500～600℃，生成的氯化物基本呈固态存在于焙砂中，然后用浸出的方法使其转入溶液中，故又将其称为氯化焙烧-浸出法。

② 高温氯化焙烧。高温氯化焙烧的温度在 1000℃以上，生成的氯化物呈气态挥发或呈熔融状态可以直接与固体焙烧矿或脉石分开，故又将其称为高温氯化挥发法。

③ 氯化离析法。离析法是使目的组分呈氯化物挥发的同时又使金属氯化物被还原而呈金属态析出，然后用物理选矿法使其与脉石分离的方法。

在氯化焙烧过程中，必须根据不同的目的控制不同的气氛。氯化焙烧根据气相含氧量的不同，分为氧化氯化焙烧（直接氯化）和还原氯化焙烧（还原氯化）。还原氯化主要用于处理较难氯化的物料。氯化焙烧可采用气体氯化剂（Cl_2、HCl）或固体氯化剂（NaCl、$CaCl_2$、$FeCl_3$）。气体氯化剂具有氯化作用强、反应迅速、耗损少、副作用小等优点，但具有强腐蚀性，工业应用时需选用耐氯材料及采用防腐措施。氯化剂的氯化作用主要是通过分解得到氯气和氯化氢来实现的。

（4）煅烧　煅烧是天然化合物或人造化合物的热离解或晶形转变过程，此时化合物受热离解为一种组分更简单的化合物或发生晶形转变。碳酸盐的热离解称为焙解。煅烧作业可用于直接处理矿物原料以适于后续工艺要求，也可用于化学选矿后期处理以制取化学精矿。煅烧过程的反应可表示如下：

$$MCO_3 \longrightarrow MO + CO_2 \tag{9-5}$$

$$2MSO_4 \longrightarrow 2MO + 2SO_2 + O_2 \tag{9-6}$$

$$2MS_2 \longrightarrow 2MS + S_2 \tag{9-7}$$

$$(NH_4)_2WO_4 \longrightarrow WO_3 + 2NH_3 + H_2O \tag{9-8}$$

影响煅烧过程的主要因素为煅烧温度、气相组成、化合物的热稳定性等。化合物的热离解一般是可逆的，温度升高时化合物离解，而温度降低时离解产物又重新化合。控制煅烧温度和气相组成即可选择性地改变某些化合物的组成或发生晶形转变，再用相应方法处理即可达到除杂和使有用组分富集的目的。

（5）钠盐烧结焙烧　钠盐焙烧是在难选的复杂氧化矿中加入钠盐，如碳酸钠、食盐、硫酸钠等，在一定温度和气氛条件下进行焙烧，使难溶的目的组分转变为可溶性的相应钠盐的过程。所得焙砂（烧结块）用水、稀酸或稀碱进行浸出，目的组分转入溶液，从而达到分离富集的目的。

钠盐焙烧可用于提取有用组分，也可用于除去难选粗精矿中的某些杂质。工业上常用此工艺提取钨、钒等有用组分。难处理的低品位钨矿物原料、钾钒铀矿等难选矿物原料的钠化焙烧过程的主要反应如下：

$$2FeWO_4 + 2Na_2CO_3 + 1/2O_2 \longrightarrow 2Na_2WO_4 + Fe_2O_3 + 2CO_2 \tag{9-9}$$

$$K_2O \cdot 2UO_3 \cdot V_2O_5 + 6Na_2CO_3 + 2H_2O \longrightarrow 2Na_4[UO_2(CO_3)_3] + 2KVO_3 + 4NaOH \tag{9-10}$$

$$V_2O_5 + Na_2CO_3 \longrightarrow 2NaVO_3 + CO_2 \tag{9-11}$$

钠盐焙烧还常用于除去难选粗精矿中的某些杂质以提高精矿质量，如用于除去锰精矿、铁精矿、石墨精矿等粗精矿中的磷、铝、硅、钒、铁、钼等杂质，所生成的钠盐在后续浸出过程中均转入溶液，但亚铁酸钠和铝酸钠在弱碱介质中发生水解，因此，浸出 pH 值因除杂类型而异。

9.1.2 浸出

浸出是溶剂选择性地溶解物料中某些组分的工艺过程。浸出的任务是选择适当的溶剂使矿物原料中的目的组分溶解于溶液中，达到有用组分与杂质组分或脉石组分相分离的目的。因此，浸出过程是一个目的组分的提取和分离的过程。用于浸出的试剂称为浸出剂，浸出所得的溶液称为浸出液，浸出后的残渣称为浸出渣。

9.1.2.1 浸出方法和浸出剂

（1）浸出方法　目前浸出的方法较多，依据浸出试剂可分为水溶性浸出和非水溶性浸出，前者是用各种无机化学试剂的水溶液或水作浸出剂，后者是用有机溶剂作浸出剂。具体分类如表 9-1 所示。

表 9-1　浸出方法依浸出剂分类表

浸出方法		常用的浸出剂
水溶剂浸出	酸法浸出	硫酸、盐酸、硝酸、王水、氢氟酸、亚硫酸
	碱法浸出	碳酸钠、氢氧化钠、氨水、硫化钠
	盐浸出	氯化钠、氯化铁、氯化铜、硫酸铁、次氯酸钠
	热压浸出	酸或碱
	细菌浸出	硫酸铁＋菌种＋硫酸
	水浸出	水
非水溶剂浸出		有机溶剂

依据浸出过程中物料的运动方式，可将其分为如下两种类型：

① 渗滤浸出。浸出剂在重力作用下自上而下或在压力作用下自下而上地通过固定物料层。渗滤浸出又可细分为就地渗滤浸出（地浸）、矿堆渗滤浸出（堆浸）和槽渗滤浸出（槽浸）等，适用于某些特定的条件。

② 搅拌浸出。它是细粒物料与浸出剂在搅拌槽中进行搅拌时的浸出过程，具有较为广泛的适用面。

依据浸出时的温度和压力条件，可将其分为热压浸出和常温常压浸出。目前，常温常压浸出比较常见，但热压浸出可缩短浸出时间、提高浸出率，应用愈来愈广。

（2）浸出剂

① 酸类浸出剂。包括硫酸、盐酸、硝酸、氢氟酸、王水及亚硫酸等。a.硫酸具有较高的沸点（330℃），且价廉易得，在常压下可采用较高的浸出温度，以获得较大的浸出速度和浸出率。b.盐酸可与多种金属化合物作用生成可溶性的金属氯化物，其反应能力较硫酸强，缺点是价格较高，易挥发，设备的防腐蚀要求较高。c.硝酸作为强氧化剂具有较强的分解能力，但价格贵，防腐蚀要求较高，常将其作氧化剂使用。

② 碱类浸出剂。碱类浸出剂的浸出选择性较高，浸出液中的杂质含量较低，且对浸出设备的腐蚀小。常用的浸出剂包括氢氧化钠、碳酸钠、硫化钠和氨。a.氢氧化钠有强碱性，无挥发性，使得浸出可在较高的浓度和温度下进行，可用于浸出含有弱碱盐及酸性氧化物的物料。b.碳酸钠溶于水后发生水解，溶液呈碱性，其主要用于浸出碳酸盐型铀矿石、某些钨矿物原料及硫化钼氧化焙烧渣和钼的氧化矿。c.硫化钠可分解砷、锑、锡、汞的硫化矿物，生成可溶性的硫代酸盐转入浸出液中。

③ 盐类浸出剂。常用的盐类浸出剂包括氯化钠、氯化钙、氯化镁、硫酸铵、氯化铁、硫酸铁、氯化铜、次氯酸钠、氰化钠等。a.氯化钠可用作浸出剂或添加剂，用作添加剂是为了提高浸出液中 Cl^- 的浓度，以提高被浸组分在浸出液中的溶解度。b.高价铁盐如 $FeCl_3$、$Fe_2(SO_4)_3$ 是一系列金属硫化物的理想氧化剂。c.氰化钠是金、银等贵金属的有效浸出剂，生产中常加入石灰作保护碱，使溶液的 pH 值维持在 8～10。

④ 细菌类浸出剂。浸矿细菌是利用微生物及其代谢产物来氧化、还原或溶浸物料中的有用组分的，主要的细菌种类如表 9-2 所示。这些浸矿细菌特性相似，均属化能自养菌。它们嗜酸好氧，习惯生活于酸性（pH＝1.6～3.0）及含多种重金属离子的溶液中，广泛分布于金属硫化矿、煤矿的酸性矿坑水中。

表 9-2　浸矿细菌种类及其主要生理特征

细菌名称	主要生理特征	最佳 pH 值
氧化铁硫杆菌	$Fe^{2+} \to Fe^{3+}$，$S_2O_3^{2-} \to SO_4^{2-}$	2.5～5.3
氧化铁杆菌	$Fe^{2+} \to Fe^{3+}$	3.5

续表

细菌名称	主要生理特征	最佳 pH 值
氧化硫铁杆菌	$S \rightarrow SO_4^{2-}$, $Fe^{2+} \rightarrow Fe^{3+}$	2.8
氧化硫杆菌	$S \rightarrow SO_4^{2-}$, $S_2O_3^{2-} \rightarrow SO_4^{2-}$	2.0～3.5
聚生硫杆菌	$S \rightarrow SO_4^{2-}$, $H_2S \rightarrow SO_4^{2-}$	2.0～4.0

浸出方法和浸出剂的选择主要依据物料的矿物组成、化学组成和矿石结构构造。此外，还应该考虑浸出剂的价格、浸出能力和对浸出设备的腐蚀性等因素。常用的浸出剂、浸出矿物类型及其应用范围如表 9-3 所示。

表 9-3 常用浸出剂、浸出矿物类型及其应用范围

浸出剂	浸出矿物类型	应用
稀硫酸	铀、钴、镍、铜、磷等氧化物，镍、钴、锰硫化物，磁黄铁矿	酸性脉石
稀硫酸＋氧化剂	有色金属硫化矿、晶质铀矿、沥青铀矿、含砷硫化矿	酸性脉石
盐酸	氧化铋、辉铋矿、磷灰石、白钨矿、氟碳铈矿、复稀金矿、辉锑矿、磁铁矿、白铅矿	酸性脉石
热浓硫酸	独居石、易解石、褐钇铌矿、钇易解石、复稀金矿、黑稀金矿、氟碳铈矿、烧绿石、硅铍钇矿、榍石	酸性脉石
硝酸	辉钼矿、银矿物、有色金属硫化矿、氟碳铈矿、细晶石、沥青铀矿	酸性脉石
王水	金、银、铂族金属	酸性脉石
氢氟酸	钽铌矿物、磁黄铁矿、软锰矿、钍石、烧绿石、榍石、霓石、磷灰石、云母、石英、长石	酸性脉石
亚硫酸	软锰矿、硬锰矿	酸性脉石
氨水	铜、镍、钴氧化矿，铜硫化矿，铜、镍、钴金属，钼华	碱性脉石
碳酸钠	白钨矿、铀矿	—
硫化钠＋氢氧化钠	砷、锑、锡、汞硫化矿	—
苛性钠	铝土矿、铅锌硫化矿、锑矿、含砷硫化物、独居石	—
氯化钠	白铅矿、氯化铅、吸附型稀土矿、氯化焙烧、烟尘	—
氰化钠	金、银、铜矿物	—
高价铁盐＋酸	有色金属硫化矿、铀矿	—
氯化铜	铜、铅、锌、铁硫化矿	—
硫脲	金、银、铋、汞矿	—
氯水	有色金属硫化矿、金、银	—
热压氧浸	有色金属硫化矿、金、银、独居石、磷钇矿	—
细菌浸出	铜、钴、锰、铀矿等	—
水浸	水溶性硫酸铜、硫酸化焙烧产物、钠盐烧结块	—
硫酸铵等盐溶液	吸附型稀土矿	—

9.1.2.2 浸出工艺

根据浸出试剂的运动方式，浸出可分为渗滤浸出和搅拌浸出两种。渗滤浸出又可细分为槽浸、堆浸和就地浸出。

① 槽浸是将破碎后的物料装入铺有假底的渗浸池或渗浸槽中，使浸出剂通过固定物料层而完成浸出过程的方法，槽浸适用于孔隙度较小的贫矿。

② 堆浸是将未处理或经一定程度破碎的矿石堆积于堆浸场上，堆浸场预先经过防渗透处理且开设有沟渠或水管，以便收集浸出液。然后将浸出剂喷洒在矿堆上使其均匀渗滤通过物料层，以完成目的组分的浸出过程。堆浸具有工艺简单、投资小、成本较低的特点。

③ 就地浸出是渗滤浸出地下矿体内的目的组分的浸出方法，适用于阶段崩落法开采的地下矿或井下开采完的采空区的残留柱和矿柱等。

上述三种渗滤浸出方法的原理相同，只适用于某些特定的物料，浸出时一般均采用间断操作的作业制度。

搅拌浸出是磨细的物料与浸出剂在浸出搅拌槽中通过剧烈搅拌完成浸出过程的浸出方法。此法适用于各种矿物原料，可在常温常压下进行浸出，也可在高温高压下完成浸出过程；可间断操作，也可连续操作。其中，连续操作下的常压浸出较为常见。

9.1.2.3 浸出流程

在物料的浸出工艺中，根据被浸出物料和浸出试剂运动方向的差别，浸出工艺流程可以分为顺流浸出（如图 9-2 所示）、错流浸出（如图 9-3 所示）和逆流浸出（如图 9-4 所示）三种。若被浸物料与浸出剂的流动方向相同，则为顺流浸出；若其流动方向相反，则为逆流浸出；若其流动方向交错，则为错流浸出。

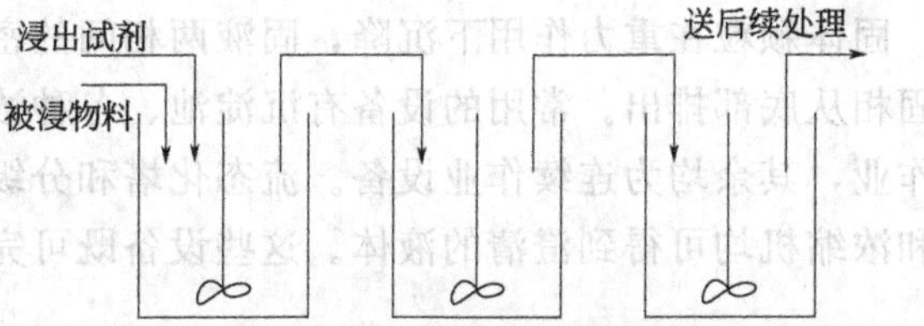

图 9-2 顺流浸出工艺流程

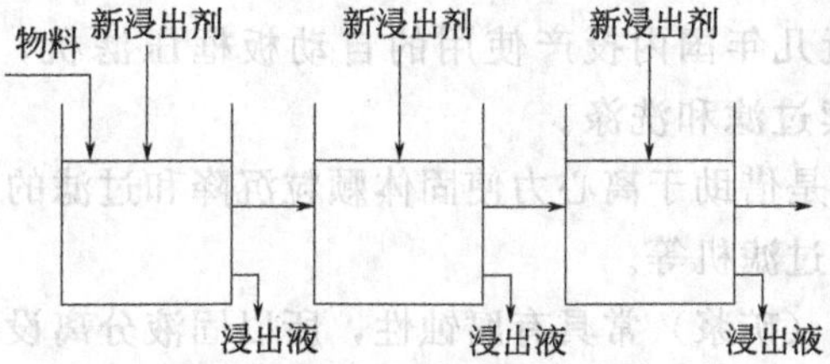

图 9-3 错流浸出工艺流程

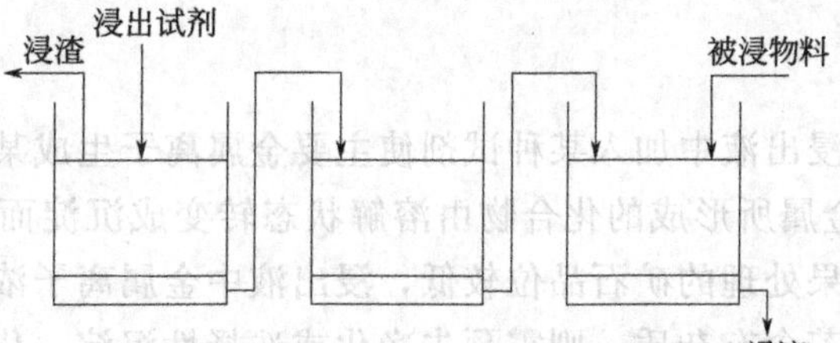

图 9-4 逆流浸出工艺流程

顺流浸出时，浸出液中的目的组分含量高，浸出剂的耗量较小，但其浸出速度小，浸出时间较长。错流浸出速度大，浸出率较高，但浸液体积大，组分含量低，浸出剂耗量较大。逆流浸出可较充分地利用浸液中的剩余浸出剂，浸液中的目的组分含量较高，但其浸出速度较错流浸出小。

连续搅拌浸出一般采用顺流浸出流程，槽浸可采用顺流、错流或逆流浸出流程，堆浸和就地浸出一般采用顺流循环浸出流程。错流或逆流浸出的各级之间应增设固-液分离作业。渗滤浸出可直接得到澄清浸出液，而搅拌浸出的浸出液必须经固-液分离后才能得到澄清浸出液或含少量矿粒的稀矿浆。

9.1.3 固液分离

化学选矿中，为保证浸出时所需的矿浆浓度，浸出前通常设有浓缩作业，浸出后的矿浆以及化学沉淀后的料浆均需进行固相和液相分离，以满足后续作业的要求。我们将这些固液两相分离的过程统称为固液分离。

化学选矿中的固液分离不仅要求将固体和液体较彻底地分离，而且由于分离后的固体部分（滤饼或底流）不可避免地会夹带相当数量的溶液，而这部分溶液的金属组分浓度与给料中的金属组分浓度相同，为了提高金属回收率或产品品位，所以还应对固体部分进行洗涤。

根据固液分离过程的推动力不同，固液分离可分为以下三类。

（1）重力沉降法　固体颗粒在重力作用下沉降，固液两相间的密度差使其分层，最终液体从设备顶部溢出，固相从底部排出。常用的设备有沉淀池、各种浓缩机、流态化塔和分级机等。沉淀池为间歇作业，其余均为连续作业设备。流态化塔和分级机得到的是供后续处理的稀矿浆，而沉淀池和浓缩机均可得到澄清的液体。这些设备既可完成固液分离，又可用于固相洗涤。

（2）过滤法　此法利用过滤介质两侧的压力差实现固液分离，是化学选矿的固液分离应用最广的方法。常用设备为各种类型的真空过滤机和压滤机。用此法进行固液分离可获得澄清度高的清液。近几年国内投产使用的自动板框压滤机，以及南非研制成功的带式过滤机，均可进行连续过滤和洗涤。

（3）离心分离法　它是借助于离心力使固体颗粒沉降和过滤的方法，常用设备为水力旋流器、离心沉降机和离心过滤机等。

化学选矿中的悬浮液（矿浆）常具有腐蚀性，所以固液分离设备要求耐腐蚀。当介质为中性或碱性时，可用碳钢和混凝土制作，酸性介质则要求采用耐腐蚀材料或进行防腐处理，通常可选用不锈钢、衬橡胶、衬塑料、衬环氧玻璃钢、衬瓷片或辉绿岩等。

9.2 化学沉淀

化学沉淀法是指在浸出液中加入某种试剂使主要金属离子生成某种化合物，并通过调整pH值等手段，使主要金属所形成的化合物由溶解状态转变成沉淀而分离出来，最后得到化学选矿产品的方法。如果处理的矿石品位较低，浸出液中金属离子浓度小，则沉淀前必须浓缩，提高溶液的浓度。若含有杂质，则需预先净化或选择性沉淀。化学沉淀法得到的产品纯度一般不高，需进一步精炼才能得到纯金属，但化学沉淀法的成本比电沉积法低得多，特别是处理金属离子浓度低的溶液。

9.2.1 离子沉淀

离子沉淀法是利用沉淀剂，使溶液中的某种离子选择性地转变为难溶的氢氧化物、硫化物及各种盐类而沉淀出来的方法。有价金属离子保留在溶液中，称为浸出液净化；若难溶物为最终产品，可直接作为产品出售。

（1）水解沉淀

$$M^{2+} + 2H_2O \longrightarrow M(OH)_2 + 2H^+ \tag{9-12}$$

$$M^{3+}+3H_2O \longrightarrow M(OH)_3+3H^+ \tag{9-13}$$

$$M(OH)_2 \longrightarrow MO_2^{2-}+2H^+ \tag{9-14}$$

$$M(OH)_3 \longrightarrow MO_2^-+H^++H_2O \tag{9-15}$$

$$2M+2H_2O+O_2 \longrightarrow 2M(OH)_2 \tag{9-16}$$

$$2M+4H^++O_2 \longrightarrow 2M^{2+}+2H_2O \tag{9-17}$$

$$4M^{2+}+4H^++O_2 \longrightarrow 4M^{3+}+2H_2O \tag{9-18}$$

假定固体金属 M、H_2O、$M(OH)_2$、$M(OH)_3$ 的活度均为1，则由上述关系式可得：

$$\lg A_{M^{2+}}=-\lg K_1-2pH \tag{9-19}$$

$$\lg A_{M^{3+}}=-\lg K_2-3pH \tag{9-20}$$

$$\lg A_{MO_2^{2-}}=K_3-2pH \tag{9-21}$$

$$\lg A_{MO_2^-}=K_4-pH \tag{2-22}$$

$$\lg p_{O_2}=-\lg K_5 \tag{9-23}$$

$$\lg p_{O_2}=-\lg K_6+2\lg A_{M^{2+}}+4pH \tag{9-24}$$

$$\lg p_{O_2}=-\lg K_7-4\lg A_{M^{3+}}+4\lg A_{M^{2+}}+4pH \tag{9-25}$$

用 $\lg p_{O_2}$ 对 pH 作图，如图 9-5 所示。图中表达了金属-水溶液（$M\text{-}H_2O$）中的热力学稳定相。

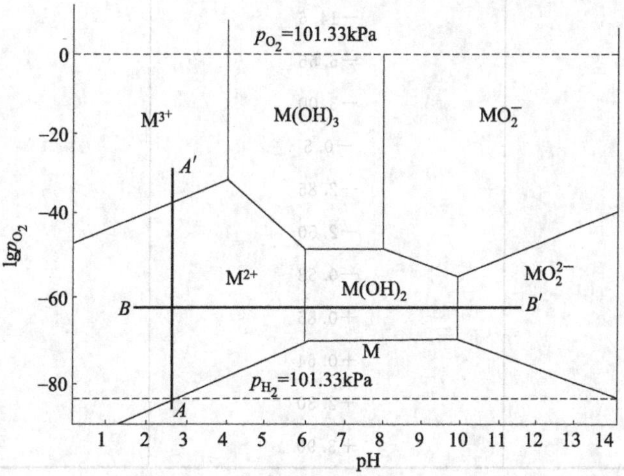

图 9-5　$M\text{-}H_2O$ 系的 $\lg p_{O_2}$-pH 图

(2) 硫化物沉淀　由于金属硫化物比氢氧化物的溶度积更小，因此，当氢氧化物沉淀法不能将金属离子浓度降至要求时，常采用硫化物沉淀法。硫化物沉淀法是基于不同金属的硫化物具有不同的溶度积，通过加入硫化剂（H_2S 或 Na_2S）来沉淀分离金属的。反应式如下：

$$2M^{n+}+nS^{2-} \longrightarrow M_2S_n \tag{9-26}$$

反应平衡时，溶度积 $K_{sp}=[M^{n+}]^2[S^{2-}]^n$ (9-27)

溶液中硫离子浓度 $[S^{2-}]^n$ 由下列两个平衡而定（25℃）：

$$H_2S(g) \longrightarrow H^++HS^- \quad K_1=10^{-8} \tag{9-28}$$

$$HS^- \longrightarrow H^++S^{2-} \quad K_2=10^{-12.9} \tag{9-29}$$

$$K = K_1 K_2 = 10^{-20.9} = [H^+]^2[S^{2-}]/p_{H_2S} \tag{9-30}$$

当取 $p_{H_2S}=101.325kPa$ 时：

$$[H^+]^2[S^{2-}] = 10^{-20.9} \tag{9-31}$$

由式（9-27）、式（9-30）可得出对于一价金属硫化物 M_2S 的平衡 pH 值：

$$pH = 10.45 + 1/2\lg K_{sp(M_2S)} - \lg[M^+] \tag{9-32}$$

对于二价金属硫化物 MS，其平衡 pH 值为：

$$pH = 10.45 + 1/2\lg K_{sp(MS)} - 1/2\lg[M^{2+}] \tag{9-33}$$

可以看出，生成硫化物的 pH 值不仅与溶度积有关，还与金属离子浓度和离子价数有关。例如，对于硫化镍沉淀 NiS，根据 $K_{sp}=2.344\times10^{-20}$，即 $K_{sp}=10^{-19.63}$ 代入式（9-33）：

$$pH = 10.45 + 1/2\lg 10^{-19.63} - 1/2\lg[Ni^{2+}] = 0.635 - 1/2\lg[Ni^{2+}] \tag{9-34}$$

当 $[Ni^{2+}]=1mol/L$ 时，pH=0.635；当 $[Ni^{2+}]=10^{-4}mol/L$ 时，pH=2.635。

某些硫化物沉淀平衡时的 pH 值如表 9-4 所示。

表 9-4 某些硫化物沉淀的平衡 pH 值

硫化物	生成硫化物时的平衡 pH 值	
	当 $[M^{n+}]=1mol/L$ 时	当 $[M^{n+}]=10^{-4}mol/L$ 时
Cu_2S	−12.35	−8.35
HgS	−15.0	−13.0
Ag_2S	−14.6	−10.6
CuS	−6.55	−4.55
SnS	−3.00	−1.00
Bi_2S_3	−0.5	+0.83
PbS	−2.85	−0.85
CdS	−2.50	−0.25
ZnS	−0.53	+1.47
CoS	+0.85	+2.85
NiS	+0.64	+2.64
FeS	+2.30	+4.30
MnS	+3.90	+5.90

注：M—金属，n—离子价数，$T=25℃$，$p_{H_2S}=101325Pa$。

（3）其他难溶盐沉淀　除硫化物外，许多金属盐类也难溶于水，如某些金属的碳酸盐、磷酸盐、草酸盐、砷酸盐、氯化物、氟化物、钨酸盐、钼酸盐、铀酸盐等，可据此来分离和回收金属。例如，草酸盐常用于稀土提取工艺。用浓硫酸在 200℃条件下，分解独居石或磷铈镧矿，冷水浸出硫酸盐，稀土和钍进入溶液中，用草酸沉淀可获得钍和稀土的混合物，再进一步分离。

9.2.2 置换沉淀

置换沉淀也称置换沉积。金属置换是一种金属从溶液中将另一种金属离子置换出来的氧化还原过程。从热力学上讲，只能用较负电性金属去置换出溶液中较正电性的金属离子（表 9-5）。置换过程的反应式如下：

$$n_2 M_1^{n_1+} + n_1 M_2 \longrightarrow n_2 M_1 + n_1 M_2^{n_2+} \tag{9-35}$$

两种金属的电位差越大，置换反应越易发生，平衡时被置换金属离子的剩余浓度越低。

表 9-5　某些金属的电位序（标准电极电位）

电极	电极反应	$\varepsilon^{\ominus}$/V
Li^+,Li	$Li^+ + e^- \longrightarrow Li$	−3.01
K^+,K	$K^+ + e^- \longrightarrow K$	−2.92
Ca^{2+},Ca	$Ca^{2+} + 2e^- \longrightarrow Ca$	−2.84
Na^+,Na	$Na^+ + e^- \longrightarrow Na$	−2.713
Mg^{2+},Mg	$Mg^{2+} + 2e^- \longrightarrow Mg$	−2.38
Al^{3+},Al	$Al^{3+} + 3e^- \longrightarrow Al$	−1.66
Zn^{2+},Zn	$Zn^{2+} + 2e^- \longrightarrow Zn$	−0.763
Fe^{2+},Fe	$Fe^{2+} + 2e^- \longrightarrow Fe$	−0.44
Ni^{2+},Ni	$Ni^{2+} + 2e^- \longrightarrow Ni$	−0.241
Sn^{2+},Sn	$Sn^{2+} + 2e^- \longrightarrow Sn$	−0.14
Pb^{2+},Pb	$Pb^{2+} + 2e^- \longrightarrow Pb$	−0.126
H^+,H	$H^+ + e^- \longrightarrow H$	0.000
Cu^{2+},Cu	$Cu^{2+} + 2e^- \longrightarrow Cu$	+0.337
Hg^{2+},Hg	$Hg^{2+} + 2e^- \longrightarrow Hg$	+0.798
Ag^+,Ag	$Ag^+ + e^- \longrightarrow Ag$	+0.799
Au^+,Au	$Au^+ + e^- \longrightarrow Au$	+1.500

金属置换法可从溶液中直接沉析出海绵状的粗金属，例如，用铁屑从硫酸浸铜液或矿山含铜离子废水中置换得到海绵铜，反应式如下：

$$Fe + Cu^{2+} \longrightarrow Fe^{2+} + Cu \tag{9-36}$$

金属置换法得到的粗金属态化学精矿需冶炼加工才能获得纯金属。

9.2.3　电积沉淀

电积沉淀是指采用不溶阳极（铅、石墨等）进行电解，使溶液中的金属离子在阴极上沉积的方法。和置换沉淀一样，电积沉淀可以分离除杂，也可以直接获取金属产品。电积沉淀的优点是不需经过粗金属的中间阶段，一次性得到高纯度金属，电解液可以再生循环用于浸出。缺点是电流效率较低，耗电量较大。电积沉淀广泛用于提取锌、铜、铬、锰、镉等，有时也用于从废屑中回收金属。

在酸性溶液中进行电积沉淀，经常会遇到金属和氢竞争析出的问题。氢电极的电位随 pH 的升高而变负，而金属的电极电位不随 pH 变化。因此，电位比氢电极要负的某些金属（如镍、钴），随着 pH 的升高，其电位变得比氢更正，使电位顺序发生变化，进而使这些金属比氢优先析出。但溶液的 pII 的升高是有限度的，当金属离子发生水解，产生氢氧化物，电积沉淀的正常状态就会被破坏。

电积沉淀的阳极电解反应式为：$2OH^- - 2e^- \longrightarrow H_2O + 1/2O_2\uparrow$　(9-37)

阴极电解反应式为：$M^{n+} + ne^- + (2H^+ + 2e^-) \longrightarrow M\downarrow + (H_2\uparrow)$　(9-38)

与电积沉淀不同，电解精炼阳极得到的为粗金属，阴极为纯金属，为同一种金属。电解液中金属离子都与阴、阳极形成可逆电极，如果忽略阳极中微量杂质的影响，阳极的溶解与阴极的析出为等物质的量的两反应，电解槽中将不发生任何化学反应。

9.3 溶剂萃取

溶剂萃取是用一种或多种与水不相混溶的有机试剂从水溶液中选择性地提取某目的组分的工艺过程。可用此法进行分离提纯、富集有用组分或显色法分析等。溶剂萃取过程一般包括萃取、洗涤、反萃取和有机相再生四个作业。溶剂萃取的原则流程如图 9-6 所示。

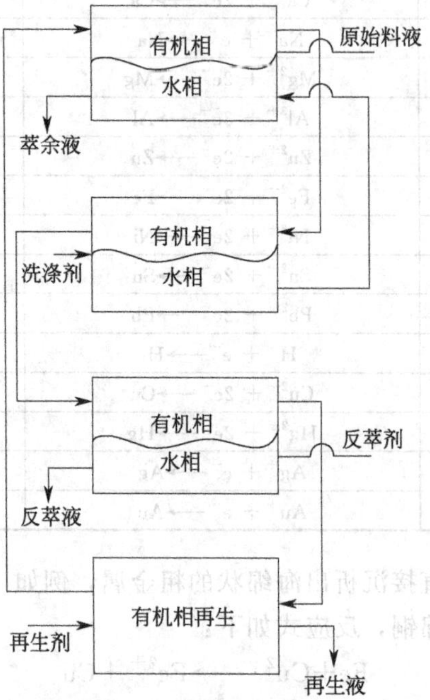

图 9-6 溶剂萃取原则流程图

在萃取中，含目的组分的水相与含有机溶剂的有机相在萃取设备中混合，此时目的组分从水相选择性地转入有机相，然后静止分层得到荷载目的组分和共萃杂质的负载有机相和萃余液。洗涤的目的是用适当的试剂（洗涤剂）洗去负载有机相中的少量共萃杂质，洗后液一般返回萃取以回收其中的目的组分。反萃的目的是用适当的反萃剂使负载有机相中的目的组分转入水相，得到目的组分含量高的反萃液，对其进一步处理可得化学精矿。反萃后的有机相经再生后返回或直接返回萃取使用。有时可用还原反萃或沉淀反萃法使被萃组分转变为难于萃取的低价形态或以沉淀形态析出。在萃取工艺中，萃取和反萃是不可少的作业，而洗涤和再生作业有时可省去。在萃取、洗涤、反萃和再生时，有机相和水相均呈逆流相向流动。

9.3.1 溶剂萃取的基本原理

(1) 萃取平衡　在萃取和反萃取的过程中，当转移过程达到动态平衡时，物质在两相的浓度不再随时间变化，此时萃取平衡。但“平衡”是暂时的，当条件发生变化时，原来的平衡将会被打破并建立新的平衡。因此，研究平衡条件下的萃取规律是了解萃取过程的基础。

① 萃取体系。萃取体系由互不相溶的有机相和水相构成。有机相通常由萃取剂、稀释剂与添加剂组成。稀释剂一般是三者之中数量最多的组分，添加剂有时可以不添加，萃取剂

本身就是溶剂，如 CCl_4、TBP 等。水相是萃取工业的加工对象，可以是矿物原料的浸出液，也可以是工业污水或其他需要净化的溶液。

② 反萃取。被萃取物萃入有机相后，通常需要使其重新返回水相，此时可把负载有机相与反萃剂（一般是无机酸或碱的水溶液，或者是纯水）接触，使被萃取物转入水相，这一过程相当于萃取的逆过程，故称为反萃取。

③ 分配定律和分配系数。能斯特（Nernst）分配定律认为：当某一溶质分配在互不相溶的两相之间，并在恒温、恒压条件达到平衡时，该溶质在两相中的活度比为常数。在萃取实践中，则用溶质在有机相和水相的平衡浓度比表示［式（9-39）］。

$$K_D=\frac{[A]_{有}}{[A]_{水}}=\frac{[A']}{[A]} \tag{9-39}$$

式中，K_D 为分配系数。

K_D 值越大，表明 A 在有机相中的平衡浓度越大。分配定律只有在低浓度时才是正确的，适用于接近理想溶液的萃取体系。

大多数的金属萃取体系比较复杂，并不完全服从分配定律。因此，引入了分配比的概念，即在萃取平衡时，溶质 A 在有机相和水相中的浓度是以各种化学形式进行分配的溶质总浓度，它们的比值为分配比，以 D 表示，表达式如下：

$$D=\frac{[A]_{有}}{[A]_{水}}=\frac{[A']}{[A]}=\frac{[A'_1]+[A'_2]+[A'_3]+\cdots+[A'_m]}{[A_1]+[A_2]+[A_3]+\cdots+[A_m]} \tag{9-40}$$

分配比表示在萃取体系达到平衡时，以各种形式存在的被萃物在有机相中的浓度和，与相应形态的被萃物在水中的浓度和之比。分配比 D 不是常数，它与被萃组分的浓度、溶液 pH、水相盐析剂和络合剂的种类及浓度、萃取剂的种类及浓度、稀释剂的性质等因素有关。

④ 相比和流比。相比是指萃取过程中有机相的体积与水相体积之比。对于连续萃取过程，相比用连续供入的有机相流量与水相流量的比值表示，又称流比。流比不一定完全等于相比。

⑤ 萃取比（萃取因数）。萃取比是被萃取溶质进入有机相的总量与该溶质在萃余液中的总量之比，通常用 E 表示。这个物理量可用在多级萃取计算中，以确定流比和理论级数。根据定义，萃取比为：

$$E=\frac{有机相中被萃溶质的总量}{萃余液中溶质的总量}=\frac{[A']V'}{[A]V} \tag{9-41}$$

其中，$\frac{[A']}{[A]}=D$，$\frac{V'}{V}=R$（相比）。故：

$$E=DR \tag{9-42}$$

即萃取比等于分配比与相比的乘积。萃取比不是常数，其值与相比、萃取剂浓度、温度、pH、溶质在水相和有机相中的络合作用、水相中金属离子浓度等因素有关。

⑥ 萃取率和萃余率。萃取率是被萃溶质进入有机相的总质量与萃取前溶液中溶质总质量的百分比。它表示萃取平衡时，萃取剂的实际萃取能力，用 η 表示，表达式如下：

$$\eta=\frac{被萃到有机相中的溶质总量}{萃前溶液中的溶质总量}\times 100\% \tag{9-43}$$

$$=\frac{[A']V}{[A']V+[A]V}\times 100\% \tag{9-44}$$

$$=\frac{E}{E+1}\times 100\%=\frac{D}{D+1/R}\times 100\% \tag{9-45}$$

萃余率是萃余液中溶质的总质量与萃取前溶液中溶质总质量的百分比，萃余率也可用分配比和相比表示：

$$\varphi=1-\eta=1-\frac{E}{E+1}=1-\frac{DR}{DR+1}=\frac{1}{1+DR}\times 100\% \tag{9-46}$$

⑦ 分离系数（分离因数）。分离系数为两种溶质在同一萃取体系，相同萃取条件下，分配比的比值，用β表示：

$$\beta_{A/B}=\frac{D_A}{D_B} \tag{9-47}$$

分离系数表示萃取过程中两种溶质分离的难易程度，β值越大（或越小）说明两种溶质越容易分离。若$D_A=D_B$，两溶质就不能用萃取分离。

(2) 影响萃取平衡的因素

① 温度。根据分配系数的定义：

$$K_D=\frac{a_{A_{有}}}{a_{A_{水}}}=e^{-(\mu^{\ominus}_{A_{有}}-\mu^{\ominus}_{A_{水}})/(RT)} \tag{9-48}$$

式（9-48）为分配系数与温度的函数关系，可以看出，温度影响着萃取的平衡状态。

② 萃取剂浓度。对于阳离子交换萃取剂，M^{n+}在有机相和水相中分配。

$$M^{n+}+n[HR]'=[MR_n]'+nH^+ \tag{9-49}$$

平衡常数
$$K_D=\frac{[MR_n]'[H^+]^n}{[M^{n+}][HR]'^n} \tag{9-50}$$

$$K_D=D\frac{[H^+]^n}{[HR]'^n} \tag{9-51}$$

$$D=K_D\frac{[HR]'^n}{[H^+]^n} \tag{9-52}$$

当 pH 值一定时，式（9-52）为分配比与萃取剂浓度的函数。

③ pH。对于式$D=K_D\frac{[HR]'^n}{[H^+]^n}$，设萃取剂浓度为常数，则$K_D[HR]'^n$为常数$C$，$\lg D=\lg C+n\text{pH}$。分配比随 pH 值的增加而增大，金属价数越高越明显。若 pH 值过高，金属萃取率则由于金属离子发生水解同样下降。

④ 水相组分。水相的组分通常是指水相中存在的阴离子，它的类型和浓度常常会影响金属的萃取效率。例如，用P_{204}从氨性溶液萃取钴和镍时，随着SO_4^{2-}浓度的增加，钴和镍的萃取效率会急剧下降。可能的原因是形成了离子缔合物$[Co(NH_3)_6\cdot SO_4]^+$，这种缔合物在水相中的稳定性大于P_{204}-Co 络合物的稳定性，因此它就不能被萃取。

⑤ 金属离子浓度。当萃取浓度一定时，水相中金属离子浓度会影响萃取平衡的分配比。萃取达平衡时，游离萃取剂的浓度为：

$$[HR]'_F=[HR]'_T-[MR_n]' \tag{9-53}$$

式中，$[HR]'_T$表示萃取剂的总浓度；$[MR_n]'$为与金属形成萃合物的萃取剂浓度。其他条件不变，如果体系中金属离子浓度升高，则$[MR_n]'$增加，$[HR]'_T$减少，分配比D也就相应下降。

9.3.2 萃取剂、稀释剂及添加剂

（1）萃取剂　萃取剂是指与被萃物质能形成化学结合的萃合物的有机试剂，形成的萃合物和萃取剂本身皆能溶于稀释剂中。萃取剂可分为中性萃取剂、酸性萃取剂、碱性萃取剂和螯合萃取剂四大类。

萃取剂的选择一般有以下几项原则：

① 有良好的萃取性能：具有较高的选择性、较高的萃取容量和较大的萃取速度。

② 有好的分相性能：具有较小的密度和黏度，有较大的表面张力。

③ 水溶性小、易反萃，不易乳化和生成第三相，来源充足，价格相对便宜。

④ 无毒、不易燃、不挥发、不易水解、腐蚀性小、化学稳定性好等。

（2）稀释剂　稀释剂是指能溶解萃取剂，且不与被萃物产生化学结合的惰性溶剂。一般将稀释剂和萃取剂配成一定浓度的有机相使用，多数萃取体系中，稀释剂是有机相中含量最多的组分。稀释剂主要有以下作用：

① 改变萃取剂的浓度和黏度，以便调节萃取剂的萃取和分离能力，提高萃取效率和选择性，减少萃取剂的消耗。

② 增大萃合物在有机相中的溶解度：对于含有水分子的萃合物，极性大的稀释剂通过与水分子作用，可使萃合物在有机相中的溶解度增大。

③ 改善有机相的密度，增大它与水相的密度差，有利于两相的分离澄清。

稀释剂除应具有无毒、不易燃、挥发性低、腐蚀性小和化学性质稳定等特性外，还应满足极性小和介电常数小的要求。稀释剂极性较大时，常通过氢键与萃取剂缔合，降低有机相中游离萃取剂的浓度，从而降低萃取效率。稀释剂的极性可用偶极矩或介电常数来衡量。

（3）添加剂　加入添加剂是为了改善有机相的物理化学性质，增加萃取剂和萃合物在稀释剂中的溶解度，抑制稳定乳浊液的形成，防止生成第三相并起到协助萃取的作用。

在萃取过程中，有时会出现两层有机相，介于水相和上层有机相之间的有机相称为第三相，第三相的产生主要是萃合物在有机相中的溶解度问题。加添加剂到有机相中就能避免第三相的产生，这样的添加剂称为改质剂。常用的改质剂有醇类（异癸醇、二乙基己醇、P-壬基酚）和 TBP 等。改质剂的用量一般为 2%～5%（体积分数）。有些萃取体系一般不添加改质剂，如羧酸-煤油、螯合萃取剂-稀释剂的混合物。

另一种添加剂加入有机相后会提高萃取速度，称为动力协萃剂。如 Lix63、琥珀磺酸钠、异癸醇、高碳醇、壬基酚等。在 Lix65N 中加入 Lix63 即组成 Lix64N，其萃取平衡时间可以从 10min 缩短至 2min。在羟肟萃取剂中加入 0.05%～1.3%的琥珀磺酸钠，即可加快铜的萃取速度和提高铜、铁的分离系数，但添加量超过 0.5%就会影响澄清速度，超过 1.3%时还会产生稳定乳化物。

9.4 离子交换法

离子交换过程属于特殊吸附现象，它在百余年前就被发现，直到 20 世纪 30 年代，人们合成了多种有机离子交换剂，离子交换吸附法才得以广泛应用。目前，离子交换技术已广泛用于核燃料的前后处理工艺、稀土分离、化学分析、工业用水软化、废水净化、高纯离子交换水的制备和从稀溶液中提取和分离某些金属组分，如从浸出液中提取和分离金属组分，从铀矿坑道水、铀厂废水中回收铀，从金、银氰化废液和浮选厂尾矿水中除去氰根离子和浮选

药剂等。

9.4.1 离子交换原理

离子交换法的实质是溶液中的目的组分离子与固体离子交换剂之间进行的多相复分解反应，使溶液中的目的组分离子选择性地由液相转入固态离子交换剂中，然后采用适当的试剂淋洗被目的组分离子饱和的离子交换剂，使目的组分离子重新转入溶液中，从而达到净化和富集目的组分的目的。通常将目的组分离子由液相转入固相的过程称为吸附，而其由固相转入液相的过程称为淋洗（解吸或洗提）。通常把这两个过程简称为离子交换。在吸附和淋洗过程中，离子交换剂的形状和电荷保持不变。

吸附和淋洗是离子交换净化法的两个最基本的作业。一般在吸附和淋洗作业后均有洗涤作业，吸附后的洗涤是为了洗去树脂床中的吸附原液和对交换剂亲和力较小的杂质组分，淋洗后的冲洗是为了除去树脂床中的淋洗剂。有的净化工艺在淋洗和冲洗之后还有交换剂转型或再生作业。其原则流程如图 9-7 所示。

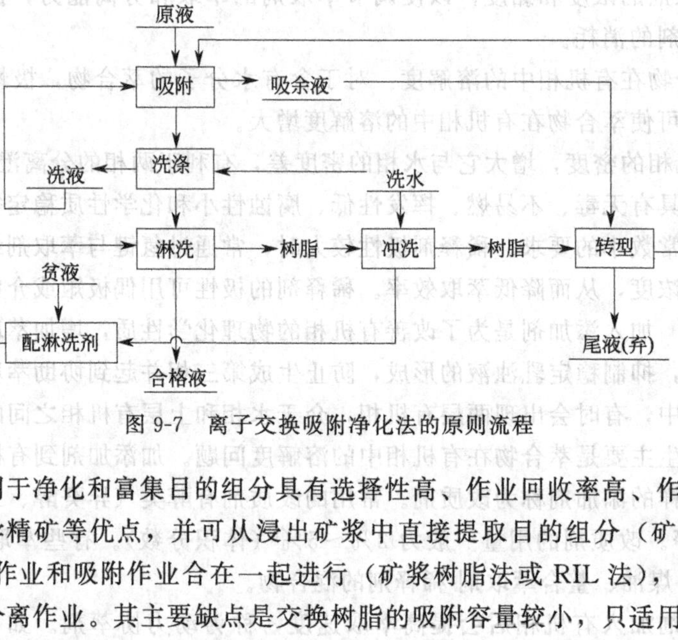

图 9-7 离子交换吸附净化法的原则流程

离子交换法用于净化和富集目的组分具有选择性高、作业回收率高、作业成本低、可获得较高质量的化学精矿等优点，并可从浸出矿浆中直接提取目的组分（矿浆吸附法或 RIP 法），也可将浸出作业和吸附作业合在一起进行（矿浆树脂法或 RIL 法），以提高浸出率和简化或省略固液分离作业。其主要缺点是交换树脂的吸附容量较小，只适用于从稀溶液中提取目的组分，而且吸附速率小，吸附循环周期较长。因此，在一些领域，离子交换法已被溶剂萃取法所替代。

9.4.2 离子交换剂分类

离子交换剂的种类较多，分类方法不一，一般是根据离子交换剂交换基团的特性进行分类，如图 9-8 所示。目前应用最广泛的是各种型号的有机合成离子交换树脂。

离子交换树脂是一种具有三维多孔网状结构的不溶的高分子化合物，其中含有能进行离子交换的交换基团。合成树脂可用聚合和缩合两种方法，目前主要采用聚合的方法。聚合法是由多个不饱和脂肪族或芳香族的有机单体借双键的裂开或环的断开将它们聚合为高分子化合物，然后再将交换基团引入到聚合体中。例如常见的强酸性阳离子交换树脂 732（即 001×7）是先将苯乙烯和二乙烯苯悬浮聚合成珠体，然后用浓硫酸磺化而成。

- 离子交换剂
  - 无机离子交换剂
    - 天然交换剂
      - 阳离子交换剂→铝硅酸盐，如沸石、蒙脱石
      - 阴离子交换剂→高岭石、磷灰石
    - 合成交换剂→合成的铝硅酸盐、磷酸锆等可交换阳离子
  - 有机离子交换剂
    - 天然碳质离子交换剂，如磺化煤、褐煤、泥煤等
    - 合成离子交换剂
      - 阳离子交换树脂
        - 强酸性阳离子交换树脂
        - 弱酸性阳离子交换树脂
      - 阴离子交换树脂
        - 强碱性阴离子交换树脂
        - 弱碱性阴离子交换树脂
      - 其他树脂→氧化还原、螯合、两性，光活性等

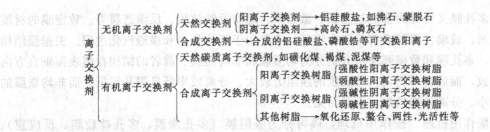

图 9-8 离子交换剂的分类

离子交换树脂的单元结构由两部分组成。一部分是不溶性的三维空间网状骨架部分，如由苯乙烯和二乙烯苯聚合而成的骨架，其中二乙烯苯称为交联剂，其作用是使骨架部分具有三维结构，增加骨架强度。交联剂在骨架中的质量分数称为交联度，一般为 7%～12%。另一部分是连接在骨架上的交换基团（如—SO_3H）。交换基团可分为两部分：一是固定在骨架上的荷电基团（如—SO_3^-），二是带相反电荷的可交换离子（如 H^+）。可交换离子可与溶液中的同符号离子进行交换。目前工业上使用的离子交换树脂多数以苯乙烯为骨架。

9.5 膜分离过程

膜分离是以外界能量或化学势差作为推动力，利用分离膜的选择性透过功能而实现对混合物中不同物质进行分离、提纯和浓缩的过程。膜分离过程的推动力可以是压力差、温度差、浓度差、电位差或化学反应等。膜分离过程兼具分离、提纯和浓缩的功能，可将混合物分离成透过物和截留物。将透过物和截留物均视作产物的膜分离过程称为分离；以透过物为产物的膜分离过程称为提纯或纯化；以截留物为产物的膜分离过程称为浓缩。

膜分离过程具有常温下操作、无相变化、高效节能、设备体积小、生产过程不产生污染等特点。因此，膜分离技术在饮用水净化、海水淡化、工业废水和生活污水处理与再利用以及化学工业、食品加工、医药技术等行业中得到了广泛应用。

9.5.1 膜的分类与特性

在广义上，“膜”是具有隔绝作用的薄层状物质的统称，其厚度可以从数微米到数毫米。而膜分离过程中使用的膜，即分离膜，是指具有选择性分离功能的材料。它可使流体中的一种或几种物质透过，而其他物质不能通过，从而起到分离、提纯和浓缩等作用。膜可以是均相的或非均相的、对称型的或非对称型的、固态的或液态的、中性的或荷电性的。

综上所述，分离膜具有两个特点：一是作为两相之间的界面，分别与两侧的流体相接触；二是具有选择透过性。分离膜种类繁多，包括天然膜和人工合成的膜，其主要分类如下：

（1）制膜材料　按制膜材料，膜可以分为天然膜和合成膜。天然膜指自然界存在的生物膜或由天然物质改性或再生得到的膜（如再生纤维素膜）。生物膜又分为有生命膜（如动物膀胱、肠衣）和无生命膜（由磷脂形成的脂质体和小泡，可用于药物分离）。合成膜主要包括无机膜（金属膜、玻璃膜、陶瓷膜等）和有机聚合物膜（简称有机膜）。无机膜耐热性和化学稳定性好，而制作成本较高；有机膜成本较低、易于制备，但在有机试剂中易溶胀甚至溶解，且耐热性和力学性能较差。

（2）膜结构　按结构，膜可分为对称膜和非对称膜。对称膜两侧或内外表面的结构和形态相同，孔径及其分布基本一致，包括多孔膜和致密膜（孔径小于 1nm）两类。按膜孔径

的大小，多孔膜又可分为普通过滤膜、微滤膜、超滤及纳滤膜、反渗透膜等。致密膜的材质通常为金属、玻璃、橡胶或有机聚合物等，主要用于气体分离和渗透汽化过程。根据膜结构均匀与否，多孔膜和致密膜又可分别分为均质膜和非均质膜。前者的结构在膜表面垂直方向上均匀一致，而后者不均匀。均质膜的膜阻力较大、分离效率低且膜易污染，而非均质膜的膜阻力较小、分离效率较高、不易污染。

(3) 膜作用机理　按作用机理，膜可分为吸附膜（多孔炭膜、多孔硅胶膜、反应膜）、扩散膜、离子交换膜、选择性渗透膜（如渗析膜、电渗析膜、反渗透膜）和非选择性渗透膜（如过滤型微孔玻璃膜）。

(4) 膜凝聚状态　按凝聚状态，膜可分为固膜、液膜和气膜，其分离介质的物质形态分别为固态、液态和气态。固膜在实际应用中的范围最广。液膜可将两种气相、气-液两相或不互溶的两种液相进行分隔并加以分离，如乳化液膜和支撑液膜。气膜通常以充斥于疏水多孔聚合物膜孔隙中的气体为分离介质。当用这种载有气体的膜将两种液体隔开时，气膜可使其中一种液体中的挥发性溶质迅速扩散并透过膜，用另一种液体进行富集或分离。

(5) 膜几何形态　按几何形态，膜可分为板式膜、中空纤维膜、管式膜及卷式膜等。板式膜的结构简单，对原料的要求低且不易断裂，但比表面积小，设备效率低。中空纤维膜的结构复杂，膜丝易折断，对原料的要求较高，但比表面积大，设备效率高。超滤及微滤膜分离过程多使用中空纤维膜，而反渗透及纳滤膜分离多为卷式膜。

(6) 膜的用途　按膜的用途，膜可分为气相系统用膜（如气体扩散）、气-液系统用膜（如将气体引入液相）、气-固系统用膜（如提纯气体）、液-液系统用膜（如溶质从一种液相进入另一种液相）、液-固系统用膜（如使油水两相分层析出）、固-固系统用膜（如固体颗粒筛分）等。

9.5.2 主要的膜分离过程

(1) 渗透和（电）渗析　渗透是一个扩散过程，膜两侧的溶剂在渗透压差的驱动下产生流动。渗析（也称透析）是利用膜两侧的浓度差从溶液中分离低分子溶质的过程。随着渗析过程的进行，原溶液的浓度不断下降，渗析过程的推动力不断减小。渗析常用于肾功能衰竭患者的血液透析，工业上用于从人造毛或合成丝厂的纤维废液中回收 NaOH。在电场的作用下进行渗析时，溶液中带电的溶质粒子通过膜而迁移的现象称为电渗析。电渗析可以分离不同类型的离子，广泛应用于海水的淡化、电解制备无机化合物及放射性元素的回收提纯等。

(2) 反渗透和超滤、微滤　反渗透又称逆渗透，是在高于渗透压差的压力作用下，溶剂（如水）通过半透膜从高压侧进入低压侧的过程。以多孔细小薄膜为过滤介质，使不溶物浓缩过滤的操作称为微滤；按粒径选择分离溶液中的微粒和大分子的膜分离过程称为超滤，如图 9-9 所示。超滤、微滤和反渗透的推动力都是压力差。

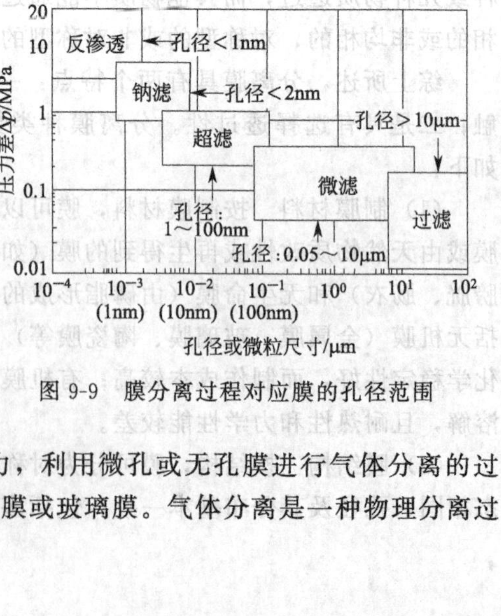

图 9-9　膜分离过程对应膜的孔径范围

(3) 气体分离　气体分离是以压力差为推动力，利用微孔或无孔膜进行气体分离的过程。分离膜可以是高分子聚合物膜，也可以是金属膜或玻璃膜。气体分离是一种物理分离过程，可以实现静态操作，流程比较简单，主要用于合成氨工业中氢的回收。

思考题

1. 化学选矿作业的主要步骤是什么？
2. 化学选矿实现净化分离的主要方法是什么？
3. 化学选矿的优缺点是什么？
4. 萃取剂分类及选取萃取剂原则是什么？
5. 分离膜的分类依据主要有哪些？

第10章 拣选及拣选设备

拣选是利用物料（矿石）的光学性质、磁性、导电性、放射性及不同射线（如γ射线、β射线、X射线、红外线、紫外线等）辐射下的反射和吸收特性等差异，通过对呈单层（行）排队的颗粒逐一检测所获得信号的放大处理和分析，采用手工、电磁挡板或高压气等执行机构将目的物料和非目的物料分开的一种选矿方法。

拣选用于块状和粒状物料的分选，分选粒度上限可达250～300mm，下限可低至0.5～1mm。拣选常用于物料的预富集，也可用于粗选和精选。目前应用拣选法处理的物料有有色金属、黑色金属、稀有金属、贵金属、非金属矿石、放射性矿石、煤炭、建筑材料、食品、种子等。

拣选作业主要包括排队、检测和排除3个过程。排队是控制给料系统，使物料颗粒单独出现在探测器前以接受检测的过程；检测是判断物料中有无目的组分的信号传感及对所接收信号的电子评价；排除是使目的组分与物料中其他组分分离的过程。拣选作业的3个过程可以独立选择需要应用的技术。一般情况下，排队和排除过程是限速的，而探测器决定分选效率。

拣选作为物料预处理作业，其优点总结如下：

① 经拣选预处理后，可去弃部分非目的物料，提高了进入选矿厂的物料品位，增加了选矿厂的生产能力，降低了选矿成本。

② 拣选法可使表外矿石部分入选，边界品位下降，增大了资源储量，延长矿山寿命，不必采用成本较高的选择性开采方法，从而提高了采矿效率。

③ 拣选设备易于安装，对厂房的要求低。有些拣选设备甚至不需要厂房，可直接安装在露天采场或矿井旁，仅电子部件需安装在可移动式集装箱内。

④ 拣选处理所废弃的块状废石，可用作填充材料或筑路及建筑材料。既综合利用矿产资源，又减少了对环境的污染，符合矿山循环经济发展策略。

10.1 拣选分类

拣选法可分为8个大类共25种方法，包括有色金属、黑色金属、稀有金属及非金属矿石、建筑材料等的拣选。拣选法的分类及应用如表10-1所示。

表 10-1　拣选法的分类及应用

类别	辐射种类	波长/nm	组别	用于拣选的特征	名称	应用范围
1	γ 辐射	$<10^{-2}$	1.1	中子辐射的通量	γ-中子法	含铁、锰、铜、锡、钼、铋的矿石等
			1.2	特征荧光的强度	γ-荧光法	含锰、铜-镍、铅-锌、钨、锡、钼、铯、钡、钽、铌的矿石等
			1.3	散射的 γ 强度	γ-反射法	含铁、铅、汞、铬的矿石等
			1.4	通过矿块的 γ 强度	γ-吸收法	含铁、铬、铅-锌、锡、锑、铯、钡的矿石及煤、可燃的页岩等
			1.5	天然 γ 放射性强度	放射性分选法	铀、钍矿石及含有铀或钍的钾盐矿石、铀-金矿石等
2	β 辐射	10^{-2}	2.1	特征荧光强度	β-荧光法	含锡、钼、钨的矿石等
			2.2	反射的 β 通量	β-反射法	含铅-锌、锑-汞的矿石等
3	中子辐射	$10^{-2}\sim10^{-1}$	3.1	次生辐射通量	中子活化法	含金、银、铜、铱、钒、铟等矿石
			3.2	特征 γ 辐射通量	中子辐射法	含有中子有效截面大于 1b（靶恩，$1b=10^{-24}cm^2$）的元素的矿石
			3.3	通过矿块的中子通量	中子吸收法	含硼、锂、硼-锡、镉、稀土的矿石等
4	X 射线	$5\times10^{-2}\sim10$	4.1	X 荧光强度	X-荧光法	应用范围与 1.2 相似
			4.2	激发的可见光、红外线或紫外线的通量	X-激光法	含萤石、金刚石、锆英石、天青石、锂辉石、白钨矿的矿物等
			4.3	散射的 X 射线强度	X-反射法	应用范围与 1.3 相似
			4.4	通过矿块的 X 射线强度	X-吸收法	应用范围与 1.4 相似
			4.5	激发射出的特征 X 射线	X-辐射法	基本适用于含所有元素的矿石
5	紫外线	$10\sim3.8\times10^2$	5.1	激发的可见光、红外线或紫外线的通量	紫外激光法	含萤石、金刚石、方解石、白云石、重晶石、白钨矿、石膏的矿物等
6	可见光	$(3.8\sim7.6)\times10^2$	6.1	扩散反射的光通量	光电法	含有滑石、石膏、石盐、白云石、石灰石、重晶石，含金、钨、锡、锰、铯、钛铁矿的矿物等
			6.2	镜面反射光通量	镜面光电法	矿石中含有强镜面反射能力的物质，如石英、云母、石盐等
			6.3	极化反射的光通量	极化（偏振）光电法	矿石中含有强镜面反射能力的物质，如石英、云母、石盐等
			6.4	通过矿块的光通量	光吸收法	光学石英、金刚石、石盐等
7	红外线	$7.6\times10^2\sim10^4$	7.1	红外辐射强度	红外法	石棉矿等
8	无线电波	$10^5\sim10^{14}$	8.1	电磁场能量的改变	电感无线电共振法	有色及稀有金属的硫化矿，如黄铜矿、铜锡矿、铜钼矿、铅锌矿、锡矿、钨矿、金-砷矿等，还有煤、石墨、页岩等
			8.2	电磁场能量的改变	电容无线电共振法	菱镁矿、铝土矿、硫化矿、白云母、黑云母，含锡、钨的矿石等
			8.3	通过矿块的无线电波强度	无线电波的吸收法	有色及稀有金属的硫化矿、煤、页岩
			8.4	磁场能量和强度的改变	磁力测定法	有色和黑色金属矿石

10.2 拣选设备原理

针对不同性质的物料需要采用不同的拣选方法和不同类型的拣选设备。不过，各种类型的拣选机其组成部分都基本相同，其主要组成部分为：给料系统、照射及探测系统、信息处理系统和分选执行系统，如图 10-1 所示。

① 给料系统的作用是使物料呈单层、单列或多列均匀地给到拣选机的照射及探测系统。矿石块式分选要求矿块不重叠，且矿块间要有一定的距离。为了满足这样的要求，通常需要

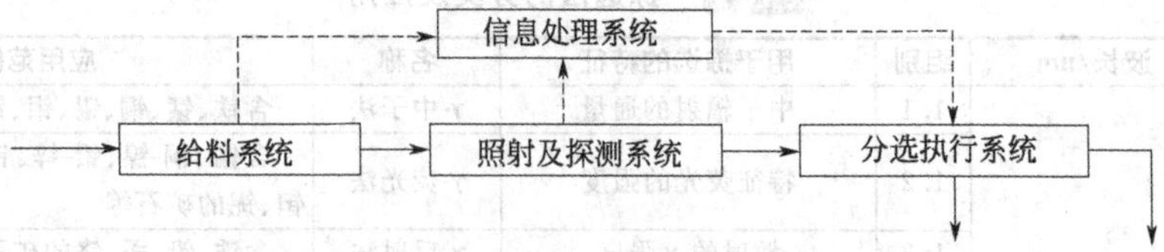

图 10-1　拣选机的组成示意图

多级给料，第一级给矿机控制给料量，第二、三级给矿机使矿块间拉开一定距离。常采用的给料机有平板式给矿机、槽带式电磁振动给矿机、皮带给矿机等。

② 照射及探测系统是拣选机的重要组成部分。为了保证拣选机有足够的处理量，物料的照射和探测时间一般要在几毫秒内完成。

照射系统的主要部件是照射源，不同拣选方法使用不同的照射源：γ 吸收法、γ 散射法及 γ 荧光法等均采用 γ 放射性同位素作为照射源；中子法所用的照射源可以是钚、钋的中子源，也可以用镅等其他同位素；X 吸收法、X 荧光法等所用的照射源一般为 X 射线管；紫外线常用的照射源为石英汞灯；光电分选法可以用荧光灯、白炽灯、石英碘钨灯及氦氖激光管等作为照射源。

探测系统包括射线活度探测和物料重量探测两个部分。探测的射线包括物料发射、反射或吸收的射线。普遍采用闪烁计数器测量 X 射线和 γ 射线的活度；中子的活度由充气计数管或闪烁计数器探测；红外线、可见光和紫外线用光敏元件探测。射线活度探测器所测得的信号与物料中的有用元素的含量成正比。

③ 信息处理系统的主要任务是对物料的射线强度和重量两个信号进行处理。探测到的物料射线强度信号和物料重量信号，分别经放大整形后进入主控单元，两个信号经运算处理后，即可得到矿块的品位。将此品位与预先确定的品位预定值进行比较，如高于预定值则确定为精矿，否则为尾矿。主控单元发布指令，经延时和功率放大后，给到分选设备的执行系统，命令执行系统（如电磁喷气阀）打开或继续关闭，从而将物料分成精矿和尾矿。

信息处理系统还可以有其他功能：根据给料速度信号控制分选设备的处理量，以保证均匀给矿；根据物料大小的信号确定执行机构的延续时间，使分离大小矿块的时间点恰到好处；根据物料位置信号，确定在多个执行机构（如喷气阀）中，哪几个应该打开；根据通过物料的总重量确定分选设备的实际处理量；根据每个矿块的重量及品位信号分别累积后，可以得到精矿和尾矿的品位和产率。信息处理系统还可以有多种报警功能，如矿块过大、气阀压力低和光源污染等。

④ 分选执行系统由执行装置及辅助部件组成。早期的执行装置有推杆、挡板和活动的斗底等形式，其中挡板应用较多。根据信号处理单元的指令，挡板置于不同的位置，从而使精、尾矿分开。机械挡板由于结构限制，每秒动作次数一般不超过 5 次，目前挡板对于大块矿石还有应用。在工业上广泛应用的分选执行系统为电磁喷气阀，阀每秒动作次数可以为几十次到数百次不等。阀启动后，压缩空气将物料吹离其正常轨道，以达到矿石与废石分离的目的。

10.3　拣选设备

（1）MikroSort^R 型光电拣选机　20 世纪 90 年代中期，德国莫根森（Mogensen）公司开始生产 MikroSort^R 型光电拣选机。经过几年经验的累积和技术的提高，其生产的光电拣选机型号逐年增多，设备性能不断提高。

MikroSort^{R} 型光电拣选机的工作原理如图 10-2 所示。筛分后的矿石从矿仓 1 经振动给料机 2 将物料分散成单层后，在给料机下端排出。矿石在自由下落过程中，首先由高分辨率的摄像机 4，对在宽度 1200mm 上的各矿块进行扫描，根据对其粒度、颜色和亮度扫描的结果，由事先调节好的高速信息处理机 5 进行数据处理，在几毫秒后，根据矿块位置及大小给位于下面一排高压空气喷射阀 6 中的相关阀门下达指令使其启动或不启动。将待选矿块吹离正常下落轨迹后，得到两个分选产品 7。根据入选矿石的粒度、给料情况和吹出量的大小，拣选机有不同的处理量。

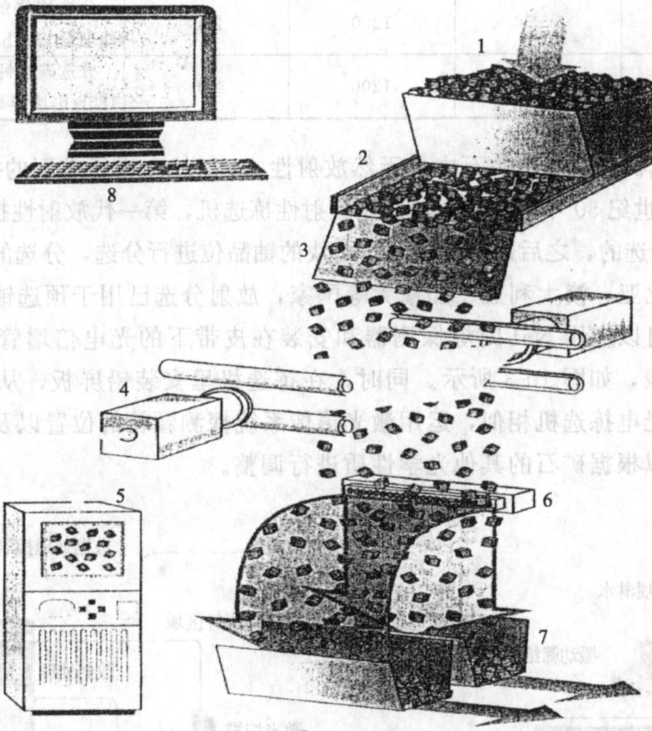

图 10-2　MikroSort^{R} 型光电拣选机工作原理图

1—矿仓；2—给料机；3—自由下落的矿石；4—高分辨率的摄像机；
5—高速信息处理机；6—高压空气喷射阀；7—分选产品；8—网络连接器

MikroSort^{R} 型光电拣选机有以下特点：

① 颜色和亮度差别很小的矿石都可有效进行分选。

② 探测和分选的准确度高，使物料的回收率高。

③ 根据矿块的粒度可准确调节空气阀，减小压缩空气的消耗量。

④ AS、AT、AG 和 AH 型的拣选机，可选择安装第二个摄像机，以便从两个方向对物料进行探测。

⑤ 使用长寿命的光源及各种优质元件配件等，并有自动清洗装置，所以拣选机的维修量小。

MikroSort^{R} 型光电拣选机可处理粒度范围为 1～250mm，在颜色和亮度上有差别的矿物，如石英、长石、滑石、石灰石、菱镁矿、重晶石、玄武岩、硅灰石、红柱石、方晶石、黏土等，也可用于焙烧后的氧化镁等耐火材料及工业垃圾的分类。

针对不同粒度及特征的物料，MikroSort^{R} 型光电拣选机有不同系列的产品。其具体型号、技术参数和应用实例见表 10-2。

表 10-2 MikroSort^{R} 型光电拣选机具体型号、技术参数和应用实例

型号	物料粒度/mm	处理量/(t/h)	分选区宽度/mm	喷气阀数量/个	应用实例
AF	1～10	0.5～10	900	220	分选高纯石英，3～10mm，处理量10t/h，废弃率约5%
AL，AP，AX	5～40	5～30	1200	256	分选菱镁矿，8～12mm，处理量20t/h，废弃率约40%
AS，AT	30～80	5～30	1200	220	分选焙烧的氧化镁，10～30mm，处理量25t/h，废弃率约30%
AG，AH	80～250	70～200	1200	256	分选碳酸钙，80～250mm，处理量180t/h，废弃率约40%

（2）放射性拣选机　利用铀矿石中的天然放射性（γ射线）进行矿石的拣选始于20世纪40年代。我国从20世纪50年代末期开始研制放射性拣选机，第一代放射性拣选机是按矿块中铀的金属量来进行分选的，之后逐渐发展到按矿块的铀品位进行分选，分选的质量不断提高。

在南非、纳米比亚、澳大利亚、加拿大等国家，放射分选已用于预选铀矿石。纳米比亚罗辛铀矿的拣选机可以应用NaI闪烁探测器和安装在皮带下的光电倍增管检测到较高品位铀矿辐射出的γ射线，如图10-3所示。同时，在拣选机里安装铅屏板，从而提高测试分辨率。放射拣选机和光电拣选机相似，运用激光摄像系统探测颗粒的位置以及颗粒需要被喷出的粒度，同时也可以根据矿石的其他光学性质进行调整。

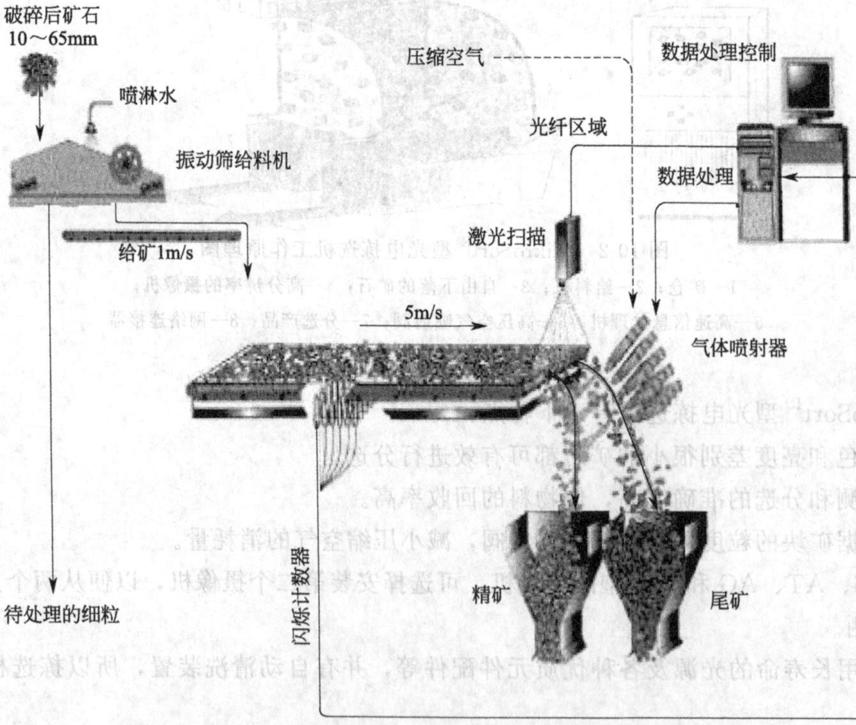

图 10-3　放射性拣选机

（3）UltraSort 型金刚石 X 射线拣选机　澳大利亚的 UltraSort 公司生产多种 X 射线金刚石拣选机。其生产的金刚石拣选机能适用不同的粒度，可适用于干法及湿法，能有不同的处理量，并有可以适用于偏远矿山的易拆装的分选机组。

UltraSort 型 X 射线拣选机工作原理如图 10-4 所示。物料经筛分后，首先给入给料斗，然后经两级振动给矿机后，物料自由下落，在下落过程中首先经过 X 射线系统（它包括水冷 X 射线管、可调固态 X 射线发射器等），物料受 X 射线照射后，其金刚石发射的荧光，被光电倍增管测定，其测量的数据由计算机处理，并与事先预定值比较后，给指令到位于其下面的空气喷射阀，将含金刚石的矿块吹离其自由下落的轨迹。部分型号的拣选机还可进行第二次拣选。拣选机所采用的计算机还可以提供报表并有自动检测功能。

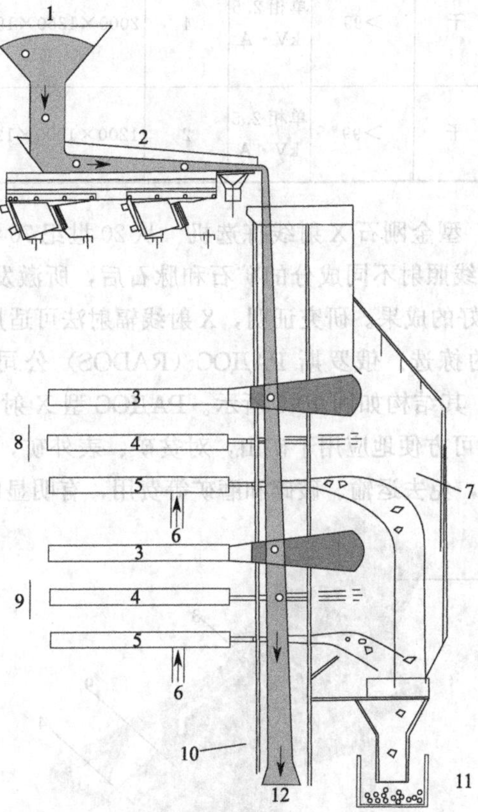

图 10-4　X 射线金刚石分选机的工作原理

1—接矿斗；2—振动给料机；3—X 射线管；4—光电倍增管；5—空气喷射阀；6—压缩空气入口；7—精矿槽；8—第一次拣选；9—第二次拣选；10—尾矿槽；11—精矿；12—尾矿

UltraSort 公司生产有 6 个系列的金刚石拣选机，其自动化程度高，均由计算机控制，其排矿全由高速气阀执行，并配有储气系统，有空气过滤器、压力调节器等，分选质量较高，一次分选的回收率就可达 98%以上。其详细特征见表 10-3。

表 10-3　UltraSort 公司生产的 X 荧光金刚石拣选机的特征

选机型号	矿石粒度/mm	处理量/(t/h)	干法或湿法	回收率/%	功率/kW	槽道数	外形尺寸/mm	选机特点
DP	0.8～1.0	可达 12	湿	>99	10	6	3600×1690×1800	高处理量鼓式机，两次拣选，第一次选后，物料自动混合

续表

选机型号	矿石粒度/mm	处理量/(t/h)	干法或湿法	回收率/%	功率/kW	槽道数	外形尺寸/mm	选机特点
FF	1～25	可达 6.5	干、湿	＞98	7	3	2170×1020×2506	高处理量，自由下落式选机，可一次或两次选，低操作费，易维修
	5～25							
JS6	1～32	7.5(15)	干、湿	＞98	10	6(12)	4000×1500×2200	高处理量，高速皮带式通用的大型机。JS12 及 JS12L 还可共用一个机座。还可以用一台分选机同时处理不同粒级矿石
JS12	1～32	15(30)						
JS12L	25～100	100						
JS	1～25	2.8	干			5		
SW3-XR	1～30	4	湿	＞98	单相 2.5 kV·A	3	1260×1250×1500	低处理量，低价，易维修，适用于偏远小矿山
SD3-XR								
SPS4	1～3	0.0007/槽	干	＞99	单相 2.5 kV·A	4	2000×1350×1910	振动辊筒式给料，低处理量，高精度单颗粒分选或高效高纯度二次分选。4 槽道有 4 套光学系统
	3～6	0.01/槽						
	6～12	0.045/槽						
	12～32	0.10/槽						
SPS2	1～3	0.0005/槽	干	＞99	单相 2.5 kV·A	2	1200×1000×1200	振动辊筒式给料，高精度单颗粒分选机，适用于小矿山。2 槽道有 2 套光学系统
	3～6	0.003/槽						
	6～12	0.012/槽						

(4) РАДОС (PPC) 型金刚石 X 射线拣选机　从 20 世纪 70 年代起，苏联的科研和生产单位不断努力，利用 X 射线照射不同成分的矿石和脉石后，所激发出的二次 X 射线的差别进行矿石的拣选，取得了较好的成果。研究证明，X 射线辐射法可适用于黑色、有色金属及非金属矿物等几乎所有矿石的拣选。俄罗斯 РАДОС (RADOS) 公司在 1994 年生产了 РАДОС (PPC) 型 X 射线拣选机。其结构如图 10-5 所示。РАДОС 型 X 射线拣选机有辅助设备配套，组成 X 射线拣选机组。它可方便地应用于矿山，对贫矿、表外矿，甚至过去的废矿进行拣选。这样就可以就地废弃尾矿，免去运输、破碎和磨矿等费用，有明显的经济效益。

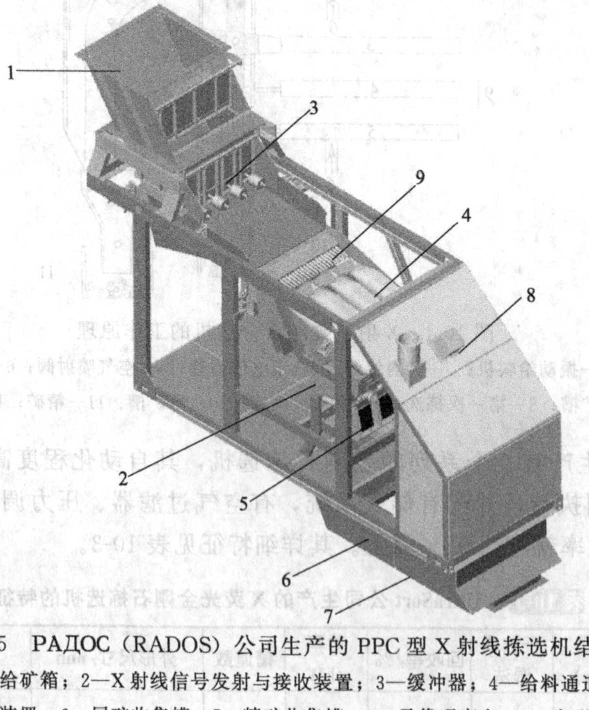

图 10-5　РАДОС (RADOS) 公司生产的 PPC 型 X 射线拣选机结构图

1—给矿箱；2—X 射线信号发射与接收装置；3—缓冲器；4—给料通道；5—分离装置；6—尾矿收集槽；7—精矿收集槽；8—录像观察室；9—齿形分级筛

РАДОС-2 型机组可以处理粒度为 40(20)～150(200)mm 的矿石，处理量为 10～150t/h，其工作原理如图 10-6 所示。

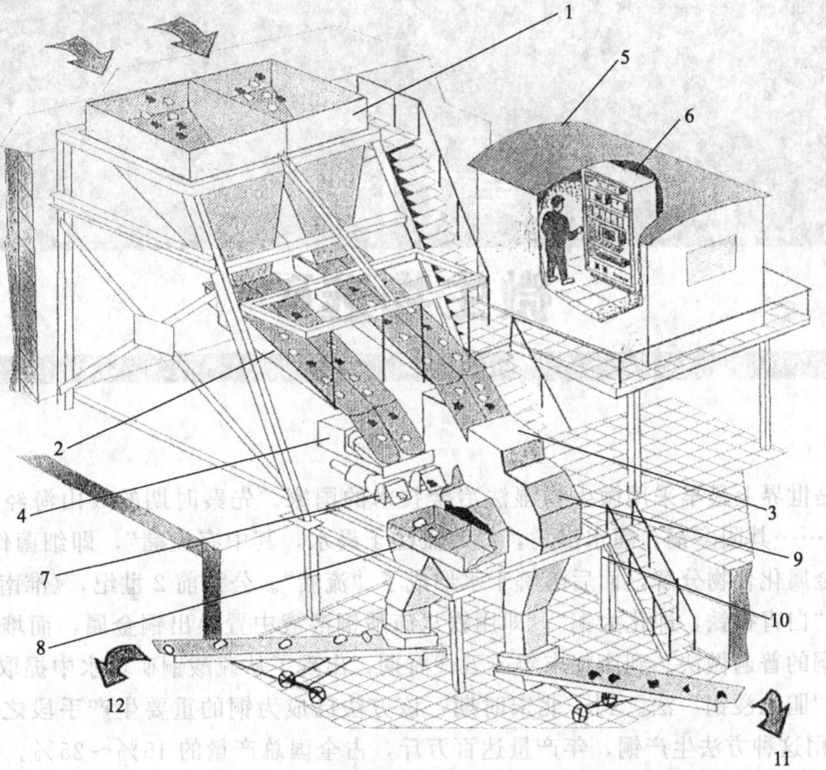

图 10-6 РАДОС-2 型拣选机组示意图

1—接矿斗；2—给矿机；3—РАДОС-2 型拣选机；4—X 射线照射系统；5—操作室；6—仪表控制柜；7—执行机构；8—拣选产品料斗；9—机罩；10—机组支架；11—精矿；12—尾矿

破碎、筛分后的物料，首先给到机组的接矿斗。机组有两个接矿斗，配套有两台 РАДОС-2 型双槽 X 射线拣选机。矿石从接矿斗，经两级给矿机后，在自由下落过程中，首先受 X 射线源的照射，不同物质组成的矿块在受照射后所发射的二次 X 射线，经探测及计算机处理，得到该矿块是矿石或废石的信号后，计算机将启动（或不启动）的指令给到执行机构，使矿石与废石分别落入各自相应的矿斗及运输皮带，达到拣选的目的。

近年来，各种拣选机基本都采用压缩空气吹动矿石（或废石）来执行拣选任务，而 РАДОС-2 型拣选机却仍采用机械挡板执行拣选。这是因为他们所用的挡板每秒钟可动作 6～8 次，这样已可满足拣选的需要。相反，不用压缩空气，可使设备的投资及占地面积减少，管理和维修也简单化。

思考题

1. 拣选作业的工作原理是什么？
2. 拣选法分为哪些类别？主要应用于哪些矿石？
3. 拣选作为物料预处理作业的优点有哪些？
4. 拣选设备由哪些工作系统组成？

第11章

微生物选矿

中国是世界上最早采用微生物湿法冶金技术的国家。先秦时期的《山海经》中记载有“石脆之山……其阴多铜。灌水出焉，而北流注于禺水，其中有流赭”，即细菌作用于矿石，将其中的金属化合物分解，而后溶解于水形成了“流赭”。公元前2世纪，《淮南万毕术》中就记载有“白青得铁，即化为铜”，即用铁从硫酸铜溶液中置换出铜金属，而堆浸在当时已成为生产铜的普遍做法。到唐朝末年或五代时期，出现了从硫酸铜矿坑水中提取铜的生产方法，称为“胆水浸铜”法。到了北宋时期，该方法已成为铜的重要生产手段之一。当时有11处矿场用这种方法生产铜，年产量达百万斤，占全国总产量的15%～25%。1094年，北宋张甲撰在《浸铜要略》一书中写到，用“胆水浸铜”“以铁投之，铜色立变”。这就是指用细菌法浸出铜以后，加铁即可置换出海绵铜。在欧洲，有记载的最早涉及细菌采矿活动的是1670年在西班牙的里奥廷托（Rio Tinto）矿，人们利用酸性矿坑水浸出含铜黄铁矿中的铜。从1687年开始，瑞典中部的Falun矿山至少已经浸出了200万吨铜。然而，在所有这些早期的生物冶金和采矿活动中，人们对浸出液中存在大量的微生物且发挥着重要的浸矿作用却一无所知。

1922年，Rudolf等首次报道了铁、锌的硫化物矿石的细菌浸出。他们使用了一种未知的能氧化铁和硫的自养土壤细菌，并指出生物浸出可能是从低品位硫化矿物中提取金属的一种经济的方法。遗憾的是，他们的研究没有继续开展下去，在之后的25年间也无人涉足类似的工作。直到1947年，Colmer和Hinkle首次从酸性矿坑水中分离出一种能氧化金属硫化矿的微生物，即嗜酸性氧化亚铁硫杆菌（Acidithiobacillus ferrooxidans），并对其生理特性进行了鉴定。其后，Temple和Leathen等对这种自养菌进行了详细研究，发现其能将矿物中硫化物组分氧化生成硫酸，并能将Fe^{2+}氧化为Fe^{3+}。1954～1957年间，美国犹他州杨百翰大学（Brigham Young University）的Bryner LC和Beck JV最先报道了铜矿浸出中细菌的作用，他们在Kennecott铜矿矿坑水中发现了与煤矿矿坑水中类似的细菌：嗜酸性氧化亚铁硫杆菌（Acidithiobacillus ferrooxidans）与嗜酸性氧化硫硫杆菌（Acidithiobacillus thiooxidans），并发现这些细菌能够浸出各种硫化铜矿和辉钼矿，之后出现了该类细菌浸出闪锌矿、方铅矿和硫化镍矿等的报道。1958年，第一个关于微生物堆浸的专利应用于美国Kennecott铜矿公司的Utah矿，开始了现代意义的微生物选矿商业化应用。从此，在世界范围内掀起了一个利用微生物浸出贫硫化物矿石的研究热潮，许多国家相继开展了利用细菌浸出法从贫矿、废矿及表外矿石中回收铜和铀的研究工作。

20 世纪 50 年代到 80 年代是生物选矿技术发展的摇篮时期，科技工作者在浸矿细菌的筛选、浸矿应用及浸矿机理等方面进行了长期的研究探索，直到 20 世纪 80 年代中期，微生物选矿产业化开始迅速发展。低品位铜矿的生物堆浸、难处理金矿的细菌预氧化、铀矿的生物浸出、废弃物的微生物处理等逐步实现产业化。

11.1 微生物浸矿

微生物浸矿是指利用微生物及其代谢产物作浸出剂，将物料中的有用组分溶解出来，再加以分离回收的工艺，也称细菌浸矿。微生物浸出可用于处理硫化矿，也可用于处理氧化矿。研究内容包括浸矿细菌的分离与鉴定、细菌浸出工艺、浸出动力学及浸出机理等。微生物浸出金属的种类除 Cu、U 外，还有 Co、Ni、Zn、Mn 等有色金属及某些稀有金属，以及 Au、Ag 等贵金属。微生物浸矿工艺一般有微生物堆浸、微生物槽浸、微生物原位浸出和微生物搅拌浸出 4 种。如今，微生物浸出已发展成为一种新的湿法冶金方法，它的内容既包括从物料中提取各种金属，也包括在用其他湿法冶金工艺方法提取金属时用生物法除去有害组分。

11.1.1 浸矿微生物种类及生理生态特性

与矿物浸出有关的微生物大部分属于自养菌，这类微生物在生长和繁殖过程中，不需要任何有机营养，完全靠各种无机盐生存。与之相反的叫作异养菌，这一类有机物需要提供现成的有机营养才能生存。在生产中主要应用的是自养类微生物。根据浸出对象的不同，浸矿微生物可以分为 4 种：处理硫化物矿石的微生物、处理含锰矿石的微生物、分解难溶磷酸盐的微生物和吸附及沉积重金属离子的微生物。其中以处理硫化物矿石的微生物应用最广，故主要对其做以下介绍：

硫化物矿石的共同特征是其晶格内包含还原态硫。因此，能影响硫的氧化还原反应的所有微生物，都有可能用来处理此类矿石。处理硫化物矿石的主要功能菌是嗜酸硫氧化菌，其共同特点是嗜酸，能以单质硫和还原态硫化合物（硫化物、亚硫酸盐、硫代硫酸盐及各种连多硫酸盐等）作为能源物质进行专性或兼性化能自养生长。根据其生存温度分为中温菌（$<40℃$）、中度嗜热菌（40～60℃）和极度嗜热（$>60℃$）菌。对于低品位硫化物矿石，由于硫含量较低，氧化过程中升温不明显，故适用于中温、中度嗜热微生物进行浸出。而高品位硫化物矿石浮选精矿的生物搅拌浸出，由于硫含量高，氧化过程中升温非常显著，故适用于极度嗜热菌种进行浸出。

中温菌主要是嗜酸硫杆菌属（*Acidithiobacillus*，*A.*），包括嗜酸氧化亚铁硫杆菌（*A. ferrooxidans*）、嗜酸氧化硫硫杆菌（*A. thiooxidans*）、阿贝氏嗜酸硫杆菌（*A. albertensis*）等。此类菌中，除 *A. ferrooxidans* 能利用亚铁和还原态硫化合物外，其余均只能利用单质硫和还原态硫化合物生长。

中度嗜热酸性细菌主要是一些亚铁或硫氧化专性或兼性自养细菌，其中亚铁氧化细菌主要为氧化亚铁钩端螺旋菌（*Leptospirillum ferrooxidans*，*L. ferrooxidans*），该细菌只能氧化亚铁，最适生长温度为 45℃，能耐受较高浓度铁离子。硫氧化细菌主要包括硫化杆菌（*Sulfobacillus spp.*）和喜温嗜酸硫杆菌（*A. caldus*）。*Sulfobacillus* 菌属不仅能够以亚铁、金属硫化物等还原态硫化合物化能自养生长，还能够利用有机底物进行兼性异养生长。*A. caldus* 是 *Acidithiobacillus* 属中唯一的中度嗜热菌。

极度嗜热条件下生长的细菌多为古细菌，它们能够在厌氧或需氧条件下利用还原态硫化合物或单质硫。目前已分离纯化到五个菌属：硫化叶菌（*Sulfolobus*）、金属球菌（*Metallosphaera*）、嗜酸两面菌（*Acidianus*）、憎叶菌属（*Stygiolobus*）和硫黄球形菌属（*Sulfurisphaera*）。硫化叶菌（*Sulfolobus*）生存温度 55～80℃，生存 pH 0.9～5.8，能以还原态硫化合物和简单有机物兼性化能自养和异养生长；金属球菌（*Metallosphaera*）为严格好氧，兼性化能无机营养的格兰氏染色阴性细菌，能利用单质硫和硫化矿生长，还能利用 H_2 作为能源底物；嗜酸两面菌（*Acidianus*）为高温嗜酸条件下兼性厌氧生长古细菌；*Stygiolobus azoricus* 为专性厌氧生长，*Sulfurisphaera ohwakuensis* 能够进行兼性厌氧生长，并且厌氧条件下必须添加单质硫。

处理硫化物矿石的主要微生物及其特性见表 11-1。

表 11-1　金属硫化矿生物浸出的主要细菌

生存温度	微生物属	微生物种	生理特性
中温（<40℃）	*Acidithiobacillus*	*ferrooxidans*	30℃，pH 1.8～2.0，G^-
		thiooxidans	28～30℃，pH 2.0～2.8，G^-
		albertensis	30℃，pH 3.5～4.0，G^-
中度嗜热(40～60)℃	*Acidithiobacillus*	*caldus*	40℃，pH 2.5，G^-
	Sulfobacillus	*sibricus*	55℃，pH 1.7，G^+
		thermosulfidooxidans	50℃，pH 1.6，G^+
		disulthidooxidans	35～40℃，pH 1.5～2.5，G^+
		acidophilus	50℃，pH 1.7
		thermotolerans	40℃，pH 2.0
极度嗜热(>60℃)	*Sulfolobus*	*shibitae*	80℃，pH 3.7
		solfataricus	80℃，pH 2.0～4.0
		metallicus	65～70℃，pH 1.5
		acidocaldarius	75～80℃，pH 2.0～3.0
		tokodaii	80℃，pH 2.5～3.0
	Metallosphaera	*sedula*	75℃，pH 2.8
		prunae	55～80℃，pH 3.0
	Acidianus	*brierleyi*	65℃，pH 1.5
		infernus	88℃，pH 2.5
		ambivalens	80℃，pH 2.5
		sulfidivorans	74℃，pH 0.8～1.4，G^-
		manzaensis	80℃，pH 1.2～1.5，G^-
		tengchongensis	70℃，pH 2.5，G^-
	Sulfurisphaera	*ohwakuensis*	85℃，pH 2.0，G^-
	Stygiolobus	*azoricus*	80℃，pH 2.5～3.0

注：G^-—格兰氏阴性菌，G^+—格兰氏阳性菌。

11.1.2　浸矿细菌的培养基种类

微生物赖以生存和繁殖的介质叫培养基，一般都含有碳水化合物、含氮物质、无机盐（包括微量元素）以及维生素和水等。按照培养基的成分，可分为合成培养基、天然培养基和半合成培养基 3 类。按照培养基的物理状态，可分为固体培养基、液体培养基和半固体培养基 3 类。每种浸矿细菌都有自己特有的培养基配方，其中常用的培养基见表 11-2。

表 11-2　浸矿细菌常用培养基的化学成分

适用菌种	培养基成分	培养基名称
A. ferrooxidans	$(NH_4)_2SO_4$ 3.0 g, KH_2PO_4 0.5 g, $MgSO_4 \cdot 7H_2O$ 0.5 g, KCl 0.1 g, $Ca(NO_3)_2$ 0.01g,5mol/L H_2SO_4 1mL,14.78%(*W/V*)$FeSO_4 \cdot 7H_2O$ 300mL, H_2O 700mL	9K
L. ferrooxidans	$(NH_4)_2SO_4$ 0.15g, KH_2PO_4 0.1g, $MgSO_4 \cdot 7H_2O$ 0.5g, KCl 0.05g, $Ca(NO_3)_2$ 0.01g,10%(*W/V*)$FeSO_4 \cdot 7H_2O$ 10mL,H_2O 1000mL	Leathen
L. ferrooxidans	溶液A: H_2O 950.0mL, $(NH_4)_2SO_4$ 132.0mg, $MgCl_2 \cdot 6H_2O$ 53.0mg, KH_2PO_4 27.0mg,$CaCl_2 \cdot 2H_2O$ 147.0mg,10 mol/L H_2SO_4 调 pH=1.8 溶液B:$FeSO_4 \cdot 7H_2O$ 20.0g, 0.25mol/L H_2SO_4 50.0mL 溶液C:$MnCl_2 \cdot 4H_2O$ 62.0mg,$CuCl_2 \cdot 2H_2O$ 67.0mg,$ZnCl_2$ 68.0mg,$CoCl_2 \cdot 6H_2O$ 64.0mg,H_3BO_3 31.0mg,Na_2MoO_4 10.0mg,H_2O 1000.0mL,硫酸调 pH=1.8 三种溶液分别在 112℃下灭菌 30min,然后将溶液 A、B 混合,再加入 1mL C 溶液,调 pH=1.8	专用培养液
A. thiooxidans	$(NH_4)_2SO_4$ 0.2g,KH_2PO_4 3.0g,$MgSO_4 \cdot 7H_2O$ 0.5g,$CaCl_2 \cdot 2H_2O$ 0.25g, KCl 0.05g,$FeSO_4 \cdot 7H_2O$ 少量,硫粉 10g,H_2O 1000mL,硫酸调 pH=4	Waksman
Sulfobacillus	溶液 A:H_2O 700mL,$(NH_4)_2SO_4$ 3.00g,KCl 0.10g,KH_2PO_4 0.50g,$MgSO_4 \cdot 7H_2O$ 0.50g,$Ca(NO_3)_2$ 0.01g,硫酸调 pH=2.0~2.2 溶液 B:H_2O 300mL,$FeSO_4 \cdot 7H_2O$ 44.20g,10mol/L H_2SO_4 1.0mL 溶液 C:1%(*W/V*)酵母提取物溶液 20.00mL 三种溶液分别灭菌处理后混合,调 pH=1.9~2.4	—
Acidimicrobium	$(NH_4)_2SO_4$ 0.4g, $MgSO_4 \cdot 7H_2O$ 0.5g, KH_2PO_4 0.2g, KCl 0.1g, H_2O 1000mL,硫酸调 pH=2.0。加 10.0mg $FeSO_4 \cdot 7H_2O$,高压灭菌处理后加酵母提取物 25g,异养培养;加 13.9g $FeSO_4 \cdot 7H_2O$,硫酸调 pH=1.7,高压灭菌处理后,自养培养	709
Acidianus brierleyi	$(NH_4)_2SO_4$ 3.00g, KH_2PO_4 0.50g, $MgSO_4 \cdot 7H_2O$ 0.50g, KCl 0.10g, $Ca(NO_3)_2$ 0.01g,H_2O 1000mL,加压灭菌后加酵母提取物 0.20g,硫粉 10.00g, 6mol/L H_2SO_4 调 pH=1.5~2.5	150
A. caldus	不加酵母提取物的 150 溶液配方,硫酸调 pH=2.5。加压灭菌后加 10mL 微量元素溶液和 5g 硫粉。微量元素溶液配方:$FeCl_3 \cdot 6H_2O$ 11.0mg,$CuSO_4 \cdot 5H_2O$ 0.5mg,H_3BO_3 2.0mg, $MnSO_4 \cdot H_2O$ 2.0mg, $Na_2MoO_4 \cdot 2H_2O$ 0.8mg, $CoCl_2 \cdot 6H_2O$ 0.6mg,$ZnSO_4 \cdot 7H_2O$ 0.9mg,H_2O 10.0mL	150a
Sulfolobus	$(NH_4)_2SO_4$ 1.30g, KH_2PO_4 0.28g, $MgSO_4 \cdot 7H_2O$ 0.25g, $CaCl_2 \cdot 2H_2O$ 0.07g, $FeCl_3 \cdot 6H_2O$ 0.02g, $MnCl_2 \cdot 4H_2O$ 1.80mg, $Na_2B_4O_7 \cdot 10H_2O$ 4.50mg, $ZnSO_4 \cdot 7H_2O$ 0.22mg, $CuCl_2 \cdot 2H_2O$ 0.05mg, Na_2MoO_4 0.03mg, $VOSO_4 \cdot 2H_2O$ 0.03mg, $CoSO_4$ 0.01mg, 酵母提取物 1.00g, H_2O 1000mL, 5mol/L H_2SO_4 调 pH=2.0	88

11.1.3　细菌的采集、分离和培养

浸矿细菌一般有两种获得途径，即从微生物保存单位购买或直接从要处理矿石的周围环境中分离。

当进行探索性试验或直接分离细菌无法实现时，可以从微生物保存单位购买所需菌种，

然后进行培养、驯化，最后用于试验研究。购买的菌株一般都是纯种细菌，必须经过较长时间的驯化才能适应新的生存环境。在细菌浸出的研究或工业应用中，所采用的细菌大部分是从取自矿石（石油）开采现场的水样或土样中直接分离出来的。这一类细菌因一直生活在自然环境中，同时，由于这些细菌长期与待处理对象或性质相似的物料接触，已具备较强的适应性，因此不需要进行长时间的驯化。因此，为了提高细菌对矿石的作用效果，浸矿使用的细菌绝大部分是从矿坑水中直接分离出来的。

采集和分离细菌的具体做法是：取一个或几个 50~250mL 的细口瓶，洗净并配好棉塞，用牛皮纸和橡皮筋包扎好瓶口，置于120℃的烘箱内灭菌 20min，待冷却后即可作为细菌取样瓶。用取样瓶取含有待分离细菌的水样时，先将牛皮纸取下来，再用一只手拔出棉塞，另一只手持瓶接取水样或舀取水样。应注意水样不能充满取样瓶，要留有一定空间存空气。取完样后立即塞好棉塞，用牛皮纸重新包好瓶口。

从水样中分离所需的细菌前，需要根据其种类配制好相应的液体培养基，灭菌后待用。分离细菌的具体操作是：在无菌室内，先在若干个 100mL 或 150mL 的无菌锥形瓶中分别加入 20mL 培养基，然后用吸液管分别取 1～5mL 含有细菌的水样加到每个锥形瓶中，塞好棉塞。在 20～35℃的恒温条件下静置或振荡培养 7～10d。之后再从细菌生长情况最好的锥形瓶中取出 1mL 培养液，接种到装有新培养基的锥形瓶中进行培养。如此反复 10 次以上，每转移一次，接种量逐渐减少，最后只需 1～2 滴，需要培养的时间也越来越短，培养出来的细菌的适应性也越来越强。

为了保存分离出的细菌，通常是将它们接种到斜面上，在 4℃的条件下保存。为了保证细菌永久成活，在保存期间，每 4～6 月要转接一次。每次转接 2～3 个试管。长期保存的菌种，一般要保存三代。

对于试验研究，只要将保存的细菌在无菌条件下接种到适宜的液体培养基中，待细菌的浓度达到试验要求的数值后，即可用于处理矿石。而对于工业应用，则要在图 11-1 所示的连续培养装置中进行培养。在培养过程中，营养物质的加入速度根据要求的细菌浓度而定。经过一段时间，整个培养系统即可达到一个动态平衡点：营养物质的加入速度、培养细菌的浓度和成熟细菌分离出去的速度等参数均保持恒定。根据生产工艺的要求，离心分离出所需的细菌，送入相应的作业。

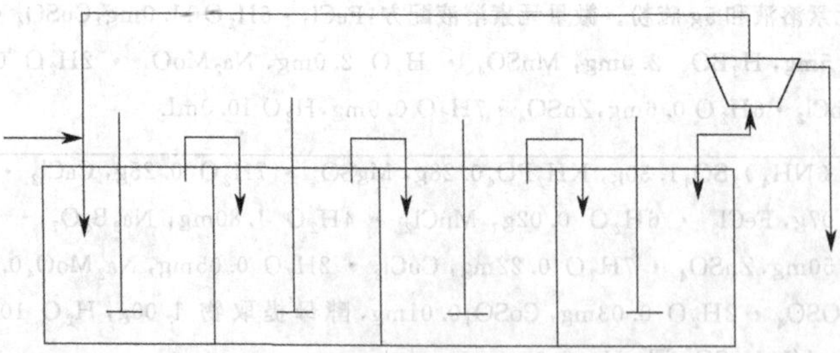

图 11-1　细菌连续培养装置示意图

11.1.4　细菌生长曲线

根据繁殖速度的快慢和活性的大小，浸矿细菌的生长繁殖过程可以分成生长缓慢期、对数生长期、稳定生长期和衰亡期 4 个时期。细菌的生长曲线如图 11-2 所示。

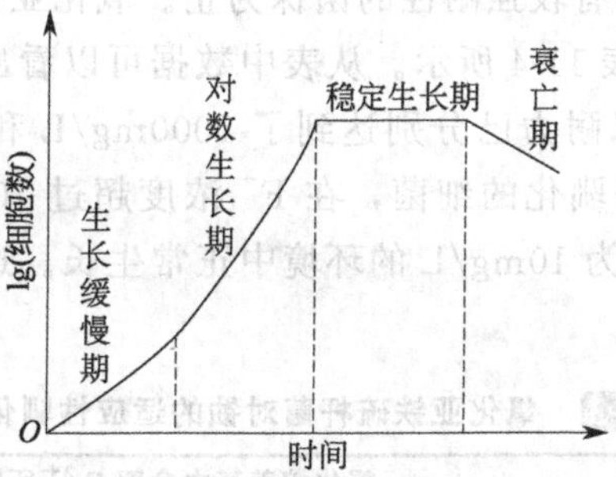

图 11-2 细菌生长曲线

(1) 生长缓慢期 当细菌被接种到某一种培养基中时，它们并不能立即生长繁殖，而是需要经过一段适应期，通常把这段适应时间称作缓慢期。这个时期可能很短，也可能较长，正常情况是 2～4 周。经过缓慢期后，一部分细菌逐渐适应了环境，开始生长繁殖，进入对数期，而另一部分却会因环境不适而死亡。

(2) 对数生长期 细菌在对数期的生长特点是具有恒定的最大细胞分裂速率或倍增速率，细胞数目大量增加，细菌数目的增加呈现出 $2^0 \rightarrow 2^1 \rightarrow 2^2 \rightarrow 2^3 \rightarrow \cdots \rightarrow 2^n$ 的规律。对数期的曲线斜率就是细菌生长率 μ，可表示为：

$$\frac{\mathrm{d}(\lg N)}{\mathrm{d}t}=\frac{1}{n}\frac{\mathrm{d}n}{\mathrm{d}t}=m \tag{11-1}$$

式中 N——细菌浓度，个/mL；

t——培养时间，h 或 d。

在对数生长期，细菌增加的数目远远超过死亡细菌的数目。

(3) 稳定生长期 由于细菌在对数期迅速大量繁殖，消耗了大量的营养物质，导致培养基的浓度逐渐降低，加之代谢产物大量积累对细菌产生毒害，以及 pH 值、氧化还原电位等环境条件的改变对细菌生长带来的不利影响，使细菌的生长速度逐渐下降，死亡速度不断上升。当两者相等时，细菌的生长达到了一个动态平衡点，细菌的总体数目保持恒定。这一时期称为稳定期。

(4) 衰亡期 细菌数目保持恒定一段时间后，细菌的死亡速度逐渐超过其生长速度，细菌开始大量死亡，活菌体的数目开始明显下降。这一时期称为衰亡期。

11.1.5 浸矿细菌驯化

改变微生物已适应的环境必定会给微生物的生长造成一定程度的不利影响，如果改变的幅度过大，甚至会导致微生物全部死亡。浸矿细菌的驯化就是利用微生物对生活环境的部分改变具有一定程度的适应力，通过逐渐改变细菌的生活环境，来培养它们对实际浸矿环境的适应性。具体操作就是在逐渐改变外界条件的情况下，对它们进行转移培养。在这一过程中，不能适应环境变化的细菌逐渐死亡，而某些活力较强的细菌会发生变异，演变成耐受性更强的细菌而活下来，形成新的耐受性菌株。

为了培养细菌对某种金属离子的耐受力，通常采用的驯化过程是：首先在装有一定体积培养基的三角瓶中加入较低浓度的该金属离子，然后接种要驯化的细菌进行恒温培养。开始时，细菌因不适应需要一段适应期，等经过指数生长期，达到稳定生长期以后，再将其转移到金属离子浓度稍高的培养基中继续驯化。每转移一次都提高金属离子浓度，如此进行下去，直到获得对该金属离子具有较强耐性的菌株为止。氧化亚铁硫杆菌对铀离子和铜离子的适应性驯化结果如表 11-3 和表 11-4 所示。从表中数据可以看出，经过 3 次转移，氧化亚铁硫杆菌对铀离子和铜离子的忍耐力已分别达到了 1000mg/L 和 200mg/L。另外，氧化亚铁硫杆菌对 F^- 特别敏感，未经驯化的细菌，在 F^- 浓度超过 10mg/L 的环境中已很难生存。而经过驯化后，可在 F^- 浓度为 10mg/L 的环境中正常生长。这充分说明驯化过程确实提高了菌株的耐受性。

表 11-3 氧化亚铁硫杆菌对铀的适应性驯化结果

铀离子浓度/(mg/L)	氧化培养基中全部 Fe^{2+} 所需的时间/d			
	驯化前细菌	第一次转移	第二次转移	第三次转移
500	7	4	4	4
600	10	7	4	4
700	不生长	10	7	7
800	不生长	不生长	10	7
900	不生长	不生长	10	7
1000	不生长	不生长	不生长	10

表 11-4 氧化亚铁硫杆菌对铜的适应性驯化结果

铜离子浓度/(mg/L)	氧化培养基中全部 Fe^{2+} 所需的时间/d			
	驯化前细菌	第一次转移	第二次转移	第三次转移
40	10	4	4	4
80	11	7	4	4
100	11	7	4	4
150	不生长	7	4	4
200	不生长	不生长	7	6

11.1.6 细菌的计量

在微生物的试验研究或工业应用中，常需要测定培养液或矿浆中的微生物含量，以便对微生物浸矿过程进行分析和调整。在实践中，一般采用以下 4 种方法对微生物进行计量。其中，比浊法和直接计数法测出的是一定体积含菌液中微生物的总数（包括活菌数和死菌数），而平皿计数法和稀释法测出的则是一定体积含菌液中活菌数的数目。

（1）比浊法 比浊法是基于液体的混浊度与其中的微生物浓度成正比，采用分光光度计测定含菌液体的透光光密度进行计量的方法。通过对比测得的光密度和标准曲线，计算出菌液的浓度。

（2）直接计数法 利用血球计数板，取菌液样品直接在显微镜下观察计数。

（3）平皿计数法 将稀释一定倍数的菌液，用固体培养基制成平板，然后放置在一定温度的烘箱中培养，使其生成菌落。由菌落数目和稀释倍数计算待测菌液中活细菌的浓度。

（4）稀释法 将菌液在培养基中按 10 的倍数连续稀释成不同的浓度，然后进行培养。观察细菌能够生长的最高稀释度，将此最高稀释度培养基中的微生物个数视为 1，则可按总的稀释倍数计算出原菌液中活菌的浓度。一般情况下，达到正常繁殖时，菌液中活菌的浓度为 $1\times10^6\sim1\times10^{10}$ 个/mL。

11.2 微生物浸出基本原理

微生物浸出主要指氧化铁硫杆菌等自养细菌浸出，所以通常叫细菌浸出。硫化矿细菌浸

出是一个细菌氧化 Fe^{2+}、元素硫等而生长的生理学过程，同时包括具有化学、电化学、动力学现象的硫化矿氧化分解过程。细菌浸出反应过程中主要包含以下一些反应机理。

11.2.1 细菌浸出直接作用

氧化铁硫杆菌浸出金属硫化矿过程中，发生的反应表示如下：

$$2FeS_2+7O_2+2H_2O \xrightarrow{细菌} 2FeSO_4+2H_2SO_4 \tag{11-2}$$

$$4FeSO_4+O_2+2H_2SO_4 \xrightarrow{细菌} 2Fe_2(SO_4)_3+2H_2O \tag{11-3}$$

$$CuS+2O_2 \xrightarrow{细菌} CuSO_4 \tag{11-4}$$

$$CuFeS_2+4O_2 \xrightarrow{细菌} CuSO_4+FeSO_4 \tag{11-5}$$

由于 Fe^{3+} 具有氧化作用，因此无法确定上述反应是由细菌直接作用的。必须排除 Fe^{3+} 的干扰，才能证明细菌能够直接氧化金属硫化矿。在无 Fe^{3+} 的条件下，通过对细菌浸出人造铜蓝（CuS）的研究，发现细菌均附着在被浸蚀的矿物表面。进一步的显微镜观察，发现细菌浸出过的 CuS 晶格表面有明显被浸蚀的痕迹。用细菌浸出单质硫，发现在硫的表面也有明显浸蚀的痕迹。细菌氧化硫的反应式如下：

$$2S+3O_2+2H_2O \xrightarrow{细菌} 2H_2SO_4 \tag{11-6}$$

通过对比 Fe^{3+} 和细菌分别浸出辉铜矿（CuS_2），发现二者的反应产物不同。Fe^{3+} 氧化生成单质硫，反应式如下：

$$Cu_2S+2Fe_2(SO_4)_3 \longrightarrow 2CuSO_4+4FeSO_4+S \tag{11-7}$$

而细菌氧化则不生成单质硫，反应式如下：

$$2Cu_2S+2H_2SO_4+5O_2 \xrightarrow{细菌} 4CuSO_4+2H_2O \tag{11-8}$$

以上对比试验结果表明，氧化铁硫杆菌能吸附在矿物表面，直接作用于金属硫化矿，由空气中的 O_2 直接将硫化矿氧化分解为金属离子和单质硫，硫进一步被细菌氧化为硫酸，同时细菌得到电子获得生长所需的能量。

11.2.2 细菌浸出间接作用

细菌浸出的间接作用是指细菌将溶液中的 Fe^{2+} 氧化为 Fe^{3+}，硫化矿被具有强氧化性的 Fe^{3+} 氧化分解，反应生成的 Fe^{2+} 又被细菌氧化，构成一个氧化还原的浸出循环体系，溶液中的还原性硫被细菌氧化为硫酸。间接氧化浸出的例子如下：

黄铁矿浸出：$FeS_2+7Fe_2(SO_4)_3+8H_2O \longrightarrow 15FeSO_4+8H_2SO_4$ (11-9)

辉铜矿浸出：$Cu_2S+2Fe_2(SO_4)_3 \longrightarrow 2CuSO_4+4FeSO_4+S$ (11-10)

氧化铜浸出：$Cu_2O+Fe_2(SO_4)_3+H_2SO_4 \longrightarrow 2CuSO_4+2FeSO_4+H_2O$ (11-11)

铀矿浸出：$UO_2+Fe_2(SO_4)_3 \longrightarrow UO_2SO_4+2FeSO_4$ (11-12)

凡是利用 Fe^{3+} 作为氧化剂的金属矿物浸出都是间接浸出。细菌浸出过程可同时包含直接浸出和间接浸出两种作用。

11.2.3 细菌浸出复合作用

复合作用是指在细菌浸出过程中，既有细菌的直接作用，又有 Fe^{3+} 参与氧化的间接作用。其中某一种作用可能占主导地位，但两种作用同时存在，这是广为认可的细菌浸出机理。实际上，大多数矿石中总会存在一些含铁的硫化矿。例如辉铜矿的浸出反应就同时包含直接浸出反应［式（11-8）］和间接浸出反应［式（11-10）］。两种作用的区别是，直接作用由于有细菌的存在，生成的 S 被氧化为硫酸，而间接作用则可以生成 S 沉淀。

11.2.4 电位-pH 图

Kaplan 等收集大量测量数据，绘制出各种自然环境下微生物活动和 E-pH 范围（图 11-3）。由图 11-3 可以看出，硫细菌和铁细菌的生存环境正处于金属硫化矿和 $Fe^{2+} \rightarrow Fe^{3+}$ 的氧化 E-pH 范围。表明这两类浸矿细菌可以在金属硫化物的氧化浸出条件下生存，并参与矿物的浸出反应过程。

氧化还原电位及 pH 变化对金属硫化矿的浸出有很大影响，孔雀石在酸性介质中的浸出过程的 E-pH 如图 11-4 所示。

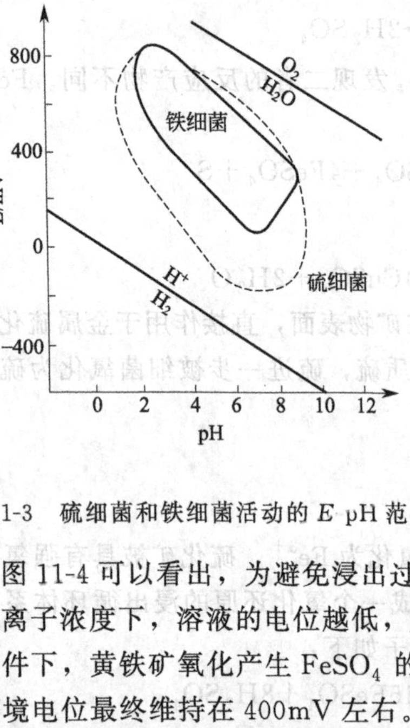

图 11-3　硫细菌和铁细菌活动的 E pH 范围

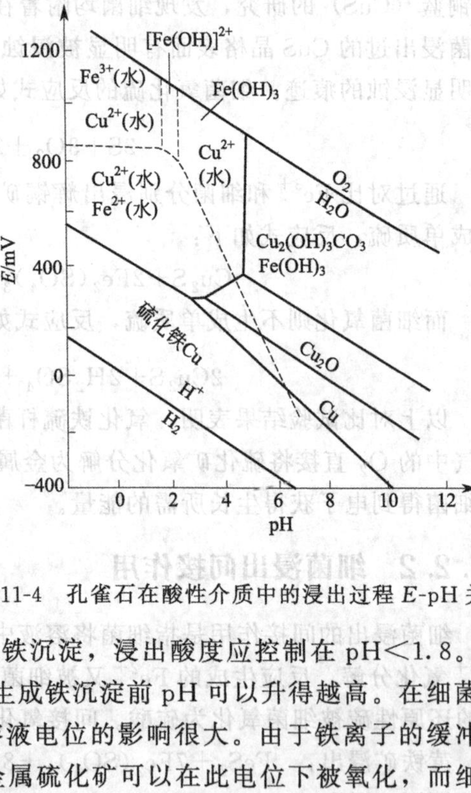

图 11-4　孔雀石在酸性介质中的浸出过程 E-pH 关系

由图 11-4 可以看出，为避免浸出过程中出现铁沉淀，浸出酸度应控制在 $pH<1.8$。在一定铁离子浓度下，溶液的电位越低，则在开始生成铁沉淀前 pH 可以升得越高。在细菌存在的条件下，黄铁矿氧化产生 $FeSO_4$ 的反应对溶液电位的影响很大。由于铁离子的缓冲作用，环境电位最终维持在 400mV 左右。大部分金属硫化矿可以在此电位下被氧化，而细菌的作用是不断将产生的 Fe^{2+} 氧化为 Fe^{3+}。

11.3 细菌浸出的影响因素

与化学浸出不同，细菌浸出是一个更复杂的反应过程，其中既有细菌生长繁殖和生物化学反应，又有浸出剂与矿物之间的化学反应。由于细菌生长繁殖速度比化学浸出反应慢得多，所以细菌的生长状况严重制约着细菌浸出的整个过程。影响细菌浸矿过程的因素概括起来主要有 9 个方面，现介绍如下。

11.3.1 培养基组成

在细菌浸出的过程中，金属矿物的浸出速度与浸出介质中的细菌的浓度成正比。因此，想要提高矿物的浸出速度，必须保证细菌有较高的生长繁殖速度。这就要求必须为细菌提供足够的营养物质。研究表明，在 O_2 和 CO_2 供应充足的条件下，磷源和氮源是影响细菌浸出的重要因素（如图 11-5 和图 11-6 所示）。

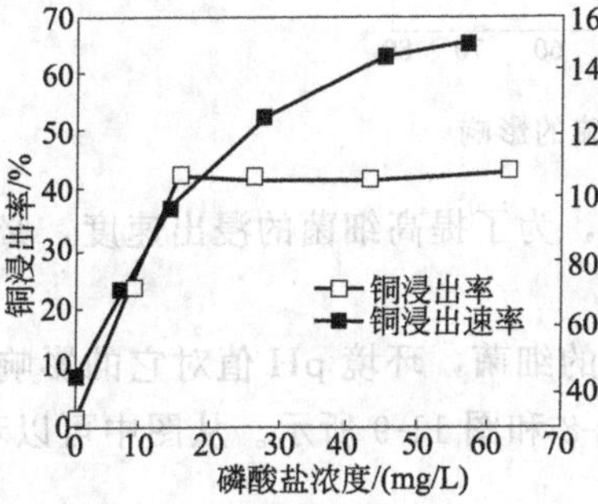

图 11-5　磷酸盐浓度对铜浸出的影响

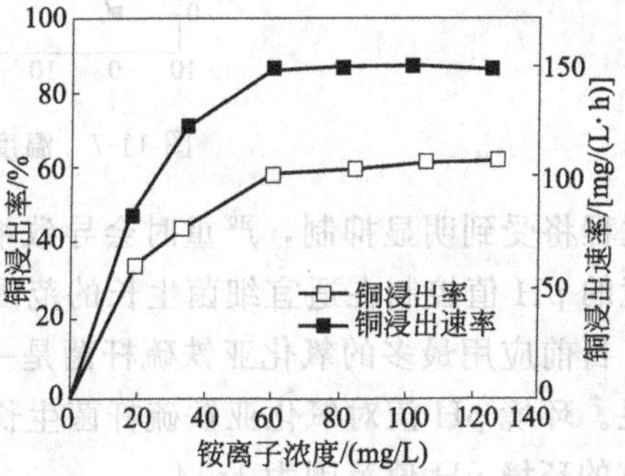

图 11-6　铵离子浓度对铜浸出的影响

从图 11-5 中可以看出，随着磷酸盐浓度的增加，铜的浸出率和浸出速率都明显上升。当磷酸盐浓度为 15mg/L 时，铜的浸出率达最大值；而浓度为 60mg/L 时，铜的浸出速率最高。从图 11-6 中可以看出，NH_4^+ 浓度为 60mg/L 时，铜的浸出速率最高，而浓度达 120mg/L 时，浸出率才达到最大值。通过对比可以看出，在其他营养成分充足的条件下，磷酸盐浓度是铜浸出速率的限制因素，而 NH_4^+ 浓度则是铜浸出率的限制因素。

除充足的营养成分外，还需提供细菌用于代谢活动的能源。浸矿细菌的主要能源是 Fe^{2+} 和 S，可在培养细菌时适当加入这两种物质。为了使细菌适应浸矿环境，通常在培养和驯化阶段，在细菌的培养基中逐渐添加待处理矿石，其中所含的 Fe^{2+} 和 S 为细菌提供能源。

11.3.2 环境温度

环境温度对细菌浸矿过程的影响，主要体现在对细菌生长繁殖过程的制约。例如，氧化亚铁硫杆菌的最佳生长温度为 25～30℃，当温度低于 10℃时，细菌的活性变弱，生长繁殖速度减慢；当温度超过 45℃时，细菌的生长同样受到影响，甚至会导致死亡。环境温度对氧化亚铁硫杆菌的生长及氧化能力的影响如表 11-5 和图 11-7 所示。

表 11-5　环境温度对氧化亚铁硫杆菌生长情况的影响

温度/℃	7	15	20	26	30	35	40	50
Fe^{2+} 氧化率/%	0	38	100	100	100	46	29	29
细菌浓度/(×10^8 个/mL)	2.4	5.4	3.8	3.1	2.4	0	0	0

从图表所示结果可以看出，在最适宜浸矿细菌生长的温度下，其氧化能力也最强。因此，为了获得最佳的浸出效果，必须保证浸出过程在细菌最适宜生长的温度下进行。

11.3.3 环境 pH 值

每一种细菌都有其生存的适宜 pH 值范围，当环境 pH 值超出此范围时，细菌的生长繁

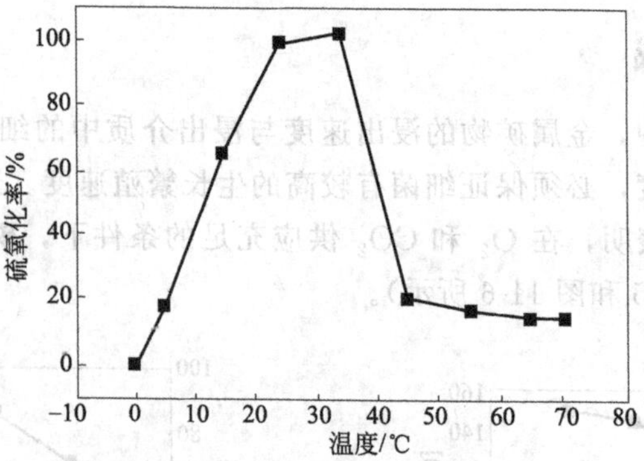

图 11-7 温度对细菌氧化元素硫的影响

殖过程将受到明显抑制，严重时会导致细菌死亡。因此，为了提高细菌的浸出速度，必须将环境的 pH 值控制在适宜细菌生长的范围内。

目前应用最多的氧化亚铁硫杆菌是一种产酸又嗜酸的细菌，环境 pH 值对它的影响尤为明显。环境 pH 值对氧化亚铁硫杆菌生长的影响如图 11-8 和图 11-9 所示。从图中可以看出，适宜的环境 pH 值范围为 1～4。

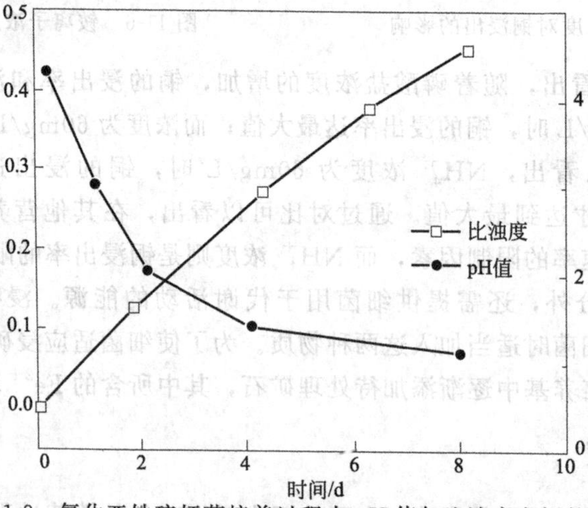

图 11-8 氧化亚铁硫杆菌培养过程中 pH 值与比浊度之间的关系

I—用分光光度计测定含菌液浊度时测得的透光率

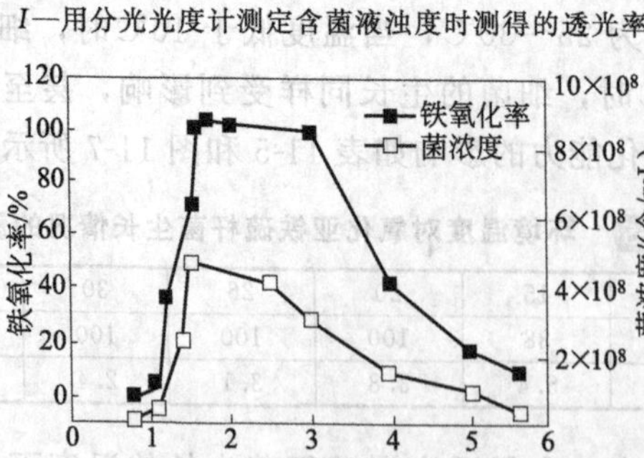

图 11-9 培养液 pH 值对氧化亚铁硫杆菌的影响

环境 pH 值不仅对细菌的生长起到促进或抑制作用，还对浸矿过程中的物相平衡有着决定性的影响。例如，环境中 Fe^{2+} 和 Fe^{3+} 的浓度的变化就与 pH 值有着密切的关系（见图 11-10 和图 11-11）。

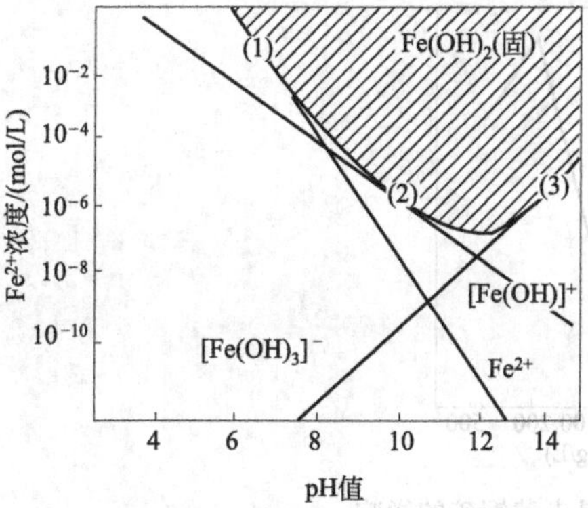

图 11-10　Fe^{2+} 浓度与 pH 值之间的关系

(1)$Fe(OH)_2(s) \rightleftharpoons Fe^{2+} + 2OH^-$

(2)$Fe(OH)_2(s) \rightleftharpoons [Fe(OH)]^+ + OH^-$

(3)$Fe(OH)_2(s) + OH^- \rightleftharpoons [Fe(OH)_3]^-$

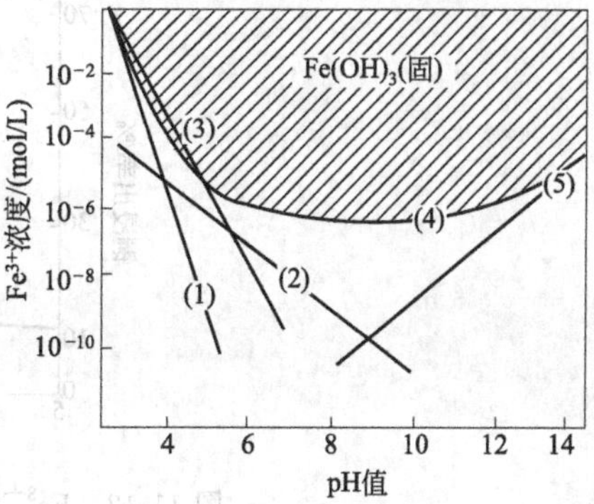

图 11-11　Fe^{3+} 浓度与 pH 值之间的关系

(1)$Fe(OH)_3(s) \rightleftharpoons Fe^{3+} + 3OH^-$

(2)$Fe(OH)_3(s) \rightleftharpoons [Fe(OH)_2]^+ + OH^-$

(3)$Fe(OH)_3(s) + OH^- \rightleftharpoons [Fe(OH)]^{2+} + 3OH^-$

(4)$Fe(OH)_3(s) \rightleftharpoons [Fe(OH)_3]$

(5)$Fe(OH)_3(s) + OH^- \rightleftharpoons [Fe(OH)_4]^-$

从图 11-10 和图 11-11 中可以看出，随着 pH 值的升高，Fe^{2+} 和 Fe^{3+} 会生成不同形式的沉淀物，这将会对浸矿过程造成不利的影响。一方面，铁离子浓度的下降会导致细菌能源的匮乏，影响细菌的生长繁殖速度及活性；另一方面，Fe^{2+} 和 Fe^{3+} 水解生成的氢氧化物和铁矾会覆盖在矿石表面，形成致密的包裹层，妨碍细菌与矿石的接触，从而大大降低浸出速度。由此可见，环境 pH 是细菌浸矿过程中的重要影响因素之一。

11.3.4　金属及某些离子

作为必需的微量元素，适量的金属及某些离子在细菌的生长过程中至关重要。例如，K^+ 影响细胞的原生质胶态和渗透性；Ca^{2+} 不仅能控制细胞的渗透性，还能调节细胞内酸碱度；Mg 和 Fe 是细胞色素和氧化酶辅基的组成部分。如果金属或金属离子的含量过高，反而会对细菌产生不同程度的毒害作用，进而影响细菌浸矿的顺利进行。细菌对某些金属和离子的极限耐受浓度如表 11-6 和表 11-7 所示。

表 11-6　细菌对某些金属的极限耐受浓度

金属	Ca	Mg	Al	Cu	Mn	Mo	U
极限耐受浓度/(g/L)	4.9	2.4	6.3	12.0	3.3	0.16	1.0

表 11-7　细菌对某些离子的极限耐受浓度

离子	Na^+	Cl^-	Ca^{2+}	Cu^+	NH_4^+	Ag^+	AsO_4^{3-}	Cd^{2+}
极限耐受浓度/(g/L)	0.29	0.34	0.073	0.0071	0.118	0.0019	0.056	0.078

当表 11-6、表 11-7 中的金属或离子的含量超过细菌的耐受极限时，细菌的浸矿效果会急剧下降，如图 11-12 所示。

其他一些金属盐类对氧化亚铁硫杆菌的影响如表 11-8 所示。可以看出，NaF 对氧化亚铁硫杆菌氧化能力的抑制程度最大。因此，应注意控制硫化物矿石浸出过程中 F^- 的浓度。

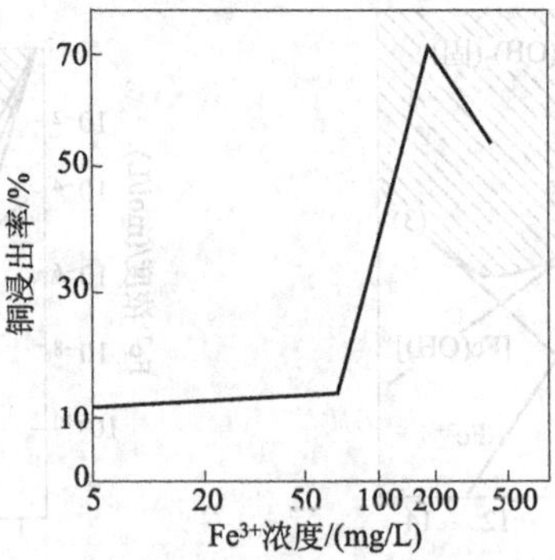

图 11-12　Fe^{3+} 浓度对细菌浸出黄铜矿的影响

表 11-8　某些盐类对氧化亚铁硫杆菌的影响

盐类	浓度/(mol/L)	抑制氧化 Fe^{2+} 的能力/%
NaCl	0.2	0
	0.5	50
	1.0	90
KCl	0.2	0
	0.5	0
	1.0	90
NaF	3×10^{-4}	0
	1.7×10^{-3}	30
	6.7×10^{-3}	100
$NaNO_3$	0.35	0
	0.6	40
NH_4NO_3	0.3	10
	0.8	100
Na_2SO_4	2.0	0
K_2SO_4	2.0	0
$Al_2(SO_4)_3$	1.0	0
$MnSO_4$	1.0	0

11.3.5　固体物浓度

在细菌搅拌浸出工艺中，固体物浓度对矿石浸出过程的影响主要有以下 3 个方面：

① 随着固体物浓度的增加，矿浆中离子浓度也会随之上升，直到超过细菌的极限耐受浓度，最终导致矿石的浸出速度明显下降。

② 细菌是通过吸附于矿粒表面实现直接浸出过程的。当固体物浓度升高时，每个矿粒表面附着的细菌数目随之减少，从而降低矿石的浸出速度。

③ 随着固体物浓度的升高，矿粒之间的摩擦、碰撞程度加剧，导致吸附于矿粒表面的细菌脱落或损伤，进而造成矿石浸出速度的下降。

综上所述，细菌浸矿过程中的矿浆浓度（固体质量分数）一般控制在 10%～20%。当超过 20%时，金属浸出率明显下降；达到 30%时，大多数细菌难以生存。

11.3.6　光线

由于紫外线具有很强的杀菌作用，所以细菌的生长繁殖速度和活性会受日光的影响。暴露于阳光下的培养池中，距液体表面600mm以内的液层中几乎观察不到细菌的氧化作用。另外，在堆浸工艺中，暴露于阳光下的矿堆表面的浸矿效果也非常微弱。光线对细菌浸矿过程有着明显不利的影响（如图11-13所示），因此，细菌浸矿过程应尽量在避光条件下进行。

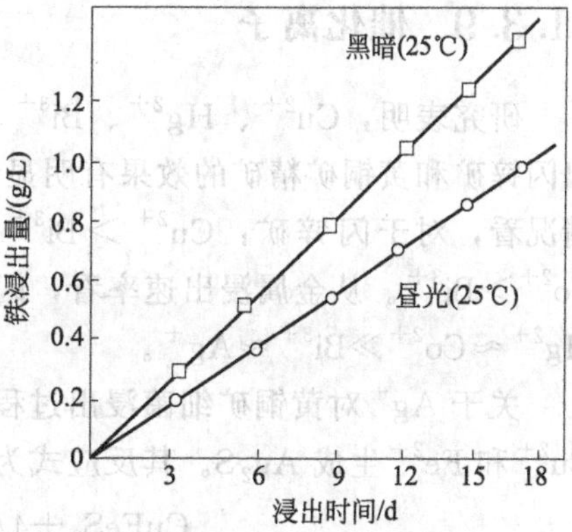

图11-13　光线对氧化亚铁硫杆菌浸出效果的影响

11.3.7　表面活性剂

表面活性剂可以改变矿石的疏水性和渗透性，进而加快细菌浸矿的速度。研究表明，对细菌浸矿过程有促进作用的表面活性剂有如下一些：

① 阳离子型表面活性剂，包括甲基十二苯甲基三甲基氯化铵、双甲基十二基甲苯、咪唑啉阳离子季铵盐等。

② 阴离子型表面活性剂，包括辛基磺酸钠、氨基脂肪酸衍生物等。

③ 非离子型表面活性剂，包括聚氧乙烯山梨醇单月桂酯（Tween 20）、苯基异辛基聚氧乙烯醇、壬基苯氧基聚氧乙烯醇等。

几种表面活性剂对微生物浸出黄铜矿的影响情况如表11-9所示，可以看出，三种表面活性剂中Tween 20的效果最好，其最佳使用浓度为0.003%。

表11-9　表面活性剂浓度对氧化亚铁硫杆菌浸出黄铜矿的影响

活性剂浓度%	黄铜矿浸出率%		
	A	B	C
0	8.3	8.3	8.3
0.0001	57.2	22.2	28.9
0.003	74.4	44.15	58.8
0.05	31.8	27.3	19.5
0.1	23.9	19.9	15.1
0.5	21.0	11.9	11.4
1.0	12.1	15.9	18.6

注：A—Tween 20；B—聚氧乙烯山梨醇单棕榈脂；C—聚氧乙烯山梨醇单硬脂酸脂。

11.3.8　通气量

采用好氧细菌（如氧化亚铁硫杆菌）进行浸出作业时，需要供给充足的O_2和CO_2以保证浸出过程顺利进行。好氧细菌正常生长时的实际耗氧量，通常比水中溶解的氧要高两个数量级，所以水中自然溶解的氧远远不能满足细菌生长的需要。因此，大部分细菌浸矿工艺都采用直接向浸出环境中充气或借助加快其循环速度等手段，来改善浸出过程的供氧条件。通气条件对氧化亚铁硫杆菌氧化能力的影响如图11-14所示。可以看出，通气对其氧化能力的影响非常显著。

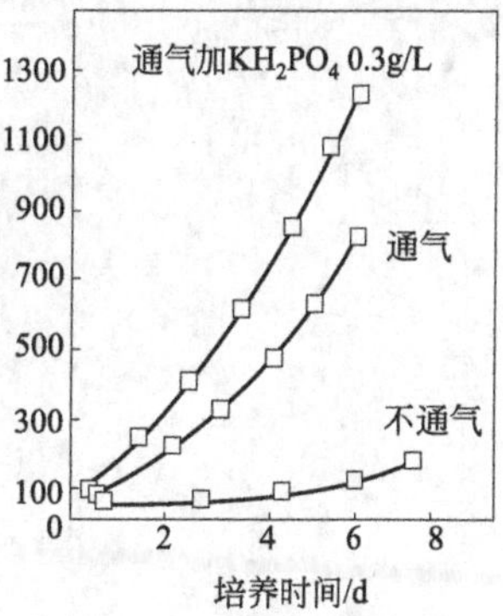

图11-14　通气条件对氧化亚铁硫杆菌氧化Fe^{2+}的影响

在实际浸出作业中，通气速度一般为0.06～0.1 $m^3/(m^3 \cdot min)$。通常情况下，空气中的CO_2量可以满足细菌需要，但为了加快细菌的繁殖速度，个别条件下需在供给的空气中补加1%～5%的CO_2。

11.3.9 催化离子

研究表明，Cu^{2+}、Hg^{2+}、Bi^{3+}、Co^{2+}、Ag^{+}等一些金属离子，对氧化亚铁硫杆菌浸出闪锌矿和黄铜矿精矿的效果有明显影响。不同催化离子的作用效果有明显的差别。从浸出情况看，对于闪锌矿：$Cu^{2+}>Bi^{3+}>Co^{2+}>Hg^{2+}$；对于黄铜矿精矿：$Ag^{+}>Hg^{2+}>Co^{2+}>Bi^{3+}$。从金属浸出速率看，闪锌矿为：$Bi^{3+}\approx Ag^{+}>Hg^{2+}>Co^{2+}$；黄铜矿精矿为：$Hg^{2+}\approx Co^{2+}\gg Bi^{3+}\approx Ag^{+}$。

关于Ag^{+}对黄铜矿细菌浸出过程的催化机理，一般认为是Ag^{+}取代了黄铜矿晶格中的Cu^{2+}和Fe^{2+}生成Ag_2S。其反应式为：

$$CuFeS_2+4Ag^{+}\longrightarrow 2Ag_2S+Cu^{2+}+Fe^{2+} \quad (11\text{-}13)$$

被Ag^{+}取代下来的Fe^{2+}迅速被细菌氧化为Fe^{3+}。Fe^{3+}继续与Ag_2S发生如下反应：

$$Ag_2S+2Fe^{3+}\longrightarrow 2Ag^{+}+2Fe^{2+}+S \quad (11\text{-}14)$$

从而再次生成催化离子Ag^{+}。由于Ag^{+}对Fe^{2+}的取代，加速了氧化亚铁硫杆菌对Fe^{2+}的氧化速度，增加了浸出过程的能源供应，继而提高了细菌的生长繁殖速度和活性。综上所述，Ag^{+}可以明显改善氧化亚铁硫杆菌对黄铜矿的浸出效果。

思考题

1. 微生物的种类有哪些？应用于浸矿的主要流程是什么？
2. 微生物浸出的基本原理是什么？
3. 细菌驯化的目的和驯化过程是什么？
4. 影响细菌浸出的因素主要有哪些？
5. 微生物选矿的优缺点是什么？

第12章

选后产品处理

在工业生产中，对固体物料通常都采用湿法分选，选出的产物都是以液固两相流体的形式存在的，在绝大多数情况下需进行固液分离。完成固液分离的作业在生产中称为脱水，其目的是得到含水较少的固体产物和基本上不含固体的水。

选矿产品处理阶段主要是精矿的脱水和尾矿的储存和脱水。产品的脱水作业是选矿厂必需的一项辅助作业。

脱水阶段包括浓缩、过滤、干燥几个阶段。浓缩作业是脱水作业的第一步，它可以将尾矿矿浆浓缩，回收一部分水循环使用；也可以作为精矿过滤前的脱水，将精矿浓度提高，以利于增加过滤效果。过滤是浓缩的下一道工序，它可以使精矿产品和尾矿产品浓度达到需要标准，如精矿水分（即浓度）可以从45%～60%降到8%～12%左右。干燥是对精矿过滤后的处理，一般选矿产品无特殊要求均不进行干燥处理，而稀有金属由于价值较高则需进行干燥处理，如铂精矿等。

12.1 精矿脱水

12.1.1 脱水的意义

① 降低产品中的水分，满足一定的产品质量要求。在湿法选矿厂中，分选后的产品带有大量水分，若不及时脱除，产品就无法成为商品。如对于炼焦用煤来说，水分过高，将延长炼焦时间、增加炼焦炉瓦斯消耗量以及降低炼焦炉的使用寿命。所以，煤炭产品的水分是一个较重要的指标。

② 减少运输的费用。铁路运费是以重量作为计费依据的，水分越大，运输费用就越高，所以应尽量减少产品中的水分含量。

③ 防止冻车或胀车，影响冬季铁路运输。如在选煤厂，各种精煤产品的综合水分规定为12%～13%，但个别用户、出口煤和高寒地区湿煤冬运则要求精煤水分在8%～9%以下。

④ 回收分选过程所用大量的水。湿法选矿厂水的用量非常大。如选煤厂一般情况下，跳汰机每处理1t原煤需用3t水；重介质分选机选煤，1t原煤需用水约0.7t。大量的水若不回收，将造成极大的浪费。另外回收大量水的同时也可减少对环境的污染。

12.1.2 脱水方法及设备

12.1.2.1 浓缩

浓缩是颗粒借助重力或离心惯性力从矿浆中沉淀出来的脱水过程，常用于细粒物料的脱水，常用的设备有水力旋流器、倾斜浓密箱和浓密机等。浓密机的工作过程如图 12-1 所示。矿浆从浓密机的中心给入，固体颗粒沉降到池子底部，通过耙子耙动汇集于设备中央并从底部排出；澄清水从池子周围溢出。

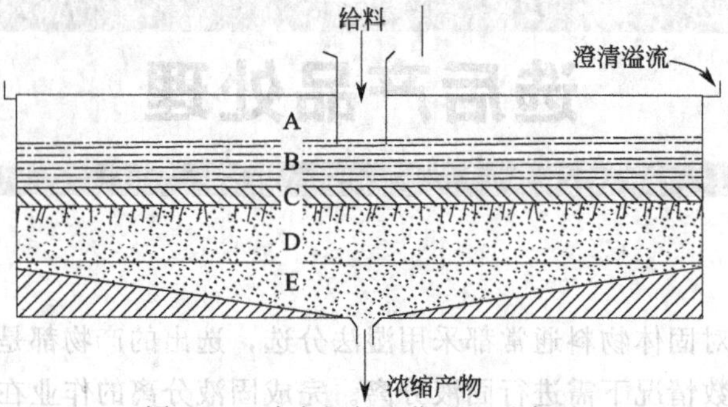

图 12-1 浓密机的工作过程示意图

A—澄清带；B—颗粒自由沉降带；C—沉降过渡带；D—压缩带；E—锥形耙子区

工业生产中常用的浓缩设备有沉降池、耙式浓缩机、高效浓缩机、深锥浓缩机、倾斜板浓缩机和膏体浓密机等。

(1) 沉降池　沉降池一般是一些小型选矿厂为了节省成本，采用的一种精矿沉降池。精矿流入沉降池后，由于截面积的扩大，流速大大降低，粗颗粒精矿首先沉降下来，然后是细粒和细泥。在沉降池后部的不同高度设有上清液排放管，沉降后的溢流清水由此排出。通常还采用两个或多个沉降池串联，使溢流沉淀更彻底。沉积一定数量的精矿沉沙，经挖出晾晒、进一步脱水后外运。通常建有两套沉降池系统交替使用。沉降池适用于精矿产率小、精矿较粗且密度较大的小型硫化矿选矿厂。

(2) 耙式浓缩机　耙式浓缩机按照传动方式可分为中心传动式和周边传动式，但其构造大致相同。耙式浓缩机是选矿产品浓缩工艺中应用最广的一种设备，目前特大型浓缩机的直径已经达到 100～200m。耙式浓缩机的处理能力大，给料浓度范围宽，浓缩产品的浓度较高，溢流的固含量较低。精矿给料的浓度一般在 20%～30%，尾矿给料浓度为 2%～10%；精矿浓缩时底流浓度常达 30%～70%，溢流中的固体含量多在 0.1～0.5g/L。此外，该类设备运转可靠，动力消耗较低；但占地面积较大。

桥式中心传动耙式浓缩机的结构如图 12-2 所示。耙式浓缩机的主要构件有槽体、耙臂、耙臂传动机构、耙臂提升装置、过载警示机构、给料系统和卸料系统等。槽体为圆柱形，钢筋混凝土结构，直径小于 25m 时用钢板卷制比较经济。槽体底部为平底或坡度很小（$<12°$）的圆锥形底，其中心部位设有浓缩产品的卸料斗，与底流输送系统相连；上部则连接有环形溢流槽。桥式中心传动式浓缩机的特点是，槽体上方横跨一桥式桁架，其上部装有耙臂提升装置和蜗轮、蜗杆传动机构。槽子正中心的回转轴由传动机构带动，其上连接有十字形的耙臂，下面固定着许多刮泥板。耙臂与水平方向成 8°～15°倾斜，其外缘线速度低于 7～8m/min。工作时，矿浆经由桁架上的给料槽（管）给入槽中央的受料筒，筒的下缘浸没

在澄清液面之下。给入的矿浆沿径向往四周流动，同时产生固相沉降。澄清液由上部的环形溢流槽溢出，浓缩产品被刮板刮至池中心的卸料筒排出。刮板排料时对沉淀物产生的挤压作用，有利于挤出沉淀物中的水分。为避免浓缩机过载引起卸料口淤塞和耙臂扭弯及其他设备事故，设有耙臂提升装置和过载警示机构。桥式中心传动浓缩机的最大直径为 53m，一般不超过 35m，以免桁架费用过高而不经济。

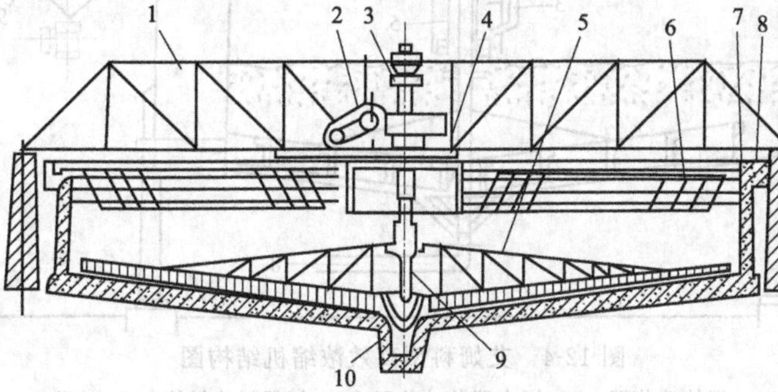

图 12-2　桥式中心传动耙式浓缩机结构

1—桁架；2—传动装置；3—耙臂提升装置；4—受料筒；5—耙架；
6—倾斜板；7—浓缩池；8—环形溢流槽；9—竖轴；10—卸料斗

周边传动耙式浓缩机的构造如图 12-3 所示。与耙臂相连的桁架的一端借助于特殊的轴承置于中心柱上，另一端连接传动小车，小车的辊轮由车上的电机经减速器、齿轮装置驱动，使桁架沿轨道行走。耙臂如受阻力过大，辊轮会打滑，耙臂停止，故不必设置专门的过载保护装置。正由于辊轮易打滑，这种浓缩机规格不宜过大。稍大型（直径大于 15m）的设备与轨道并列安装有固定的齿条，传动机构的齿轮减速器上有一小齿轮与齿条啮合，带动小车运行。这种齿条传动的浓缩机要有负荷继电器来保护主体设备。

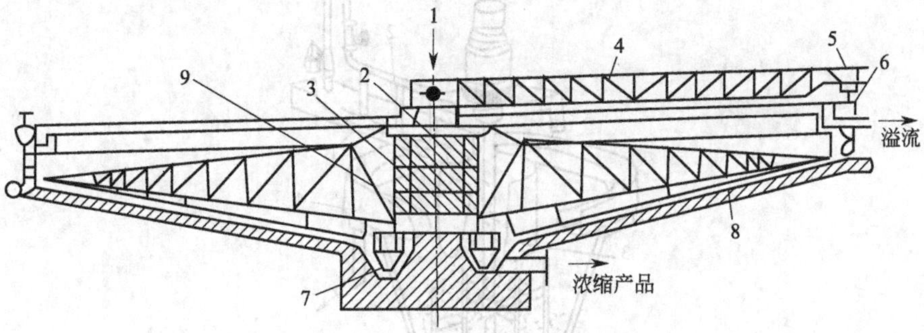

图 12-3　周边传动耙式浓缩机

1—给矿口；2—中心支柱；3—转笼；4—桁架；
5—驱动小车；6—轨道；7—排矿沟槽；8—槽体；9—耙臂和耙叶

（3）高效浓缩机　高效浓缩机是新型浓缩设备，其结构特点是：①在待浓缩物料中添加一定量絮凝剂，使矿浆中固体颗粒形成絮团或凝聚体，以加快沉降速度、提高浓缩效率；②给料筒向下延伸，将絮凝料浆送至沉积和澄清区界面；③设有自动控制系统控制药剂用量、底流浓度等。

高效浓缩机的种类很多，其主要区别在于给料—混凝装置和自控的方式。下面主要介绍艾姆科（Eimco）型高效浓缩机（如图 12-4 所示）。这种高效浓缩机的给料筒内设有搅拌器，

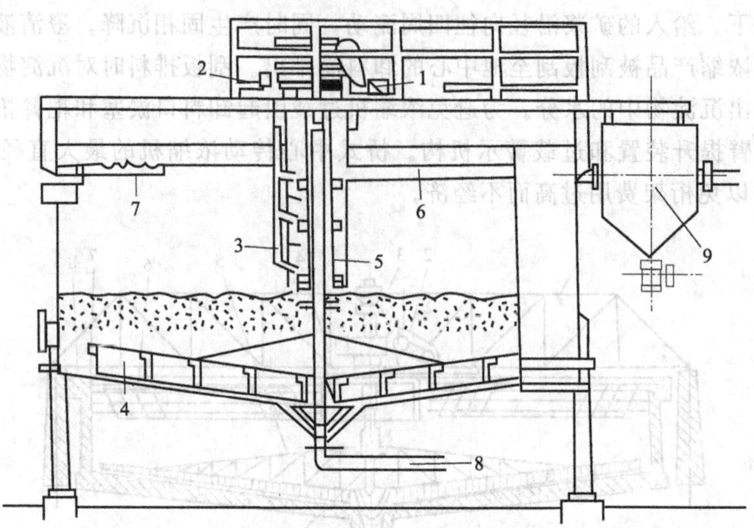

图 12-4 艾姆科型高效浓缩机结构图

1—耙传动装置；2—混合器传动装置；3—絮凝剂给料管；4—耙臂；
5—给料筒；6—给料管；7—溢流槽；8—排料管；9—排气系统

搅拌器由专门的调速电动机系统带动旋转，搅拌叶分为三段，叶径逐渐减小，搅拌强度逐渐降低。料浆先给入排气系统，排出空气后经进料槽给入给料筒，絮凝剂则由絮凝剂进料管分段给入筒内和料浆混合，混合后的料浆由下部呈放射状的给料筒直接进入，形成的沉淀表面层料浆絮团迅速沉降。在沉降层的底部安装了普通机械耙臂机构，将浓缩的沉淀挂向圆锥中心，而澄清的液体则经浓缩-沉淀层过滤出来并向上流动，形成溢流排出。

（4）深锥浓缩机　深锥浓缩机的结构特点是其池深尺寸大于池的直径尺寸，如图 12-5 所示。整机呈立式桶锥形。深锥浓缩机工作时，一般要加絮凝剂。

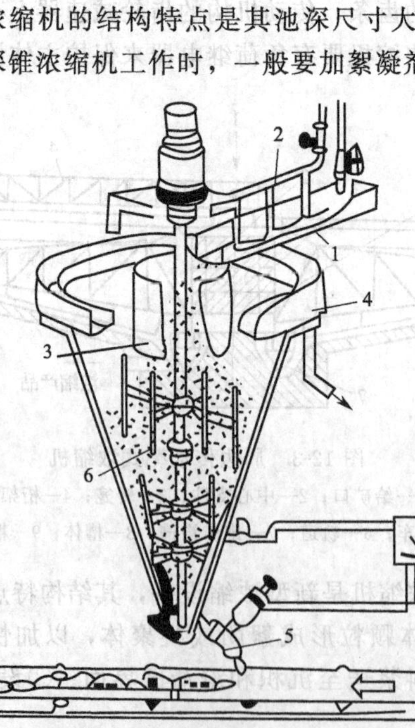

图 12-5 深锥浓缩机结构示意图

1—给料装置；2—絮凝剂添加管；3—中心隔板；4—溢流槽；5—排料阀；6—搅拌器

我国生产的用于浓缩浮选尾煤的深锥浓缩机，其直径为 5m，在尾煤入料浓度为 30g/L、入料量为 50～70m^3/h、添加 3～5g/m^3 絮凝剂的条件下，底流浓度可达 45%。其结构特点是池深尺度大于直径，加之絮凝剂的作用，处理能力很大。和耙式浓缩机相比，单位面积处理能力可达到 2～4m^3/(m^2·h)；且由于沉降时间长，能够得到高浓度的底流产品。

12.1.2.2 过滤

过滤是分离非均相混合物的常用方法，一般所说的过滤就是利用多孔介质构成的障碍场从流体中分离固体颗粒的过程。在推动力的作用下，迫使含有固体颗粒的流体通过多孔介质，而固体颗粒则被截留在介质上，从而达到流体与固体颗粒分离的目的。所以，过滤过程的物理实质就是流体通过多孔介质和颗粒床层的流动过程。

如图 12-6 所示，过滤过程所用的基本构件是具有微细孔道的过滤介质。要分离的混合物置于过滤介质的一侧，在流体推动力的作用下，流体通过过滤介质的孔道流到介质的另一侧，而颗粒被介质截留，从而实现了流体与颗粒的分离。

过滤介质是滤饼的支承物。过滤介质的性质，首先是流体阻力要小，这样投入较少的能量就可以完成过滤分离；其次细孔不容易被分离颗粒堵塞；最后介质上的滤饼要求容易剥离。一般情况下过滤介质应具备下列条件：①多孔性，既能使液体流过又能截住要分离的颗粒；②具有化学稳定性，如耐腐蚀性、耐热性等；③足够的机械强度，使用寿命够长。

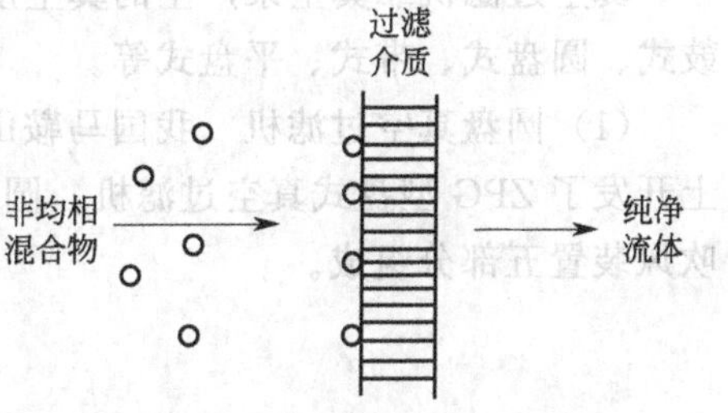

图 12-6　矿浆过滤过程示意图

常用过滤介质有：①织物介质。包括由棉、毛、丝等天然纤维及合成纤维制成的织物，以及由金属丝织成的网等，这类介质能截留的颗粒粒径范围为 5～65μm。②堆积介质。由细砂、木炭、石棉等细小坚硬的颗粒状物质或非编织纤维等堆积而成，多用于深层过滤。③多孔固体介质。由具有很多微细孔道的固体材料，如多孔陶瓷、多孔塑料及多孔金属制成的管或板，适用于拦截 1～3μm 以上的微细颗粒。④多孔膜。由高分子材料制成，膜很薄，孔很细，可以分离到 0.005μm 的颗粒，多应用于超滤和微滤作业。

工业生产中需要分离的悬浮液的性质有很大的差异，原料处理和过滤目的也各不相同，故过滤设备也多种多样。按操作方式可分为间歇式过滤机与连续式过滤机两大类；按过滤推动力，过滤设备可分为真空式与加压式两大类；除此之外，还有离心过滤机等。表 12-1 列出了各种形式的过滤机。

表 12-1　过滤机分类表

分类及名称	按形状分类	按过滤方式分类	卸料方式	给料	应用范围
真空过滤机	筒形真空过滤机	筒形内滤式过滤机	吹风卸料	连续	用于矿山、冶金、化工及煤炭工业部门
		筒形外滤式过滤机	刮刀卸料		
		折带式过滤机	自重卸料		
		绳索式过滤机	自重卸料		
		无格式过滤机	自重卸料		用于煤泥和制糖厂
	平面真空过滤机	转盘翻斗过滤机	吹风卸料	连续	用于矿山、冶金、煤炭、环保等部门
		平面盘式过滤机	吹风卸料		
		水平带式过滤机	刮刀卸料		
	立盘式真空过滤机		吹风卸料		

续表

分类及名称	按形状分类	按过滤方式分类	卸料方式	给料	应用范围
磁性过滤机	圆筒形	内滤式 外滤式 磁选过滤	吹风卸料 刮刀卸料 吹风卸料	连续	用于含磁性物料的过滤
离心过滤机	立式离心过滤机 卧式离心过滤机 沉降式离心过滤机		惯性卸料 机械卸料 振动卸料	连续	用于煤炭、陶瓷、化工、医药等部门
压滤机	带式压滤机 板框压滤机 板框自动压滤机 厢式自动压滤机 旋转压滤机 加压过滤机（筒式、带式等）	机械压滤 机械或液体加压 液压 液压 机械加压 压缩空气压滤	吹风卸料 自重卸料 自重卸料 排料阀排料 阀控或压力排料	连续	用于煤炭、矿山、冶金、化工建材等部门

真空过滤机靠真空泵产生的真空度作为过滤动力，广泛应用于选矿产品的过滤，包括转鼓式、圆盘式、带式、平盘式等。

（1）圆盘真空过滤机　我国马鞍山矿山研究院在吸取国内外新型圆盘过滤机优点的基础上开发了ZPG型盘式真空过滤机。圆盘真空过滤机由槽体、主轴、过滤盘、分配头和瞬时吹风装置五部分组成。

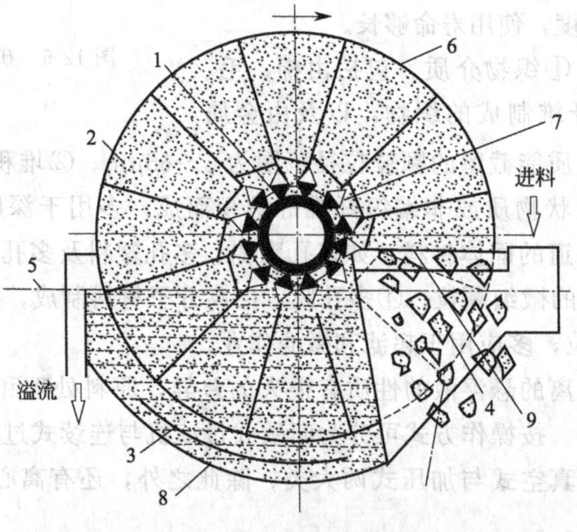

图12-7　圆盘真空过滤机的工作原理

1—滤液孔道；2—滤叶；3—搅拌器；4—滤饼；5—液面；6—滤盘；7—水平轴；8—滤浆槽；9—刮板

圆盘真空过滤机的工作原理如图12-7所示。当过滤圆盘顺时针转动时，依次经过过滤区、脱水区和滤饼吹落区，使每个扇形块与不同的区域连接。当过滤扇位于过滤区时，与真空泵相连，在真空泵的抽气作用下过滤扇内腔具有负压，料浆被吸向滤布，固体颗粒附着在滤布上形成滤饼；滤液通过滤布进入滤扇的内腔，并经主轴的滤液孔排出，从而实现过滤。

圆盘过滤机主要处理沉降速度较小（18mm/s以下）及固相相当均匀的悬浮液。圆盘过滤机的优点有：①造价低，结构紧凑，占地面积小；②真空度损失小，单位产量耗电少；③可以不设置搅拌装置；④更换滤布方便；⑤速比大，传动平稳可靠；⑥溢流浓度低，平均达到32.73%。缺点为：①设备运转中问题多，且必须停车修理，影响连续生产；②滤布易堵塞，磨损快；③下料口易堵塞，需人工疏通；④滤饼不能洗涤；⑤不适合处理非黏性物料。圆盘真空过滤机常用于过滤有色金属浮选精矿、浮选精煤及铁精矿等物料。

（2）圆筒形真空过滤机　圆筒形真空过滤机分外滤式真空过滤机和内滤式真空过滤机两种。圆筒过滤机由筒体、主轴承、矿浆槽、传动机构、搅拌器、分配头等部分组成。这种过滤设备的主要工作部件是一个用钢板焊接成的圆筒，其结构如图12-8所示。过滤机工作时，筒体约有1/3的圆周浸在矿浆中。

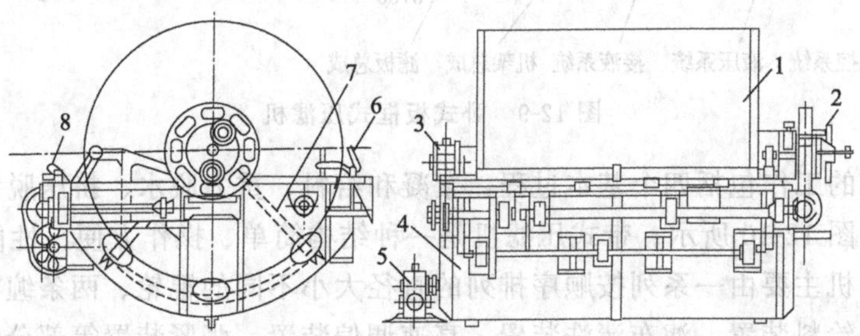

图12-8　外滤式圆筒形真空过滤机的结构

1—筒体；2—分配头；3—主轴承；4—矿浆槽；
5—传动机构；6—刮板；7—搅拌器；8—绕线机架

筒体外表面用隔条沿圆周方向分成24个独立的、轴向贯通的过滤室。每个过滤室都用管子与分配头连接。过滤室的筒表面铺设过滤板，滤布覆盖在过滤板上，用胶条嵌在隔条的槽内，并用绕线机构将钢丝连续压绕滤布，使滤布固定在筒体上。筒体支承在矿浆槽内，由电动机通过传动机构带动做连续的回转运动。筒体下部位于矿浆槽内，为了使槽内的矿浆呈悬浮状态，槽内有往复摆动的搅拌器，工作时不断搅动矿浆。

外滤式真空过滤机主要用于过滤粒度比较细、不易沉淀的有色金属矿石和非金属矿石的浮选泡沫产品；内滤式真空过滤机主要用于过滤磁选得出的铁精矿。

（3）压滤机　压滤机有卧式板框式自动压滤机和带式压滤机两种。国产BAJZ型卧式板框式自动压滤机的结构如图12-9所示。该设备为水平板框式自动压滤机。每台压滤机由6～44副垂直的板框构成6～44个压滤室。滤板内侧由孔排出滤液和吹气。压滤机的给矿浓度为25%～70%，必要时甚至可以将浓度只有30%左右的浮选精矿直接供给过滤机，得到含水量8%的精矿，每次压滤可以生产4.5～5t滤饼。压滤机的给料方式有三种：①单段泵给料，该方式适用于过滤性能较好、在较低压力下即可成饼的物料；②两段泵给料方式，在压滤初期用低扬程、大流量的低压泵给料，经一定阶段再换泵，该方式操作较为复杂；③泵与压缩空气机联合方式给料，在该系统中需要增加一台压缩空气机和储料罐，因此流程较为复杂。影响压滤机工作的因素有入料压力、入料矿浆浓度和入料粒度组成等。如入料压力越大，压滤推动力就越大，可以降低滤饼水分含量并提高压滤机的处理量，但是，入料压力过大会使动力消耗增大、设备磨损严重；再比如随着－0.074mm级别含量的增大，压滤机的处理能力降低、滤饼水分增高，因此入料粒度较粗时的脱水效果较好，可得到较高的处理量，并可得到水分较低的滤饼。

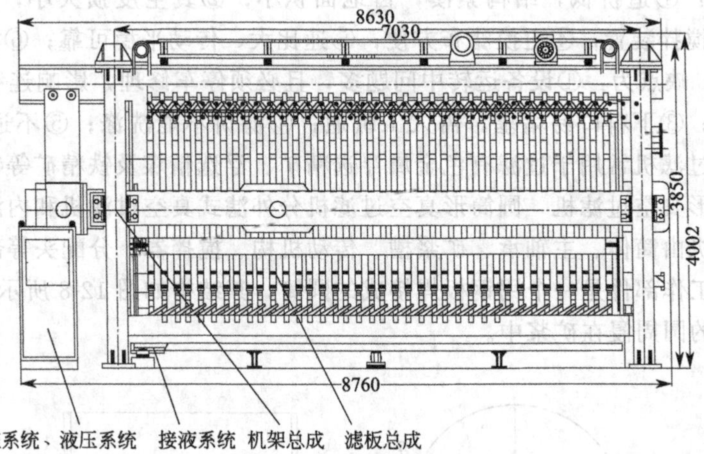

图 12-9 卧式板框式压滤机

带式压滤机的工作包括四个基本过程：絮凝和给料、重力脱水、挤压脱水、卸料和清洗滤带，其结构如图 12-10 所示。带式压滤机是一种结构简单、操作方便、性能良好的连续压滤机。带式压滤机主要由一系列按顺序排列的直径大小不同的辊轮、两条缠在这系列辊轮上的过滤带，以及给料装置、滤布清洗装置、高速调偏装置、张紧装置等部分组成。

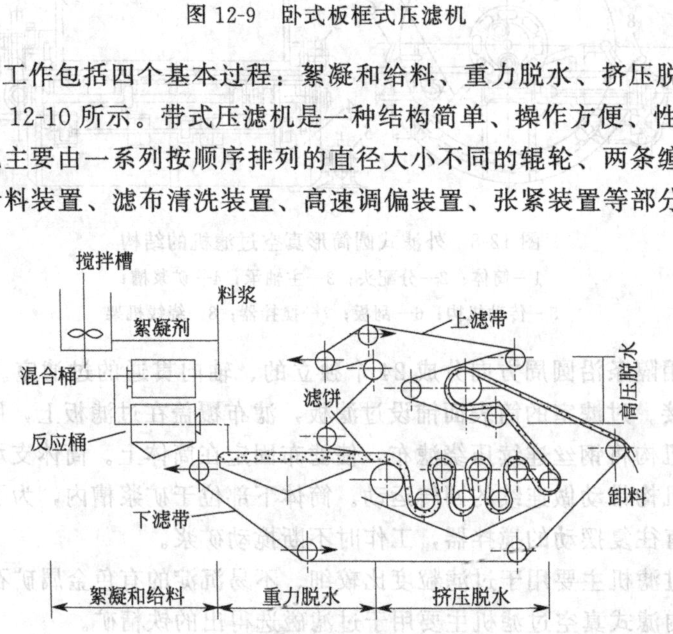

图 12-10 带式压滤机的工作原理

12.1.2.3 干燥

干燥是指含有水分或其他溶剂的湿物料，受热之后使其中的水分或其他溶剂汽化，除去湿分的过程。在选矿产品的脱水过程中，有时脱水产物须达到极低的水分（如钨精矿含水率要求为 0.05%～0.8%，钛精矿要求小于 1%），以满足某些矿产品贮存、外运、防冻的需要；或是满足某些工艺（如干式磁选、电选）或后续工艺对物料含水量的要求，此时必须借助干燥作业。常用的干燥方法有四种：

① 直接干燥法：又称对流干燥法。该种方法使干燥介质直接与湿物料接触，热能以对流方式直接作用于物料，产生的蒸汽则被干燥介质带走。

② 间接干燥法：又称传导干燥法。热能通过传热壁面以传导方式加热物料，产生的蒸汽被干燥介质带走，或是用真空泵排走。

另外两种方法为辐射干燥和介电加热干燥，这两种方法选矿产品干燥时很少采用。

选矿产品的干燥最常用的方法是直接干燥，有些对清洁度等要求较高的产品则用间接干燥法。干燥是一种高耗能的操作，发达国家工业耗能的14%用于干燥作业。故生产中总是先采用机械去湿法（如浓缩、过滤等）去除大部分湿分，然后用干燥方法达到产品对湿分的工艺要求。

固液两相物料的干燥包含两个同时发生的基本过程：一是蒸发液体所进行的热量传递；二是固体内部以气态或液态以及固体表面以气态进行的质量传递。前者的动力是热气体与含湿物料之间的温度差。含湿物料受热升温，表面湿分随即汽化，并透过表面的气膜向气流主体扩散，由气流带走。与此同时，这种由汽化形成的物料内部和表面的湿度差则是传质的动力，它使物料内部的湿分以气态或液态的形式向表面扩散，从而使物料得到干燥。作为干燥介质的热空气，实际上是空气和水蒸气的混合物，所以有时也称为湿空气。

直接干燥时，热空气直接与物料接触，故它同时是热能和湿分的载体；而间接干燥过程是由热空气加热容器，进而使容器中的含湿物料的水分汽化而得到干燥的。

从原理上讲，只要物料表面的水汽压强大于干燥介质中水汽的分压，干燥就自然发生。压差越大，干燥的速度越高。随着干燥过程的延续，两者的压差越来越小，压差至零，干燥过程也随之停止。此时干燥物料的水分称为该干燥条件下的平衡水分。显然，平衡水分是该给定物料在一定的空气状况（温度、湿度）下可干燥到的极限湿度。干燥过程中所能除去的只是水分中超出平衡水分的部分，通常称为自由水分。只要空气的状况不变，该干燥物料的最低水分就维持在平衡水分这个限度，与干燥时间的长短无关。而在同一空气状况下，不同物料的平衡水分则随物料的性质而异。

物料干燥的难易程度则主要与物料的性质有关。按照脱除的难易程度，通常又把物料中水分分为结合水和非结合水。结合水分与物料结合牢固，其饱和蒸气压低于同温下纯水的蒸气压，很难脱除。通常物料中毛细管内的水分、细胞壁内的水分、结晶水均为结合水。非结合水是指机械地附着在物料表面或积存在大孔中的水分，与物料结合的强度较弱，其饱和蒸气压等于同温下的纯水的饱和蒸气压，干燥过程中较易脱除。影响干燥速度的因素有以下几点：

① 物料的性质和形状：湿物料的化学组成、物理结构、表面润湿性、形状和大小、物料层的厚度和物料间的结合方式都影响干燥速度。

② 物料的温度：物料的温度与自身的含水量及干燥介质的温度、湿度有关。物料的温度越高，干燥速度越快。

③ 物料的含水量：物料的最初、最终和临界含水量决定了干燥各个阶段所需时间的长短。

④ 干燥介质温度和湿度：干燥介质温度越高、湿度越低，则恒速干燥段的干燥速度越快。

⑤ 干燥介质的流速和流向：提高气速可增大干燥速度。介质流向垂直物料表面时的干燥速度比平行流过时要大。

⑥ 干燥机的构造：干燥机构造方面的设计必须充分考虑上述因素，从而获得最佳干燥效果。

按照传热方式，干燥机主要分为直接传热式（对流式）干燥机和间接传热式（传导式）干燥机，少数行业还应用红外式（辐射性）干燥机和介电干燥机等。

直接式干燥机是矿产品干燥时应用最广的一类设备，有连续型和间歇型之分。前者有回转干燥机、流化床干燥机、气流输送干燥机、连续盘式干燥机、连续带干燥机、喷雾干燥机、隧道干燥机、穿流循环干燥机等。后者有间歇穿透流动干燥机、盘式及分箱式干燥机、流化床式干燥机。

间接式干燥机同样有连续型和间歇型之分。前者有圆筒干燥机、鼓式干燥机、螺旋输送干燥机、蒸汽管回转干燥机、振荡盘干燥机等。后者有搅拌釜干燥机、冷冻干燥机、真空式干燥机等。间歇式干燥机的干燥温度范围很大，如冷冻式的工作温度在0℃以下，而有的干燥机的进风温度上限可达800℃左右。

(1) 转筒干燥机　转筒干燥机是矿产品干燥最常用的设备（如图12-11所示），适合处理各类精矿、黏土、煤泥等。该类设备有直接传热和间接传热之分。除少量矿种外，绝大多数精矿均采用直接传热干燥机。间接加热适合于降速干燥阶段时间较长、干燥过程中严禁污染的物料的干燥，如硫胺的干燥等。直接传热转筒干燥机系列中，干燥介质与湿物料同向移动的称为并流式，逆向移动的称为逆流式。前者通常用于处理含水量较高、允许快速干燥而不致发生裂纹或焦化、产品不耐高温且吸湿性又很小的物料；后者的热推动力差不大，但比较均匀，适合于处理不宜快速干燥且初始湿分较大的物料。通常逆流干燥产品的含水率稍低。

转筒干燥机结构如图12-11所示，湿物料与干燥介质均由高端给入，粗粒的干燥产品由尾端的低处排出，细粒部分随烟尘被抽吸到除尘系统，经旋风分离器回收。为了减少粉尘，干燥机内气体速度不宜过高。对于粒径1mm左右的物料，气速可选0.3～1.0m/s；对于粒径在5mm左右的物料，气速宜在3m/s以下。有时，为防止转筒中粉尘外逸要采用负压操作。

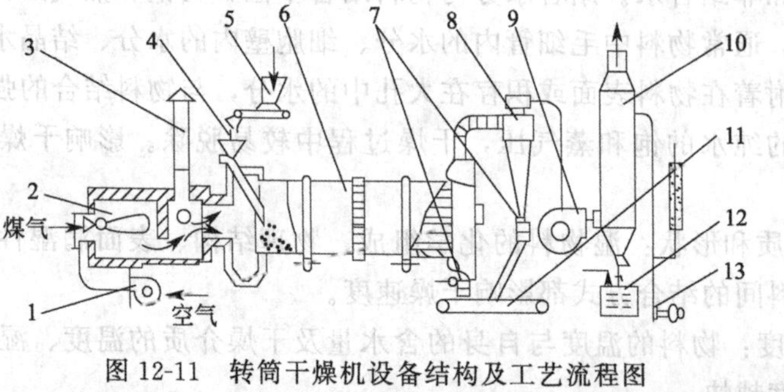

图12-11　转筒干燥机设备结构及工艺流程图

1—鼓风机；2—燃烧室；3—排风管；4—进料管；5—加料管；6—回转筒干燥器；7—出料口；8—旋风分离器；9—引风机；10—洗涤器；11—运输舰；12—循环水池；13—泵

(2) 管式干燥机　管式干燥机是一种气流干燥机，广泛应用于粉状物料的干燥，如干燥−0.5mm含量不超过40%的−13mm的湿精煤。该干燥机（图12-12）的干燥管为一直立的、钢板卷制的大金属管，可分为若干段，直径为700～1000mm，长15～20m，其尺寸取决于要求的处理量和产品水分。物料由加料器直接加入干燥管中，空气由鼓风机给入，先过滤去除其中的尘埃，再经预热器加热至一定温度后送入气流干燥管。高速（25～35m/s）的热气流使粉粒状湿物料加速并分散、悬浮在气流中干燥、前移。

管式干燥机的特点是：

① 体积给热系数（单位时间、单位传热面积上温度差为1K时，以给热方式所传递的热

量）高，其值约达到 2300～7000W/(m^2·℃)，比转筒干燥机高 20～30 倍。

② 适用于热敏性物料的干燥。对于分散性良好的物料，操作气速通常达 10～40m/s，物料在干燥机中的停留时间仅约为 0.5～2s，所以适用于煤粉干燥。

③ 热效率较高。干燥机的散热面积小，热损失低。干燥非结合水分时，热效率可达 60%左右，但在干燥结合水分时，由于干燥介质温度较低，热效率约为 20%。

④ 结构简单，操作方便。气流干燥机主体设备是根钢管，设备投资费用低。气流干燥机可连续操作，容易实现自动控制。

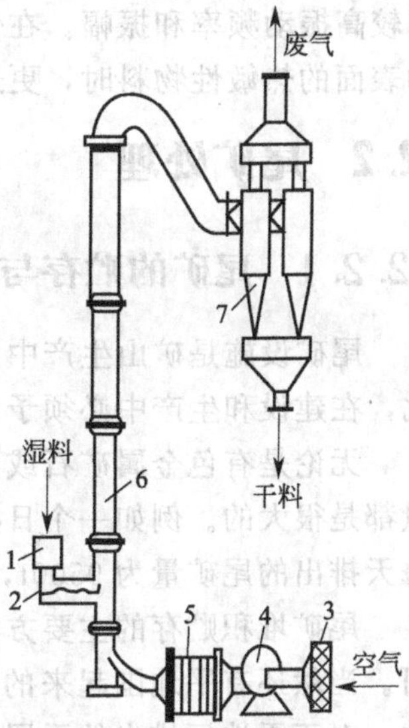

图 12-12 管式干燥机系统配置图

1—料斗；2—螺旋过滤机；3—空气滤清器；4—空压机；5—燃烧炉；6—干燥管；7—除尘器

(3) 振动流化床干燥机　流化床干燥机又称沸腾床干燥机，用来处理散粒物料或干燥均匀小块物料。振动流化床干燥机（图 12-13）有间歇式和连续式两类，床形有直形槽或螺旋形槽，空气的动力由真空装置或鼓风装置提供。气流方向或平行于床面，或自下而上、自上而下通过床层。箱体可垂直振动也可与设备轴线成一定的角度振动，振动方式有装置整体振动、仅底部振动或采用振动搅拌器振动等。供热方法有传导、对流、辐射及其他方法，振动波形有正弦或其他形式。

在流化状态下，床层（物料层）体积膨胀，颗粒之间脱离接触，形成剧烈的混合和搅拌。物料与流化介质（空气）共同形成的多相床层具有像流体一样的特征。在连续加料的条件下，物料向出口旋转阀门流动，形成连续操作状态。流化床干燥机的特点是：物料与热空气的接触面积达到最大，全部颗粒总表面积就是干燥面积；流化床内的温度分布均匀；很容易控制物料在流化床上的停留时间。

振动流化床干燥机的优点是：①振幅和频率可调，故能够准确控制颗粒在床层上的停留时间；②可在很低的气速下获得均匀的流化，从而较大幅度降低了能耗和热空气的需求量，又减轻了颗粒磨损和粉尘夹带；③减少了湿分的逸散阻力，提高了热效率，在干燥含水率很高的物料时，带式干燥机需 2h，而振动流化床干燥机一般只需 30min；④有助于水分高、易团聚或黏结的物料的分散；⑤产品受热温度低，提高了干燥产品的质量。

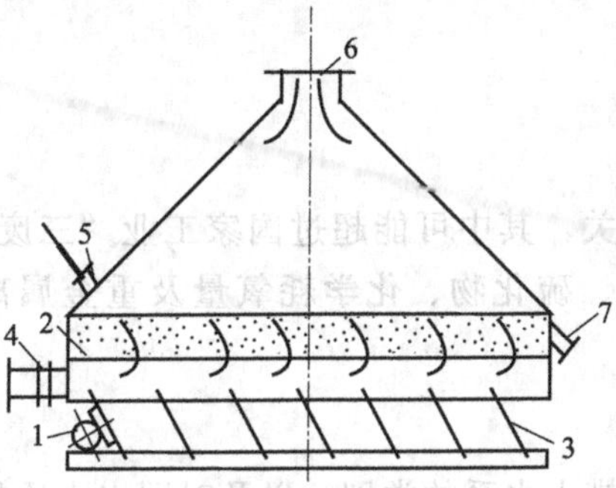

图 12-13 振动流化床干燥机

1—振动器；2—流化床；3—弹簧；4—热风出口；5—原料口；6—排气口；7—产品出口

振动流化床干燥机的缺点是：①只宜处理大于 50～100μm 的颗粒，粒度分布比较宽时，尾气夹带细粒严重；②物料湿度较大时容易形成结块或团聚；③由于颗粒返混，颗粒停留时间分布范围大，故干燥产品的湿含量不均匀。

实践表明，振动流化床的干燥速率除与物料性质有关外，还与装置的振动频率、振幅和供热方式有关。在装置强度和噪声标准允许条件下，应尽可能采用较高振动频率和振幅。在供热方面，一般采用间接加热方式更为有效。在干燥易黏附在振动表面的热敏性物料时，更适宜的是采用对流或对流与辐射复合的供热方式。

12.2 尾矿处理

12.2.1 尾矿的贮存与运输

尾矿设施是矿山生产中的重要设备，并与周围居民的安全和农业生产有着重大关系。因此，在建设和生产中必须予以充分重视。

无论是有色金属矿石或稀有金属矿石的选矿厂，还是铁矿石或锰矿石的选矿厂，其尾矿量都是很大的。例如一个日处理10000t原矿的有色金属矿石选矿厂，尾矿的产率以95%计，每天排出的尾矿量为9500t，其体积约为5000m^3。

尾矿堆积贮存的主要方法是尾矿坝，利用山谷在谷口垒坝堵口，然后往里存放尾矿砂即可。当然还有平地围起来的尾矿坝，这主要是在城市附近远离山区的选矿厂常用的堆积方法。对于干选厂排出的干尾矿，如果没有需要回收的有用矿物，可就地用作建筑用砖、制造水泥等原料，也可以用尾矿砂充填废矿坑。

由选矿排出的尾矿，大多数含有大量的水，以矿浆状排出，主要是通过矿浆管道自流排出或用砂泵、水隔离泵等，排送到尾矿坝。干选厂排出的尾矿是粒状的干尾矿，干尾矿的运输方法有箕斗或矿车、皮带运输机、架空索道、汽车或铁路列车等。

尾矿坝的堆积，除了初期坝（即主坝）一次性用石块堆砌起来成为尾矿库以外，主要靠定期堆积子坝增加库容。随着尾矿坝逐渐上升，库容也逐渐增大，子坝上升的速度开始减小，初期的子坝高度5m、7m、9m甚至更高些，到后期一般2m左右即可。

子坝堆积的方法一般来说有三种：第一种方法是利用排放的尾矿浆在事先选择好的子坝堆积位置，按照设计提供的子坝堆积图进行施工堆积；第二种方法是用人工堆积子坝，但堆积的高度有限；第三种方法是在尾矿坝能允许推土机开进坝堤的基础上，利用推上机堆积子坝，速度较快。

不管哪种方法，子坝的坡度必须保证防止塌陷，子坝肩最好要培植黄土，可以抵挡风吹和雨淋，增强子坝的坚固性，减少大风和大雨对子坝的破坏性。尤其是春天堆积的子坝，坝肩上培植带杂草的黄土更能保护子坝，或者平时做好尾矿坝的植树种草工作，即添加尾矿坝的植被，使坝堤坚固并保证周围环境不受尾矿污染。

12.2.2 尾矿水的循环利用

尾矿水成分与原矿矿石的组成、品位及选别方法有关，其中可能超过国家工业“三废”排放标准的项目有：pH值、悬浮物、氰化物、氟化物、硫化物、化学耗氧量及重金属离子等。

12.2.2.1 尾矿水的净化

尾矿水的净化方法取决于有害物质的成分、数量、排入水系的类别，以及对回水水质的要求。常用的方法有：

① 自然沉淀。利用尾矿库（或其他形式沉淀池），将尾矿液中的尾矿颗粒沉淀除去。

② 物理化学净化。利用吸附材料将某种有害物质吸附除去。

③ 化学净化。加入适量的化学药剂，促使有害物质转化为无害物质。

（1）尾矿颗粒及悬浮物的处理　主要是利用尾矿库使尾矿水在池中进行沉淀，以达到澄清目的的。如尾矿颗粒的粒径极细（如钨锡矿泥重选尾矿，某些浮选尾矿），尾矿水往往呈胶状，为了使尾矿水很快地澄清，可加入凝聚剂（如石灰，硫酸铝等），以加速颗粒的沉淀。

（2）尾矿水的净化方法　尾矿水中如含有铜、铅、镍等金属离子时，常采用吸附净化的方法予以清除。常用的吸附剂有白云石、焙烧白云石、活性炭、石灰等。净化前，需将吸附剂粉碎到一定的粒度，然后与尾矿水充分混合、反应，达到沉淀净化尾矿水之目的。

铅锌矿石粉末有吸附有机药剂的特性，因此常用以清除黄药、黑药、松节油、油酸等有机药剂。用量为每 1mg 有机药剂需耗 200mg 的铅锌矿石。

尾矿水如含有单氰或复氰化合物，一般常用漂白粉、硫酸亚铁和石灰作净化剂进行化学净化，也可以采用铅锌矿石和活性炭作为吸附剂，进行吸附净化。

总之，尾矿水的净化方法主要根据尾矿水中含有的有害物质种类及要求净化的程度来选择。同时应该考虑优先采用净化剂来源广、工艺简单、经济有效的方法。常用的尾矿水净化方法见表 12-2 所示。

表 12-2　尾矿水净化方法

净化方法	适用范围	净化方法	适用范围
石灰	清除铜、镍离子	漂白粉	清除氰化物
未焙烧的白云石	清除铅离子	硫酸亚铁	清除氰化物
焙烧的白云石	清除铜、铅离子	活性炭	吸附重金属离子、氰化物
铅锌矿石粉末	清除氰化物、有机浮选药剂		

12.2.2.2　尾矿水的回收再用

尾矿水循环再用，并尽量提高废水循环的比例，以达到闭路循环，是当前国内外废水治理技术的重点。只有在不能做到闭路循环的情况下，才作部分外排。尾矿废水经净化处理后回水再用，既可以解决水源，减少动力消耗，又解决了对环境的污染问题。

尾矿回收一般有以下几种方法：

（1）浓缩池回水　由于选矿厂排出的尾矿浓度一般都较低，为节省新水消耗，常在选矿厂内或选矿厂附近修建尾矿浓缩池或倾斜板浓缩池等回水设施进行尾矿脱水，尾矿砂沉淀在浓缩池底部，澄清水由池中溢出，并送回选矿厂再用。浓缩池的回水率一般可达 40%～70%以上。大型选矿厂或重力选矿厂，采用浓缩池回水，一方面可在浓缩池中取得大量回水，减小供水水源的负担；另一方面，由于提高了尾矿浓度而使尾矿矿浆量减小，因此可降低尾矿的输送费用。

（2）尾矿库回水　将尾矿排入尾矿库后，尾矿矿浆中所含水分一部分留在沉积尾矿的空隙中，一部分经坝体池底等渗透到池外，还有一部分在池面蒸发。尾矿库回水就是把余留的这部分澄清水回收，供选矿厂使用。由于尾矿库本身有一定的集水面积，因此尾矿库本身起着径流水的调节作用。

尾矿库排水系统常用的基本形式有排水管、隧洞、溢洪道和山坡截洪沟等。应根据排水量、地形条件、使用要求及施工条件等因素经过技术经济比较后确定所需要的排水系统。对于小流量多采用排水管排水；中等流量可采用排水管或隧洞；大流量采用隧洞或溢洪道。排水系统的进水头部可采用排水井或斜槽。对于大中型工程如果工程地质条件允许，隧洞排洪常较排水管排洪经济而可靠。国内的尾矿库一般多将洪水和尾矿澄清水合用一个排水系统排放。

尾矿库回水率一般可达50%。如矿区水源不足，尾矿库集水面积较大，并有较好的工程地质条件（如没有溶洞、断层等严重漏水的地质构造），则回水率可高达70%～80%。

尾矿库回水的优点是：回水的水质好，有一部分雨水径流在尾矿库内调节，因此回水量有时会增多。缺点是回水管路长，动力消耗大。

(3) 沉淀池回水　沉淀池回水的利用，一般只适用于小型选矿厂。由于沉淀在池底的尾矿砂，需要经常清除，花费大量人力，故选矿厂生产规模大、生产的年限长时，不宜采用沉淀池回水。

思考题

1. 脱水设备的发展趋势是什么？
2. 尾矿水和固体悬浮颗粒的处理方法有哪些？
3. 干燥过程分为几个阶段？各个阶段的特点是什么？
4. 尾矿水回收的方法有哪些？
5. 尾矿水回收方法的适用环境是什么？

第13章

选矿厂设计

13.1 选矿厂设计前期工作

选矿厂设计前期工作阶段主要包括选矿厂建设规划、项目建议书、可行性研究、厂址选择等工作，为项目建设的决策提供科学依据。

（1）选矿厂建设规划　选矿厂建设规划的主要目的是为国家、地区、部门的发展规划、项目建议书及可行性研究提供依据，其主要任务是初步提出选矿厂建设规模、服务年限、选矿方法、原则流程、产品方案、产品用户，以及集中建厂与分散建厂的可能方案；初步估算建设投资；初步评价建厂经验效益。

选矿厂建设规划的内容包括：规划的必要性和依据；资源情况简述；选矿试验结果评价；选矿厂建设规模、原则流程、产品方案、产品用户以及关键设备设想；选矿厂外部建设条件简评；选矿厂建设投资、职工人数等初步估计；问题与建议；厂区布置简图和交通位置图；改建选矿厂要补充原选矿厂生产现状、改建理由和依据。

（2）项目建议书　项目建议书主要目的是为项目初步决策提供依据，其主要任务是通过调查研究拟建项目的资源情况、市场需求、外部条件、产品方案、建设规模、基建投资、建设效果、存在问题等主要原则问题作出初步论证和评价，据以说明项目提出的必要性和依据。

项目建议书的内容除了要达到企业建设规划的内容外，对于引进技术和进口设备的项目，还需对国内外技术概况和差距、进口理由、利用外资的可能性及偿还能力，以及引进国别和设备生产商作出初步分析。

（3）可行性研究　可行性研究是对项目在技术上是否可行和经济上是否合理进行科学的分析和论证，按其研究内容范围和深度一般可分为初步可行性研究和项目可行性研究。

初步可行性研究主要目的是从总体上、宏观上对项目建设的必要性、可行性以及经济效益的合理性进行初步研究论证，从而为推荐项目和编制项目可行性研究提供依据。初步可行性研究的工作深度，应符合从宏观上对项目进行鉴别的要求。在工作中，一般可借鉴同类项目的实践经验，采用类比法对项目进行分析、判断，初步提出项目总体建设的轮廓设想和工艺技术的原则方案；同时依据扩大指标估算法进行技术经济的粗略评估，初步提出采用的主要设备、主要工作量以及投资、成本和经济分析。

项目可行性研究是评价建设项目在技术上、经济上是否可行的一种科学分析方法，其目的在于通过深入的技术经济论证，确认项目投资的综合效果，为建设项目的正确决策提供可靠的依据。可行性研究报告经主管部门批准或建设单位认可后，可作为向主管部门备案、向银行申请贷款、申请项目用地、环境评价及编制设计文件的依据。

可行性研究所需的主要基础资料包括经审批的矿床地质详细勘探总结报告；经鉴定或审批的选矿试验报告；逐年出矿量、矿石类型及品位等资料；建厂地区的气象、地震、地形测量等资料；水、电、交通等外部条件资料；国内外价格资料及各种定额等经济评价基础资料。

选矿厂可行性研究的内容包括总论、建设规模、地质资源、厂址方案、采矿设施、选矿及尾矿设施、冶炼、总图运输、公用辅助设施及土建工程、环境保护、企业生产组织、劳动定员及培训、项目实施计划、总投资估算、建设资金筹措、成本估算、财务分析、经济效果分析、综合评价等。选矿专业可行性研究包括原矿概述、选矿试验、设计流程及指标、生产能力和工作制度、主要设备选择、厂房布置和设备配置、辅助设施、尾矿设施等。

(4) 厂址选择　选矿厂的厂址选择是设计前期工作中一项政策性强、考虑因素多、工作细致的综合技术经济工作。厂址选择必须贯彻国家经济建设的各项方针政策，满足工艺要求，充分体现生产与生活的长期合理性。选择确定厂址时，设计人员应深入现场，进行多方面的调查研究，进行细致的多方案技术经济比较，以确定最优的厂址方案。

厂址选择应遵循以下几个原则：

① 尽量靠近矿山，并避免建在矿体上、磁力异常区、塌落界限和爆破危险区内。对于处理富矿或精矿产率大得多的金属矿，当精矿用户与矿山距离很近，或由于水、电、燃料供应和运输费用等原因，也可靠近用户；对某些贵金属选矿厂，为避免精矿在运输中损耗，或精矿必须干燥而用户又有废热可利用时，也可考虑靠近用户建厂。

② 有足够的场地面积、矿浆自流或半自流地形条件。

③ 厂址应有良好的工程地质条件，不应在断层、滑坡上或洪水位下，厂址上不应有溶洞、淤泥、古井等不良地质条件。

④ 有较好的供水、供电、交通等条件。

⑤ 要重视环境保护，厂址应尽可能选在城镇或居民区的下风向，最大限度地避免选矿厂的各种污染物对城镇居民区的污染。

⑥ 对有发展前景的矿山，厂址应考虑有扩建的场地。

厂址选择主要包括以下几个步骤：

① 准备工作。成立厂址选择工作组，一般由政府有关部门领导组织，会同设计单位各个专业的工程技术人员，以及当地建委、城建、施工、建设等单位人员参加；初步拟订有关技术经济指标资料，根据建设规模，用扩大指标粗略确定出各主要车间的平面尺寸及有关的工业和民用场地；物质条件准备，主要包括地形图、专用手册、专用仪表及工作人员的生活、工作条件等。

② 现场踏勘。主要通过实地调查和踏勘，深入细致地进行比较和研究，具体落实建厂条件，收集充分的厂址选择基础资料，这是厂址选择的关键环节。

③ 方案比较与论证。对有价值的方案进行充分的技术经济论证，通过综合评价，最终确定厂址。

④ 报批厂址及进行补充资料的工作。当选定厂址呈报上级主管部门或委托单位审查批准后，还要委托有关部门对选定的厂址做进一步的工作。

根据我国具体情况，中、小型选矿厂或厂址条件简单的大型选矿厂可在编制可行性研究报告阶段同时进行厂址选择工作；对某些条件复杂的大型选矿厂，在编制可行性研究报告之前，一般先进行厂址选择并编制厂址选择报告，送上级主管部门或委托单位审批。

13.2 选矿厂初步设计和施工图设计

13.2.1 初步设计

初步设计是在主管部门核准的项目报告及建设单位批准的项目可行性研究报告之后进行的，它是将可行性研究的原则问题具体化的一项设计，用来指导施工图设计、设备订货和开展施工组织设计、施工和生产准备。

初步设计应遵循的原则包括：必须遵循国家规定的基本建设程序，并根据批准的设计任务书所确定的内容和要求进行编制；必须遵循国家和上级部门制定的法规和技术政策，执行有关标准、规范和规定；必须履行设计合同所规定的有关条款。

初步设计是在工程总负责人的组织下，各专业分别编写专业说明书、绘制设计图纸、提出设备清单和概算书，然后由工程总负责人汇总编制成初步设计文件。初步设计文件包括：第一部分设计说明书；第二部分缓解保护、安全卫生、消防和节能说明书；第三部分设计图纸；第四部分设备表；第五部分概算书等。

国内的初步设计说明书一般包括总论、工艺部分、总图运输部分、土建部分、给排水和尾矿库部分、采暖通风部分、热力部分、环境保护部分、安全卫生部分、消防部分、节能部分、技术经济部分、设计图纸等。

13.2.2 施工图设计

施工图设计是在初步设计已经过上级主管部门审查批准的情况下进行的。在施工图设计前，应具备以下基本条件：

① 初步设计已经过上级主管部门审查批准；

② 初步设计遗留问题和设计审查提出的重大问题已经解决；

③ 已经具备施工图设计所需的地形测量、水文地质、工程地质详勘资料；

④ 主要设备订货基本落实，并已具备设计所需的设备资料；

⑤ 已签订供水、供电、外部运输、机修协作、征地等协议；

⑥ 已经了解施工单位的技术力量和装备情况；

⑦ 施工图设计所需的其他资料已经具备。

选矿厂施工图设计的主要设计文件是施工图纸、设计说明和补充设备订货表。选矿专业图纸一般包括：工艺数质量流程图；工艺建筑物联系图；设备形象联系图；车间设备配置图；设备或机组安装图；金属结构件制造和安装图；配管图等。

在施工图设计阶段，凡对初步设计有所修改或补充部分的项目，若以图纸尚不能充分表达设计意图，或某些设计内容没有必要采用图纸来表达的，均应编制施工图设计说明书。

13.3 工艺流程的设计与计算

13.3.1 选矿厂规模划分与工作制度

13.3.1.1 选矿厂规模的划分和服务年限

选矿厂的生产规模通常以所处理原矿的数量表示。在设计不同规模的选矿厂时，为了在确定生产和生活设施标准、技术装备水平和基本建设投资方面有规可循，根据我国有关规定及我国资源情况和矿石类型，将选矿厂规模划分为大、中、小三种类型。划分标准见表13-1。

表 13-1 选矿厂规模的划分

类型	黑色金属矿选矿厂		有色金属矿选矿厂		岩金矿选矿厂
	万吨/年	t/d	万吨/年	t/d	t/d
大型	≥200	≥6000	≥100	≥3000	≥500
中型	60～200	1800～6000	20～100	600～3000	200～500
小型	<60	<1800	<20	<600	<200

选矿厂的服务年限按矿山可靠的矿床工业储量进行计算，它与选矿厂的规模有密切的关系。一般大型选矿厂不应少于20年，中型选矿厂不应少于15年，小型选矿厂不应少于10年。但国家急需、经济效益好或附近有接续矿山、简易的小型选矿厂、小富矿、开采条件较好的矿床及预测资源量较多的矿山，选矿厂服务年限可适当缩短。

13.3.1.2 选矿厂工作制度、设备作业率和处理量的确定

选矿厂工作制度是指选矿厂各车间的工作制度。设备作业率是指选矿厂各车间设备的年作业率，即各车间设备全年实际运转小时数与全年日历小时数（365×24h）之比。可见，设备年作业率是衡量设备运转时间长短的标志，是影响选矿厂处理量的一个重要因素。各车间的工作制度就是根据各车间设备年作业率确定的。设备全年实际运转小时数，一般取决于设备的质量、设备的装备水平、生产管理水平、原矿供应、水电供应以及检修能力等因素。

破碎车间的工作制度，一般应和矿山供矿工作制度一致，有连续工作制度与间断工作制度两种情况。磨矿车间、选别车间是选矿厂的主体车间，通称主厂房，其工作制度采用连续工作制度，即一天工作3班，每班工作8h。精矿脱水车间一般和主厂房一致，但当精矿量很少或脱水车间选用的设备能力大时，亦可采用间断工作制度，即一天工作1～2班。

我国选矿厂各车间常用的设备年作业率和工作制度见表13-2。

表 13-2 选矿厂各车间设备年作业率与工作制度

车间类别	设备年作业率/%	年工作天数/d	日工作班数/班	每班工作小时数/h
破碎与洗矿	52.7～67.8	330	2～3	5～6
自磨与选别	84.9～90.4	310或330	3	8
球磨与选别	90.4	330	3	8
精矿脱水车间	60.3～90.4	330	2～3	6～8

选矿厂的处理量是指各车间年、日和小时处理量。选矿厂各车间小时处理量，是根据各车间工作制度和设备作业率来确定的，是确定和计算各车间生产设备的主要依据，按下式进行计算：

$$Q_h = \frac{Q_a}{T_a \varphi} = \frac{Q_d}{T_d} \tag{13-1}$$

式中　Q_h——车间小时处理量，t/h；

Q_a——车间年处理量，t/a；

Q_d——车间日处理量，t/d；

T_a——年日历小时数，h；

T_d——设备日运转小时数，h；

φ——设备年作业率。

13.3.2　破碎筛分流程的设计与计算

13.3.2.1　破碎筛分流程的设计

破碎筛分作业是选矿厂磨矿前的准备作业，在碎石厂和辅助原料厂则是主要作业。在碎磨过程中，为了降低能耗，应力求“多碎少磨”，尽量减小碎矿的最终产品粒度。

制定破碎筛分流程的依据是原矿的最大粒度、破碎最终产品的粒度、原矿和各段破碎产物的粒度特性、原矿的物理性质、含泥量和含水量等。

破碎筛分流程选择和制定需要解决的问题主要包括破碎段数、是否应用预先筛分或检查筛分以及洗矿或预选作业等。其中，破碎段数取决于选矿厂原矿的最大粒度与破碎最终产物的粒度，即取决于所要求的总破碎比。一般来说，各种破碎机在不同工作条件下的破碎比范围最大仅为8～20，大多数破碎机的破碎比为4～8。因此，采用常规破碎设备，通常情况下需要两段或三段破碎作业。

预先筛分是矿石进入破碎机之前的筛分作业，应用预先筛分可预先筛除细粒，减轻过粉碎现象，提高破碎机的生产能力。当处理中等可碎性和易碎性矿石时，因矿石中细粒级含量较高，采用预先筛分是合适的；当矿石中含泥、水较多时（含水分约3%～5%），采用预先筛分对防止破碎机堵塞可起到一定作用。但是，安设预先筛分要增加厂房高度、增加基建投资，所以当粗、中碎破碎机生产能力有富余时，可不设预先筛分；当大型旋回破碎机采用挤满给矿时，一般也不设预先筛分。

设置检查筛分的目的是将破碎产物中大于某特定粒级物料筛出并返回破碎机进行再破碎，以控制破碎产品的粒度，充分发挥破碎机的生产能力。另外，各种破碎机排矿产物中均存在大于排矿口的过大颗粒，且含量较高，为达到破碎最终产物的粒度要求，势必要设置检查筛分，并与破碎机组成闭路。而对于特大型选矿厂，有时不设置检查筛分，而是将细碎产物粒度放宽到25～30mm，并直接给入棒磨机，相当于另加一段棒磨机作为细碎，构成四段开路破碎流程。

13.3.2.2　破碎筛分流程的设计计算步骤

破碎筛分流程设计及计算一般按下列步骤进行：

① 确定车间工作制度和设备年作业率，计算破碎车间小时处理量。

② 根据设计条件确定破碎最终产品粒度，根据原矿最大块粒度和破碎产品最终粒度，计算总破碎比，确定流程破碎段数。

$$S_{总} = \frac{D_{max}}{d_{终}} \tag{13-2}$$

式中　$S_{总}$——总破碎比；

D_{max}——破碎车间给矿中的最大粒度，mm；

$d_{终}$——破碎车间最终产物的最大粒度，mm。

③ 确定各破碎段采用的单元流程，根据产品样本资料，初步选定各段破碎机及筛分机的形式、规格，绘出初选的破碎筛分流程图。

④ 根据产品样本资料，分配各破碎段的破碎比，计算各段破碎产物的最大粒度。

根据初步选定的各段破碎机所能达到的破碎比范围，采用试算法，调整各段破碎机的破碎比，使

$$S_{I}=S_1S_2S_3 \tag{13-3}$$

式中，S_1、S_2、S_3 分别为第一、第二、第三破碎段的破碎比。

$$d_{1max}=\frac{D_{max}}{S_1} \tag{13-4}$$

$$d_{2max}=\frac{d_{1max}}{S_2} \tag{13-5}$$

式中，d_{1max}、d_{2max} 分别为第一、第二破碎段产物的最大粒度。

⑤ 确定各段破碎机的排矿口尺寸，核算各段破碎产物的最大粒度：

$$e_1=\frac{d_{1max}}{z_1} \tag{13-6}$$

$$e_2=\frac{d_{2max}}{z_2} \tag{13-7}$$

式中　e_1，e_2——第一、第二段破碎机的排矿口宽度，mm；

z_1，z_2——第一、第二段破碎机的最大相对粒度。

最终破碎段的破碎机的排矿口尺寸采用组合制。

⑥ 确定各段筛分机的筛孔尺寸及筛分效率。

作为预先筛分的筛孔尺寸，在本段破碎机排矿口与排矿中最大粒度之间选取，即 $a_{预}=e\sim d_{max}$；筛分效率根据采用的筛分机类型确定，固定筛的筛分效率一般为 55%～65%，振动筛的筛分效率为 85%～90%。用作检查筛分的筛孔尺寸及筛分效率则采用组合制。

⑦ 计算流程中各产物的矿量和产率。

⑧ 检查计算结果。

⑨ 绘制破碎筛分数量流程图。

13.3.3　磨矿流程的设计与计算

13.3.3.1　磨矿分级流程的设计

磨矿分级流程包括磨矿和分级两个基本作业。

分级作业又可分为预先分级、检查分级和控制分级。应用预先分级的目的是预先把磨矿机给矿中已经合格的粒级分出来，以提高磨矿机的处理能力，并减少泥化现象。应用检查分级，主要目的是控制磨矿产物粒度，保证溢流粒度符合分选作业的要求，同时将粗粒返回磨矿机，增加磨矿机单位时间内的矿石通过量，提高磨矿机的生产能力，减少矿石过粉碎现象。控制分级的目的则是消除或减少分级产品中混入的粗颗粒。

磨矿作业常与分级作业组合构成闭路磨矿流程，不与分级作业构成闭路的称开路磨矿流程。

在生产实践中，应用比较普遍的常规磨矿流程主要包括4种：具有检查分级的一段磨矿流程、带有控制分级的一段磨矿流程、第一段开路和第二段闭路的两段磨矿流程、第一段和第二段全闭路的两段磨矿流程。

当磨矿粒度要求大于0.15mm（即−0.074mm级别含量不超过70%）时，可采用一段磨矿流程。对于小型选矿厂，若磨矿产品粒度较细（−0.074m级别含量超过80%），为简化流程、节省投资，也可采用溢流控制分级的一段磨矿流程。一段磨矿流程的主要优点是：所需分级设备少，投资省；配置简单，调节方便；磨矿生产物不需转运。该流程的缺点是：当给矿粒度范围很宽时，因合理装球困难，磨矿机难以有效工作；溢物产物粒度较粗，一般不好实现阶段选别。

为了获得细粒级的磨矿最终产物（<0.15mm），以及需要进行阶段选别时，可采用2段磨矿流程。

(1) 第一段开路的两段磨矿流程　由于第一段是开路磨矿，因此所需分级面积小，常用棒磨机。给矿粒度可大到20～25mm，流程调节简单，便于合理装球，可以得到粗或细的最终产物。它的缺点是第二段磨矿机的容积必须比第一段大50%～100%，才能保证第一段磨矿机的有效工作，因而使用上受到限制。这种流程常为要求磨矿细度在55%～70%−0.074mm的大型选矿厂所采用。同时由于第一段磨矿机的产物必须按照第二段磨矿机的台数进行再分配，且因一段产物粒度粗、浓度大，需要较陡的自流坡度，这就促使第一段和第二段磨矿机不能安装在同一水平上，导致设备配置和管理的复杂化。

(2) 两段全闭路磨矿流程　该流程常用于处理硬度大、嵌布粒度细的矿石，磨矿粒度为小于0.15mm（70%～80%−0.074mm）或要求磨矿粒度更细的大、中型选矿厂。为了充分发挥第一、第二两段磨矿机的工作效率，必须正确分配两段磨矿机的负荷。第一段溢流粒度过细或过粗，都会使第二段磨矿机出现负荷不足或过负荷，这将降低磨矿机的总生产能力。第一段溢流粒度可以通过改变溢流浓度来调节。这种流程的优点是：可以得到较细的最终磨矿产品；可以进行阶段选别，便于合理装球；第一段分级溢流不需陡坡流槽输送。其缺点是：调节磨矿工作因素较困难，所需分级机面积大，投资费用高，磨矿车间设备配置比一段磨矿流程复杂，但比第一段开路的两段磨矿流程简单，磨矿机可安装在同一水平面上。

与常规的破碎、磨矿流程相比，自磨流程在生产操作、基建投资、经营费用和选别指标等方面，有时因能充分显现其独特优点，而获得了越来越多的工业应用。

影响自磨过程的因素很多，特别是矿石的矿物组成、结构、构造等影响更大。因而要采用自磨流程，尤其是大型选矿厂，必须要事先进行试验研究（包括半工业试验和工业试验），在对自磨工艺本身进行系统研究的基础上，通过与常规磨矿方法的对比分析，为设计提供可靠数据。此外，由于自磨机对工艺条件的变化相当敏感，设计时必须细致考虑其配套设备及有关设施，并解决自磨机组的自动控制等问题，以保证自磨机高效工作。

矿石的自磨工艺有干式和湿式两种，后者在生产中应用较多。生产中采用的自磨流程，根据设备的配置情况，分为一段全自磨流程、一段半自磨流程、两段全自磨流程和两段半自磨流程4种。一段自磨流程适用于磨碎产物中−0.074mm粒级的质量分数小于60%的情况；当要求磨碎产物中−0.074mm粒级的质量分数大于70%时，则适宜采用两段自磨流程。

磨矿流程的选择依据主要是选矿试验研究报告中提供的矿石性质及矿物粒度嵌布特性。因此，设计时可根据试验所提供的数据，结合设计原始条件、选矿厂生产规模等，进行磨矿流程的选择，其工作原则如下：

① 矿石含泥（含水）较多且含有大量黏土矿物时，采用常规的破碎、磨矿工艺破碎流程很难畅通；增加洗矿作业将使流程复杂，对大型选矿厂更是不利，这时首先应考虑采用湿式自磨工艺的可能性和必要性。如果矿石用常规破碎-磨矿流程和自磨流程均可处理，除了考虑矿石性质外，还必须通过技术经济比较确定适宜的破碎 磨矿流程。

② 当要求矿石的入选粒度为－0.074mm 粒级占 55%～65%时，可在以下 3 种方案中选择：

a. 将矿石破碎到 10～15mm 后，采用带检查分级的一段磨矿流程；

b. 当选矿厂规模较大时，可将矿石破碎到 20～25mm 后，采用第一段开路的两段磨矿流程，其中第一段磨矿采用棒磨机；

c. 将矿石破碎到 300～350mm 后，采用自磨＋球磨、半自磨＋球磨、自磨＋球磨＋“顽石”破碎的两段磨矿流程。

③ 当矿石入选粒度要求－0.074mm 粒级的质量分数在 80%以上时，或要求进行阶段磨矿、阶段选别时，可采用第一段全闭路的两段磨矿流程。

④ 当原矿中含有一定量可能在磨矿回路中聚集的贵金属时，可采用第一段局部闭路的两段磨矿流程。

总之，设计磨矿流程应根据矿石性质和有用矿物的嵌布特性认真选择，并通过技术经济比较后确定，以保证得到最有效的磨矿条件和最小的单位功耗。

13.3.3.2 磨矿分级流程的计算

磨矿分级流程计算仍然是根据各作业进入矿量与排出产物矿量的平衡关系，计算出各产物的矿量和产率。磨矿分级流程计算为磨矿和分级设备的选择以及矿浆流程计算提供了基础数据。

进行磨矿分级流程计算需要的原始资料包括以下几个方面。

① 磨矿车间的生产能力。一般为选矿厂主厂房的原矿处理量 q (t/h)。若处理的是中间产物，则为流程中实际进入磨矿作业的矿量。

② 要求的磨矿细度。一般由选矿试验报告提供。

③ 磨机适宜的循环负荷。适当增加磨机的循环负荷可以加速合格产品的排出，缩短物料在磨机内的停留时间，提高磨机的处理能力。磨机在适宜的循环负荷下工作，能获得最佳的磨矿效果。

④ 磨矿分级流程计算中需根据磨矿细度的要求，确定一合适粒级作为计算级别。通常以－0.074mm（－200 目）粒级作为计算级别。

⑤ 两段磨矿时，需合理地确定第二段磨矿机容积与第一段磨矿机容积的比值 m，以及第二段磨矿机按新生成计算级别计的单位生产能力与第一段磨矿机按新生计算级别计的单位生产能力的比值 K。K 根据生产实际资料或试验确定，如无生产实际资料或试验数据时，可取 $K=0.80\sim0.85$。

⑥ 当使用水力旋流器作预先分级设备时，需要知道旋流器给料的粒度组成、分离粒度及各窄级别在沉砂和溢流中的分配率，这些资料一般依据性质类似的工业实践数据确定，必

要时应通过半工业试验获得。

⑦ 在计算自磨流程（包括半自磨＋球磨、自磨＋球磨、自磨＋球磨＋“顽石”破碎）时，关键是合理确定自磨机的循环负荷或需要进行破碎的“顽石”量，通常需要依据半工业试验或工业试验结果确定。如果与自磨机组成闭路的分级设备是振动筛，则可按破碎流程中的计算方法进行。

一段磨矿流程的计算方法见表 13-3。

表 13-3　一段磨矿分级流程计算公式一览表

流程类型	流程图	已知条件	计算公式	符号说明
有检查分级的单段磨矿流程	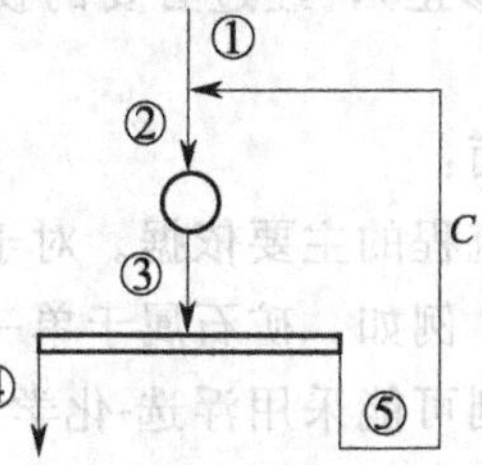	q_1；C	$q_4=q_1$ $q_5=Cq_4$ $q_2=q_1(1+C)$ $q_3=q_2$ $\gamma_i=q_i/q_1$	
预先筛分和检查筛分合一的单段磨矿流程	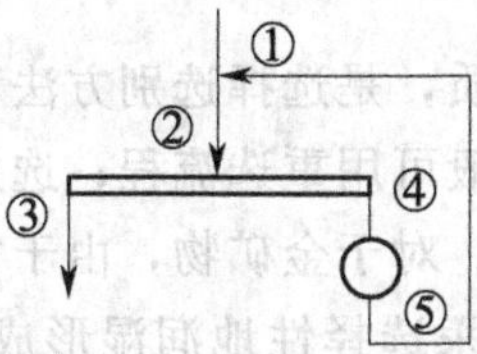	q_1；C	$Q_3=q_1$ $q_5=Cq_3$ $q_2=q_1(1+C)$ $\gamma_i=q_i/q_1$	
预先筛分和检查筛分分开的单段磨矿流程	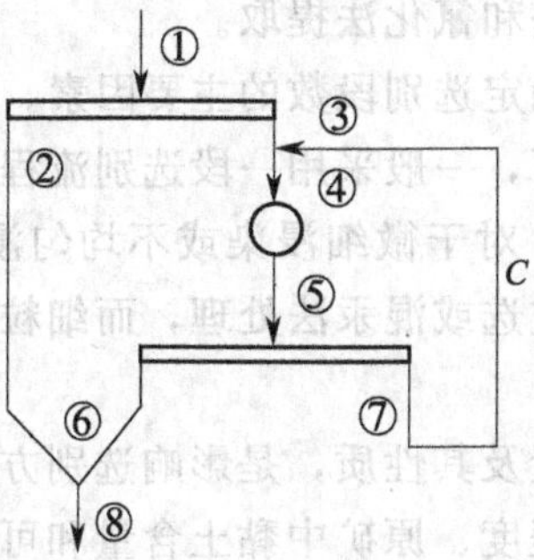	q_1；C；β_1、β_2、β_3、β_8	$q_8=q_1$ $q_2=q_1(\beta_1-\beta_3)/(\beta_2-\beta_3)$ $q_3=q_1-q_2$ $q_4=Cq_6$ $q_4=q_3(1+C)$ $q_5=q_4$ $q_6=q_3$ $\gamma_i=q_i/q_1$	q_1——原矿处理量，t/h q_i——各产物矿量，t/h C——磨矿机的循环负荷 β_i——各产物中计算级别的矿量 γ_i——各产物的产率
有控制分级的单段磨矿流程	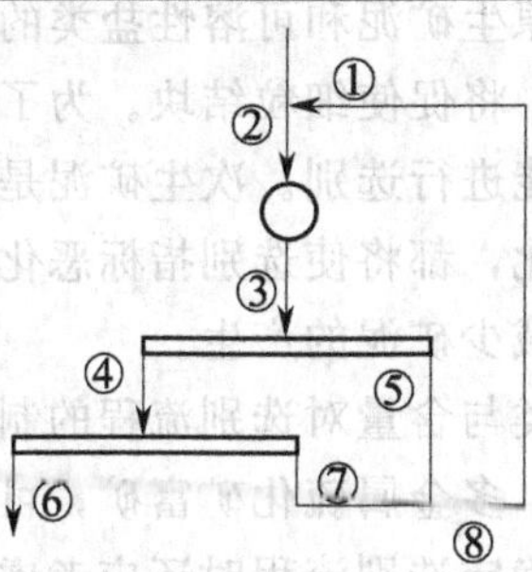	q_1；C；β_1、β_4、β_6、β_7	$q_6=q_1$ $q_2=q_3$ $q_4=q_1(\beta_6-\beta_7)/(\beta_4-\beta_7)$ $q_7=q_4-q_6$ $q_8=Cq_6$ $q_5=q_8-q_7$ $\gamma_i=q_i/q_1$	

13.3.4 选别流程的设计与计算

13.3.4.1 选别流程的设计

选别流程的设计是整个选矿厂设计中的关键部分，设计的成功与否，关系到未来选矿厂能否选出合格的精矿产品，能否给企业带来最大的经济效益和社会效益。为此，必须在占有充分可靠资料的基础上，进行多方案的技术经济比较和论证，设计最佳流程方案。

选别流程是由各种选矿方法构成的。根据选矿方法的不同，选别流程可分为浮选流程、重选流程、磁选流程、化学选矿流程、重选-浮选联合流程、重选-浮选-磁选联合流程等。每个选别流程均有选别段数、选别循环的区别，在流程内部结构上也存在精选、扫选次数和中矿处理等的不同。

选别流程设计的主要依据是经过鉴定的选矿试验报告中所推荐的选别流程（必要时还要根据与矿石性质相类似的生产厂的实际资料进行适当的修正），经过必要的技术经济论证后确定的。

一般来说，影响选别流程的主要因素有以下几个方面：

（1）矿石（床）类型　矿石（床）类型是制订选别流程的主要依据。对于不同类型的矿石，可能采用完全不同的选别方法和选别流程进行处理。例如，矿石属于单一硫化矿石，一般采用单一浮选流程；对于氧化程度较深的混合矿石，则可能采用浮选-化学选矿联合流程；对于含铜磁铁矿石，则常采用浮选-磁选联合流程。

（2）矿石性质　矿石中有用矿物的物理性质和化学性质，是选择选别方法和选别流程的主要根据。如选别矿物密度差别大的粗粒嵌布的矿石，一般可用重选流程；选别矿物表面润湿性差别较大且呈细粒嵌布的矿石，大多数采用浮选流程。对于金矿物，由于它密度大、可浮性好，当有氧存在时，易溶于稀的氰化物溶液，且易与汞选择性地润湿形成汞齐，因此，金矿石可采用重选法、浮选法选别，也可以利用混汞法和氰化法提取。

（3）浸染特性　矿石中有用矿物的浸染特性，是确定选别段数的主要因素。例如，对于有色金属矿石，当处理粗粒浸染和共生关系简单的矿石，一般采用一段选别流程；处理集合浸染或不均匀浸染的矿石，采用两段或多段选别流程。对于微细浸染或不均匀浸染的矿石，往往要采用多段选别流程。在选金当中，粗粒金可用重选或混汞法处理，而细粒金常常以浮选法或氰化法回收。

（4）矿泥含量　矿石中原生矿泥和次生矿泥的含量及其性质，是影响选别方法和选别流程的重要因素。原生矿泥的影响程度由围岩及其碎散程度、原矿中黏土含量和可溶性盐类的含量来决定。例如，浮选含有大量因风化作用而生成的原生矿泥和可溶性盐类的矿石时，宜采用矿砂和矿泥分选的流程。如原矿中含有大量的黏土，将促使细粒结块。为了分散被黏土所黏结的矿块，原矿必须经过预先的洗矿作业，然后才能进行选别。次生矿泥是指在破碎和磨矿作业中产生的细泥。有用矿物和脉石的过粉碎和泥化，都将使选别指标恶化。因此，在处理易过粉碎和易泥化的矿石时，应增加选别段数，以减少矿泥的产生。

（5）有用成分的种类与含量　矿石中有用成分的种类与含量对选别流程的制订有较大的影响。如多金属矿石与单金属矿石的选别流程就不相同。多金属硫化矿富矿，可直接优先浮选；多金属硫化矿贫矿，则宜采用混合浮选。另外，在确定选别流程时还应考虑对矿石中伴生有用金属的综合回收，特别要注意回收稀有金属和贵金属。

（6）其他　在设计选别流程时，当前的选矿技术水平、经济效果、用户对精矿质量的要求、选矿厂的规模、建厂地区的自然气候条件以及环保规定的要求等，都要考虑并恰当处理。

选矿厂设计时，选别流程论证一般按照下列步骤进行：

① 论证的目的和要求；

② 论证基础资料综述；

③ 原矿性质综述；

④ 原则流程的合理性论证；

⑤ 流程内部结构的合理性论证；

⑥ 结论。

13.3.4.2 选别流程的计算

选别流程类型繁多，内部结构复杂。但是，不管哪种选别流程，都是由两种、三种或四种产物的单个选别作业组成。这里以单金属矿两种产物选别作业流程为例，其计算步骤如下：

流程如图 13-1 所示。

(1) 计算必需的原始指标总数

$$N_p = C(n_p - a_p) = 2\times(2-1) = 2 \tag{13-8}$$

除原矿指标外，只需要确定两个原始指标，即可算出全部产物的全部工艺指标。

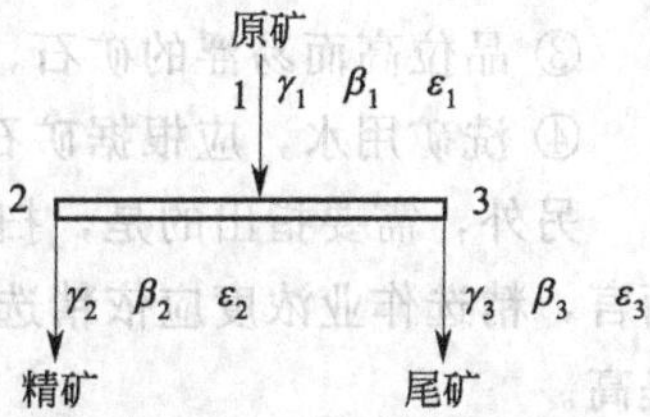

图 13-1 两种选别产物的流程

(2) 选择原始指标　如果选择各产物的品位 β_2、β_3 作为原始指标，计算如下：

根据重量平衡和金属平衡列平衡方程式：

$$\gamma_1 = \gamma_2 + \gamma_3 \tag{13-9}$$

$$\gamma_1\beta_1 = \gamma_2\beta_2 + \gamma_3\beta_3 \tag{13-10}$$

式中　γ_1，γ_2，γ_3——选别作业中给矿、精矿、尾矿的产率，%；

β_1，β_2，β_3——选别作业中给矿、精矿、尾矿的品位，%。

根据上述方程计算出各产物的产率后，根据公式 $\varepsilon_n = \frac{\gamma_n\beta_n}{\beta_1}$ 及重量平衡计算出各产物的回收率 ε_2 和 ε_3。即：

$$\varepsilon_2 = \frac{\gamma_2\beta_2}{\beta_1} \tag{13-11}$$

$$\varepsilon_3 = \varepsilon_1 - \varepsilon_2 \tag{13-12}$$

根据 $Q_n = Q_1\gamma_n$、$P_n = Q_n\beta_n = P_1\varepsilon_n$ 计算出各个产物的矿量 Q_2、Q_3 和金属量 P_2、P_3。

如果选择精矿品位 β_2 和回收率 ε_2 作为原始指标，计算如下：

$$\gamma_2 = \frac{\beta_1\varepsilon_2}{\beta_2} \tag{13-13}$$

$$\gamma_3 = \gamma_1 - \gamma_2 \tag{13-14}$$

$$\varepsilon_3 = \varepsilon_1 - \varepsilon_2 \tag{13-15}$$

$$\beta_3 = \frac{\beta_1\varepsilon_3}{\gamma_3} \tag{13-16}$$

式中，ε_1、ε_2、ε_3 为给矿、精矿、尾矿的回收率，%。

13.3.5 矿浆流程的计算

进行矿浆流程计算就是要在保证流程中各作业具有适宜矿浆浓度的前提下，确定各作业、产物的补加水量、返回水量、脱除水量及矿浆体积，为设计和选择供水、脱水、排水设备或设施提供依据，其计算原则是以体积计进入作业的水量或矿浆量等于该作业排出的水量或矿浆量。在计算中不考虑机械损失或其他流失。

矿浆流程计算用的原始指标，同样是选择在操作过程中最稳定和必须加以控制的指标，概括起来主要包括：适宜的作业浓度和产物浓度；含水量稳定的产物浓度；在生产过程中某些作业的补加水量等。在确定矿浆流程计算的原始指标时，需要考虑的因素包括：

① 密度大的矿石，其浓度应大些。

② 块状和粒状（即粒度粗的）的矿石，其浓度应大些。

③ 品位高而易浮的矿石，其浓度应大些。

④ 洗矿用水，应根据矿石的可洗性决定。

另外，需要指出的是，扫选作业和所有选别作业的尾矿浓度，不能作为原始指标；一般而言，精选作业浓度应依精选次数增加而适当降低，精选精矿浓度应依精选次数增加而适当提高。

矿浆流程计算是在选别数质量流程之后进行的，计算时，根据已定出的各作业和各产物的浓度等原始指标，按下列步骤计算：

① 列出磨选流程各产物的矿量表。

② 根据选矿试验资料和类似选矿厂的生产资料，选定矿浆流程计算必需的 R_n 或补加水的单位定额。

③ 利用公式 $W_n=Q_nR_n$ 计算已确定的各作业或产物的水量 W_n 值。

④ 根据水量平衡计算其余各作业和各产物的水量及补加水量 L_n 值。

⑤ 根据公式 $R_n=W_n/Q_n$ 计算流程中未知的作业及产物的 R_n 值。

⑥ 按公式 $V_n=Q_n(R_n+1/\rho_n)$ 计算与矿浆流程计算必需的 R_n 对应的各作业和产物的矿浆体积 V_n 值，其余作业和产物的矿浆体积由矿浆平衡方程求出。

⑦ 列流程水量平衡表。

⑧ 计算水耗指标 W_g。

⑨ 绘制矿浆流程图。

矿浆流程的计算结果可用流程图表示，即在流程图上分别注出各作业和各产物的 R_n 等数值。该图称为矿浆流程图，有时也把矿浆流程图与数质量流程图并为一张图。

13.4 主要工艺设备的选择

13.4.1 破碎设备的选择

破碎机的类型与规格的选择，主要与所处理矿石物理性质（包括硬度、密度、含泥含水量、给矿中的最大粒度等）、处理量、破碎产品粒度及设备配置条件等因素有关。选择破碎机时，应与破碎筛分流程的选择计算同时进行，以便使各段碎矿机均能满足给矿粒度、排矿粒度及生产能力的要求。给矿中的最大块粒度，对粗碎机一般不大于破碎机给矿口宽度的 0.80～0.85 倍，对于中细碎机不大于 0.85～0.90 倍。

金属矿石选矿厂处理的矿石一般为硬和中硬矿石，适于选用颚式破碎机或旋回破碎机作为粗碎设备；在某些非金属矿产或水泥等工业中，当处理中等硬度或较软矿石时，也可采用冲击式破碎机作为粗碎设备。大、中型选矿厂的粗碎作业常采用旋回破碎机和颚式破碎机，中、小型选矿厂则常用颚式破碎机作为粗碎设备。

中碎和细碎设备的选型除了需要考虑矿石性质外，还要考虑给矿的最大粒度和破碎的产品粒度。处理硬矿石或中硬矿石一般选用标准型圆锥破碎机作中碎设备，选用短头型圆锥破碎机作细碎设备；对于采用两段破碎流程的中小型选矿厂，第二段可选用中间型圆锥破碎机；破碎易碎物料，可采用辊式破碎机、反击式破碎机或锤式破碎机。碎石厂的破碎作业大多数采用颚式破碎机。

目前，高压辊磨机已普遍应用于金属矿山选矿厂的细碎、水泥行业的粉碎、化工行业的造粒以及球团矿增加比表面积的细磨作业，其优点是可替代细碎作业，实现多碎少磨，提高系统生产能力，节能降耗，可靠性高；其缺点是给矿量要求均匀，作业需设置过铁检测和除铁装置，有些情况还需增加打散作业。

13.4.2 筛分设备的选择

在选矿厂中，筛分作业是矿石准备作业中的一个重要和必不可少的作业，按照应用目的和使用场合的不同，筛分作业可以分为独立筛分、准备筛分、预先筛分和检查筛分等。选矿厂常用的筛分设备主要有振动筛、固定筛、滚轴筛、圆筒筛、弧形筛和近年来发展起来的细筛等。

振动筛由于生产能力大、筛分效率高、适应性强、应用范围广，是选矿厂应用最多的一种筛分设备。按照筛箱的运动轨迹不同，振动筛可分为圆运动振动筛和直线振动筛两类，前者包括单轴惯性振动筛、自定中心振动筛和重型振动筛，后者包括双轴惯性振动筛和共振筛。振动筛可用于粗、中、细粒物料的筛分，还可用于脱水、脱泥、脱介等工艺过程。

选矿厂常使用的固定筛有格筛和条筛两种。格筛多用在原矿受矿槽及粗破碎设备受矿槽的上部，用于控制矿石粒度，一般水平安装。条筛多用于粗碎和中碎前的预先筛分作业，筛孔尺寸宽度为筛下粒度的0.9～0.8倍，一般筛孔不小于50mm。条筛对脆性物料粉碎作用大，筛分黏性物料时筛分效率急剧降低，筛孔堵塞严重，故不适宜筛分黏性和脆性物料，但在粗、中碎矿机前筛分效率要求不高且要求耐冲击时，则宜使用条筛作为预先筛分设备。

滚轴筛常用于粗粒物料的筛分作业，给料粒度可达500mm，特别适于筛分大块煤、石灰石和页岩，也可作洗矿机或给矿机使用。与条筛比，它的优点是筛分效率高，被筛物料过粉碎较少，安装高度低；缺点是构造复杂，筛分硬物料时滚轴磨损快。

圆筒筛可用作中、细粒物料的分级筛分。它的优点是构造简单、维修容易、管理方便、工作平稳可靠、振动较轻；缺点是单位面积生产能力低、筛分效率低、筛孔易堵塞、筛面易磨损。

13.4.3 磨矿设备的选择

选择磨矿机的类型，主要是根据磨矿产品的质量要求、待处理矿石的性质、磨矿机的性能及磨矿车间的生产能力等因素考虑决定的。在选矿厂中，目前常用的磨矿机有棒磨机、格子型及溢流型球磨机、自磨机、砾磨机、立式搅拌磨机和艾萨磨机等。

棒磨机只适用于要求磨矿产品粒度在 3～0.3mm 的粗磨。棒磨机的主要优点是具有一定的选择性磨碎作用，产品粒度较均匀，过粉碎颗粒少，适用于粗磨作业；其主要缺点是需停机加棒，作业率比球磨机的低。棒磨机一般用于第一段磨矿作业，也可用于钨、锡等脆性矿石的磨矿作业。

格子型球磨机的主要优点是设备内的矿浆液面较低，能及时排出产品，过粉碎现象较轻，处理能力比同规格溢流型球磨机高 10%～15%；其主要缺点是装球量大、需要功率大、设备构造较复杂、维修量较大、设备自身的质量大。格子型球磨机的产品粒度上限一般为 0.2～0.3mm，常用于第一段磨矿作业。

溢流型球磨机的主要优点是构造简单、维修量小、产品粒度较细（一般在 0.2mm 以下）；主要缺点是处理能力相对较小，易产生过粉碎现象。溢流型球磨机一般用于第二段和第三段（或中矿再磨）磨矿作业，亦可用于第一段磨矿作业。采用溢流型球磨机可减少磨机排矿中粗粒级的含量，减轻砂泵及旋流器的磨损。

砾磨机常用于两段磨矿中的第二段磨矿作业。砾磨机的磨矿介质可采用从破碎系统筛出的块状矿石，也可采用从第一段自磨机的砾石窗排出的砾石或砂石场自然形成的砾石（卵石）。砾磨机的主要优点是不用金属磨矿介质，减少了磨矿钢耗，对稀有金属矿石和非金属矿石选矿厂可减少铁分对选矿过程的污染，改善选别效果；其主要缺点是与采用钢介质的同规格磨机相比，处理量低、基建投资高。

立式搅拌磨机和艾萨磨机常用于－100μm 粒级物料的磨矿，其主要优点是产品粒度范围窄，磨矿效率高，单位处理量的设备占地面积小，磨矿介质损耗和能耗较低；其主要缺点是设备价格较高，对磨矿介质有特殊要求。

选矿厂应用的自磨机有干式和湿式两种，干式自磨机适用于对物料干法加工或干式选矿的干式磨矿作业。目前采用干式自磨机的不多。湿式自磨机的辅助设备较少、灰尘少、物料运输方便、便于管理、易操作，故应用较广泛，特别是黑色金属矿山应用较多。在选用自磨机时，应先进行被磨矿石的磨矿试验，评价被磨矿石中可用作磨矿介质的矿块的数量和质量。如果试验结果表明没有足够的可以用作介质的矿块（或数量足够但质量不能满足要求），则在磨矿作业中不能采用自磨机。

13.4.4 分级设备的选择

选矿厂常用的分级设备有螺旋分级机、水力旋流器、水力分级机、细筛等。

分级设备的选择，主要考虑溢流粒度、返矿量与溢流量的比值、原矿中黏土和其他微细分散物料的含量、上下作业和配置条件等因素。选择时的主要目标是：在规定的溢流粒度下，分离出要求的溢流量和返砂量。

螺旋分级机广泛用于选矿厂磨矿回路的分级以及洗矿、脱泥、脱水等作业，其优点是设备构造简单、工作可靠、操作方便，在闭路磨矿回路中能与磨机自流构成闭路，与旋流器相比，电耗低；缺点是分级效率低、设备笨重、占地面积大，受设备规格和生产能力限制，一般不能与直径 3.6m 以上的磨机构成闭路。高堰式螺旋分级机适用于粗粒分级，溢流最大颗粒粒度一般为 0.40～0.15mm；沉没式螺旋分级机适用于细粒分级，溢流最大颗粒粒度一般在 0.2mm 以下。

水力旋流器是一种利用离心力进行分级和选别的设备，在选矿厂可单独用于磨矿回路的分级作业，或与机械分级机联合使用。水力旋流器还可用于选矿厂的脱泥作业、脱水作业、浮选前的脱药作业，以及用作离心力选矿的重选设备，如重介质旋流器。此外，有时也作为尾矿的分级设备，分级的粗砂作为采矿充填或尾矿堆坝使用。设计选用的水力旋流器规格取决于需要处理的矿量和溢流粒度要求。当需要处理的矿量大、溢流粒度粗时，选择大规格水力旋流器；反之宜选用小规格水力旋流器。在处理量大、溢流粒度细时，可采用小规格水力旋流器组。

细筛是指筛孔小于1mm的筛分设备。在选矿厂的磨矿回路中，用细筛作分级设备不仅可以获得比采用螺旋分级机和水力旋流器更高的分级效率，同时还避免了采用后两者作分级设备时出现的高密度矿物在沉砂中富集的现象，有利于提高磨矿效率，减轻过粉碎现象。常用的细筛有直线振动细筛和高频振动细筛。直线振动细筛主要用于金属矿石选矿厂取代一段磨矿分级回路中分级效率低的螺旋分级机，可以使分级效率提高10%～20%（最高可达75%左右），使磨矿效率提高20%左右。

13.4.5 浮选设备的选择

浮选设备有浮选机和浮选柱两大类。浮选机根据充气方式不同，分为机械搅拌式、充气机械搅拌式和充气式3种形式。

(1) 机械搅拌式浮选机　这类浮选机靠机械搅拌装置来实现矿浆的充气和搅拌。根据机械搅拌装置结构的不同，又有多种型号，包括JF型、XK型、XQ型、SF型、JZF型、JQ型、棒型及环射式浮选机等。这类浮选机的优点是：由于搅拌装置具有类似泵的抽吸特性，故具有自吸空气及矿浆的能力，不需外加充气装置，中矿返回时易实现自流，减少了矿浆输送泵的数量；设备易于安装，便于操作。其缺点是充气量较小、能耗较高、磨损较大等。

(2) 充气机械搅拌式浮选机　这类浮选机靠机械搅拌装置来搅拌矿浆，充气则由外设的低压风机来实现，包括KYF型、CHF-X型、XJC型、XJCQ型、LCHX型及JX型等几种。充气机械搅拌式浮选机的主要优点是充气量大，充气量可按需要进行调节，磨损小，电耗低，选别指标较好。其缺点是无自抽吸作用，中矿不能自流返回，需增加矿浆返回泵；外部充气，需增加鼓风机；设备配置不够方便，平台较多，不利于生产操作。

(3) 充气式浮选机　这类浮选机的特点是没有搅拌装置，也没有传动部件，其矿浆充气由专门设置的鼓风机通过充气器压风而实现。目前国内外浮选厂大量使用的浮选柱即属此类设备。充气式浮选机的主要优点是结构简单，制造安装容易；缺点是由于没有搅拌装置，浮选效果受到一定的影响。

浮选设备的选择除考虑设备性能、特点外，还必须使其与矿石性质、选矿厂规模、浮选作业性质等相适应。浮选设备的选择一般要求包括以下几个方面：

① 大中型选矿厂的粗选、扫选作业一般应选用机械搅拌式或充气机械搅拌式浮选机。对易选矿石且要求充气量不大时，宜选用机械搅拌式浮选机，如XJQ型、JF型、SF型或SFJF组合型浮选机；对较难选矿石且要求充气量较大时，宜选用充气机械搅拌式浮选机，如CHFX型、BSK型、XJC型浮选机以及BS-K型、KYF型、XCF-KYF型组合浮选机，后3种类型的浮选机尤其适用于粗粒高密度矿物的浮选。

② 精选作业泡沫层厚，不需要较大的充气量，一般可选用充气量较小的浮选机。

③ 对小型选矿厂，为减少辅助设备，便于设备配置，方便操作与维修，一般可选用具有自吸矿浆能力的机械搅拌式浮选机。

④ 确定浮选机槽数时，要注意防止矿浆“短路”。

⑤ 为节省投资和生产费用，减少占地面积，应尽量选用较大规格的浮选设备，但必须与选矿厂的规模或系列的生产能力相适应。

13.4.6 重选设备的选择

重选过程的分选效果与物料的粒度大小密切相关，为适应不同粒度范围的物料分选，重选设备种类繁多。因内外重选厂常用的重选设备有跳汰机、摇床、溜槽、重介质选矿设备和洗机矿等。选择重选设备，首先要考虑的是入选物料的粒度范围；其次，由于不同的重选设备所能获得的产品质量不同，故还应根据对产品的质量要求来选择相应的设备。

(1) 跳汰机的选择 跳汰机广泛用于分选煤和钨、锡、铁、锰矿石以及砂金矿石和非金属矿等。跳汰机的突出特点是选别粒度范围宽、生产能力大、劳动生产率高、易于操作和维护。

跳汰机有多种类型，规格繁多，但在选矿厂中使用最多的是隔膜式跳汰机。隔膜式跳汰机有多种形式，按隔膜的位置分为上（旁）动型、下动型和侧动型三种。

① 上（旁）动型隔膜跳汰机。上（旁）动型隔膜跳汰机床层较稳定，选别效果较好，多用于粗选及精选作业。因为它的冲程系数大，故处理粒度的范围宽（入选粒度一般为15～0.2mm)，筛上精矿容易排出。

② 下动型圆锥隔膜跳汰机。下动型圆锥隔膜跳汰机的隔膜位于跳汰室槽体圆锥部分和可动锥之间，动力消耗少，重产物排出通畅；没有单独的跳汰室，占地面积小；下部隔膜的运动直接指向跳汰室，故水速分布较均匀。其缺点是隔膜承受着机体中水和精矿的重量，负荷较大；冲程系数小，跳汰室内水速较弱，床层松散度差。因此，这种跳汰机不适于处理粗粒物料，一般只用于分选小于6mm的中细粒矿石。

③ 侧动型隔膜跳汰机。侧动型隔膜跳汰机的隔膜设置在跳汰机槽体的外侧壁，比下动型圆锥形跳汰机结构简单、运转可靠、维修容易，但工作中有时振动较大。这类跳汰机常见的有梯形跳汰机和矩形跳汰机两类。

(2) 摇床的选择 摇床是选别细粒物料应用较广的重选设备，一次选别可产出高品位精矿、次精矿、中矿和尾矿等多种产品。根据处理物料粒度的不同，可分为粗砂（2～0.5mm）摇床、细砂（0.5～0.074mm）摇床和矿泥（0.074～0.02mm）摇床。对不同种类、品级的物料摇床的台时处理量差异很大，必须根据处理同类矿石的生产实践数据或试验结果确定。

(3) 重介质选矿设备的选择 在金属矿山中，重介质选矿通常作为预选作业使用，在矿石被细磨之前丢弃脉石或低品位的尾矿，以达到降低生产成本、减少设备数量、节省能量消耗、提高选别指标的目的。工业上使用的重介质选矿设备种类很多，常用的设备有鼓形和圆锥形分选机、重介质振动溜槽等。

鼓形重介质分选机在分选过程中，重悬浮液借水平流动和圆筒的回转搅动维持稳定，可以选用粒度较粗的加重介质，适于分选粗粒及重产物较多的易选矿石，其最大给矿粒度可达300mm，一般为100～6mm。

圆锥形重介质分选机是使矿石在充满重悬浮液的锥形圆槽中自然沉浮而实现分选的设备。其适用于处理轻矿物含量较高的矿石，分选粒度的上限不超过75mm，一般为50～6mm。

重介质振动溜槽是一种在往复振动的溜槽中利用重悬浮液来分选粗粒矿石的设备。其分选粒度的上限可达100mm，一般为75～6mm。

13.4.7 磁选设备的选择

磁选设备主要有弱磁场磁选设备和强磁场磁选设备两大类。常用的弱磁场磁选设备有湿式筒式磁选机、磁力脱水槽、干式筒式磁选机、磁滚筒等；常用的强磁场磁选设备有干式盘式强磁场磁选机、辊式强磁选机、SLON型脉动高梯度磁选机、SHP型强磁场磁选机等。

磁选机的选型主要是根据矿物的磁性、入选粒度、作业条件及对产品的要求等因素进行的。分选强磁性矿物选用弱磁场磁选机，反之则选用强磁场磁选机；入选粒度较粗，则磁选机磁场可弱一些，反之要强一些。有时为提高精矿品位，可选用旋转磁场磁选机。

(1) 弱磁场磁选设备　湿式永磁筒式磁选机是磁选厂普遍应用的一种磁选设备，根据槽体结构可分为顺流式、逆流式和半逆流式3种。不同槽体的湿式水磁筒式磁选机的入选粒度分别是：顺流式槽体6～0mm，逆流式槽体1.5～0mm，半逆流式槽体0.5～0mm。顺流式和半逆流式多用于粗选和精选作业，逆流式多用于粗选和扫选作业。

磁力脱水槽是一种磁力和重力联合作用的磁选设备。它能分选出大量的细粒尾矿，兼有浓缩作用，常用于磁选工艺中的预选及脱泥作业，也可用于过滤前的浓缩作业。磁力脱水槽结构简单，操作方便，制造容易；缺点是耗水量较大，需较大的配置高差。

干式永磁筒式磁选机的选别粒度上限为0.5～2m。适宜的选别粒度为小于0.074mm粒级含量为20%～50%。使用这种设备时，选别物料含水量应小于3%。干式永磁筒式磁选机的生产能力为10～20t/（台·h）。该设备除可用干式磁选作业外，有时也可用于从粉状物料中去掉磁性杂质或用于提纯磁性材料。

磁滚筒的给矿粒度上限一般为75mm，大型磁滚筒（或干选机）的给矿粒度上限可达350mm。磁滚筒的主要应用包括：用于强磁性矿石的预选作业，可设于细破碎作业前或磨矿作业（包括自磨）前，以剔除采矿过程中混入的围岩，提高矿石入选品位，减少入磨矿量，降低基建投资和生产成本；用于弱磁性铁矿石的闭路磁化焙烧作业，分选出未烧透的矿块，返回焙烧炉，提高焙烧矿的质量和选别指标；用于湿式自磨机排出砾石的干选作业，剔除部分废石，以提高系统的生产能力；用于富磁铁矿矿石的选别作业，以得到品位合格的入炉矿石。

(2) 强磁场磁选设备　干式盘式强磁场磁选机有单盘、双盘和三盘3种，适用于弱磁性物料的分选，常用于含有黑钨矿、钛铁矿、锆英石和独居石等混合精矿的再精选作业，入选物料粒度一般为－2mm。

辊式强磁选机有电磁和永磁两种，适合处理粒度小于3mm的弱磁性矿物，能力为1～2t/(台·h)。这种磁选机可以得到多种产品，故可用来分选含有多种矿物和有色金属的矿石，粗选、精选、扫选作业均可使用。

SLON型脉动高梯度磁选机现有SLON-1000及SLON-1500两种型号，分选区场强为1.0T，分选粒度－0.074mm占50%～100%，处理量相应为4～7t/h及20～35t/h。

SHP型强磁场磁选机是国内广泛应用的湿式双盘平环磁选机，主要用于弱磁性矿物的回收。SHP型强磁场磁选机要求给料中强磁性矿物的含量小于3%，并不得含有大于1mm的颗粒及其他杂物；给矿浓度一般为35%～50%。因此，在强磁选作业之前一般需要设置弱磁场磁选机、除渣筛和浓缩脱水设备。

13.5 选矿厂总体布置与车间设备配置

13.5.1 选矿厂总体布置

选矿厂总体布置是根据企业建设要求和工程建设标准，在选定的建厂区域内，结合厂址的自然环境、交通运输等条件，对各建筑物、构筑物、料场、运输路线、管线、动力设施、绿化等进行合理布置的过程。

选矿厂工艺车间和主要的配套设施一般包括破碎车间、筛分车间、干选车间、洗矿车间、重选车间、主厂房、浮选车间、过滤车间及各种矿仓、胶带运输机通廊、转运站、浓缩设备与泵站、药剂制备间、实验室、化验室等。选矿厂的工艺设施组成与工艺流程、建设规模及厂区条件等因素有关。

合理进行选矿厂总体布置，必须综合考虑如下基本原则：

① 必须充分考虑工艺流程特点和要求，充分利用地形，节约用地，减少土石方工程量。在坡地建厂时，采用台阶式布置，按照生产流程，由高向低布置，为自流输送创造条件，尽量缩短物料运程，减少反向和重复运输。

② 建（构）筑物布置力求紧凑合理，公用设施应综合考虑，各种管线在符合技术安全要求的条件下，应尽量采用共沟、共架、共杆布置。管线综合设计应与总平面布置竖向设计、运输设计、绿化设计统一进行。应使管线短捷、顺直，管线之间、管线与建（构）筑物之间应相互协调、紧凑、安全、经济。在地形条件复杂的山区建厂，管线敷设应充分利用地形。

③ 建厂区域工程地质必须满足建厂条件，不得在有断层、滑坡、溶洞、泥石流等地段建设厂房及布置设备。特殊情况下，须经充分的技术经济论证，并采取安全可靠的措施。

④ 动力供应设施，如变电所、空压机房、供水站等，应靠近负荷中心或负荷较大的车间布置。

⑤ 烟气、粉尘等污染较大的生产区和设施应布置在散发烟气、粉尘等污染较小的生产区和设施常年最小频率风向的上风侧。要求洁净的生产区和设施应布置在其他生产区和设施常年最小频率风向的下风侧。药剂制备间、石灰仓库、石灰乳制备间、干燥厂房、堆煤场等的布置，除了要考虑便于生产联系外，还要考虑风向、防火、防爆、卫生等要求，符合有关标准和规定。实验室、化验室、办公室、检修设施等应布置在产生烟尘多的破碎筛分厂房、焙烧炉、锅炉房等常年最小频率风向的下风侧。

⑥ 扩建、改建项目应合理利用和改造现有设施，并尽量减少对现有生产的影响。

⑦ 应尽量为尾矿自流创造条件。当尾矿采用干式输送时，应妥善布置尾矿脱水、运输、堆存等设施。当采用压力输送时，应通过技术经济比较，确定其合理位置。当尾矿库距选矿厂较远或选矿厂地处缺水地区，采用浓缩机就地回水方案时，工艺总平面布置应统筹考虑，合理布置。

⑧ 进行工艺总体布置必须妥善处理好与总图运输、水道、通风、电力、机修、热力等专业的关系。综合考虑原材料堆场、各种仓库、供水供电设施及生活福利设施，在有利于生产、方便生活的条件下，与有关专业协商和向总图专业提出委托要求。

⑨ 预留发展用地。对近期发展项目应统一布置、具体安排，对远期规划项目应留有必要的场地。

13.5.2 工艺厂房设备配置的基本原则

生产厂房布置形式可归纳为多层式、单层式和单层-多层混合式 3 种。具体采用哪种形式取决于地形坡度、场地面积、设备外形尺寸、设备数量和自身质量、受矿要求、排矿特点、物料贮存和分配矿仓设置情况、物料状况、工艺要求及资金等因素。

合理进行设备配置，对保证流程顺畅、操作维护方便、安全、节能、节约投资等起着决定性的作用。因此，厂房设备配置应符合以下原则。

① 应充分体现工艺流程要求，对矿石性质波动有足够的适应性。充分利用物料的自流条件，尽量促成自流，确定合理的自流坡度，确保矿流通畅，便于操作、维护和调整。

② 合理确定生产系统（尽量减少生产系统），平行的各系统同一作业的相同设备或机组配置要具有同一性，尽量集中布置在同一区域的同一标高上，附属设备应尽量布置在其主机附近，其位置、场地面积要满足工艺要求，便于操作、维护。

③ 尽量缩短机组之间的物料输送距离，在确保操作、维护、设备部件拆装和吊运的条件下合理地利用厂房面积和空间容积，减少不必要的高差损失。厂房跨度、柱距、柱顶标高的确定，除了满足设备配置需要外，还应尽量符合建筑模数。

④ 要留有位置和面积适宜的检修场地，选择合理吨位的吊车，厂房高度要满足设备或最大件吊运的需要，所经由的门、安装孔等的位置要考虑到方便吊运，其尺寸应符合有关规定。

⑤ 合理布置厂房内各类管道（如给水、给药、供汽、矿浆等）的走向，不得妨碍操作、检修和行走，其架空高度要符合安全规定，便于人员通行。

⑥ 要留出物料流的取样、计量、检测装置所需要的位置和高差，计算机控制室应选择合适的位置和建筑标准。

⑦ 必须充分考虑安全、环保、卫生及劳保等规定的要求。所有高出地面 0.5m 的行走通道和操作平台及低于地面 0.5m 的地坑均应设栏杆；暴露的传动部件应设防护罩；要有合理完善的排污、通风除尘系统和设施，各跨间的地面和地沟坡度应既便于行走又便于污水排放到污水泵坑或事故沉淀池中。

⑧ 统筹考虑选矿厂的公用、文化、福利等设施，充分利用生产厂房的空余场地。

13.5.3 破碎筛分系统总体布置方案的选择与确定

破碎筛分系统总体布置方案按生产流程不同可分为两段开路、两段闭路、三段开路、三段闭路、四段闭路等不同布置形式。每种形式又可根据地形、设备规格和台数形成多种布置方案。

两段开路破碎流程一般多用于中小型选矿厂或对产品有特殊要求的企业；两段闭路破碎流程的配置一般有预先筛分和检查筛分合一配置和中碎前另设筛分作业两种配置形式。

三段开路破碎流程一般用于原矿含有一定量矿泥和水分的情况，中小型选矿厂多采用平地式集中配置方案，大中型选矿厂多采用分散布置方案；三段闭路破碎流程在设计中应用较广，一般中小型厂多采用集中配置方案，大型选矿厂多采用分散布置方案。地形较缓的中小型选矿厂也可采用三段破碎集中于同一厂房的配置方案。

四段闭路破碎流程在设计中应用较少，特殊情况下，应用于大型选矿厂要求产品粒度较细的难碎矿石，宜采用分散布置方案。

总体布置方案应考虑破碎筛分系统所有生产作业的设备及其机组的配置，要研究设备及其机组的相互位置、距离、高差，研究如何合理利用地形，考虑地上高度及地下深度、厂房大致尺寸、物料进出厂房的合理方向以及方式和位置。根据具体条件，妥善考虑主要基本尺寸，对个别装置和设施进行适当的变动和取舍；依据平行机组之间和上下相邻机组之间的相对位置、距离、高差、交接料关系、物料利用的自流条件（如输送一般矿石的漏斗、流槽自流坡度为45°～50°，含水、粉矿多时为55°～60°，滤饼为70°）、进出料走向以及厂内外联系等进行调整。在此基础上，确定各机组的进矿和排矿点的标高和装置、物料走向、毗邻的上下作业和平行作业设备机组的相对位置和距离以及高差、物料输送和转运所用的设备装置以及提升高度和运输距离。同时兼顾地形的利用、地上高度及地下深度、采用的设备配置形式（如重叠式、单层阶梯式、单列或双列配置等）、检修场地位置、厂外联系以及扩建等方面。有了总体布置方案，方能对厂房设备配置进行具体布置设计。

13.5.4 主厂房设备配置

主厂房一般包括磨矿和选别两个部分，某些主厂房还包括精矿脱水、过滤部分。磨矿系统和选别系统配置在同一厂房里，一方面可利用上下工序具有的落差形成作业间的矿浆自流，另一方面当矿浆需要采用压力输送时，输送距离短，节省能耗；同时，布置在同一个厂房里占地面积小，联系、管理方便。

（1）磨矿跨间的设备配置　磨矿跨间的磨矿-分级机组配置主要有以下4种常用方案：

① 磨矿-分级机组排成一列，其设备中心线垂直于厂房纵向定位轴线，称纵向配置。

② 磨矿-分级机组排成一列，其设备中心线平行于厂房纵向定位轴线，称横向配置。

③ 磨矿-分级机组排成双列，两段磨矿，其设备中心线垂直于厂房纵向定位轴线。

④ 磨矿-分级机组排成双列，两段磨矿，其设备中心线平行于厂房纵向定位轴线。

方案1在设计中较多见，其主要优点是配置紧凑、便于操作维护。方案4在采用两段磨矿流程时应用较多，其优点是磨矿跨度比方案3的小，如果第1、第2段分级采用水力旋流器，则磨矿跨度比方案3小得更多。具体选择时，要综合考虑跨间占地需求，使厂房配置整齐有序，便于管理。

（2）浮选跨间的设备配置　浮选机配置方案有两种形式：一种是浮选机列中心线平行厂房纵向定位轴线，称为横向配置，缓坡和平地地形均可采用；另一种是浮选机列中心线垂直厂房纵向定位轴线，称为纵向配置，浮选机台数、列数较多时可采用。可通过调整浮选机列的槽数和浮选槽列数调整浮选跨间跨度和长度，以利于分级溢流向粗选作业给矿，流经管线较短。当流程复杂、返回作业较多时，其浮选机配置难度较大。

（3）磁选跨间的设备配置　我国磁铁矿石选别采用湿法居多，基本上是开路，用水量较大，矿浆密度较大，一个系统中同一个磁选作业可能需要多台同规格设备配合。湿式磁选跨间的设备配置基本上可分为两类：一类是自流式，用于开路流程、较陡坡（坡度15%～23%）地形，设备按照选别作业顺序沿坡地线从高至低呈单层阶梯式布置；另一类是半自流式，矿浆输送靠自流和渣浆泵提升结合完成，设备配置呈多层式。由于磁选机、脱水槽、细筛等设备重量较轻、振动力小、机体小，故按流程顺序布置在上层平台，渣浆泵与泵池机组放在下层地面上。对于含有一定量的弱磁性矿物矿石由于浸染粒度细、磨矿段数也多，其选别流程有磁-重、浮-磁等联合流程，在设备配置上应根据磁选、重选、浮选设备配置的要求和注意事项进行。

干式磁选跨间可以采用多层式设备配置，按流程作业顺序布置设备，给料与排料处应设置密封式漏斗，应有完善有效的收尘系统。

(4) 重选跨间的设备配置　重选流程分级作业较多，分出粒度级别也多，物料粒级不同，其适宜的选别设备也不同。由于单机处理能力小、所用设备台数多，在设备配置上变化也多，但归纳起来，基本上可划分为两类，一类是多层-单层阶梯式联合配置，另一类是单层阶梯式配置。

(5) 精矿脱水车间的设备配置　根据已确定的脱水段数、设备规格、台数及地形等条件作出不同的配置方案。当浓缩机直径较小时，通常与过滤机一同放在主厂房里，两者各为独立跨间，与选别跨间毗邻阶梯布置。浓缩机与过滤机近距离配置，力求浓缩机底流自流到过滤机中，便于操作与管理，中小型选矿厂常采用这种配置。大型选矿厂所用的浓缩机规格大，多为露天放置，过滤机台数也多，多呈独立厂房，应力求做到过滤机溢流自流到浓缩机中。过滤机一般应布置在较高的平台（上楼层）上，下楼层（低地坪）宜分区布置真空泵、空压机泵类等设备。磁选厂一般采用浓缩磁选机或磁力脱水槽代替精矿浓缩机，与过滤机配置在同一跨间里，置于高于过滤机的平台上，确保磁选机或脱水槽底流自流到过滤机中。磁选厂的精矿脱水一般不采用干燥作业，因用户较近，路途运输时间较短。

对于三段精矿脱水，一般将过滤与干燥设备配置在同一厂房里，过滤机一般宜配置在干燥机的上方平台上，滤饼自流到干燥机中；当过滤机台数多、干燥机台数少时，过滤机和干燥机宜各呈独立跨间毗邻，滤饼由集矿胶带运输机运至干燥机。

思考题

1. 选矿厂厂址选择应遵循哪几个原则？
2. 影响选别流程的因素主要包括哪几方面？
3. 主要工艺设备包括哪些？选择各设备时应考虑哪些影响因素？
4. 进行选矿厂总体布置时必须综合考虑哪些基本原则？
5. 工艺厂房设备配置的基本原则是什么？

第14章 选矿工艺实践

选矿工艺技术与选矿设备的发展是同步的，设备的技术水平不仅是工艺水平的最好体现，其生产技术状态也直接影响着生产过程、产品的质量和数量以及综合经济效益。

选矿流程是选矿工艺的作业组配和作业程序。根据入选矿石的性质和矿物组成的不同，选矿厂进行选矿作业的组配也不同；不同矿石采用不同的选矿流程；不同产地的同类矿石的选矿流程也有差异。适宜的选矿流程须根据选矿试验来确定，并绘制成选矿流程图。选矿流程主要包括破碎、筛分流程，磨矿、分级流程，分选流程和脱水流程等。

分选流程由各种分选方法，如浮选、重选、磁选、重选-浮选、磁选-浮选等构成，它包括分选段（由一个磨矿作业及其随后的分选作业组成一个分选段）、分选循环（分选出一个或者几个产品的分选作业组）以及各分选段的精选、扫选及中矿处理等。在处理一些难选物料如难选中矿、有色金属氧化矿和金银矿石等时，还采用选-冶联合流程。

14.1 黑色金属矿石选矿工艺实践

黑色金属铁、锰、铬是国民经济发展中不可或缺的结构性、功能性材料，约占世界金属消耗量的95%。近年来，我国在黑色金属矿物加工工艺方面取得了长足的进展。随着新型磁性材料的应用和磁系结构设计的进步，各类磁选设备在磁场强度、选择性分选和选别效率等方面取得了很大进展：大块矿石干式磁选机处理力度上限已从50mm提升到350mm；筒式磁选机分选区域磁感应强度由150mT提高到500mT；高压辊磨机和多磁极干选设备的开发及成功应用，使干磨干选工艺技术得到发展；复合力场磁选机等高效磁选设备的成功应用使中粗粒磁铁矿选矿实现了全磁流程高效分选；立磨机在黑色金属选矿领域的推广应用，解决了球磨机细磨40 μm到15μm磨矿耗能不做功的问题，磨矿粒度下限降至15μm；磁选机磁感应强度不断提高，分选粒度下限达到19μm，提高了微细粒铁矿的回收；耐泥、耐低温、高选择性新型反浮选捕收剂的开发实现了铁矿物与各类难选含铁硅酸盐矿物高效分离，铁矿反浮选温度由40℃以上降至20℃以下；浮选动力学研究强化了矿化作用，缩短了浮选时间，提高了浮选效率。一系列微细粒矿物高效选矿技术集成推进了微细粒复杂难选铁矿选矿的发展。

14.1.1 微细粒磁、赤铁矿选矿工艺实践

微细粒磁、赤铁矿选矿工艺技术主要体现在以下几个方面：高效碎磨工艺、预选抛尾工艺、回收高品质细粒铁精矿工艺、阴离子常温反浮选工艺、含铁硅酸盐脉石分离工艺、高碳酸盐铁矿“分步浮选”工艺和粗粒浮选工艺。

(1) 高效碎磨工艺 铁矿石碎磨工艺包括破碎筛分作业、磨前矿石预选作业、磨矿分级作业等。由于破碎磨矿能耗占整个选矿厂能耗的50%以上，而磨矿能耗又占碎磨能耗的70%以上，所以降低磨矿能耗最有效的途径是降低入磨矿石粒度，主要的做法是采用大型化、大破碎比、高效、低耗的新型破碎设备，提高破碎效率，使入磨矿石粒度降低，实现“多碎少磨”。实现多碎少磨的关键是采用高效破碎设备，其中高压辊磨机和柱磨机均可将中碎产品破碎到−5mm甚至−3mm，大幅度降低了入磨粒度，同时，辊压后产品的可磨性进一步提高。

磨不细与过磨现象并存是我国微细粒选矿技术中最突出的问题。选择性磨矿是减少过磨、提高选矿效率的关键环节。选矿工作者在改变球磨机结构、磨机衬板形状和磨矿介质形状等方面做了大量工作，也取得了一定成效。随着矿石嵌布粒度越来越细，细磨不可避免，但球磨机的磨矿原理决定了球磨机最适宜的磨矿粒度范围是P80＞37μm，当磨矿产品粒度要求P80≤37μm甚至更细时球磨机的磨矿效率显著降低，磨矿能耗急增。因此，采用更适宜的高效细磨设备如塔磨机和ISA磨机，改善磨矿产品粒度组成并降低能耗是今后的发展趋势。

(2) 预选抛尾工艺 为了提高入磨矿石品位，节约选厂能耗，减少磨矿量，近年来预选抛尾技术得到了广泛的应用。目前由于新型材料和复合磁系的应用，大块矿石干式磁选机分选区磁感应强度已从150～180mT提高到240mT，甚至最高可达500mT。大块矿石干式磁选机的处理力度上限已从75mm提高到350mm以上。

干磨干选工艺早期常采用干式棒磨机进行干磨，随着高压辊磨机的应用，高压辊磨-干式磁选工艺流程得到发展，主要针对品位20%以下的铁矿石的选别。高压辊磨机最终可将物料磨至−0.5 mm甚至−0.2 mm，将高压辊磨机的一次产品送入打散分级机处理，得到粗粒、细粒和细粉单个级别的产品，粗粒返回高压辊磨机，细粒产品经过干式磁选机抛掉细粒尾矿，跑位后的精矿返回高压辊磨机再磨。该工艺流程还可使细粉级产品连续多次通过干选机进行干式磁选，提高细粉精矿的品位。承德天宝矿业运用干磨干选工艺处理超贫钒钛磁铁矿，效果显著。最终，细粉精矿品位可达40%以上，回收率可达95%。干磨干选流程实现了大量尾矿干排，延长了尾矿库使用寿命，减少环境污染，干式尾矿还可作为建筑用砂，增加了选厂的经济效益。该工艺流程可边磨边选，及早抛出尾矿。

在湿式预选抛尾方面，巧妙地利用了重力、磁力和离心力协同作用的外磁系内选筒式磁选设备，粗粒湿式抛尾粒度可基本不受限制，既可除去大粒度围岩，也可保证细粒级磁铁矿回收。

(3) 回收高品质细粒铁精矿工艺 新型高效精选设备——淘洗磁选机在处理微细粒铁矿过程中可替代部分磁铁矿选矿厂中的浮选作业，工艺高效环保。在处理中信泰富SINO铁矿过程中，考虑到环保问题，淘洗磁选工艺替代浮选工艺，工业生产可以将精矿品位由63%～64%提高到68%以上，作业回收率达到89%以上。

(4) 阴离子常温反浮选工艺 国内绝大部分铁矿选矿厂采用阴离子反浮选工艺提铁降硅，

使用的捕收剂为脂肪酸类物质。捕收剂配制和所需浮选温度较高（配制温度通常为50～70℃，矿浆温度一般制成35～40℃），导致浮选矿浆需要加温处理，增加了生产成本。常温高效铁矿捕收剂的研制成为浮选领域的研究热点。

长沙矿冶研究院对CY系列阴离子常低温浮选捕收剂在太钢尖山铁矿、山东华联铁矿、李楼低磷低硫的单一酸性中贫氧化铁矿的浮选中都取得了较好的浮选效果，低温浮选可获得与高温浮选接近的分选指标。东北大学研制出的DMP等系列常温改性脂肪酸类捕收剂，对齐大山选矿厂、东鞍山烧结厂、司家营研山铁矿选矿厂的混合磁选精矿进行了反浮选试验，取得了良好的指标。

（5）含铁硅酸盐脉石分离工艺　以太钢袁家村铁矿、安徽李楼铁矿等为典型代表的微细粒铁矿，其脉石成分除了石英之外，还含有表面物理化学性质与铁矿物极其相近的绿泥石、角闪石、阳起石等含铁硅酸盐，它们在阶段磨矿—强磁抛尾过程不但无法预先脱除，还会显著富集，而铁与含铁硅酸盐矿物的浮选分离理论研究少，二者的分离问题一直是个技术难题。长沙矿冶研究院通过多年的研究，成功开发出铁矿物与含铁硅酸盐脉石分离的阴离子反浮选药剂，在工业试验中取得了良好的反浮选效果。

（6）高碳酸盐铁矿“分步浮选”工艺　含菱铁矿、白云石等碳酸盐矿物的高碳酸盐赤铁矿石和磁铁矿石，总储量高达50亿吨，矿物组成复杂、结晶粒度微细，且随着碳酸铁含量的增加，选别指标日趋下降，尤其当原矿碳酸铁含量超过4%时，生产上无法处理，只能堆存，导致严重浪费和占用资源。鞍钢矿业公司与东北大学联合，系统研究了高碳酸盐铁矿石矿物可浮性的影响因素，发现细粒菱铁矿在石英和赤铁矿表面发生的吸附罩盖，造成石英和赤铁矿不能有效分选。提出了高碳酸盐赤铁矿石的“分步浮选”技术思路：先消除大部分菱铁矿，减小菱铁矿对石英和铁矿物表面的影响，再反浮选脱除石英。2013年鞍钢东鞍山烧结厂采用该技术建成了年处理170万吨的工业化生产线，并在此基础上进行了工业试验，获得了总精矿铁品位63.03%，回收率63.77%，精矿品位64.24%，作业回收率75.61%的分选指标。

（7）粗粒浮选工艺　研究普遍认为，粗粒浮选需要较大的矿浆浓度、较低的紊流强度、较大的气泡直径、较大的充气量、较小的矿化泡沫提升距离、较小的泡沫层厚度、较大的浮选药剂用量，粗粒浮选工艺很少应用于黑色金属的选别。CLF粗粒浮选机浮选来自加拿大魁北克的钛铁矿，矿样中−1180+300μm粒级含量达76.27%，浮选效果良好。CCF型宽粒级机械搅拌式浮选机，对于−0.5 mm粒级的矿物浮选效果良好。改浮选机槽内上部区域满足粗粒级矿物浮选要求，槽内下部区域强化细粒级矿物的选别，实现了入选矿物粒级范围较宽的浮选。采用“强磁+浮选”的主体工艺回收攀枝花密地选钛厂粗粒钛铁矿，使浮选钛铁矿的粒度上限由0.1mm提高到0.154mm，浮选钛精矿TiO_2的品位达到47.37%，粗粒级钛精矿回收率提高了一倍以上。目前，我国粗粒浮选工艺的应用研究相对滞后，尤其是黑色金属的粗粒浮选，鲜见于工业实践。

14.1.2　锰矿选矿工艺实践

由于我国锰矿石品位低、杂质含量高、矿石结构呈隐晶质、嵌布粒度微细，且易泥化，导致选矿加工困难，因而常以锰集合体作为选矿富集对象。目前，锰矿选矿常用方法为洗矿-筛分、重选、磁选、浮选以及联合选矿工艺。

（1）洗矿-筛分工艺　锰矿质软易碎，多产生大量矿泥，高时多达30%～40%，故较难选。近年来，国内外对锰矿洗矿、筛分作业都非常重视，它既有富集作用，又可为下步选矿提供方便。各类锰矿选矿厂中都设有洗矿作业，并由一次洗矿发展为二次或三次，甚至多次洗矿。洗矿作业常与筛分伴随，如在振动筛上直接冲水清洗或将洗矿机获得的矿砂（净矿）送振动筛筛分。筛分可作为独立作业，分出不同粒度和品位的产品供给不同用途使用。常用洗矿脱泥设备有洗矿筛、圆筒洗矿机、槽式洗矿机、低堰式选矿螺旋分级机、水力旋流器等。

广西天等县低品位氧化锰矿，原矿 MnO_2 品位 13.35%，经过两次洗矿，并回收泥中细粒锰矿物，可得到 MnO_2 品位 22.71%的精矿，回收率 87.99%，与原生产流程相比，锰回收率提高了 5%，多回收粉矿 8000t，经济效益显著。

(2) 重选工艺　重选工艺由于流程简单、成本低、对环境污染小，常作为优先考虑的工艺，但其对细粒级、微细粒级矿物分选回收较差，品位和回收率较低。近几年重选工艺没有大的进展，主要是在现有的重选流程中，通过分级和多次选别提高精矿品位和回收率。

格鲁吉亚的达尔克韦碳酸锰矿石选矿厂入选的矿石主要是锰方解石和菱锰矿等碳酸锰矿石，以及少量氧化锰矿石，原矿锰品位 20.2%～22.0%。根据粒度不同，原矿分两段或三段破碎、洗矿和筛分，洗矿前的矿石破碎至 16～0mm，其中 16～5mm 矿石用直径 500mm 重介质旋流器两段分选，产出碳酸锰精矿。5～0mm 粒级进行跳汰选，产出氧化锰精矿，跳汰中矿再进行强磁选和跳汰选。可最终获得一级碳酸锰精矿、一级氧化锰精矿、供烧结用锰中矿等多种产品。

福建省连城锰矿兰桥矿区原工艺为洗矿→筛分→跳汰→棒磨→磁选，技术改造后，工艺流程为洗矿→筛分→大粒级跳汰→磁选→细粒级跳汰，技改后，跳汰精矿粒度由原来的大于 3mm 转为大于 6mm，更受冶金锰用户的欢迎，改变了产品结构，扩大了生产能力，产量提高了 45.38%，新流程采用细粒级跳汰机串联，尾矿由原有含锰 6%左右可降至 3%左右，使尾矿得到有效回收。

(3) 磁选工艺　磁选技术及设备近年来发展较快，磁选操作简单，易于控制，适应性强，可用于各种锰矿石选别，近年来已在锰矿选矿中占主导地位。大多选厂原有的重选流程被磁选取代或采用重选-磁选流程。

福建连城锰矿针对洗矿后粒度为－1.0mm 的细粒级氧化锰尾矿进行试验研究。原矿品位为 13.6%，采用单一强磁选工艺，在磁场强度为 1100kA/m 时，得到产率为 24.96%，含锰 38.62%的精矿，回收率达到 74.1%，投产后得到品位为 40.32%，产率为 24.8%，回收率为 74.97%的锰精矿。

大连锰矿用中强磁选代替手选，由原来的洗矿→筛分→手选→磁选→重选→磁选联合流程改进为洗矿→筛分→中强磁选→重选→磁选工艺流程，冶金锰精矿品位达 28%以上，锰的金属回收率提高 7.74%。

贵州铜仁白石溪矿区低品位锰矿石，在原矿品位为 10.96%时，采用原矿（－12mm）一粗一扫干式磁选流程，获得了产率 60.78%、品位 16.47%、回收率 90.37%的技术指标。

(4) 浮选工艺　近年来锰矿的浮选工艺研究和生产实践都得到重视，试验研究主要针对低品位碳酸锰、氧化锰矿，采用不同的药剂制度对矿石进行浮选试验，但浮选指标都不是很理想。锰矿石的浮选可以采用正、反浮选，目前国内外应用的是阴离子正浮选，阳离子反浮选尚处于试验阶段。由于锰矿大部分是碳酸盐类和氧化矿物，其表面易被水润湿，可浮性差，加之浮选经营成本高，操作不易控制，因此浮选法较少应用于工业生产。

（5）联合选矿工艺　由于单一选矿工艺和分选力场难以满足复杂难处理锰矿石有效分选的需求，因此力场和联合选矿工艺（重选→磁选、重选→磁化焙烧→磁选）在锰矿石上的应用受到国内外研究者的重视。

印度细粒铁质锰矿采用重选预先去除铝硅矿物，粗粒级（0.5～10mm）使用跳汰分选，细粒级（<0.5mm）使用摇床分选。重选锰精矿再进行分级，<0.3mm 的细组分经还原焙烧后以弱磁选脱除铁矿物，粗粒级用辊式磁选机两段磁选脱除铁矿物：一段强磁选（磁场强度 1.7T）脱除硅质等非磁性矿物，另一段精选再在 1.1T 磁场强度中实现铁、锰分离，提高 Mn/Fe 比。

大新低品位氧化锰粉矿采用先磁选后跳汰的联合选矿流程，磁选采用辊径为 375 mm 的 CS-1 型强磁选机，跳汰采用 300mm×300mm 下动型隔膜跳汰机，最后得到锰品位为 38.60%和锰品位为 31.95%的两种精矿，效果较好。

14.1.3　铬矿选矿工艺实践

目前已探明的铬矿资源大多属于低品位（Cr_2O_3 含量 10%～14%）铬矿石，需要选矿富集。铬矿的选矿工艺可分为以下几类：重选、磁选、磁重联合、复合力场分选、电选、浮选。

（1）重选　铬矿一般密度大且多呈块状、条状和斑块粗粒浸染，因此，目前铬矿选矿生产实践通常采用螺旋溜槽、摇床、跳汰等重选工艺，其中螺旋流程处理能力大、摇床分选精度高而应用更普遍。苏丹某低品位铬铁矿采用螺旋溜槽—摇床精选工艺流程，可获得 Cr_2O_3 品位 48.73%，回收率 86.90%的铬精矿；印度某地低品位铬铁矿采用螺旋溜槽抛尾→螺旋溜槽精选→中矿再磨后续分级摇床选别流程，可以获得产率 43.17%，Cr_2O_3 品位 45.97%，回收率 81.83%的铬精矿。重选成本低、对环境无污染、选矿效率高，我国西藏罗布莎铬矿、甘肃大道尔吉铬矿、商南铬矿、贺根生铬矿，津巴布韦塞鲁尔奎铬矿，土耳其贝蒂·凯夫铬矿、卡瓦克铬矿、塞浦路斯岛塞浦路斯铬矿，菲律宾的马辛诺矿等均采用此法。

铬矿碎磨过程中易产生严重泥化现象，分级重选工艺广泛应用于铬矿工业生产。某铬铁矿采用筛分分级→粗粒摇床重选→细粒螺旋溜槽重选→中矿再磨螺旋溜槽重选工艺流程，可获得 Cr_2O_3 品位为 44.89%、回收率为 10.01%的粗粒精矿和 Cr_2O_3 品位为 46.45%、回收率为 83.17%的细粒精矿。

某 Cr_2O_3 品位为 6.82%微细粒铬铁矿，泥化现象严重，采用重选前分级→两段螺旋溜槽→粗细分级→两段摇床工艺流程，可获得 Cr_2O_3 品位 49.20%、回收率 54.39%的精矿。南非某铬铁矿尾矿 Cr_2O_3 品位 23.07%，采用磨矿→分级→重选流程可以获得 Cr_2O_3 品位 46.36%、回收率 81.21%的铬精矿。

（2）磁选　铬矿具有弱磁性，根据铬矿与脉石矿物的磁性差异，通过强磁选可实现铬矿与脉石矿物分离，如芬兰的凯米、土耳其的 Kefdagi、阿尔巴尼亚库克斯铬矿均采用强磁工艺流程；对含磁铁矿的复合铬矿大多采用弱磁→强磁流程，分别回收磁铁矿、铬矿。磁选工艺具有流程简单、生产成本低、设备处理量大、自动化程度高等优点。

阿尔巴尼亚库克斯铬铁矿采用强磁—粗—扫流程可获得精矿 47.61%、回收率 96.26%的铬精矿。强磁选抛尾量大，尾矿品位低。

（3）磁重联合　铬矿选矿综合利用弱磁、强磁、摇床、螺旋溜槽等磁重联合工艺，是铬矿选矿工艺未来发展的一种重要趋势，充分利用铬矿的弱磁性及密度特性，采用磁选-重选联合工艺回收铬矿，在铬矿选矿领域应用越来越普遍。如四川大槽贫铬铁矿（Cr_2O_3 品位 8.57%）采用强磁-摇床重选-中矿再磨-强磁-摇床联合流程，可获得 Cr_2O_3 品位 40.75%、回收率 78.53%的铬精矿。国外某低品位铬矿石采用弱磁-强磁-弱磁精矿再磨-摇床重选-强磁精矿分级-摇床重选工艺，可获得 Cr_2O_3 品位 45.12%、回收率 65.08%的铬精矿。菲律宾低品位高铁坡积铬铁矿应用洗矿拖泥-粗细分选-螺旋溜槽-摇床-弱磁选工艺流程，可获得产率 3.76%、Cr_2O_3 品位 44.15%、回收率 34.23%、铬铁比 1.69 的铬精矿。

（4）复合力场分选　近年来，针对细粒、微细粒铬矿高效回收利用，开发包括重力、离心力在内的复合力场分选装备及成套工艺技术，如多重力场选矿机（MGS）高效选矿工艺，将低品位（Cr_2O_3 品位 9.3%）土耳其铬矿，碎磨至－1mm 进行分级入选，＋0.1mm 粒级采用摇床选别，可获得品位 45.03%～40.30%的铬精矿，摇床中矿磨至－0.1mm，与原矿中－0.1mm 粒级合并后采用多重力场选矿机（MGS）选别，可获得精矿 Cr_2O_3 品位 50.04%、回收率 84.70%的良好指标。印度低品位铬铁矿借助粗细分选，粗粒级（0.9～0.3mm）采用螺旋选矿机选别，可获得 Cr_2O_3 品位 40.5%的精矿；细粒级（－0.3mm）经摇床，微细粒级经离心机分选，可获得 Cr_2O_3 品位 41.6%的精矿，采用离心选矿机可有效选别－0.06mm 细粒级铬矿石，采用 ϕ600mm×1000mm 双头离心摇床处理－0.074mm 粒级铬矿（原矿 Cr_2O_3 品位 6.4%），可得 Cr_2O_3 品位 40.13%、回收率 49.22%的铬精矿。

（5）电选　利用电导率的差异实现铬矿与脉石矿物的分离，美国加利福尼亚州、日本北海道砂铬均应用电选工艺。

（6）浮选　浮选是选别微细粒铬矿的有效方法，化学组成差异影响铬矿的表面电化学特性（如零电点）及可浮性，阴离子捕收剂（如油酸、塔尔油）、阳离子捕收剂（如十二烷基氯化铵、C16～C18 混合胺）均可作为铬矿的捕收剂，如津巴布韦铬矿、克拉斯诺尔选矿厂均应用浮选法生产，加强铬矿新型浮选药剂的研究，强化微细铬矿选择性浮选，对采用浮选工艺回收铬矿资源具有重要意义。

14.2　有色金属和贵金属矿石选矿工艺实践

有色金属和贵金属是日常生活、国防军工及科学技术发展必不可少的基础材料，在国民经济建设和现代化国防建设中发挥着越来越重要的作用。高效回收利用有色金属和贵金属资源对提升国家综合实力和保障国家安全具有重要的战略意义。

14.2.1　复杂铜铅锌硫化矿选矿工艺实践

复杂铜铅锌硫化矿通常是指含铜、铅、锌等硫化矿在矿石中致密共生，或部分受到氧化变质的多金属硫化矿。造成铜铅锌分离难度大的主要原因有：矿石性质复杂多变，次生铜矿物在矿浆中产生难免金属离子的活化，以及硫化矿物间嵌镶关系复杂等因素。结合生产现状，复杂铜铅锌硫化矿的工艺有：铜铅锌优先浮选工艺、铜铅混浮-铜铅分离-锌浮选工艺、铜铅锌混合浮选工艺、等可浮、磁选→浮选、异步浮选、铜优先浮选→铅锌硫混浮→铅锌硫分离、铜快速浮选及再磨工艺、氰化尾渣回收铜铅锌工艺。

（1）铜铅锌优先浮选工艺　铜铅锌优先浮选工艺即为铜铅锌依次优先浮选工艺，该工艺流程适用于原矿铜品位相对较高的原生硫化矿，可以适应矿石品位的变化，具有较高的灵活性。为提高矽卡岩型铜铅锌硫化矿床伴生贵金属银的回收，采用铜铅锌优先浮选工艺依次获得铜精矿、铅精矿、锌精矿产品，同时改进磨矿工艺，采用新型浮选药剂进行诱导活化银浮选，大幅度提高伴生银的总回收率。

选用高效铜矿物捕收剂、SN-9♯、苯胺黑药混合捕收剂为铅矿物捕收剂的药剂制度，采用铜铅锌优先浮选工艺，获得较好的分选效果。

对西藏索达矿区低品位铜铅锌银矿采用铜铅锌优先浮选方案和低毒选矿药剂实现铜铅有效分离。

针对某地铜铅锌硫化矿易浮、难分离、嵌布粒度极不均匀的特点，采用铜铅锌优先浮选、铜再磨再选的工艺流程，获得了较好的分选效果。

国外如苏联哲兹卡兹干铜矿选矿厂、瑞典莱斯瓦尔铅锌选厂同样也采用此流程，生产稳定且指标优良。

(2) 铜铅混浮→铜铅分离→锌浮选工艺　当矿石中铜铅嵌布关系复杂，通过采用选择性浮选药剂或相关工艺无法实现铜铅锌依次优先浮选时，依据矿石的性质特点，可采用铜铅混浮→铜铅分离→锌浮选工艺。该工艺是传统的铜铅锌多金属硫化矿浮选方法，被国内多数矿山企业应用于生产实践。

根据抑制铜铅矿物的难易程度，以及铜铅矿物含量多少，铜铅分离工艺又可分为抑铜浮铅和抑铅浮铜工艺。

① 抑铜浮铅工艺。巴林左旗红岭铜铅锌铁矿在选矿方案试验的基础上，采用铜铅混合浮选再分离→锌浮选的工艺流程，选用抑铜浮铅工艺，获得的铜精矿中铅的含量较低。

② 抑铅浮铜工艺。铜铅分离作业采用活性炭脱药和环保型铅矿物组合抑制剂，实现了铜铅的有效分离，并取得良好的选矿试验指标。目前采用环保型组合铅矿物抑制剂实现铜铅分离已成为主流，无氰无铬的铜铅分离工艺在国内外获得广泛应用。

(3) 铜铅锌混合浮选工艺　当矿石中有价矿物之间嵌布粒度微细，综合回收的有价元素(如含有贵金属金、银等元素)较多，且常规工艺无法获得单一精矿产品时，可采用铜铅锌混合浮选工艺进行目的矿物综合回收，该工艺在生产中应用较少。

针对铜、铅、锌复杂多金属共生难选矿石，生产现场采用优先浮选工艺，长期达不到设计指标，造成资源的严重浪费，经研究采用混合浮选→混合精矿加压浸出分离工艺，使得矿石中的有价元素得到最大回收。

对于重晶石型复杂嵌布铜铅锌次生硫化矿，其有用矿物嵌布粒度细，矿石中的方铅矿和闪锌矿因夹杂细小铜矿物而自活化，浮选分离困难，常规选矿方法和药剂难以分离出单一铜、铅、锌精矿产品，研究建议采用粗磨条件铜铅锌全浮流程，可获得铅＋锌品位大于50％的含铜铅锌混合精矿。

(4) 等可浮　甘肃铜铅锌硫化矿随着矿山的不断开采，矿物组分和性质也随之发生变化，导致产出的精矿品质差。为了解决这一问题，对该矿石进行研究，最终确定采用铜与部分铅锌优先混合浮选再浮选分离、其余铅锌与硫混合浮选再铅锌与硫分离的工艺流程。

(5) 磁选-浮选　针对某高硫复杂铜铅锌矿矿石性质特点，矿石中磁黄铁矿含量较高，因其可浮性与铜铅锌矿物相近，对有价金属矿物间浮选分离的影响较大，采用磁选-浮选联合工艺流程，即磁选预先脱除部分磁黄铁矿后再进行铜铅锌优先浮选，同时铜优先浮选精矿进行铜硫分离。针对类似矿石也预先脱除磁黄铁矿，消除其对铜铅锌浮选的影响，再根据矿石的具体性质采用常规的浮选工艺，较好地解决此类矿石浮选难的问题。

(6) 异步浮选　青海某复杂铜铅锌多金属硫化矿中含有微细粒交代的铅-锌连生体，根据矿石中目的矿物可浮性的差异及嵌布特性，采用了铜优先浮选→铅异步快速浮选→铅锌硫混浮→铅锌与硫分离异步浮选法，获得了较好的选矿指标。

(7) 铜优先浮选→铅锌硫混浮→铅锌硫分离　针对含易浮脉石云母的复杂铜铅锌矿，采用优先浮铜→铜精矿脱云母→铅锌硫混浮→铅锌硫分离的浮选工艺，在铜与铅锌分离的同时消除云母对浮选过程的影响。

(8) 铜快速浮选及再磨工艺　西北铜铅锌硫化矿，铜铅锌共生关系密切，且铜、铅矿物嵌布粒度细小，铜铅锌矿物分离难度大，依据矿物特性，采用铜快速浮选→铜铅混浮→铜铅再磨分离→锌浮选的选矿技术，有效解决了铜铅锌矿物分离问题，铜、铅和锌三种精矿产品质量和回收率均获得大幅度的提高。

(9) 氰化尾渣回收铜铅锌工艺　氰化尾渣回收铜铅锌常用的工艺有：铅铜锌依次优先浮选、铅锌优先混合浮选→铜浮选、铜铅混浮→铜铅分离→锌浮选及其他工艺。

14.2.2 铜钼硫化矿选矿工艺实践

以铜为主伴生有钼的铜钼矿常呈斑岩铜矿床存在于自然界，产于斑岩铜矿中的铜约占世界铜储量的三分之二。我国江西德兴铜矿就是一个特大型斑岩铜矿。斑岩铜矿中的铜矿物，多数为黄铜矿，其次为辉铜矿，其他铜矿物较少。钼矿物一般为辉钼矿。斑岩铜矿不仅是铜的重要资源，也是钼的重要来源，还常常赋存有铼、金、银等稀贵元素。

利用浮选处理铜钼矿石较为普遍，工艺技术成熟，且指标较好。铜钼硫化矿石浮选原则流程：优先浮选、等可浮、混合浮选。

(1) 铜钼优先浮选工艺　对于低品位铜钼矿石，在保证钼精矿品位和回收率的同时，还要考虑铜的综合回收，有时采用优先浮选更为适宜。铜钼优先浮选分为抑铜浮钼和抑钼浮铜，优先浮铜工艺在我国使用较少，仅见于国外少数选厂。

(2) 铜钼等可浮工艺　等可浮不使用或少使用石灰，进行铜钼与硫的分离，对铜钼分离及钼精选干扰小，有利于获得较优指标。

等可浮采用选择性捕收剂（无铜矿捕收剂），有限浮出钼和易浮的铜，再进行铜钼分离，该工艺避免了对强抑制的铜矿物难以活化问题，改善了铜钼浮选分离效果，而且抑制剂的用量也可大幅减少，但该工艺获得的精矿品位偏低，现场操作要求较高，故实际应用较少。

采用等可浮-铜、钼分离工艺，等可浮获得的铜钼混合精矿在抑铜浮钼的铜、钼分离工艺中，铜矿物相对容易被抑制，可改善铜、钼分离的矿浆条件，降低抑制剂用量、铜钼分离时矿浆的黏度及铜、钼分离的生产成本。

(3) 铜钼混合浮选工艺　多数铜钼矿采取铜钼混合浮选工艺，原因在于辉钼矿与黄铜矿可浮性相近，且伴生严重，此工艺成本较低，流程较简单。

① 铜钼混合浮选。铜钼混合浮选的药剂制度为：捕收剂为黄原酸盐类（如丁基黄药），辅助捕收剂为烃油类（如煤油），起泡剂 2 号油或 MIBC 等，调整剂为石灰、水玻璃、六偏磷酸钠等。铜钼混合精矿中的残余药剂和含铜矿物表面的疏水性物质会影响后续的铜钼分离，故铜钼分离前需要有预处理作业。

② 铜钼分离预处理。预处理作业目的：脱除混合精矿中的残余捕收剂，解吸黄铜矿表面的疏水性物质，为铜钼分离创造条件。预处理方法有浓缩脱药、加热处理、氧化、再磨、

活性炭脱药、硫化钠脱药等。铜钼混合精矿经过预处理后，进行铜钼分离。

③ 铜钼分离。铜钼分离通常采用浮钼抑铜工艺，常用抑制剂可分为无机物和有机物两类，无机物主要是诺克斯类、氰化物、硫化钠类等，有机物主要是巯基乙酸盐等，单独使用或混合使用均可。

当进行高铜低钼矿的分离时，若抑铜浮钼产生的药剂成本较高，可考虑浮铜抑钼工艺。如美国 SiverBe 和 Bingham 采用糊精抑钼浮铜的工业实践，该工艺不能选用烃油类捕收剂，原因在于烃油存在时糊精对钼矿的抑制无效。

因辉钼矿具有良好的可浮性，无机或有机小分子抑制剂不易发挥作用，这使得一些高分子抑制剂得以使用，如糊精、淀粉、腐殖酸、单宁酸等。

14.2.3 铜镍硫化矿选矿工艺实践

硫化铜镍矿石中，含镍矿物主要有镍黄铁矿、针硫镍矿、红镍矿、含镍磁黄铁矿。镍矿物的浮选，要求在酸性、中性或弱碱性介质中进行。捕收剂用高级黄药，如丁黄药或戊黄药。含镍磁黄铁矿比其他镍矿物难浮，最好的浮选介质是弱酸性或酸性，而且浮选速度很慢。在石灰造成的碱性介质中，以上镍矿物都能受到抑制，但被抑制的程度不同，最容易抑制的是含镍磁黄铁矿，如 pH 在 8.2 ～8.5 时，针硫镍矿仍能浮，而含镍磁黄铁矿则受到抑制。铜镍矿石中的铜矿物，一般为黄铜矿。铜镍矿中常含有贵金属，如铂、钯等，应注意回收。

在矿石中铜含量比镍高，矿物共生关系比较简单的情况下，可以考虑采用优先浮选。其优点是，可以直接得到铜精矿和镍精矿。缺点是，浮铜时被抑制过的镍矿物不易活化，镍的回收率较低，故此法少用。铜镍混合浮选是目前较通用的方案。其优点是，镍的回收率较优先浮选高，同时浮选设备也较优先浮选省。铜镍混合浮选，与铜硫混合浮选相似。对于矿石中含镍磁铁矿较多的矿石，有两种处理方案：一种是如前所述，采用磁选分出一部分含镍磁黄铁矿，然后再浮选；另一种方案是，先浮黄铜矿和镍黄铁矿，然后再浮含镍磁黄铁矿。浮含镍磁黄铁矿时，可用硫酸铜活化。对一些蚀变较强的难选硫化镍矿，用气体处理矿浆，将 pH 值降到 5～6 左右，实践证明是有效的。

铜镍混合精矿分离，都是抑镍浮铜。如加拿大林湖选厂的石灰加氢化物法；芬兰科托蓝蒂选矿厂采用石灰加糊精法，铜镍混合浮选时，硫酸（6.4kg/t）调整 pH 和抑制硅酸盐脉石，乙黄药（60g/t）作捕收剂，粗松油（290g/t）作起泡剂，铜镍分离时用石灰（1kg/t）加糊精（25g/t）抑制镍矿物。

苏联聚尔斯克选厂采用石灰蒸汽加温法，由于矿物组成比较复杂，所以铜镍混合精矿用一般方法分离比较困难。该厂采用石灰＋蒸汽加温法，在加石灰的同时，通入蒸汽。矿浆加温，可加速捕收剂从镍矿物和磁黄铁矿表面解吸，并在这些矿物表面形成比较稳定的氧化膜，以加强对它们的抑制作用。石灰用量，对于浸染矿，要求矿浆中的游离 CaO 含量 600～800g/m^3。蒸汽加温时矿浆温度为 70℃，加温时间 12～15min，矿浆浓度 40％固体。矿浆加温以后，稀释到 32％左右固体，进行铜的“快速”浮选，尾矿为镍精矿。泡沫产品分级再磨后浮铜，得到铜精矿，尾矿为镍精矿。

14.2.4 氧化铜矿选矿工艺实践

常见的主要氧化铜矿物有孔雀石［$CuCO_3 \cdot Cu(OH)_2$，含铜 57.4％，密度 4g/cm^3，

硬度4]、蓝铜矿[石青，$2CuCO_3 \cdot Cu(OH)_2$，含铜55.2%，密度4g/cm^3，硬度4]。其次有硅孔雀石（$CuSiO_3 \cdot 2H_2O$，含铜36.2%，密度2～2.2g/cm^3，硬度2～4）及赤铜矿（Cu_2O，含铜88.8%，密度5.8～6.2g/cm^3，硬度3.5～4.0）。

脂肪酸类捕收剂对有色金属氧化矿物具有良好的捕收性，但因选择性差（特别是当脉石是碳酸盐矿物时），精矿品位不易提高。黄药类捕收剂中仅高级黄药对有色金属氧化矿物有一定捕收作用。但未经硫化，直接用黄药浮选氧化铜矿时因成本高在工业上未得到应用。实践上得到应用的方法有：

（1）硫化法　最为普遍，工艺简单，凡能进行硫化的氧化铜矿均可用此法进行浮选。经硫化后的氧化矿具有硫化矿的性质，可用黄药进行浮选。孔雀石和蓝铜矿很容易用硫化钠硫化，而硅孔雀石和赤铜矿较难硫化。硫化时硫化钠用量可达1～2kg/t。因硫化钠等硫化剂本身易氧化，作用时间短，生成的硫化膜不稳固，强烈搅拌容易脱落，所以应分批添加，并不需预先搅拌，直接加入浮选机第一槽。硫化时，矿浆pH值越低，硫化越快。矿泥多，需分散时应加分散剂，通常用水玻璃。捕收剂一般用丁基黄药或同黑药混合使用。矿浆pH值通常保持在9左右，过低时，可适量添加石灰。

（2）有机酸浮选法　有机酸及其皂类可很好地浮选孔雀石及蓝铜矿。如脉石矿物不是碳酸盐类矿物时可用此法。否则，将使浮选失去选择性。当脉石中含有大量可浮的铁、锰矿物时，会产生同样的效果，使浮选指标变坏。用有机酸类捕收剂进行浮选时，通常还要添加碳酸钠、水玻璃、磷酸盐作脉石的抑制剂和矿浆调整剂。也有混合应用硫化法与有机酸浮选法的实例。先用硫化钠及黄药浮起硫化铜及部分氧化铜，然后再用有机酸类浮选残余的氧化铜。

（3）浸出-沉淀-浮选法　当采用硫化法和有机酸法都不能得到满意的效果时采用。该法利用氧化铜矿物比较容易溶解的特性，将氧化矿先用硫酸浸出，然后用铁粉置换，沉淀析出金属铜，再用浮选法浮出沉淀铜。该法首先应根据矿物嵌布粒度，将其磨到单体解离（−0.074mm占40%～80%），浸出液为0.5%～3%的稀硫酸溶液，酸的用量随矿石性质在2.3～45kg/(t原矿)变化。对于难浸出的矿石，可采用加温（45～70℃）浸出。浮选在酸性介质中进行，捕收剂用甲酚黑药或双黄药。未溶解的硫化铜矿物和沉淀金属铜一起上浮，进入浮选精矿。

（4）氨浸-硫化沉淀-浮选法　如矿石中含大量碱性脉石，使用酸浸耗量大、成本过高时采用。该法将矿石细磨后，加入硫黄粉，然后氨浸。浸出过程中，氧化铜矿中的铜离子与NH_3、CO_2作用的同时，被硫离子沉淀，成为新的硫化铜颗粒，将氨蒸发回收，进行硫化铜的浮选。矿浆pH=6.5～7.5，用一般硫化铜矿的浮选药剂可得到良好指标。此法应注意氨的回收，否则会造成环境污染。

（5）离析-浮选法　实质是将粒度适当的矿石同2%～3%的煤粉、1%～2%的食盐混合，在700～800℃之间进行氯化还原焙烧，生成铜的氯化物，从矿石中挥发出来，在炉内被还原成金属铜，并吸附在煤粒上，再用浮选法与脉石分离。此法适用于处理难选的氧化铜矿，特别是含泥量较多、结合铜占总铜30%以上的难选氧化铜矿，及含大量硅孔雀石和赤铜矿的矿石。综合回收金、银及其他稀有金属时，离析法比浸出-浮选法优越。缺点是热能消耗大、成本较高。

(6) 混合铜矿石的浮选　混合铜矿石的浮选流程应依据试验确定，可采用硫化后氧化矿物和硫化矿物同时浮选的流程，也可采用先选硫化矿物、尾矿硫化后再选氧化矿物的流程。同时浮选氧化铜矿物和硫化铜矿物的工艺条件和浮选氧化矿物的基本相同，但硫化钠和捕收剂用量应随矿石中氧化物含量的减少相应减少。

国外氧化铜矿石多采用硫化浮选法和酸浸-沉淀-浮选法。

14.2.5 氧化铅矿选矿工艺实践

常见的氧化铅矿物主要有白铅矿（$PbCO_3$，密度 6.5g/cm^3，硬度 3）、硫酸铅矿（$PbSO_4$，密度 6.1～6.3g/cm^3，硬度 3）、钼铅矿（$PbMoO_4$，密度 6.5～7.0g/cm^3，硬度 2.5～3）、钒铅矿［$Pb_5(VO_4)_3Cl$，密度 6.66～7.10g/cm^3，硬度 2.5～3］、铬铅矿（$PdCrO_4$，密度 6.0g/cm^3，硬度 2.5～3）等。白铅矿、铅矾和钼铅矿用硫化钠、硫化钙、硫氢化钠等容易硫化。但铅矾硫化时需要较长的接触时间，而且硫化剂的用量也比较大。砷铅矿、铬铅矿、磷氯铅矿等难于硫化，其可浮性很差，在浮选时，大部分都会损失于尾矿中。氧化铅矿的浮选有硫化后浮选和直接浮选两类方法。

(1) 硫化后用黄药浮选法　这是最常用的方法，用此法值得注意的是硫化钠的添加方式。硫化钠集中添加，会造成矿浆 pH 过高，使铅矿物受到抑制，所以硫化钠要分段添加。如用硫氢化钠代替硫化钠，或添加硫酸铜、硫酸铁、硫酸都能消除过量硫化剂的不良影响。矿泥吸收硫化剂，并沾污矿物表面。添加水玻璃、焦磷酸钠和羧甲基维素等，可以克服矿泥的部分有害影响。有时需要脱泥，但这会引起金属的流失。

脉石中的石膏，在矿浆中会引起矿泥团聚，并同碳酸根离子发生作用，生成碳酸钙的沉淀，覆盖在矿物表面上，妨碍矿物的硫化和捕收剂的作用。消除石膏影响的办法如下：①用硫氢化钠代替硫化钠，或添加少量的硫酸，以降低矿浆的 pH，使碳酸根离子生成可溶的化合物，而不生成不溶的碳酸钙；②在矿浆中加入氯化铵或其他铵盐，以增加碳酸钙的溶解度，限制它在矿物表面上的沉淀。

(2) 脂肪酸加中性油浮选法　这种方法适用于难选铅矿物含量较高、脉石矿中石灰石和白云石很少或没有的矿石。用这种方法所得到的指标，往往比前一种方法低。但在某些白铅矿的选厂，可得到较好的指标。捕收剂用脂肪酸、重油、石油及煤油的氧化产品、环烷酸及其皂类和塔尔油等。

14.2.6 氧化锌矿选矿工艺实践

主要的氧化锌矿物有菱锌矿（$ZnCO_3$，含锌 52%，密度 4.3g/cm^3，硬度 5）、红锌矿（ZnO，密度 5.64～5.68 g/cm^3，硬度 4～5）、异极矿（$H_2Zn_2SiO_5$，含锌 54%，密度 3.3～3.6g/cm^3，硬度 4.5～5.0）、硅锌矿（Zn_2SiO_4，密度 3.89～4.18 g/cm^3，硬度 5.5）。其中最有价值的是菱锌矿。

氧化锌矿浮选，目前在工业上能够使用的方法有加温硫化后用黄药浮选和在常温下加硫化钠调浆用阳离子捕收剂浮选。

(1) 加温硫化浮选法　先脱去小于 0.01mm 的细泥，浓缩以后，再将矿浆加温到 50～70℃，然后用硫化钠硫化氧化锌，并加硫酸铜活化已被硫化的氧化锌矿，最后用长链黄药作主要捕收剂，柴油、焦油等作辅助捕收剂，松醇油作起泡剂，水玻璃作脉石抑制剂。加温浮选氧化锌矿的方法虽然有时能得到较好的工艺指标，但在生产过程中，常常因为各种因素控制不当而波动，如果原矿含大量氢氧化铁时效果更不好。

(2) 先硫化后胺浮选法　该法又称伯胺法。浮选前要加入硫化钠。此法适用于浮选锌的碳酸盐、硅酸盐及其他含锌的氧化矿物。胺类捕收剂的优点是在碱性介质中，对石英、碱土金属碳酸盐没有显著的捕收作用，而且在使用胺类作捕收剂时，剩余的硫化钠不仅不起抑制作用，而且对氧化锌矿物起活化作用。伯胺对氧化锌捕收能力很强，特别是含 12～18 个碳原子的伯胺尤为显著，而仲胺、叔胺的捕收能力却很弱。

对多种常用抑制剂的试验证明，水玻璃能抑制铁质脉石和硅质脉石。六（四）聚偏磷酸钠可以抑制石英和白云石，将两者并用效果较好。用栲胶也可以抑制白云石等碳酸盐矿物。如氧化锌矿物以异极矿和硅锌矿为主，而脉石主要是绿泥石和绢云母时，则用磷酸盐作抑制剂，这种方法适于处理含铁高的物料，此处硫化钠的作用和它对氧化铅、铜矿物的作用不同，过量的硫化钠不易起抑制作用。因此对硫化钠、硫酸铜的用量调节要求不甚严格。

在使用阳离子捕收剂时，矿泥对浮选效果的影响比较突出。然而小于 0.01mm 细泥的含量在 15%以下时，加碳酸钠、水玻璃、羧甲基纤维素、木素磺酸盐、腐殖酸钠等可以消除其影响，不必脱泥。当小于 0.01mm 细泥含量超过 15%时，药剂消耗量急剧增加，若不脱泥在经济上不合理，在这种情况下，就要预先脱除部分细泥。同时，在脱泥时加入适量的硫化钠、硅酸钠等分散剂。它们在脱泥过程的主要作用是分散细泥，也可以消除部分有害的可溶性盐的影响。

14.2.7　含金矿石选矿工艺实践

矿石中的粗粒金可以用混汞法和重选法回收，微细粒金（<0.001mm）常采用浸取的方法（氰化法和硫脲法）回收。由于浮选能有效地回收矿石中的中细粒金（0.001～0.07mm），因此，以浮选法为主，配合混汞、重选或浸取的联合流程是处理脉金矿石的常用方法。当处理含金多金属矿石或回收多金属硫化矿中的伴生金时，金应回收到铜、铅等矿物的精矿中去，在冶炼过程中提取。常用的金矿浮选方法有：

(1) 浮选＋浮选精矿氰化浸取　这是处理含金石英脉和含金黄铁矿石英脉金矿最常用的方法。一般都用黄药类作捕收剂，松醇油作起泡剂，在弱碱性矿浆中浮选得金精矿（或含金硫化物精矿）。然后将浮选精矿进行氰化浸出，金被氰化物溶解变为金氰络合物形式进入溶液，再用锌粉置换（或用吸附法处理）得金泥，最后将金泥用火冶炼得到纯金。

(2) 浮选＋浮选精矿硫脲浸取　对于含砷含硫高或含碳泥质高的脉金矿石，可用浮选法获得含金硫化物精矿，然后将浮选精矿用硫脲浸取的方法回收金，用硫脲浸取不但具有溶浸速度快、毒性小、工艺简单、操作方便等优点，而且在处理含砷、硫高或含碳质、泥质高的金精矿时，还具有浸出率高，药剂、材料消耗低的特点。

(3) 混汞浮选　此法适用于粗细不均匀嵌布的脉金矿，在磨矿回路中先用混汞法回收粗粒金，然后用浮选法回收细粒金。目前有一种处理低品位金矿石的方法：混汞浮选法，即是将矿石中金的混汞和浮选在同一作业中进行。采用混汞浮选法可比直接浮选法金的回收率提高 5%～8%。

(4) 负载串流浮选＋尾矿氰化　某地氧化铁帽型金矿石，风化程度较深，绝大部分矿物被浸蚀，铁污染严重，次生矿物繁多。主要金属矿物有褐铁矿、锰矿物、次生钒铜铅矿、赤铜矿、铜蓝、辰砂、自然铜等。金矿物为自然金、金银矿。脉石为黏土矿物和石英等。矿石中自然金粒度细至－0.02mm，多嵌布于黏土矿物中，褐铁矿含金10g/t以上，原矿金品位为10～14g/t。该矿采用负载串流浮选，浮选尾矿再用氰化浸出及炭吸附的方法回收金。该矿采用负载串流浮选工艺处理含金氧化矿石，比常规浮选能提高金回收率20%以上，操作稳定，易于控制。同负载浮选相比，负载串流浮选具有如下优点：精矿品位、回收率高；载体矿物用量减少一半，降低了药剂用量以及可溶性次生铜矿中的含量，使浮选尾矿的氰化过程得到了改善。

(5) 浮选＋精矿焙烧＋焙渣氰化　对于含砷含硫高的浮选精矿，不能直接氰化浸取时，可将浮选金精矿先进行氧化焙烧，除砷和硫。这样焙烧后的焙砂结构疏松，更有利于金银的浸出。

(6) 细菌堆浸　也称生物堆浸，指在一定种类的细菌参与下的堆浸，细菌通过直接或间接作用与硫化矿物发生反应，金矿细菌堆浸主要处理金精矿。细菌氧化只能作为难浸金矿的预处理方法，细菌堆浸最有意义的细菌是氧化铁硫杆菌和氧化硫杆菌。

14.2.8　含银矿石选矿工艺实践

银的工业矿物有自然银（72%～100%Ag，相对密度10～11）、辉银矿（Ag_2S，相对密度7.2～7.3）、锑银矿（Ag_3Sb，相对密度6～6.2）、脆银矿（Ag_2SbS_3，相对密度6.2～6.3）、淡红银矿（65.4%Ag，相对密度5.57～5.64）、深红银矿（Ag_3SbS_3，相对密度5.77～5.86）、角银矿（75.3%Ag，相对密度5.55）等。银的矿物虽然较多，但富集成单独的银矿床较少，通常多呈分散状态分布在多金属矿、铜矿及金矿中。在铅锌矿床中方铅矿含银特别丰富，每年产量约占全部银产量的50%，铜矿约占15%，金矿约占10%，只有约25%是从单独的银矿床中提取的。重要的含银矿物为含银方铅矿与其他含银硫化物（通常与闪锌矿及黄铁矿共生）。矿石中的脉石矿物主要为石英、方解石、重晶石萤石及燧石等。

处理银矿石的方法有：a.混汞法；b.水冶，现在主要是氰化法（或与氰化焙烧结合），也有的经氯化焙烧后用$Na_2S_2O_3$溶液浸出，也有的用硫脲法处理；c.浮选得银精矿（送冶炼）；d.重选的银精矿；e.上述方法的联合。如果矿石中含有复杂的硫化矿物，则常用浮选法处理。

浮选银矿物常用的捕收剂为黄药、黑药（现多用丁基铵黑药）、硫醇与噻唑等，起泡剂为松醇油等。实验研究表明，辉银矿可用乙黄药及甲酚黑药浮选；用石灰抑制黄铁矿对它的可浮性影响不大。深红银矿在中性介质中也可用低级硫代化合物捕收剂浮选，但易受石灰抑制。脆银矿与淡红银矿用戊黄药浮选较好，但石灰也有不良影响。此外，由于石灰还使矿泥（特别是滑石泥）凝聚，因而浮选银矿物时石灰通常是有害的，用Na_2CO_3调节矿浆pH值，则有利于铅和银的硫化物浮选。

浮选氧化矿石有时添加硫化钠，这时要注意严格控制用量，否则将降低银的回收率（从含银矿物表面排挤黄药）。如果含银铅锌矿石已被部分氧化，这时添加适量的硫化钠将有助于浮选的进行，但它会抑制银的硫化物如辉银矿等。所以应在浮出银的硫化物（辉银矿）后加入。当铅矾与白铅矿不用硫化钠硫化时，可用巯基苯并噻唑进行浮选，加入磷酸铵还可促进铅矾的浮选。

矿石中含有闪锌矿时，加硫酸铜可有效地进行活化。如果有少量自然金存在，则应该用苏打黑药代替丁基钠黑药。当精矿中含有多量不含银（与金）的黄铁矿时，则应降低捕收剂用量或加少量石灰加以控制。浮选银矿石可以选用下列几种混合捕收剂：a. 不同黑药的混用；b. 黑药、黄药与杂酚油混合使用；c. 黑药与乙黄药混合等。其中以后两者应用较为普遍。

浮选银矿石的工艺流程可分为混合浮选与优先浮选，对于含少量（1%～5%）有色金属的矿石可采用混合浮选流程，反之则采用优先浮选流程。存在于铅、锌硫化矿石中的银矿物采用优先浮选流程较为适宜，它有利于提高含银精矿的指标，浮选所得含银铅精矿与含银锌精矿，前者价格高，冶炼厂提银过程简单，后者则相反。

此外，银矿物的过粉碎不利于有效回收，因此，在磨矿回路中安设单槽浮选机回收已解离的含银铅矿物较为合理。

14.3 非金属矿石选矿工艺实践

我国非金属矿产资源丰富，非金属矿以其独特的物化性能成为金属材料不可替代的基础原料，广泛应用于农业、化工、能源、冶金、陶瓷、建材、耐火材料和环保等领域，在国民经济中占有相当重要的地位；其中磷灰石、晶质石墨、萤石和钾盐已列入战略性矿产目录。

14.3.1 磷灰石矿选矿工艺实践

磷是动植物生长必需的元素。磷矿是指在经济上能被利用的，以含磷灰石矿物为主要组分的非金属矿产。它既是制备磷肥、保障粮食安全的重要物质，又是精细化工的物质基础，它不可替代、不可再生，具有重要的经济价值和社会价值。

磷矿选矿工艺随着科学技术的进步及矿石类型的变化不断丰富。浮选是磷灰石选矿的主要方法，正浮选用于脱除矿石中的硅质矿物，适合于分选硅质磷灰石及沉积变质型硅-钙质磷块岩；反浮选适合处理沉积型钙镁质磷块岩。目前已经在工业生产中成熟应用并获得较好的分选指标；正-反浮选工艺适合分选硅-钙质磷块岩，采用正-反浮选新工艺对大峪口胶磷矿进行改造和工业化试验，对含 P_2O_5 为 17.90% 的原矿，获得磷精矿 P_2O_5 品位和回收率分别为 31.62% 和 81.35%；双反浮选工艺适合处理难选硅钙型磷块岩。

由于磷灰石与一些含钙的碳酸盐矿物同属含氧酸钙盐，因此，用脂肪酸类捕收剂进行分离时，它们的可浮性接近，给浮选分离造成了很大的困难。磷灰石的浮选主要就是与含钙矿物如方解石、白云石等矿物的分离，目前常用的浮选分离方法有以下三种：

① 用水玻璃和淀粉等抑制碳酸盐等脉石矿物，用脂肪酸类捕收剂（可用煤油作辅助捕收剂浮选磷矿物）浮选时矿浆的 pH 值为 9～11，用碳酸钠和氢氧化钠调 pH 值；

② 加六偏磷酸钠抑制磷矿物，用脂肪酸先浮出碳酸盐脉石，然后再浮磷灰石；

③ 用有选择性的烃基硫酸酯作捕收剂，先浮出碳酸盐矿物，再用油酸浮磷灰石。

14.3.2 石墨矿选矿工艺实践

石墨是一种天然可浮性很好的矿物，用中性油即可捕收。工业上将石墨矿石分为晶质石墨（鳞片状）和隐晶质石墨（土状）两大类。鳞片状石墨呈鳞片状，原矿品位不高，一般为

3%～5%，最高不超过20%～25%。这类石墨的可浮性很好，经浮选后，品位可达90%以上。鳞片状石墨性能优良，一般可用于制造高级碳素制品。土状石墨也称隐晶质石墨，石墨晶体细小，一般小于1 μm，表面呈土状，缺乏光泽，工业性能比不上鳞片状石墨。这种石墨的原矿品位很高，一般在60%～80%，但可浮性很差，经浮选后，品位不会有明显的提高，因此品位小于65%的原矿，一般不开采，品位在65%～80%之间的，选别后可以利用。所以，对石墨矿石，不能只看其品位的高低，而应先弄清其类型，再决定采用何种分选方法。

石墨浮选中一般容易获得粗精矿，高质量的石墨精矿很难得到。这是因为石墨鳞片嵌布复杂且细，在磨矿时容易包裹或者污染其他脉石矿物，增加了脉石的疏水性，给分选带来困难。

晶质石墨一般要求通过筛分或水力分级及时将已经解离的大块石墨分离出来，以免受到反复磨损。石墨浮选时要注意保护其大鳞片，即是指＋50目、＋80目和＋100目的鳞片状石墨。因为大鳞片石墨用途较广，资源少，价值高。其措施是在选别时采用多次磨矿多次选别的流程，把每次磨矿得到的单体解离的石墨及时分出来，如将矿石一次磨到很细的粒度，就会破坏大鳞片。故一般为多段磨矿（4～5段），多次选别（5～7次）。多段流程有三种：精矿再磨、中矿再磨和尾矿再磨。鳞片石墨多采用精矿再磨流程，选矿回收率较低，一般40%～50%，精矿品位80%～90%。如我国的南墅石石墨矿，采用一次粗选、一次扫选、四次磨矿、六次精选的流程，既保护了大鳞片不被破坏，又使精矿品位达90%以上。

石墨浮选常用的药剂有Na_2CO_3、水玻璃、煤油、2号油、松醇油、石灰等。

石墨精矿对品质要求较高，普通鳞片状石墨要求品位在89%以上，铅笔石墨品位要求在89%～98%，电碳石墨要求品位达99%。因此在石墨的浮选工艺中，为了达到高品位石墨精矿，精选次数一般比较多。

14.3.3 萤石矿选矿工艺实践

萤石是非金属矿物中易浮的矿物之一。浮选常用脂肪酸类阴离子类捕收剂，此类药剂易于吸附于萤石表面，且不宜解吸。适宜的pH值为8～10，提高矿浆温度能显著提高浮选效果。萤石的浮选方法因伴生矿物种类不同而略有不同。

对于石英-萤石型矿石，多采用一次磨矿粗选、粗精矿再磨、多次精选的工艺流程。其药剂制度常以碳酸钠为调整剂，调至碱性，以防止水中多价阳离子对石英的活化作用。用脂肪酸类作捕收剂时加少量的水玻璃抑制硅酸盐类脉石矿物。

对于碳酸盐-萤石型矿石，萤石和方解石全是含钙矿物，用脂肪酸类作捕收剂时均具有强烈的吸附作用。因此，萤石和方解石等碳酸盐矿物的分离是比较难的问题之一。生产中为提高萤石精矿的品位，必须在抑制剂方面寻求有效措施。含钙矿物的抑制剂有水玻璃、偏磷酸钠、木质素磺酸盐、糊精、单宁酸、草酸等，多以组合药剂形式加入浮选矿浆，如栲胶＋硅酸钠，硫酸＋硅酸钠（又称酸化水玻璃），硫酸＋水玻璃等，对抑制方解石和硅酸盐矿物具有明显效果。

硫化矿-萤石型矿石，主要以含锌、铅矿物为主，萤石为伴生矿物，一般先用黄药类捕收剂浮选硫化矿，再用脂肪酸浮出萤石。浮出硫化矿后可按浮选萤石流程进行多次精选，以得到较高纯度的萤石精矿。

总之，浮选萤石采用以下条件为宜：温水浮选，水温60～80℃为佳；软化水；矿浆pH值为9.5左右；精选次数最少3次以上；调整剂可用苛性钠、碳酸钠；抑制剂为水玻璃、糊精、单宁酸等；捕收剂可用油酸、塔尔油、石油磺酸钠等。

14.3.4 钾盐矿选矿工艺实践

钾盐矿，广义上包括可溶性钾盐矿物和不可溶性含钾的铝硅酸盐矿物两大类。狭义上是指目前世界范围内开发利用的主要对象是可溶性钾盐资源，以钾的氯化物和硫酸盐类矿物为主要组分的非金属矿产，包括钾石盐、光卤石、钾盐镁矾、无水钾镁矾、钾镁矾、软钾镁矾等可溶性固体钾盐矿床和含钾卤水，主要分布于柴达木盆地盐湖和塔里木盆地罗布泊盐湖，已查明的资源储量为10.8亿吨（以氯化钾计），是国家5种大宗紧缺矿产之一，主要用于生产各种工农业用钾盐钾肥产品。

根据矿物资源的不同，可以直接生产氯化钾或者酸钾。氯化钾生产技术趋于成熟或多样化，反浮选-冷结晶法和冷结晶-正浮选法生产技术与装备有显著突破。硫酸钾过去主要由氯化钾深加工获得，近年来，钾盐矿物直接生产硫酸钾取得重大进展。

察尔汗盐湖是我国最大的钾肥基地，开发了具有世界先进水平的反浮选-冷结晶技术，先后攻克百万吨钾肥装置冷结晶粒度与收率精确调控、大型氯化钾工业装置分离除钙等关键核心技术，优化完善了百万吨钾肥特大型结晶器结构、搅拌系统和工艺操作参数，实现了生产自动化监测与控制，使百万吨钾肥生产装置提高产能20%以上，氯化钾收率从55%提高到63%，装置规模、钾回收率、单耗等指标均达到国际同类技术先进水平。

针对低品位难开采固体钾盐，开发低品位固体钾盐溶解转化先进工业化技术，变呆矿为活矿；针对生产废弃尾盐，开发热溶结晶法，实现尾矿资源化；针对高钠光卤石原料，开发冷结晶-正浮选法，研制高适应性新型冷结晶器，实现贫杂矿高效分离，破解低品位难开采固体钾盐转化、贫杂矿高效分离、尾盐钾资源回收等技术难题，形成了具有完全自主知识产权的低品位难开发钾盐高效利用的第三代氯化钾工业生产技术，增加固体钾盐基础储量1.58亿吨，支撑了国家钾肥工业的可持续发展，保障我国钾肥供给安全。

针对新疆罗布泊盐湖硫酸钾资源，形成了罗布泊盐湖硫酸钾成套技术，创造性采用“差异化布井、分区、分层、采出”模式，建成世界上最大的卤水开采井群；采用独特的兑卤、盐田摊晒和选矿工艺，有效缩短卤水蒸发结晶路线，显著提高了含钾矿物品质和收率；建成罗布泊盐湖120万吨/年硫酸钾成套装置，实现了我国硫酸钾产业结构升级，填补了国内空白，迈入了世界硫酸钾生产大国行列。

思考题

1. 简述微细粒磁、赤铁矿选矿工艺技术发展现状。
2. 硫化矿常用的捕收剂、活化剂和抑制剂是什么？
3. 铜铅锌硫多金属硫化矿的分离方法是什么？
4. 铜镍矿的浮选工艺及分离的主要方法是什么？
5. 氧化铜矿物及其混合矿石的分离方法是什么？

6. 氧化铅矿物及其混合矿石的分离方法是什么？

7. 氧化锌矿物及其混合矿石的分离方法是什么？

8. 含金、银矿石的主要分选方法是什么？

9. 磷灰石、石墨、萤石和钾盐矿的选矿方法分别是什么？

参考文献

[1] 唐敏康．新编矿业工程概论［M］．北京：冶金工业出版社，2011.

[2] 魏德洲，高淑玲，刘文刚．新编选矿概论［M］．北京：冶金工业出版社，2017.

[3] 任德树．粉碎筛分原理与设备［M］．北京：冶金工业出版社，1984.

[4] 段希祥，曹亦俊．球磨机介质工作理论与实践［M］．北京：冶金工业出版社，1999.

[5] 唐敬麟．破碎与筛分机械设计选用手册［M］. 北京：化学工业出版社，2001.

[6] 李启衡．碎矿与磨矿［M］．北京：冶金工业出版社，2002.

[7] 杨家文．碎矿与磨矿技术［M］．北京：冶金工业出版社，2006.

[8] 段希祥．破碎与磨矿［M］. 北京：冶金工业出版社，2006.

[9] 刘全军，姜美光．碎矿与磨矿技术发展及现状［J］．云南冶金，2012，41（5）：21-28.

[10] 杨松荣，蒋仲亚，刘文拯．碎磨工艺及应用［M］．北京：冶金工业出版社，2013.

[11] 周恩浦．选矿机械［M］．长沙：中南大学出版社，2014.

[12] 孙时元. 中国选矿设备实用手册［M］．北京：机械工业出版社，1992.

[13] 谢广元，张明旭，边炳鑫，樊民强．选矿学［M］．徐州：中国矿业大学出版社，2001.

[14] 王淀佐，邱冠周，胡岳华．资源加工学［M］．北京：科学出版社，2005.

[15] Barry A. Wills，Tim Napier-Munn. Mineral Processing Technology 7th［M］．Oxford：Elsevier Science & Technology Books，2006.

[16] 胡岳华，冯其明．矿物资源加工技术与设备［M］．北京：科学出版社，2006.

[17] 张一敏．固体物料分选理论与工艺［M］．北京：冶金工业出版社，2007.

[18] 魏德洲．固体物料分选学［M］．北京：冶金工业出版社，2009.

[19] 袁致涛，王常任．磁电选矿［M］．北京：冶金工业出版社，2011.

[20] 张泾生．现代选矿技术手册［M］．北京：冶金工业出版社，2011.

[21] 孙传尧．选矿工程师手册［M］．北京：冶金工业出版社，2015.

[22] 印万忠，侯英，罗溪梅．选矿技术一本通［M］．北京：化学工业出版社，2016.

[23] 中国有色金属学会．2016—2017 矿物加工工程学科发展报告［M］．北京：中国科学技术出版社，2017.

[24] 刘慧纳．化学选矿［M］．北京：冶金工业出版社，1995.

[25] 黄礼煌．化学选矿［M］．北京：冶金工业出版社，1990.

[26] 全宏东．矿物化学处理［M］．北京：冶金工业出版社，1984.

[27] 钟竹前，梅光贵．湿法冶金过程［M］．长沙：中南工业大学出版社，1988.

[28] 杨佼庸，刘大星．萃取［M］．北京：冶金工业出版社，1988.

[29] 时钧，袁权，高从堦．膜技术手册［M］．北京：化学工业出版社．2001.

[30] 肖长发，刘振．膜分离技术应用基础［M］．北京：化学工业出版社，2014.

[31] 崔国治．拣选技术［M］．北京：中国建材工业出版社，1993.

[32] 魏德洲．资源微生物技术［M］．北京：冶金工业出版社，1996.

[33] 童雄．微生物浸矿的理论与实践［M］．北京：冶金工业出版社，1997.

[34] 魏德洲，朱一民，李晓安．生物技术在矿物加工中的应用［M］．北京：冶金工业出版社，2008.

[35] 孙体昌．固液分离［M］．长沙：中南大学出版社，2011.

[36] 孙长泉，孙成林．选矿厂工艺设备安装与维修［M］．北京：冶金工业出版社，2012.

[37] 周龙廷．选矿厂设计［M］．长沙：中南工业大学出版社，1999.

[38] 冯守本．选矿厂设计［M］．北京：冶金工业出版社，2002.

[39] 黄丹．现代选矿技术手册：第 7 册/选矿厂设计［M］．北京：冶金工业出版社，2010.

[40] 魏德洲，王泽红．选矿厂设计［M］．北京：冶金工业出版社，2017.

[41] 印万忠，侯英，李闯，刘明宝．实用铁矿石选矿手册［M］．北京：化学工业出版社，2016.